服装高等教育“十二五”部委级规划教材

童装结构设计与制板

马芳　李晓英　编著

中国纺织出版社

内 容 提 要

本书从童装结构的基础知识和理论入手，在阐述儿童生理特点及体型特征的基础上，深入分析了主要品类童装的纸样绘制、结构变化和毛缝板制订的过程，具体内容包含童装结构设计基础理论、婴儿装结构设计与制板、童上装结构设计与制板、女童裙装结构设计与制板、童裤装结构设计与制板。

书中款式新颖、内容丰富、图文并茂，具有较强的系统性、理论性和实用性，既可作为高等院校、高职院校服装专业的教材使用，又可供广大服装设计爱好者特别是服装企业生产和管理人员参考使用。

图书在版编目（CIP）数据

童装结构设计与制板 / 马芳，李晓英编著 .—北京：中国纺织出版社，2014.1（2022.6重印）

服装高等教育“十二五”部委级规划教材

ISBN 978-7-5180-0057-9

I. ①童… II. ①马… ②李… III. ①童服—服装设计—结构设计—高等学校—教材 ②童服—服装量裁—高等学校—教材 IV. ① TS941.716.1

中国版本图书馆 CIP 数据核字（2013）第 229227 号

策划编辑：张晓芳　　责任编辑：韩雪飞　　责任校对：楼旭红

责任设计：何　建　　责任印制：何　健

中国纺织出版社出版发行

地址：北京市朝阳区百子湾东里A407号楼　邮政编码：100124

销售电话：010—67004422　传真：010—87155801

http://www.c-textilep.com

E-mail:faxing@c-textilep.com

三河市宏盛印务有限公司印刷　各地新华书店经销

2014年1月第1版　　2022年6月第6次印刷

开本：787×1092　1/16　印张：21

字数：368千字　定价：39.80元

出版者的话

《国家中长期教育改革和发展规划纲要》（简称《纲要》）中提出“要大力发展职业教育”。职业教育要“把提高质量作为重点。以服务为宗旨，以就业为导向，推进教育教学改革。实行工学结合、校企合作、顶岗实习的人才培养模式”。为全面贯彻落实《纲要》，中国纺织服装教育协会协同中国纺织出版社，认真组织制订“十二五”部委级教材规划，组织专家对各院校上报的“十二五”规划教材选题进行认真评选，力求使教材出版与教学改革和课程建设发展相适应，并对项目式教学模式的配套教材进行了探索，充分体现职业技能培养的特点。在教材的编写上重视实践和实训环节内容，使教材内容具有以下三个特点：

（1）围绕一个核心——育人目标。根据教育规律和课程设置特点，从培养学生学习兴趣和提高职业技能入手,教材内容围绕生产实际和教学需要展开,形式上力求突出重点,强调实践。

（2）突出一个环节——实践环节。教材出版突出高职教育和应用性的特点，注重理论与生产实践的结合，有针对性地设置内容，增加实践和实训，并通过项目设置，直观反映生产实践的最新成果。

（3）实现一个立体——开发立体化教材体系。充分利用现代教育技术手段，构建数字教育资源平台，开发教学课件、音像制品、素材库、试题库等多种立体化的配套教材，以直观的形式和丰富的表达充分展现教学内容。

教材出版是教育发展中的重要组成部分，为出版高质量的教材，出版社严格甄选作者，组织专家评审，并对出版全过程进行跟踪，及时了解教材编写进度、编写质量，力求做到作者权威、编辑专业、审读严格、精品出版。我们愿与院校一起，共同探讨、完善教材出版，不断推出精品教材，以适应我国职业教育的发展要求。

中国纺织出版社

教材出版中心

前言

近几年来，我国童装业的发展令人瞩目。据2012年资料统计，中国童装业拥有1000亿元的市场规模以及几十亿件的生产规模，年均复合增长率达10%以上，是增长较快的服装类别之一。与此同时，各类童装企业的数量也在大幅增长，仅在广东、浙江等服装发达地区，注册的童装企业就有几千家之多。快速增长的产能使童装设计和技术人才出现了较大的需求缺口。

而与此相对应的情况是，多数服装院校对童装的专门教学重视不够，在课程安排上侧重女装和男装的设计和技术，未把童装作为一个单独的板块进行深入的教学与实践训练，使得人才培养滞后于企业的需求，达不到“精”、“专”的标准。针对这种状况，我们编写了《童装结构设计与制板》一书，对童装的结构原理和样板制作进行了系统、全面的讲述，以期抛砖引玉，引起人们对童装研究更多的兴趣，促进童装行业的繁荣。

本书从童装结构的基础知识和理论入手，深入分析了主要品类童装的纸样绘制、结构变化和毛缝板制订的过程，内容涵盖童装款式设计、材料选择、体型特征、规格设计、结构原理等内容，并运用Coredraw14软件进行了结构图和工业样板的绘制，具有较强的系统性、理论性和实用性。

本书在编写过程中得到了河北科技大学纺织服装学院多位同事的大力支持和帮助，在此表示感谢！

由于时间仓促及编者水平所限，书中难免有疏漏和差错，恳请各位专家、同行和服装爱好者批评指正。

编者

2012年8月

教学内容及课时安排

章/课时	课程性质/课时	节	课程内容
第一章 （8课时）	基础理论 （8课时）		•童装结构设计基础理论
		一	绪论
		二	儿童体型特征与身体测量
		三	童装号型及规格设计
		四	童装制图规则与常用工具
		五	童装工业样板制作
第二章 （8课时）	综合实训 （42课时）		•婴儿装结构设计与制板
		一	婴儿上衣结构设计
		二	婴儿裤装结构设计
第三章 （16课时）			•儿童上装结构设计与制板
		一	儿童上装结构设计概述
		二	童装衣领结构设计
		三	童装衣袖结构设计
		四	童装口袋结构设计
		五	童装衣身原型前身下垂量的结构设计
		六	不同款式童上装结构设计
第四章 （8课时）			•女童裙装结构设计与制板
		一	裙装结构原理
		二	半截裙结构设计与制板
		三	连衣裙结构设计与制板
第五章 （10课时）			•儿童裤装结构设计与制板
		一	裤装结构原理
		二	直筒裤结构设计与制板
		三	锥型裤结构设计与制板
		四	喇叭裤结构设计与制板
		五	裙裤结构设计与制板
		六	短裤结构设计与制板
		七	连身裤结构设计与制板

注 各院校可根据自身的教学特点和教学计划对课程时数进行调整。

目录

基础概论——

童装结构设计基础理论

章节名称：童装结构设计基础理论

章节内容：绪论

儿童体型特征与身体测量

童装号型及规格设计

童装制图规则与常用工具

童装工业样板制作

章节时间：8课时

教学要求：使学生了解不同年龄段童装设计的有关内容，了解儿童体型特征、心理特征及身体测量；正确掌握童体测量的姿势、着装和测量的部位及方法；熟练运用儿童服装号型系列标准进行童装规格尺寸的制订；掌握常见童装结构设计的方法并能进行规范制图和制板。

第一章　童装结构设计基础理论

最新人口统计数据显示，我国内地 31 个省、自治区、直辖市的人口中，0~14 岁儿童为 2.22 亿，占全国总人口的 16.6%。同时，近年我国进入第三次生育高峰期，今后几年新生儿出生率每年将以约 15% 的比例稳定增加。如此庞大和日益增长的消费需求，为我国童装业的迅速发展、壮大打下了坚实的基础。

随着家庭收入和人们生活水平的提高，由于实施独生子女政策后“4+2+1”家庭成员模式的出现，孩子在家庭中的地位发生了明显变化，儿童消费成为每个家庭生活消费的主要开销，并处于逐年上升趋势。儿童消费水平的不断提高以及人们消费心理和观念的转变，不仅扩大了童装市场的需求量，同时也促进了童装产业的发展。

第一节　绪论

童装是以儿童时期各年龄段孩子为穿着对象的服装总称，包括婴儿、幼儿、学龄儿童、少年儿童等各年龄阶段人的着装。

儿童时期是人一生中成长发育最关键的时期，也是服装变化最大的时期。因此，童装起着培养儿童的审美意识、习惯等素质的作用，童装设计在服装设计领域占有独特的地位。

一、童装设计概述

童装是根据儿童不同的年龄段、体型、性格以及服装穿用的不同季节等特点进行设计的。儿童在各个不同发育时期都有其体型特点，性格也各有区别，有的天真活泼，有的沉着文静，这些都是进行童装设计时要考虑的因素。

（一）婴儿装

婴儿指出生到一周岁的儿童。婴儿的体态特征是：头大、腹大、无腰，处于生长发育最快、体态变化最大的时期。婴儿皮肤娇嫩，容易因外界刺激而受伤，生理器官处于发育阶段，汗腺发育不完全，自身调节体温的能力较弱，对冷热变化的适应能力较差，因此需要有合适的服装来帮助其完成体温的调节。

为了保护婴儿娇嫩的皮肤、柔软的骨骼，婴儿装要便于穿脱，其款式设计应尽量简洁、平整、光滑，少用接缝或使缝份外露。可不进行腰节线和育克设计。上下连体、袖子连裁等设计能很好地减少接缝，使服装平整光滑。婴儿装宜用 O 型、H 型等宽松舒适的造型。

由于婴儿头大、颈短，故婴儿装领子通常采用无领或交叉领等领窝线较低的设计，以方便婴儿颈部活动。套头装不宜选择，以免穿脱不便引起婴儿烦躁哭闹，所以婴儿装通常采用开门襟设计。

在辅料选择中应尽量避免使用给婴儿造成不适的辅料，如橡筋带、拉链、厚重纽扣等。成人装或大童装使用的硬质蕾丝花边、珠片等都不适合用于婴儿装，可使用扁平系带、质薄体轻的无爪扣等安全的辅料。

婴儿装的颜色宜浅不宜深，尤其是贴身服装，浅色面料更为安全，其甲醛、染色牢度超标的风险相对会小些。并且，一旦婴儿出现不适而弄脏了衣物，浅色、素色衣服能帮助成人及时发现异常。再者，婴儿视觉神经未发育完全，大红大绿等刺激性强的色彩容易伤害其视觉神经，所以此阶段婴儿装通常采用白色、嫩绿、淡蓝、粉红、奶黄等浅色。针对婴儿对色彩的喜好，可以挑选色谱当中暖色系的色彩进行调和搭配，类型如下。

（1）双性同一，包括同明度、同色相、不同纯度的色彩组合；同明度、同纯度、不同色相的色彩组合；同色相、同纯度、不同明度的色彩组合。

（2）单性同一，包括同色相，不同明度、纯度的色彩组合；同明度，不同纯度、色相的色彩组合；同纯度，不同明度、色相的色彩组合。

细节设计应当尽量简洁，避免过长的衣带，颈部不可使用系带，各种绳带的外露长度不得超过 14cm 等。衣物的重量不宜集中在腰部，以避免对婴儿发育不利；应避免在裤装腰部使用过紧橡筋带，可使用扁平系带或较松的扁平橡筋带。金属附件不得有毛刺、锐利边缘和尖端，以免造成划伤；纽扣、珠子等饰物也应尽量避免，以免由于缝缀不牢固而误入婴儿口中，发生危险。

从保暖性能来讲，连体设计更有优势，它可从上到下覆盖婴儿的身体，不会随着婴儿翻身、爬行等活动露出腰腹，也不会出现活动过程中裤子被拖曳掉的情况，非常适合 5~10 个月的婴儿练习爬行时穿用。连体裤可在开裆部位使用按扣，既可方便更换尿布，又可保护婴儿的臀部卫生。

（二）幼儿装

幼儿指 1~5 周岁的儿童，可分为 1~3 周岁的幼童和 3~5 周岁的学龄前儿童。

1. 1~3周岁的幼童装

1~3 周岁的幼童生长速度较婴儿相对减慢，但身高及体重仍在迅速发展。他们喜欢活动，喜欢学走路、讲话、模仿大人的动作，开始有自己的各种要求。

设计幼童服装应着重于形体造型，少用腰线。轮廓以方型、长方型、A 型为宜，如女童的罩衫、连衣裙等，在肩部或前胸部设计育克、褶裥、碎褶等，使衣服从胸部向下展开，自然覆盖凸出的腹部；同时裙短至膝盖以上，利用视觉误差可造成下肢增长的感觉。另外一种常用造型结构是连衣式的裤、裙，这样的形式有利于幼童活动，在玩耍时做任何动作，裙、裤不致滑落。裤装上裆要略深，以便于生长，并保护突出的腹部。

这一时期儿童视觉神经发育到可以认识颜色，善于捕捉和凝视鲜亮的色彩。而他们对图案的喜爱更甚于色彩，许多事物都能够引起他们的注意。所以，在服装设计上，适宜使用鲜明的颜色，最好能够搭配有趣可爱的小动物、植物、字母等造型的图案装饰，能够起到启迪智慧、陶冶情操、培养健康情绪的目的。

幼儿装结构设计要宽松、灵巧。下装设计要以卫生、方便为前提。男幼童背带裤前裆要留开口，女幼童以背带裙最为方便。为了幼童力所能及地自己穿脱衣服，门襟开合的位置与尺寸需合理，大多设计在正前方位置。幼童的颈部较短，不宜设计繁琐的领形和装饰复杂的花边，领子应平坦而柔软。幼童对口袋有特别的喜爱，口袋的设计以贴袋为佳，袋口应不易撕裂，形状可以设计为花、草、树叶、动物等形状，最好是实用性与趣味性相结合。

童装制作可采用外翻折边，可对袖口、裤口以条格面料搭配制作，既美观，又留出身高变化尺寸，一举两得。刺绣也是童装的点睛之笔，精美的刺绣能提高童装品位、提高身价。

配件最好采用象形手法设计。帽子、围巾、背包等饰物以玩具的面貌出现，并结合时下流行的卡通形象等，这样会受到幼童的特别喜爱。

幼童的服装购买主要依赖父母的决策，因此，这一阶段的童装设计应把父母作为主要考虑因素。

2. 3~5周岁的学龄前儿童装

3~5周岁的学龄前儿童胸围、腰围没有太大差异。这时他们开始学唱一些简单的歌曲，学跳一些简单的舞蹈，做一些简单的游戏，并能做一些轻微简便的劳动。他们热爱大自然，并有了很高的接受知识的能力和理解力。设计师应通过孩子们的穿着打扮，对他们进行美的启发和引导，逐渐形成儿童的审美意识和审美能力。

儿童所爱的色彩来源于大自然的景色，他们喜爱水的晶莹透明，迷恋那空旷无际的蔚蓝苍穹，鹅黄、天蓝、湖绿、粉红、纯白……孩子们喜欢这些浅色调。这些色调能给人一种娇嫩、温和、柔润、恬静的感受。儿童服装的色彩组合宜以两种色调为主，可采用镶拼处理，可用色阶的差别使服装变化有致。图案的选择上，要把孩子丰富的想象、稚拙的理解同大自然中的每一个物体神秘交织起来，勾勒出一幅又真实、又虚幻、又熟悉、又陌生的画面。

为适应学龄前儿童生长需要，童装腰部不能太紧，款式造型以宽松休闲为主。袖口、裤口尺寸应合适，不影响孩子的游戏与运动，同时还要适当留出余量。外衣面料要易洗易干，尽量轻薄。背包、提包、帽子、围巾等配饰仍是服装设计中不可缺少的点睛之笔，并且应由装饰性逐渐向实用性过渡。学龄前儿童的服装以协调、美观、增强知识性为主。

随着年龄的增长和消费地位的不断提升，学龄前儿童影响父母购物的能力越来越强，因此童装设计要点应该建立在他们的消费心理和消费需求之上，取得他们的认同。

（三）学龄儿童装

学龄儿童指 6~12 周岁的儿童。这一时期儿童凸腹的特征逐渐消失，男童和女童的体型差别开始出现，男女体格的差异也日益明显，女孩子在这个时期开始出现胸腰差。他们逐渐脱离了幼稚感，有一定的想象力和判断力，但尚未形成独立的观点。学龄儿童的生活范围转向学校的集体之中，学习成为生活的中心。他们渴望模仿成人的装束和举止，活动力极强，男童天真顽皮，女童娇柔可爱，并喜欢独立的思维，个性较强。

学龄儿童的服装色彩应贴近成人服装的流行色彩，颜色可偏暗，以适应户外活动，面料要结实、耐磨、易洗、易干。

这一阶段的儿童大部分活动时间都在学校里度过，有的学校还实行了封闭式或半封闭式的教学管理，这种情况下，儿童的着装一般都为统一的学生制服。结合他们这个年龄段的心理和生理特征，也为了不让他们学习的时候被鲜亮的服装色彩分散注意力，学生制服应避免过分华丽的颜色和繁琐的装饰，统一、美观、简洁、大方等都是学生制服的特点。深蓝色、白色配以灰色点缀，整体协调统一。蓝色、浅蓝色、黑色、黑灰色搭配也非常和谐，有点小绅士和小淑女的感觉。而日常装、休闲装、礼服装的用色就比较灵活，可依据具体的个人喜好和场所需要而定。这个阶段的儿童普遍存在模仿成人衣着的心理，有一定的想象力和判断力，日常装搭配富有知识性和幻想性的图案，能起到开发想象力和创造性思维的作用。

款式设计方面，要强调活泼、健康、大方，不能过于华丽，要符合儿童的年龄和气质。普通腰线及低腰连衣裙腰部采用收褶和收省处理，工艺要简练、牢固，如袖肘、双膝和臀部很容易磨破，可在这些部位增加补布，或进行贴绣装饰，并在边缘部位缉缝明线，起到加固和装饰的作用。设计连帽的运动休闲装、夹克、长裤（短裤）配衬衫、马甲，这种装束更适合他们，设计时还应考虑到服装的配套性，采用协调的颜色与面料很好地搭配。

配饰设计要遵循质朴而不失潮流、实用而不失美观的设计原则。学龄儿童的配饰可以更强调功能性，可以设计与服装配套的书包、围巾、帽子等。

这一阶段的儿童消费能力增强，而且会逐渐成为家庭购买的主要参与者。处于本阶段的儿童愿意模仿成年人的外表和行为，因此，在了解他们心理的基础上，根据他们的爱好设计产品，投其所好。

（四）少年装

少年是指 13~15 周岁的儿童。身高突增是这一时期儿童的显著特点，另外，其神经系统以及心脏和肺等器官的功能也明显增强，体型已逐渐发育完善。尤其是少女，腰线、肩线和臀位线已明显可辨，身材也日渐苗条。少年期儿童具有自己独特的个性，自主性强，加上现在的孩子大多数是独生子女，他们出生在物质条件更为优越的生活环境中，容易接受新事物，这些特征决定了他们对家庭消费的影响力。

少女服装可设计成梯型、长方型、X 型等近似成人的轮廓造型，中腰 X 型的造型能体现娟秀的身姿，上衣适体而略显腰身，下装展开，这类款式具有利索、活泼的特点。为使穿着时行动方便以及整体效果显得端庄，在结构上多采用平装袖、落肩袖、插肩袖等，袖的造型可采用泡泡袖、灯笼袖、衬衫袖、荷叶袖等。

少男服装通常由 T 恤衫、衬衫、西式长裤或短裤组合而成。春、秋季可加夹克、毛衣或灯芯绒外套，冬季则改为棉夹克。衬衫和西裤可采用前（门）襟开合，与成人衣裤相同，西裤也可采用腰部橡筋，便于活动。外套以插肩袖、装袖为主，袖窿较宽松自如，以利于日常运动。服装款式应大方、简洁。

面料宜以棉织物为主，要求质轻、结实、耐洗、不褪色，装饰的手法多采用带有较强现代装饰情趣的刺绣等。

由于少年的主观意识比较强烈，他们在追捧时尚的同时，也拥有自己的审美观点及欣赏能力，对自己喜欢或讨厌的服饰能进行分析和判断。但是由于他们还是以校园生活为主，所以他们的着装一般也都是以学生制服为主。在设计时，少男装要体现出阳刚之气和青春活力，少女装则力求文静秀美，使中学校园充满朝气，又不失浓厚的学习氛围。

这一年龄的群体不仅对自己的消费拥有决定权，而且由于他们接受信息快，知识面广，消费也趋向合理，喜欢时尚，故逐渐对家庭消费产生引导作用。

二、童装面料的选择

服装款式与色彩都依赖于面料，不同的服装对面料的外观和性能有不同的要求。只有充分考虑儿童的生理特点，了解和掌握面料的特性，才能设计出有利于儿童健康的款式。

（一）童装面料的选用要求

考虑到儿童的生理特点，童装面料选用应以功能性为主。

婴儿的皮肤表面湿度高，新陈代谢旺盛，易出汗，肌肤纤细，对外部的刺激十分敏感，易发生湿疹、斑疹。因此，婴儿服装应选择轻柔、富有弹性、容易吸水、保暖性强、透气性好、不易起静电且耐洗涤的天然纤维材料。粗糙的面料、过硬的边缝、过粗的线迹，都易擦伤皮肤，尤其是颈部、腋窝、腹股沟等部位出汗潮湿，会因衣服粗糙或僵硬而发生局部充血和溃烂。另外，婴幼儿经常吸吮服装，因此，材料应该具有良好的染色牢度。

夏季幼儿服应选用透气性好、吸湿性强的面料，使孩子穿着凉爽。秋冬季宜用保暖性好、耐洗、耐穿的较厚的面料。

学生服的面料以棉织物为主，要求质轻、结实、耐洗、不褪色、缩水性小。

（二）童装面料的性能与用途

童装常用面料为机织面料和针织面料两种。

1. **机织面料**

机织面料是指以经纬两系统的纱线在织机上按一定的规律相互交织而成的织物。机织面料的主要特点是布面有经向和纬向之分。其主要优点是结构稳定，布面平整，悬垂时一般不出现驰垂现象，适合于各种裁剪方法。机织面料被广泛应用于各种服装。

按照其纤维原料的不同，常用的童装机织面料有以下几种。

（1）纯棉织物：纯棉织物吸湿性好，手感柔软，触感好，光泽柔和，富有自然美感，坚牢耐用，因此被广泛应用于儿童服装中。童装面料常用的纯棉织物种类如下。

平纹织物——表面平整、光洁，有着细腻、朴素、单纯的织物风格，多用于儿童衬衫、罩衫、裙装、睡衣等。儿童服装中常使用细平布和中平布。

泡泡纱——是一种具有特殊外观的平纹布，其表面的凹凸效果可由制造时两种不同张力在织物表面形成泡泡或有规律的条状皱纹，也可在印染加工中利用棉织物遇烧碱急剧收缩的特性，按需要的凹凸部分加工成各种花式纹样的泡泡纱。泡泡纱有着布身轻薄、凉爽舒适、纯朴可爱的风格特点，适用于儿童衬衫、罩衫、连衣裙、塔裙、睡衣裤等。

绒类织物——童装中多使用绒布和灯芯绒。绒布属拉绒棉布的一种，是将平纹或斜纹棉布经单面或双面起绒加工而成的产品，其主要风格特征是触感柔软，保暖性好，色泽柔软，穿着舒适可爱，多用于婴幼儿衬衫、罩衫、爬装和儿童连衣裙、睡衣裤等品种。灯芯绒是纬起毛棉织物，是由一组经纱和两组纬纱交织而成，地纬与经纱交织形成固结毛绒，毛纬与经纱交织割绒后，绒毛覆盖表面，经整理形成各种粗细不同的绒条。其主要特征是手感柔软、绒条圆直、纹路清晰、绒毛丰满、质地坚牢耐磨，多用于儿童大衣、外套、夹克衫、休闲服、裤子、裙子等品种。

斜纹织物——包括斜纹布、劳动布、卡其、华达呢等。该类织物表面有斜向的纹理，布身紧密厚实，手感硬挺，粗犷而独特，作为牛仔服及其他休闲服的面料用于童装，经久不衰。

（2）麻织物：麻织物是用麻纤维纺织加工而成的织物，其主要原料有苎麻和亚麻。麻织物的突出特点是吸湿好、散湿快、透气性好、硬挺、耐腐蚀、不易霉烂和虫蛀，夏季穿着凉爽舒适。服装用麻织物主要有以下两类。

苎麻织物——主要包括夏布、纯苎麻布和涤麻布。夏布的特点是强度高、布面较平整、质地坚牢、吸湿散湿快、易洗快干、透气散热性好、爽滑透凉，主要用作夏令儿童服装。纯苎麻布的特点是织物结构紧密、布面匀净光洁、手感爽挺、质地坚牢、易散热散湿、穿着凉爽舒适且抗虫蛀。其质量好于夏布，也主要用作夏令儿童服装。涤麻布的特点是织物平挺坚牢、手感挺爽、弹性好、易透气散热、穿着舒适、易洗快干、抗虫蛀，主要用作夏令儿童衬衫、连衣裙等。

亚麻织物——主要包括亚麻布、棉麻漂白布和涤麻呢。亚麻布的特点是织物伸缩少、平挺透凉、吸湿性好、易散湿散热、穿着舒适、易洗快干。棉麻漂白布的特点是织物平挺光洁、易吸湿散热、爽滑透凉、舒适耐用。亚麻布和棉麻漂白布均多用作儿童夏季衬衫、短裤等。涤麻呢的特点是织物表面粗细不匀、风格粗犷、有毛型感、挺括耐皱，易吸湿散热透气、穿着挺爽、易洗快干，主要用作春、秋儿童服装，如大童西装、大衣等。

麻织物较其他天然纤维织物硬挺，因此一般不用作婴儿装面料，而用于较大儿童服装。

（3）丝织物：丝织物是由桑蚕丝和柞蚕丝纺织而成的织物。丝织物有良好的服用性能，其主要特点是易吸湿、易透气、柔软滑爽、色泽鲜艳，非常适合于儿童服装，但较高的价格限制了其在儿童服装中的应用。童装用丝织物主要有以下几种。

雪纺绸——布面光滑、透气、轻薄，可用作儿童衬衣、连衣裙和睡衣裙等。

双绉——织物表面具有隐约细皱纹，质地轻柔，平整光亮，可用作儿童衬衣、连衣裙等。

塔夫绸——质地紧密，绸面细洁光滑、平挺美观，光泽柔和自然，适用于儿童节日礼服、演出服等。

（4）毛织物：毛织物是指采用以天然羊毛为主要原料、经粗梳或精梳毛纺系统加工而成的各种织物，其主要特点是保暖性好、吸湿和透气性好、弹性好、手感丰满、光泽柔和自然，抗褶皱性好于棉、麻和丝织物，但易缩水、易虫蛀。应用于童装的毛织物主要有：精纺毛织物、粗纺毛织物和长毛绒织物。

精纺毛织物——精纺毛织物一般采用60~70支优质细羊毛毛条或混用30%~55%的化纤原料纺成指数较高的精梳毛纱织成的各种织物，适合于夏、春、秋季的服装制作。精纺毛织物轻薄滑爽、布面光洁，有较好的吸湿、透气性，主要品种有华达呢、哔叽、啥味呢、礼服呢等，可应用于儿童轻薄大衣、套装等。

粗纺毛织物——粗纺毛织物一般使用分级国毛、精梳短毛、部分60~66支毛及30%~40%左右的化纤为原料纺成支数较低的粗梳毛纱织成的各种织物，适合于春秋冬季的服装制作。粗梳毛织物毛茸丰满厚实，有较好的吸湿性和保暖性，主要品种有：麦尔登、法兰绒、制服呢、大衣呢、粗花呢等，可应用于儿童大衣、外套、夹克、套装、套裙、背心裙等的制作。

长毛绒织物——属于一种用精梳毛纱及棉纱交织的立绒织物，可作衣面和衣里。衣面长毛绒的绒毛平整挺立，毛丛稠密坚挺，保暖性好，绒面光泽明亮柔和，手感丰满厚实，毛绒高度较低，具有特殊的外观风格。在童装上，用作服装面料的长毛绒织物主要是混纺材料，价格较低，纯毛织物主要用作帽子和衣领等配饰用品。衣里长毛绒对原料的要求较低，毛绒较长且稀松，手感松软，保暖轻便，多为化纤混纺或纯纺，价格较低廉，在童装上除作衣里面料外，还可用作大衣、外套等品种。

（5）人造纤维素纤维织物：人造纤维素纤维织物由含天然纤维素的材料经化学加工而成。主要包括人造棉织物、人造丝织物和人造毛织物，广泛应用于儿童服装中。

人造棉织物——织物质地均匀细洁，色泽艳丽，手感滑爽，吸湿、透气性好，悬垂性好，穿着舒适。但缩水率较大，易变形，主要用于夏季儿童衬衫、连衣裙、睡衣裙、裤等。

人造丝织物——包括人造丝无光纺、美丽绸、羽纱及醋酯人造丝软缎等品种。美丽绸及羽纱主要用作童装里料。人造丝无光纺密度较稀，手感柔滑，表面光洁，色泽淡雅，夏季穿着凉爽舒适，适用于儿童衬衫、连衣裙等品种。醋酯人造丝软缎光泽鲜艳，外观酷似真丝绸缎，可以制作儿童演出服。

人造毛织物——是毛黏混纺毛织物，具有与纯毛织物同类产品相似的外观风格和基本特点，但手感、挺括度和弹性较毛织物差，可广泛用于儿童大衣和学生服装。

（6）涤纶织物：目前涤纶织物正在向合成纤维天然化方向发展，各种差别化新型涤纶纤维、纯纺和混纺的仿丝、仿毛、仿麻、仿棉、仿鹿皮的织物进入市场，在童装上有着广泛的用途。

涤纶仿丝绸织物——品种有涤纶绸、涤纶双绉等，弹性和坚牢度较好，易洗免烫，悬垂飘逸，但吸湿、透气性较差。因其舒适性较差，在童装上的应用较少，可作夏季低档儿童衬衫、连衣裙等。

涤纶仿毛织物——品种主要是精纺仿毛产品，使用范围极广。涤纶仿毛织物产品强度较高，有一定的毛型感，抗变形能力较好，经特殊处理的织物具有一定的抗静电性能，价格低廉，主要应用在较大儿童裤装、外套等方面。

涤纶仿麻织物——品种较多，一般涤纶仿麻织物产品外观较粗犷、手感柔而干爽、性能似纯麻产品，穿着较舒适。薄型仿麻织物广泛应用于夏季衬衫、连衣裙等方面，中厚型仿麻织物则适于做春秋外套、夹克等。

涤纶仿鹿皮织物——以细或超细涤纶纤维为原料，以非织造物、机织物和针织物为基布，经特殊整理加工而获得的各种性能外观颇似天然鹿皮的涤纶绒面织物，其特征是质轻、手感柔软、悬垂性及透气性较好、绒面细腻、坚牢耐用，适于制作儿童风衣、夹克、外套、礼服等产品。

（7）锦纶织物：锦纶织物的耐磨性居于各种织物之首，吸湿性好于其他合成纤维织物，弹性及弹性恢复性较好，质量较轻，主要用作童装的罩衫、礼服、内衣、滑雪衫、风雨衣、羽绒服和袜子等。

（8）腈纶织物：腈纶织物有“合成羊毛”之称，产品挺括、抗皱、质轻、保暖性较好、耐光性好、色泽艳丽、弹性和蓬松度极好，防蛀、防油、耐药品性好，但吸湿性较差，易起静电，主要用作童装中的礼服、内衣裤、毛衣、外套、大衣等。

（9）氨纶弹力织物：氨纶弹力织物指含有氨纶纤维的织物，由于氨纶具有很高的弹性，其织物的弹性因混有氨纶纤维比例的不同而不同。主要氨纶弹力织物产品有：弹力棉织物、弹力麻织物、弹力丝织物和弹力毛织物，其优点是质轻、手感平滑、吸湿透气性较好、抗皱性好、弹力极好，可用作儿童的练功服、体操服、运动服、泳衣等。

（10）丙纶织物：作为服装面料，常见于丙纶混纺织物。丙纶主要与其他纤维混纺织成各种棉丙布、棉丙麻纱、棉丙华达呢等。丙纶混纺织物的优点是质量较轻，外观平整，耐磨性较好，尺寸稳定，缩水率比较低，易洗快干，价格便宜。但耐热性、耐光性较差，高温下易收缩变硬。适于做中低档儿童衬衫、外套、大衣等。

2. 针织面料

针织面料是指用一根或一组纱线为原料，以纬编机或经编机加工形成线圈，再把线圈相互串套而成的织物。针织面料质地松软，有较大的延伸性、弹性以及良好的抗皱性和透气性，穿脱方便，不易变形，在童装上有非常广泛的应用。

在童装上应用的针织面料品种繁多，有针织棉织物、针织毛织物和各种混纺织物，按其结构特征划分为以下几种。

（1）纬平针组织：纬平针组织是由连续的单元线圈单向相互穿套而成。织物结构简单，表面平整，纵横向有较好的延伸性，但易脱散，易卷边。常用于夏季童装中的背心、短裤、连衣裙、针织衬衫、T恤衫和秋冬季节的毛衣。

（2）纬编罗纹组织：纬编罗纹组织横向具有较大的弹性和延伸性，顺编织方向不脱散、不卷边，常用于弹性较好的儿童内外衣、弹力衫和T恤衫等款式中。

（3）双反面组织：双反面组织是由正面线圈横列和反面线圈横列以一定的组合相互交替配置而成。该组织的织物比较厚实，具有纵横向弹性和延伸性相近的特点，上下边不卷边，但易脱散，常用于婴儿服装、袜子、防抓手套、婴儿帽等款式中。

（4）编链组织：每根经纱始终在同一织针上垫纱成圈的组织，其性能是纵向延伸性小，因此一般用它与其他组织复合织成针织物，可以限制纵向延伸性和提高尺寸的稳定性，常用于外衣和衬衫类针织物。

（5）经平组织：经平组织是每根经纱在相邻两枚织针上交替垫纱成圈的组织，有一定的纵横向延伸性和逆编织方向的脱散性。经平组织与其他组织复合，广泛用于内、外衣、衬衫、连衣裙等款式中。

（6）经缎组织：每根经纱顺序地在3枚或3枚以上的织针上垫纱成圈，然后再顺序地在返回原位过程中逐针垫纱成圈而织成的组织。经缎组织线圈形态接近于纬平针组织，因此，其特性也接近于纬平针组织。经缎组织与其他组织复合，可得到一定的花纹效果。

（7）双罗纹组织：双罗纹组织又称棉毛布，是由两个罗纹组织交叉复合而成，正反面都呈现正面线圈。其特点是厚实、柔软、保暖性好、无卷边，抗脱散性和弹性较好，广泛用于各种内衣、衬衫和运动衫裤。

（8）复合双层组织：双层组织是指针织物的正反面两层分别织以平针组织，中间采用集圈线圈做连接线。双层组织的正反面可由两层原料构成，发挥各自的特点，如用途广泛的涤盖棉针织物，涤纶在正面具有强度高、挺括、厚实、紧密、平整、横向延伸性好、尺寸稳定性好和富有弹性的特点，棉纱在反面，具有平整柔软、吸湿性好等优点，常用于运动服装和冬季校服的面料。

（9）空气层组织：空气层组织指在罗纹或双罗纹组织基础上每隔一定横列数织以平针组织的夹层结构，具有挺括、厚实、紧密、平整、横向延伸性好、尺寸稳定性好等特点，广泛应用于童装外衣。

（三）童装新面料的应用

近些年来，服装潮流除回归自然外，人们对休闲、舒适、纯天然、安全等更为重视，环保意识进一步加强。以天然纤维棉、麻、毛、丝等为原料的面料仍受欢迎，特别是用高新技术改良的天然纤维材料更受消费者喜爱，如不需经过染色的天然彩棉、无公害的生态棉等在童装上都有非常广泛的应用。

针对合成纤维吸湿、透气性较差和易起静电的特点，近几年纤维加工工艺和后处理工艺有了很大的突破和创新，技术改进后的各种纺织品在很多方面符合人体的穿着要求，如改进后的各种混纺、化纤面料在吸湿、透气方面有很好的突破，抗静电性优良且不易沾污。高科技与高创意融合，赋予服装各种各样的特殊功能，迎合了现代人生活方式和个性化的服装理念，如用莱卡、天丝等新纤维织造的各种新型面料，体现出比传统面料更柔软、更舒适、更美观、更耐用且更时尚的特征。

如今，许多新型抗菌纤维、防紫外线纤维、温控纤维、阻燃纤维等问世，给服饰设计带来了更广阔的天地。它们功能各异，色彩缤纷，个性十足，不仅满足了儿童消费者对更新、更好的产品的追求，而且使得儿童穿着更舒适，更人性化。

三、童装结构设计常用术语

（一）部位术语

1.前衣身部位

前衣身部位是指遮盖人体躯干前部的服装部件，它的造型是否良好是检验服装的重要内容。

（1）领窝：前后衣身与领身缝合的部位。

（2）门襟和里襟：门襟是衣片在前中线处折叠时在上方的部位，通常在该处开扣眼；里襟通常在该部位钉扣，与门襟相对应。

（3）门襟止口：指门襟的边沿，其形式有连止口与加过面两种形式。一般加过面的门襟止口较坚挺，牢度也强。止口上可以缉明线，也可以不缉。

（4）搭门：门襟、里襟需重叠的部位。不同品种的童装搭门量不同，范围自 1~8cm 不等。一般是服装衣料越厚重，使用的纽扣越大，搭门尺寸越大。

（5）扣眼：纽扣的眼孔。扣眼排列形状一般有纵向排列与横向排列，纵向排列时扣眼处于搭门线（通常为前中心线）上，横向排列时扣眼的起点在止口线一侧并超越搭门线半个纽扣的宽度。

（6）眼档：扣眼间的距离。眼档的制订一般是先制订好首尾两端扣眼，然后平均分配中间扣眼，根据造型需要也可间距不等。

（7）驳头：衣身随领子一起向外翻折的部位。

（8）驳口：驳头里侧与衣领的翻折部位的总称，是衡量驳领制作质量的重要部位。

（9）串口：领面与驳头面的缝合处。一般串口线与领底和驳头的缝合线不处于同一位置，串口线较斜。

（10）摆缝：前、后衣片侧缝的缝合处。

2.后衣身部位

背缝：为贴合人体或造型需要在后衣身中线处设置的缝子。

3.肩部

肩部指人体肩端点至侧颈点之间的部位，是观察、检验衣领与肩缝配合是否合理的部位。

（1）总肩宽：自左肩端点通过后颈点（BNP）至右肩端点的长度，亦称“横肩宽”或者“总宽”。

（2）前过肩：连接前衣片并与肩缝合的部件。

（3）后过肩：连接后衣片并与肩缝合的部件。

4.臀部

臀部是人体下肢最丰满处的部位。

（1）上裆：位于腰头上口至裤腿分叉处的部位，是影响裤子舒适与造型的重要部位。

（2）横裆：位于上裆下部最宽处，是关系裤子造型的重要部位之一。

（3）中裆：位于脚口至臀部的$\frac{1}{2}$处，是影响裤腿造型的重要部位。

（4）下裆：横裆至脚口之间的部位。

（二）部件术语

服装是由很多零部件组成的，主要零部件分为：

1. 衣身

衣身指覆着于人体躯干部位的服装部件，是服装的主要部件。

2. 衣领

衣领指围于人体颈部、起保护和装饰作用的部件，包括领子与领子相关的衣身部分（即领窝），狭义单指领子。领子安装于衣身领窝上，其部位包括以下几部分。

（1）翻领：领子自翻折线至领外口的部分。

（2）领座：领子自翻折线至领下口的部分。

（3）领上口：领子外翻的翻折线。

（4）领下口：领子与领窝的缝合处。

（5）领外口：领子的外沿部位。

（6）领串口：领面与驳头的缝合线。

（7）领豁口：领嘴与驳角间的距离。

3.衣袖

衣袖指覆着于人体手臂的服装部件。一般指袖子，有时也包括与袖子相连的部分衣身。

缝合于衣身袖窿处的袖子，包括以下几部分：

（1）袖山：与衣身袖窿缝合的袖子上部凸状部位。

（2）袖缝：袖片的缝合处，按所在部位分为前袖缝、后袖缝。

（3）大袖：两片袖中的大袖片。

（4）小袖：两片袖中的小袖片。

（5）袖口：袖子下口边沿部位。

（6）袖克夫：缝在袖子下口的部件，起束紧和装饰作用。

4.口袋

口袋是衣服上插手和盛装物品的部件，同时起装饰作用。

5.襻

襻是起扣紧、牵吊功能和装饰作用的部件。

6.腰头

腰头指与裤、裙身缝合的部件，起束腰和护腰作用。

（三）童装结构制图术语

以衬衫为例，上衣基础线和结构线制图术语如图1-1所示。

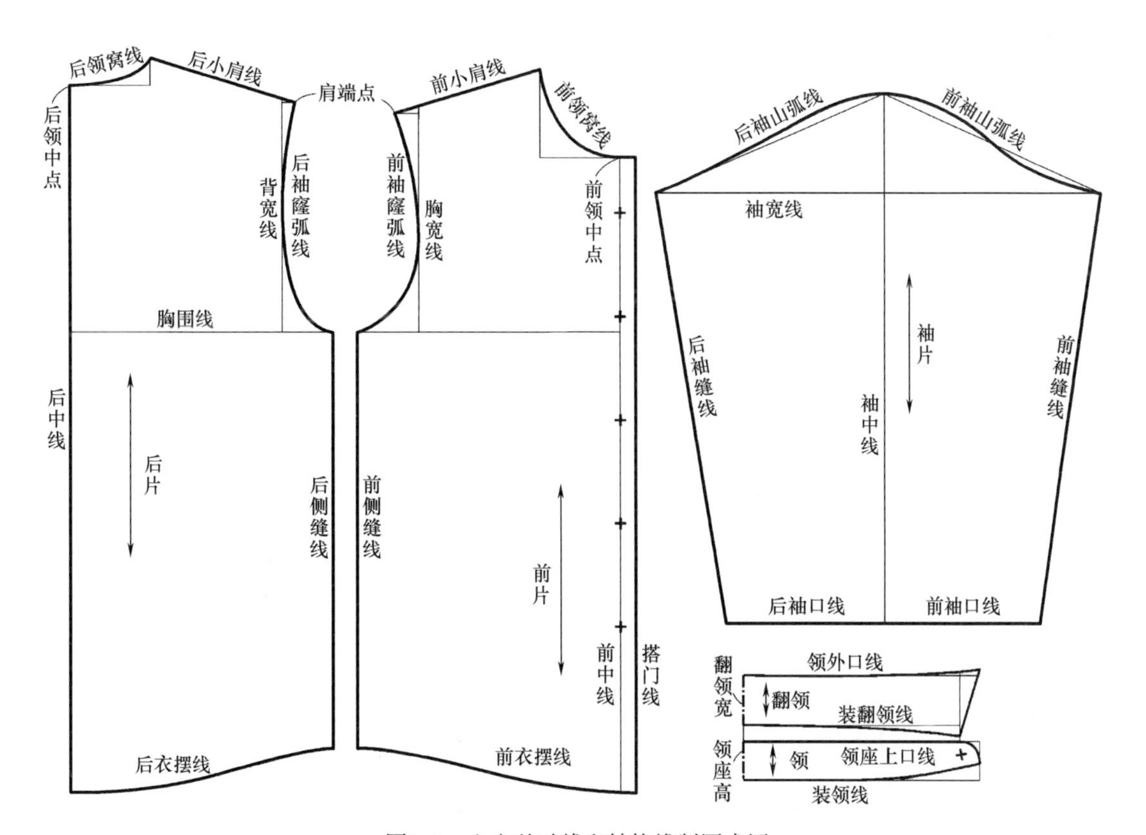

图1-1　上衣基础线和结构线制图术语

以普通 A 型裙为例，裙装基础线和结构线制图术语如图 1–2 所示。

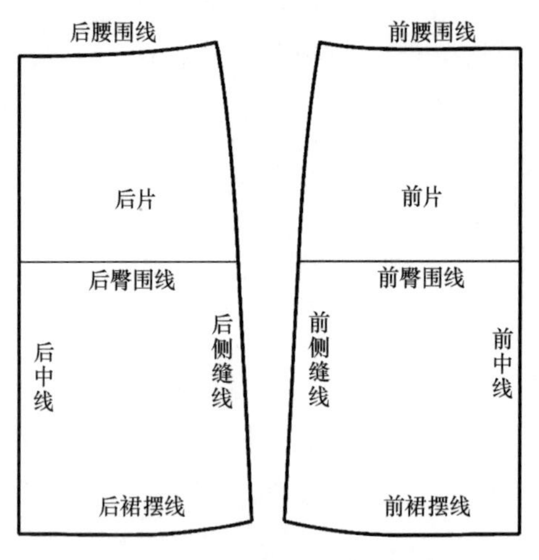

图1–2　裙装基础线和结构线制图术语

裤装基础线和结构线制图术语如图 1–3 所示。

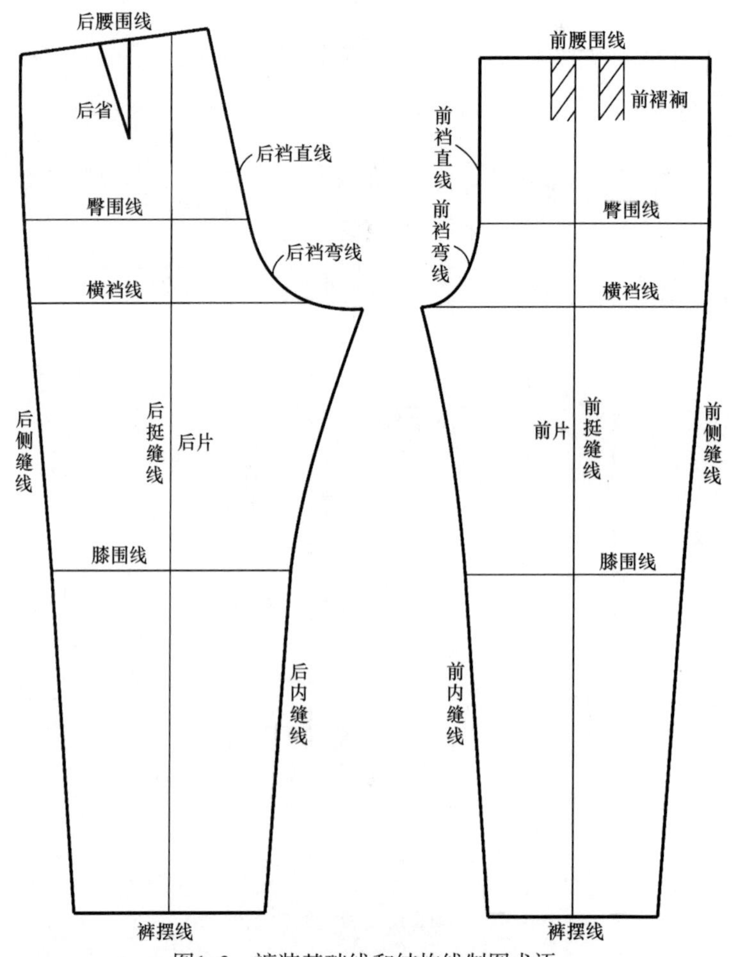

图1–3　裤装基础线和结构线制图术语

四、童装结构设计的方法

儿童时期是人生中体型变化最快的阶段，从出生到少年期，体型随年龄的增长而急剧变化，最后接近成人体型。儿童各个时期的体型特点不同，其服装结构设计的方法也有所不同。常见童装结构设计方法有原型法、比例法、短寸法等，本节主要介绍原型法。

（一）原型法

1.原型法结构设计的特点

原型法是一种间接的裁剪方法。首先，需要绘出合乎人体体型的基本衣片即“原型”，然后按款式要求，在原型上做加长、放宽、缩短等调整来得到最终服装结构图。原型一般针对一个特定体型或者号型产生，有足够的针对性。这种方法相当于把结构设计分成两步：第一步是考虑人体的形态，绘制一个符合人体腰节线以上部位曲面特征的基本衣片（母版）；第二步是考虑款式造型的变化，以基本衣片为基础，根据款式要求进行各个部位的加长、放宽等。这样，一旦原型建立好，结构设计就能很直观地在原型上做调整，减小了结构设计的难度。

一般常见的原型有美国式原型、英国式原型、法国式原型、日本式原型、韩国式原型等。仅日本就有五种原型（文化式原型、登丽美原型、田中原型、伊东式原型、拷梯丝式原型），其中，日本文化服装学院创立的文化式原型在我国高等院校服装专业普遍采用。原型裁剪最大的优势在于省道的转移。不论多复杂的款式，都可以用剪开推放、剪开拼合的手法完成，这是其他很多方法所不能相比的。原型法制图的主要特点如下。

（1）具有较广泛的通用性和体型覆盖率：对于复杂的体型，不论是较瘦还是较胖的人，都可以制作出与立体型相符的原型。原型实质上就是把立体的人体表皮平面展开后，加上基础放松量而构成服装的基本型，就是将立体的人体服装变成平面而简单化。原型显示着人体与服装的关系，保障了服装结构最基本的合体性。

（2）量体尺寸少：由于原型的设计理论比较严谨，拥有大量的数据基础，所以制作原型时所需测量的体型数据较少，如上衣原型仅需要净胸围、背长、袖长三个部位的数据。所以使用原型进行服装结构设计时，需要的体型数据较少。

（3）容易记忆：制作原型时需要记忆的公式不到 10 条，易学易记。在以后使用原型设计服装结构时，不再需要公式，不会束缚设计思维。

（4）制图快：制图快是文化式原型法突出的优点。掌握了应用原型的方法后，无论何种类别的服装（内衣、外衣、大衣），无论何种造型的服装（从紧身到宽松），只要人体号型一样，均可使用同一号原型进行设计。在原型的基础上，适当地增减数据，不断地从立体到平面，从平面到立体，反复思考，便可获得不同的造型。

（5）与传统规格体制不相符：原型制图以净体尺寸作为基础，与我国服装业传统的规格体制不太相符。

2.儿童服装原型

（1）原型各部位名称：为制图方便，应确定原型衣身和袖子各部位的名称。衣身与袖子各部位的名称如图 1–4 和图 1–5 所示。

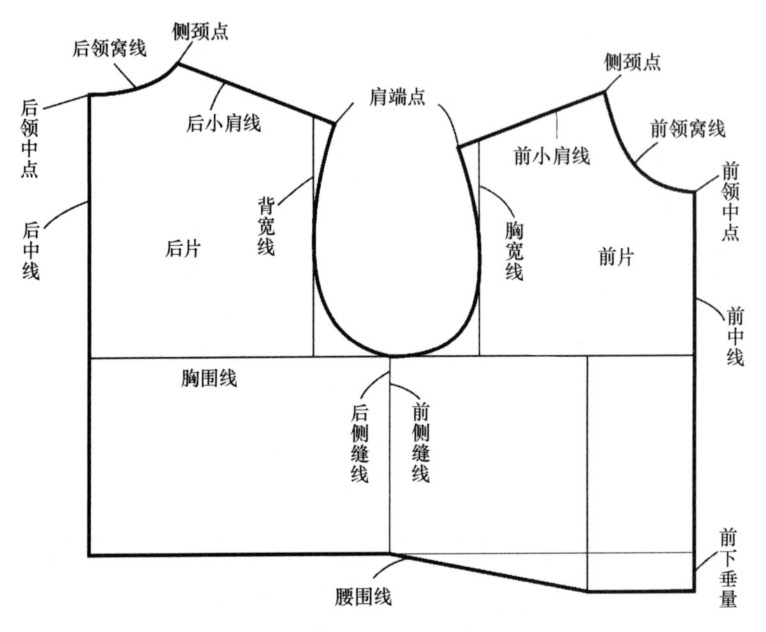

图1–4 儿童装原型衣身各部位的名称

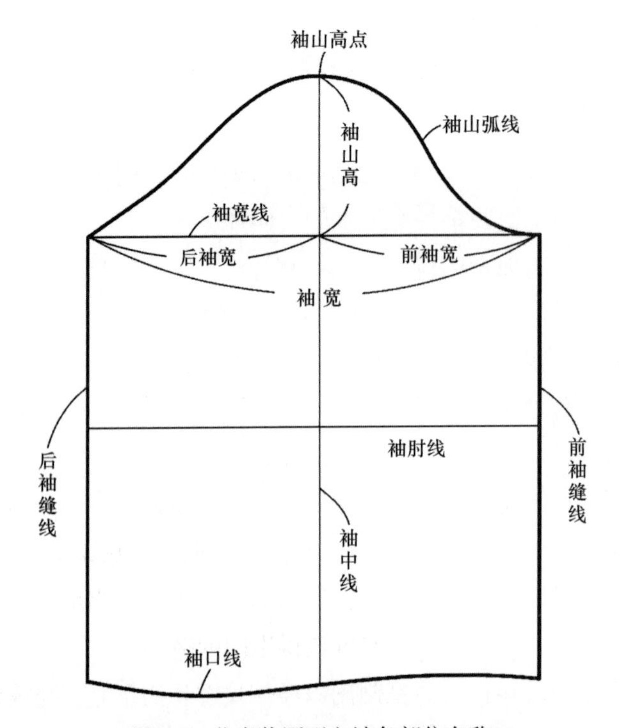

图1–5 儿童装原型衣袖各部位名称

（2）儿童装衣身原型的绘制：衣身原型是以胸围和背长的尺寸为基准，各部位尺寸是以胸围为基础计算得出的或是固定的尺寸，但是，对于特殊体型的儿童，有的尺寸并不一定完全与胸围尺寸成比例，所以还是要具体测量各部位的尺寸进行制图较好。

① 做基础线（图 1–6）。

——做长方形。以背长为高，以$\frac{胸围}{2}$+7cm（放松量）为长做长方形。儿童服装原型中的放松量为 14cm，大于成人，以适应儿童的生长发育和活泼好动的特点。

——做胸围线。自长方形上边线向下量$\frac{胸围}{4}$+0.5cm 做胸围线。肥胖儿童胸围大，袖窿深（$\frac{胸围}{4}$+0.5cm）也大，胸围线低；瘦儿童胸围小，袖窿深（$\frac{胸围}{4}$+0.5cm）也小，胸围线高，因此特体儿童应调整胸围线的位置。

——做侧缝线。自胸围线中点向长方形下边线做垂线为侧缝线。

——做背宽线、胸宽线。将胸围线 3 等分，后$\frac{1}{3}$点向侧缝方向移 1.5cm，做长方形上边线的垂线为背宽线，前$\frac{1}{3}$点向侧缝方向移 0.7cm，做长方形上边线的垂线为胸宽线。由于儿童手臂运动幅度大的原因，背宽比胸宽略宽一些。

儿童装原型基础线如图 1–6 所示。

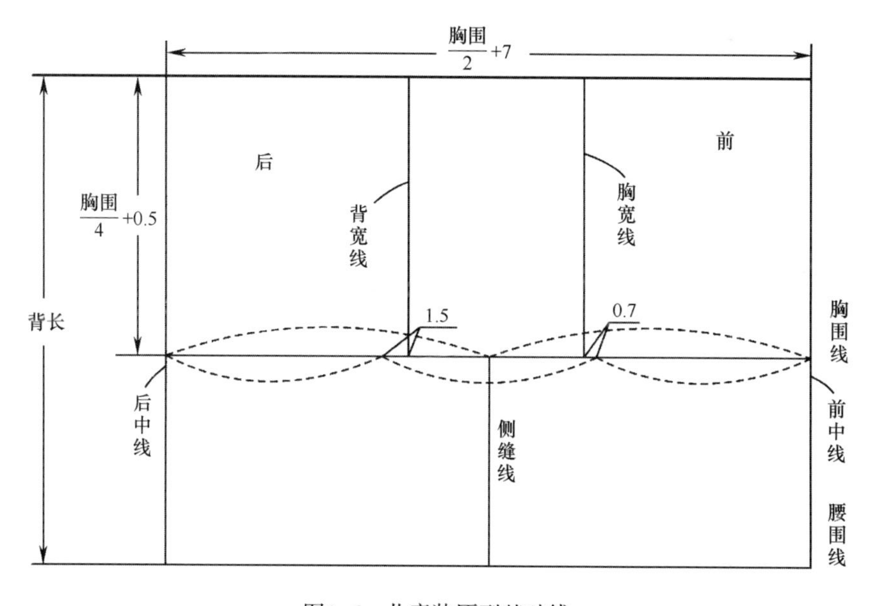

图1–6 儿童装原型基础线

② 做轮廓线（图 1–7）。

——做后领窝线。在上基础线上，自后领中心点量取$\frac{胸围}{20}$+2.5cm 的尺寸为后领宽，在后领宽处做垂线，取后领宽$\frac{1}{3}$的长度为后领高，记做“○”，后领窝线从后领中心开始与长方形上边线重叠 1.5~2cm，再与侧颈点圆顺连起。

——做后肩斜线。在背宽线上，自长方形上边线向下取$\frac{1}{3}$后领宽○，过此点做平行线，并向外以○ -0.5cm 取点，连接此点和侧颈点的直线为后肩斜线。

——做前领窝线。取前领宽 = 后领宽 = ◎，前领深 = ◎ +0.5cm，做长方形，连对角线，在对角线上以○ +0.5cm 取点，过此点、侧颈点、前中心点绘制前领窝线。

——做前肩斜线。自胸宽线与长方形上边线的交点向下取○ +1cm 的尺寸，与侧颈点连接。在连接线上，取后肩长■-1cm 作为前肩斜线的长度，1cm 是为了适应儿童背部的圆润与肩胛骨的隆起而设的必要的差量，用缩缝或省的形式处理。

——做前后袖窿弧线。后袖窿弧线第一辅助点位置：背宽线上，后肩点的水平线上的点到胸围线之间的$\frac{1}{2}$点；第二辅助点位置：在背宽线与胸围线的角平分线上，量取背宽线到侧缝线距离的$\frac{1}{2}$。前袖窿弧线第一辅助点位置：前肩线与胸宽线的交点到胸围线之间的$\frac{1}{2}$点；第二辅助点位置：在胸宽线与胸围线的角平分线上量取后袖窿第二辅助点的尺寸减去 0.5cm。用光滑曲线连接前后肩端点、各个辅助点和侧缝胸围点。

——做腰线。自前中线下端向下延长○ +0.5cm 的尺寸，水平绘至$\frac{1}{2}$胸宽线的位置，并与侧缝点连接。儿童原型轮廓线如图 1–7 所示。

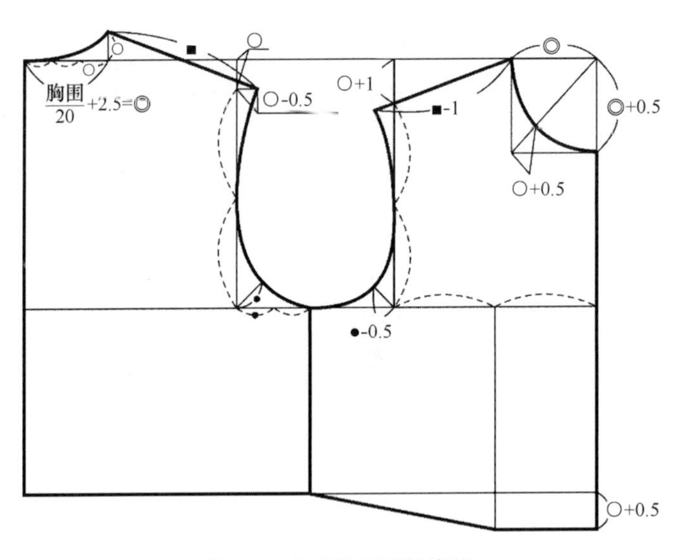

图1–7 儿童装原型轮廓线

——检查领窝线和袖窿弧线。将前后片原型的侧颈点对齐，肩线重合，检查领窝线是否圆顺，如图 1–8 所示。将前后片原型在肩点处对齐，肩线重合，检查袖窿弧线在肩部是否圆顺，如图 1–9 所示。

（3）儿童装袖原型的绘制：袖原型是应用广泛的一片袖，是袖子制图的基础，可配合服装种类与设计来使用。绘制袖原型必需的尺寸为衣身原型中的前袖窿尺寸、后袖窿尺寸与袖长。基础线和轮廓线的做法分别如图 1–10、图 1–11 所示。

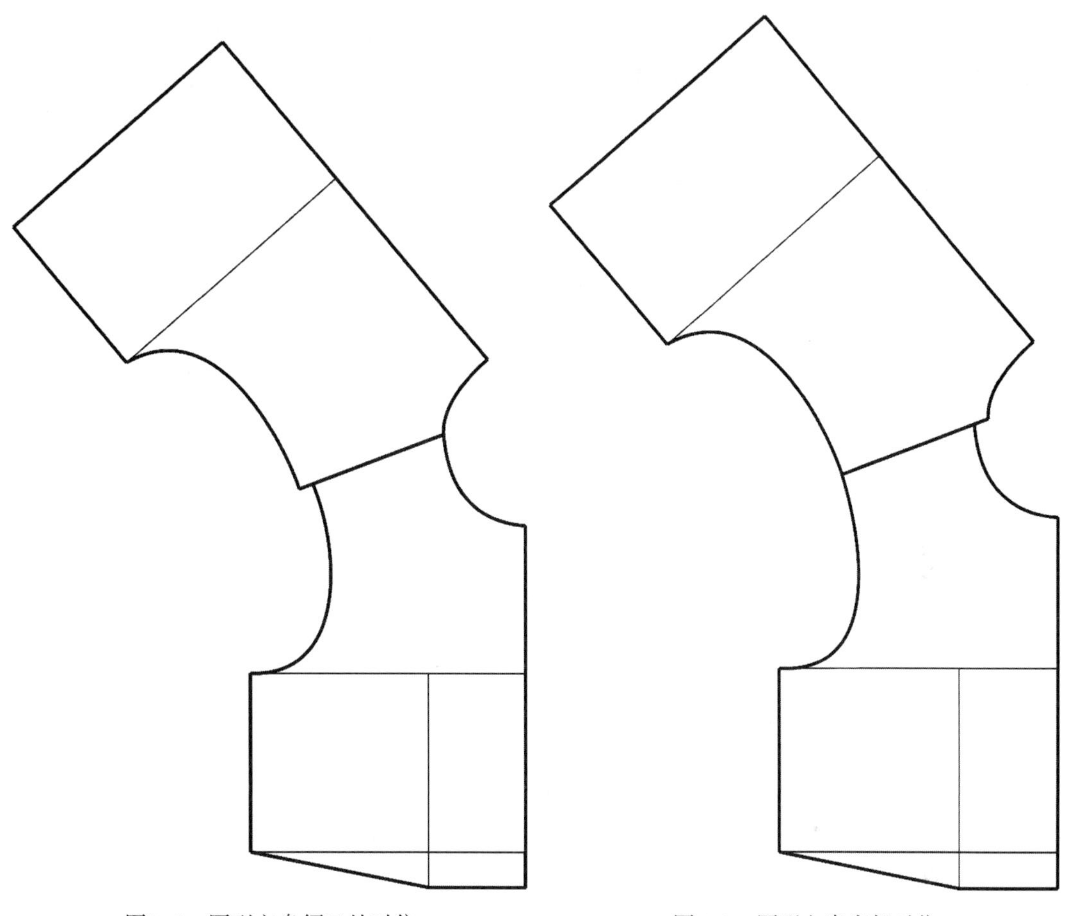

图1-8　原型衣身领口处对位

图1-9　原型衣身肩部对位

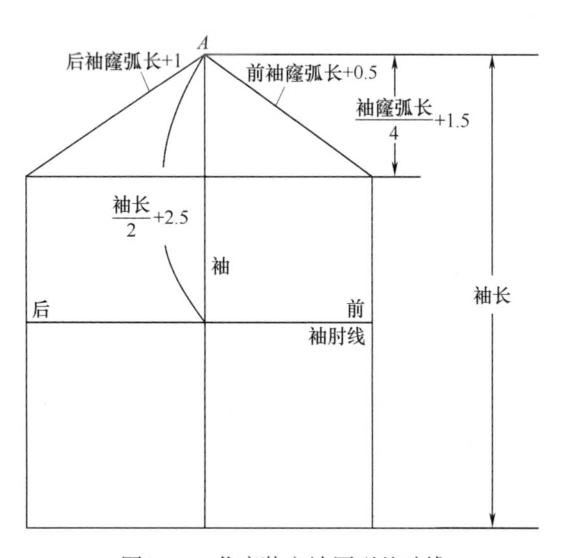

图1-10　儿童装衣袖原型基础线

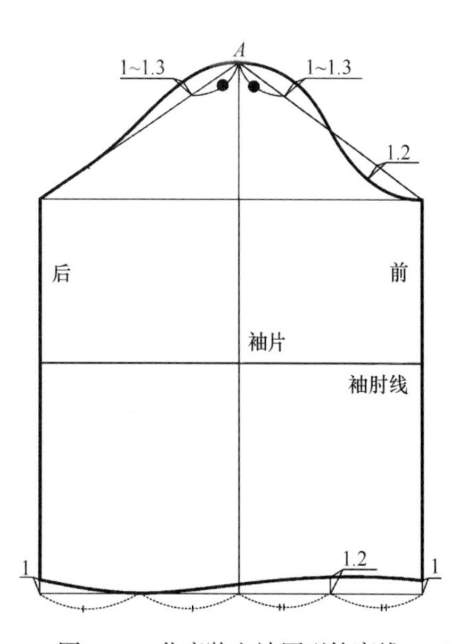

图1-11　儿童装衣袖原型轮廓线

——确定袖山高，做袖中线和袖宽线。根据年龄的不同，袖山高采用不同的计算方法，1~5 岁取$\frac{袖窿弧长}{4}$+1cm，6~9 岁取$\frac{袖窿弧长}{4}$+1.5cm，10~12 岁取$\frac{袖窿弧长}{4}$+2cm。同样的袖窿尺寸，袖山高度降低，袖肥变大，运动机能增强；袖山高度升高，袖肥尺寸变小，形状好看，但运动机能较差。幼儿装需要有充足的运动宽松量，所以袖山高度降低，随年龄的增长，袖窿尺寸变大，袖山高也相应增加。

——做袖口线。自袖山 *A* 点向下量取袖长尺寸做水平线。

——确定袖宽尺寸，并做袖缝线。自袖山 *A* 点分别向袖宽线做斜线，前袖山斜线长为前袖窿弧长 +0.5cm，后袖山斜线长为后袖窿弧长 +1cm，过此两点分别向袖口线做垂线。

——做袖肘线。自袖山 *A* 点量取$\frac{袖长}{2}$+2.5cm，做水平线。

——做袖山弧线。把前袖山斜线四等分，上$\frac{1}{4}$等分点的凸量为 1~1.3cm，下$\frac{1}{4}$等分点的凹量为 1.2cm。在后袖山斜线上，自 *A* 点量取$\frac{1}{4}$前袖窿斜线的长度，外凸量为 1–1.3cm，分别过前袖宽点、前袖窿凹点、$\frac{1}{2}$点、前袖窿凸点、袖山高点、后袖窿凸点、后袖宽点做袖山弧线。

——做袖口弧线。在前后袖缝线上，自袖口点分别向上量取 1cm，前袖口$\frac{1}{2}$处凹 1.2cm，过前袖缝线 1cm 点、前袖口内凹点、后袖口$\frac{1}{2}$点和后袖缝 1cm 点做袖口弧线。

3.*少女服装原型*

以初中到高中低年级女学生为对象的服装，称为少女服。这个年龄段处于少年期和成人之间，是身体和思想发育显著时期，在服装设计上应不失学生的清纯与个性，应与体型相协调。少女因处于发育的状态，其体型与儿童和成年女子均不相同，所以，原型不同于儿童和成年女子的原型。少女装衣身原型的做法如下。

（1）少女装衣身原型的绘制。

① 做基础线（图 1–12）。

——做长方形。以背长为高，以$\frac{胸围}{2}$+6cm（放松量）为长做长方形。少女装原型中的放松量为 12cm，大于成人，小于儿童，以适应其正在发育的体型特点。

——做胸围线。自长方形上边线向下量取$\frac{胸围}{6}$+7cm 的长度做胸围线。

——做侧缝线。自胸围线中点向长方形下边线做垂线，为侧缝线。

——做背宽、胸宽线。在胸围线上，分别从后、前中线起取$\frac{胸围}{6}$+4.5cm 和$\frac{胸围}{6}$+3cm 做长方形上边线的垂线，两线分别为背宽线和胸宽线。

少女装衣身原型基础线如图 1–12 所示。

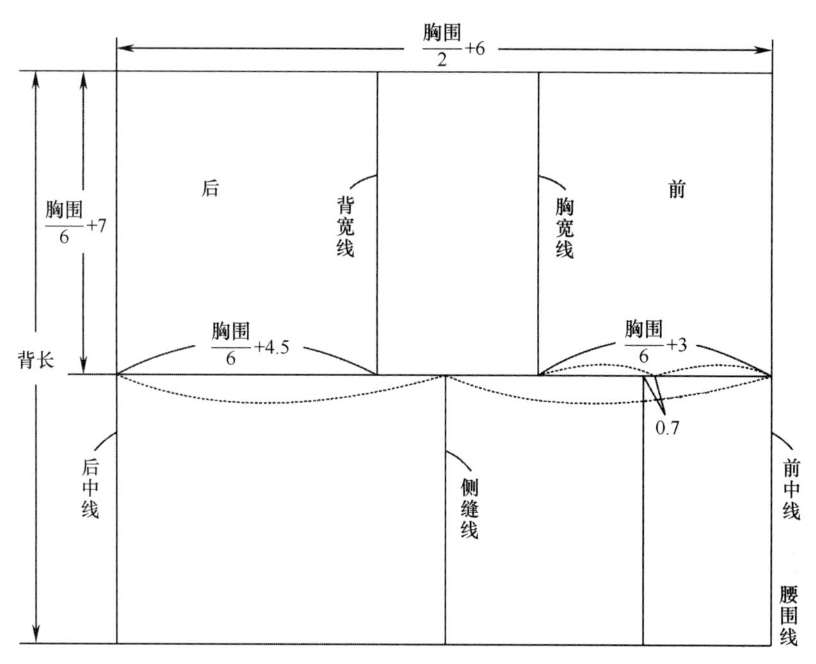

图1–12　少女装衣身原型基础线

② 做轮廓线（图 1–13）。

——做后领窝线。在上基础线上，自后领中心点量取$\frac{胸围}{20}$+2.7cm 的长度为后领宽，在后领宽处做垂线，取后领宽$\frac{1}{3}$的尺寸为后领高，记做“ǁ”，后领窝线从后领中心点开始与长方形上边线重叠 1.5~2cm，再与侧颈点圆顺相连。

——做后肩斜线。在背宽线上，自上边线向下取$\frac{1}{3}$后领宽“ǁ”，过此点做上边线的平行线，并向外取 2cm，连接此点和侧颈点的直线为后肩斜线。

——做前领窝线。取前领宽 = 后领宽 = ◎，前领深 = ◎ +1cm，做长方形，连对角线，在对角线上以◎ +0.3cm 取点，过此点、侧颈点、前领中心点绘制前领窝线。

——做前肩斜线。自胸宽线与长方形上边线的交点向下取两个后领高的尺寸，与侧颈点连接。在连接线上，取后肩长△ –2cm 作为前肩斜线的长度。

——做前、后袖窿弧线。后袖窿弧线第一辅助点位置：背宽线上，后肩点的水平线上的点到胸围线之间的$\frac{1}{2}$点；第二辅助点位置：在背宽线与胸围线的角平分线上，量取背宽线到侧缝线距离的$\frac{1}{2}$加上 0.2cm 的尺寸。前袖窿弧线第一辅助点位置：前肩线与胸宽线的交点到胸围线之间的$\frac{1}{2}$点；第二辅助点位置：在胸宽线与胸围线的角平分线上量取后袖窿第二辅助点的尺寸减去 0.5cm。用光滑曲线连接前后肩端点、各个辅助点和侧缝胸围点。

——做胸点、腰线和侧缝线。在胸围线上取胸宽的中点，向侧缝方向偏移 0.7cm 做垂线，其下 3cm 处为胸点。自前中线下端向下延长$\frac{1}{3}$前领深的尺寸，水平绘至过胸点的垂线，并与侧缝点连接。少女装衣身原型轮廓线如图 1–13 所示。

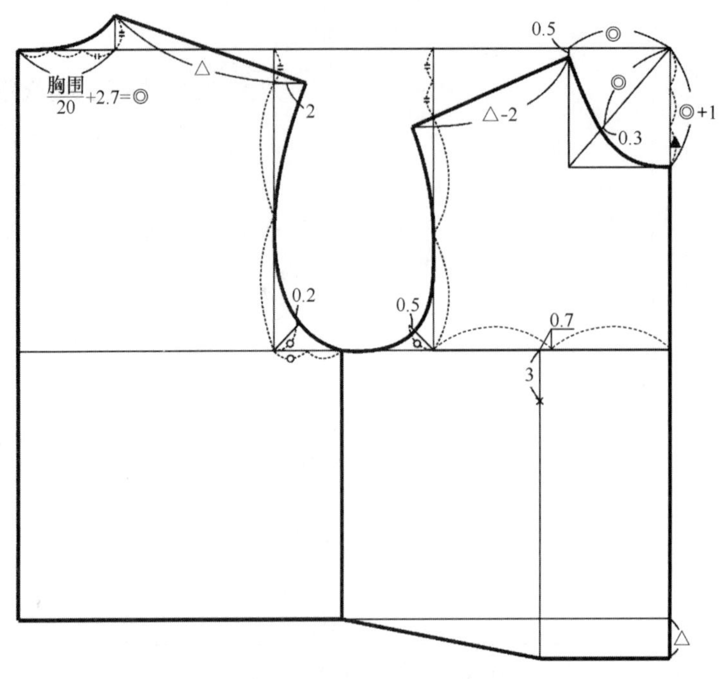

图1-13 少女装衣身原型轮廓线

(2)少女装袖原型的绘制:少女装袖原型基础线和轮廓线的做法分别如图 1-14、图 1-15 所示。

——确定袖山高。自袖山 A 点向下取$\frac{袖窿弧长}{4}$+2.5cm 做水平线，该线为袖宽线。

——做袖口线。自袖山 A 点向下量取袖长尺寸，做水平线。

——确定袖宽尺寸，并做袖缝线。自袖山 A 点分别向袖宽线做斜线，前袖山斜线长为$\frac{袖窿弧长}{2}$+0.5cm，后袖山斜线长为$\frac{袖窿弧长}{2}$+1cm，过此两点分别向袖口线做垂线。

——做袖肘线。自袖山 A 点向下量取$\frac{袖长}{2}$+2.5cm，做水平线。

——做袖山曲线。把前袖山斜线四等分，从靠近顶点的等分点垂直于斜线向外凸起 1.6cm，从靠近前袖缝线的等分点向内垂直于斜线凹进 1.3cm，在斜线的中点顺斜边下移 1cm 为前袖山 S 曲线的转折点。在后袖山斜线上，靠近顶点处在前袖山斜线$\frac{1}{4}$处凸起 1.5cm，在靠近后袖缝线的$\frac{1}{4}$斜线处取切点，圆顺连接袖山曲线的轨迹点，完成袖山曲线。

——做袖口弧线。在前后袖缝线上，自袖口点分别向上量取 1cm，前袖口宽$\frac{1}{2}$处向内凹 1.5cm。按照图 1-15 所示过前袖缝线、前袖口内凹点、后袖口$\frac{1}{2}$点和后袖缝做袖口弧线。

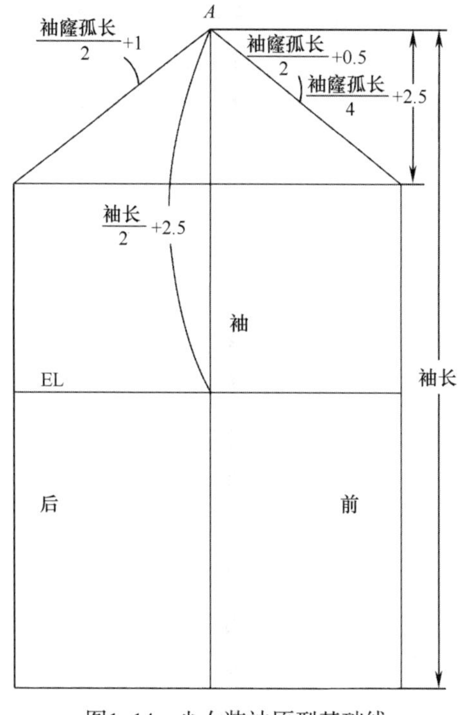

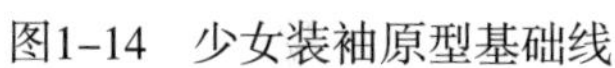
图1-14　少女装袖原型基础线

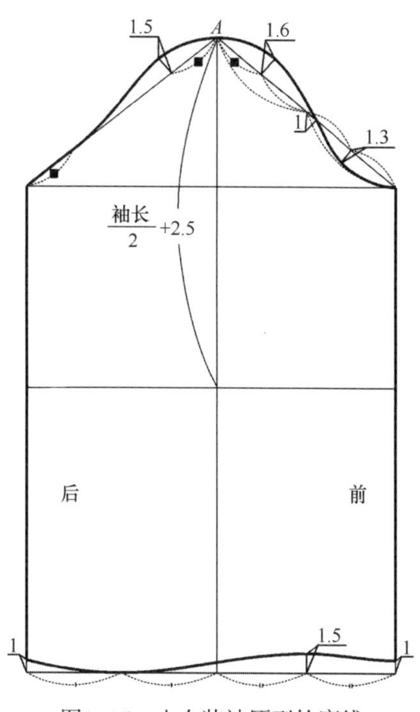

图1-15　少女装袖原型轮廓线

（二）比例法

比例法是一种比较直接的平面结构制图形式，是在测量人体主要部位尺寸后，根据款式、季节、材料质地和穿着者的习惯，加上适当放松量得到服装各控制部位的成品尺寸，再以这些控制部位的尺寸按一定比例推算其他细部尺寸来绘制服装结构图，甚至可以直接在面料上画图裁剪。这种方法适用于结构简单、款式固定、变化小的服装，比如衬衣、行业制服及平面感较强的宽松服装。这些款式的制板方法如果用两步式的原型法就显得有些走弯路，而运用比例法则能降低成本，又能提高工作效率。比例法是我国服装行业传统的一种制图方法，如今国内很多服装企业仍在使用。比例法的主要特点如下。

（1）减少了绘图步骤，对尺寸的控制更直接，绘图方便，可直接在面料上裁剪。

（2）比例法是人们长期实践的结果，规律性较强，对于初学者入门较快。

（3）比例法采用的是成品规格尺寸，是以衣片为本的思考方法，该方法限制了对人体的深入研究。

（4）用成品规格尺寸推算其他部位尺寸，虽然比例协调，但难免会出现误差。

因为童装相对成人装比较宽松，对体型的把握并不十分严格，因此比例法在童装结构设计中的应用非常广泛。

（三）短寸法

短寸法是我国服装业在20世纪60~70年代所使用的一种方法，即先测量人体各部位尺寸，如衣长、胸围、肩宽、袖长、领围等，然后再增加测量胸宽、背宽、背长、腹围等多个尺寸，根据所测量的尺寸逐一绘制出衣片相应部位。短寸法所测量的部位较多，在较小儿童中应用不是特别方便。在日本、英国等几个国家，儿童身体各个部位的测量尺寸比较具体，直接采用各个部位的尺寸制图，方便快捷。

第二节　儿童体型特征与身体测量

儿童与成人的不同之处在于：儿童在不断发育成长，其身体不是成年人的缩小版，而是随着成长，体型不断发生变化，逐渐接近成人的体型。在其成长过程中，儿童经历了婴儿、幼儿、学童和少年儿童阶段，各阶段的生理、心理特征不同，体型特点也不相同，因此其着装特点也不相同。

一、儿童各阶段的生理、心理特征

（一）婴儿期

婴儿期是从出生到一周岁，身高约 52~80cm。婴儿头大，颈短，肩部浑圆，无明显肩宽；上身长，下肢短，胸部、腹部凸出，背部曲率小，腿型多呈 O 型。

颈部长度约为身长的 2%，上身长度为 2~2.5 头高，下肢长度为 1~1.5 头高，全身长由出生时的 4.14 头长，增加到 1 岁时的 4.3 头长，约为 80cm 左右，1 岁时胸围为 49cm 左右，腹围为 47cm 左右，几乎没有胸腰差异，手臂长为 25cm 左右，上裆长为 18cm 左右。这一阶段是身体生长发育的第一高峰期。

心理是婴儿在生活环境中不断接受外界刺激和大脑皮质分析综合机能逐渐完善的基础上发展起来的。刚出生的婴儿大部分时间处于睡眠状态，随着年龄的增加，其感知能力也在增加，婴儿对一切事物都会感觉好奇。到 6~8 个月，婴儿有了记忆力和观察力，开始探究周围世界，有了一些动作能力，能够同时注意到人和物，有欢乐、好奇、恐惧、失望、无聊等情感，能听懂一些话语，能指认物品和人，对父母特别依恋。9 个月 ~1 岁，婴儿继续发展各种情感，同时恐惧感增加。

（二）幼儿期

幼儿体型处在不断变化之中，身长增长显著，1~3 岁每年增长约 10cm，4~6 岁每年增长约 5cm，即从 2 岁时的 4.5 头高增加到 5 岁时的 5.5 头高；颈部形状逐渐明确并变得细长，到 5 岁时，颈部长度约为身长的 4.8%；肩部厚度减小，有明显的肩宽。

胸围每年增长 2cm 左右，腰围每年增长 1cm 左右，腹部凸出逐渐减小，背部曲率增大，上肢每年增长 2cm 左右，下肢增长较快，尤其是大腿的长度增长显著，到 5 岁时，下肢长约为 2 个头高，上裆长每年增长 1cm 左右，两腿逐渐变直，O 型腿基本消失。

1~3 岁幼童对自己感兴趣的事情能集中注意力，但生活自制力较差。

3~6 岁学龄前儿童逐步确立自我，表现出自己的性格特点，做事积极性提高，能力增加，热爱大自然，并有了很高的接受知识的能力和理解力。

（三）学童期

学童期儿童身高显著增加，每年增长 5cm 左右，到 12 岁时，男童全身长逐渐增加到 6.6 头高左右，女童全身长达到 6.9 头高；颈部长度继续增加，约为身长的 5%；胸围每年增长 2cm 左右，腰围每年增长 1cm 左右，腹部凸出继续减小，上肢长每年增长 2cm 左右，下肢长度约增长为 3 头高，上裆长男童每年增长 0.4cm 左右，女童每年增长 0.6cm 左右。8 岁之前的儿童没有男女体型的差异，8 岁之后，男女儿童体型差异开始显现。

学童期儿童逐渐脱离了幼稚感，有一定的想象力和判断力，但尚未形成独立的观点。他们渴望模仿成人的装束和举止，活动力极强，男童天真顽皮，女童娇柔可爱，并喜欢独立的思维。这一时期儿童智力开始从具体形象思维过渡到抽象逻辑思维，因此要注意多设计一些富有知识性和幻想性的服饰图案。

（四）少年期

少年期处于人体生长发育的第二个高峰期，以身高的迅速增长为主要特征，全身长增加为 7~8 个头高，男童每年增长 5cm 左右，女童每年增长由 5cm 逐渐减少为 1cm。这一时期儿童骨化过程已基本完成，肌肉力量明显增大，比学童期有更大的力量和耐久力。发育已基本完成，身高、体重、体型及身体各个部位的比例与成年人十分相似。

少年生理变化显著，心理上也比较注意自身的发育，情绪易于波动，喜欢表现自我，容易接受文化的影响，是一个动荡不定的时期。

二、儿童体型特征

儿童体形特征表现为以下八部分。

1.下肢与身长比

越年幼的儿童腿越短，1~2 岁的儿童下肢大约是身长的 32%。

2.大腿和小腿比

越年幼的儿童大腿越短。随着成长，下肢与身长的比例逐渐接近 1 ： 2 ，其中大腿的增长显著，如 1 岁婴儿大腿内侧尺寸只有 10cm，3 周岁时约 15cm，8 周岁时约 25cm，10 岁时约 30cm，其增长率比身体其他部位高。

3.儿童头身比

图 1–16 所示为不同年龄段儿童正面体型图，图 1–17 所示为不同年龄段儿童侧面体型图（阴影部分为男童）。

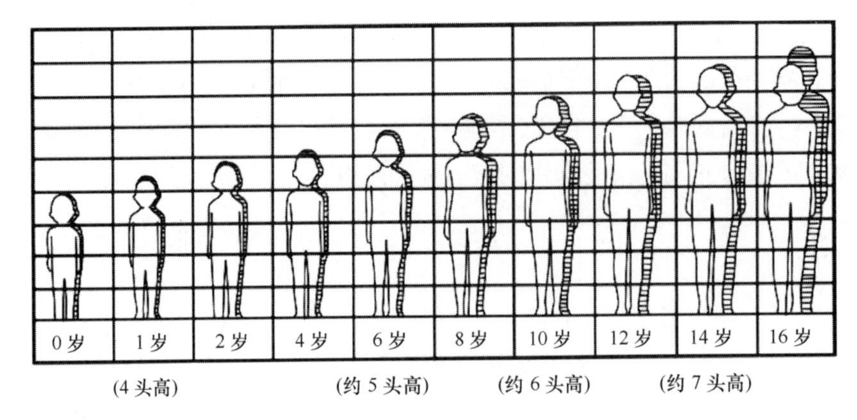

图1-16 不同年龄段儿童正面体型

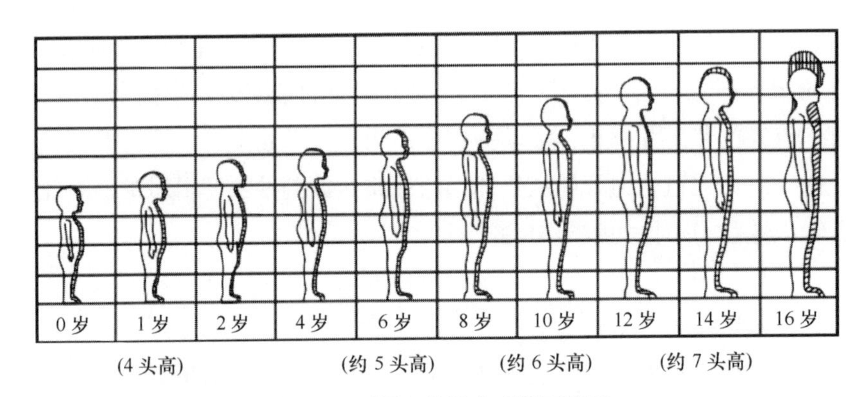

图1-17 不同年龄段儿童侧面体型

由图中可以看出，婴儿期体型头身比例为1 ∶ 4，头与整个身体相比较大，胸围、腰围、臀围尺寸几乎没有区别。

幼儿期体形特征为头大、颈短、腹部向前凸出，头身比约为1 ∶ 5。

学龄期儿童头身比为（1 ∶ 6）~（1 ∶ 6.5），男童和女童逐渐出现胸围与腰围的差值。

中学生期，少女生长发育有所减缓，胸围、腰围和臀围差较显著，变成脂肪型体型；少男身高、体重、胸围的发育均超过少女，肩宽、骨骼与肌肉都迅速发育而变成肌肉形体型。少年期头身比为（1 ∶ 7）~（1 ∶ 7.5），与成人体型区别不大，比较匀称。

4. 8岁前的儿童

男女没有体型上的差异，几乎是完全相同的小儿体型。

5.从侧面看童体

腹部向前凸出，乍一看像肥胖型的成人，但成人的后背是平的，而儿童由于腰部（正好是在脐正后的背部）最凹，因此，身体向前弯曲，形成弧状。

6.颈长

婴儿颈长只有身长的2%左右，1~2岁达到3.5%，6岁时达到4.8%。

7.下肢中的大腿

受腹部前凸的影响，前面比后面沉积更多皮下脂肪是一般倾向。也有像有些成人臀部凸出、大腿后面也沉积很多皮下脂肪的情况。另外，当前腹部沉积有皮下脂肪而大腿的沉积却不好时，腹部会形成所谓的垂腹型。

8.腿型

成人并脚跟站立，能站很长时间，而 6 岁以下儿童，如果不分开两脚，就很难站起来，特别是 3 周岁以下的儿童，小腿从膝关节以下向外弯曲，因此，并脚站立的姿势是很勉强的。

三、儿童身体测量

儿童身体测量是测量童体有关部位的长度、宽度和围度。量体后所得的数据和尺寸，既可作为童装结构设计的重要依据，又可精确表示儿童身体各部位的体型特征。

（一）儿童身体测量的意义

儿童身体测量是进行童装结构设计的前提。只有通过儿童身体测量，才能掌握童体相关部位的具体数据，并进行分析与结构制图。只有这样，才能使设计出的童装适合儿童的体型特征，穿着舒适，外形美观。

儿童身体测量是制订童装号型规格标准的基础。童装号型标准的制订是建立在大量儿童身体测量的基础之上，通过人体普查的方式对成千上万的儿童进行测量，并取得大量的人体数据，然后进行科学的数据分析和研究，在此基础上制订出正确的童装号型标准。

儿童身体测量所得到的数据不仅是童装技术生产的重要依据，还能影响童装设计的潮流。对于消费群体而言，人体数据使用的正确与否，其直观感受是着装是否合体，因此由儿童身体测量数据所形成的童装的合体性就成为消费者衡量童装产品的一个重要标准。

由以上分析可以看出，儿童身体测量是童装结构设计、童装生产和童装消费中十分重要的基础性工作，因此必须要有一套科学的测量方法，同时要有相应的测量工具和设备。

（二）儿童身体测量的基本姿势与着装

1.儿童身体测量的基本姿势

儿童身体测量的基本姿势是直立姿势和坐姿，较小婴儿身体测量的基本姿势是仰卧。

直立姿势（简称立姿）是指被测者挺胸直立，头部以眼耳平面（通过左右耳屏点及右眼眶下点的水平面）定位，眼睛平视前方，肩部放松，上肢自然下垂，手伸直，手掌朝向体侧，手指轻贴大腿侧面，膝部自然伸直，左右足后跟并拢，前端分开，使两足大致呈 45° 夹角，体重均匀分布于两足。为保持直立姿势正确，被测者应使足后跟、臀部和后背部在同一铅垂面上。

坐姿是指被测者挺胸坐在被调节到腓骨头高度的平面上，头部以眼耳平面定位，眼睛平视前方，左右大腿大致平行，膝大致曲成直角，足平放在地面上，手轻放在大腿上。为保持坐姿正确，被测者的臀部、后背部亦应同时靠在同一铅垂面上。

仰卧姿势是脸向上平躺，两腿并拢伸直，两臂自然放平。婴儿须由成人辅助以保持正确的测量姿态。

2.儿童身体测量时的着装

在进行儿童身体测量时，发育期的儿童服装不要过分合体，要有适度的松量，男女儿童应在一层内衣外测量。

（三）儿童身体测量的基准点、基准线

1.儿童身体测量的基准点

儿童身体测量的基准点常常是骨骼的端点，包括以下部位。

（1）前颈点（FNP）：左右锁骨连接之中点，同时也是颈根部呈凹陷状的前中点。

（2）侧颈点（SNP）：颈根部侧面与肩部交接点，也是耳根垂直向下的点。

（3）后颈点（BNP）：位于人体第七颈椎处，当头部向前倾倒时，其部位很容易凸出。

（4）肩端点（SP）：人体左右肩部的端点，是测量肩宽和袖长的基准点。

（5）胸高点（BP）：胸部最凸出点，即乳头位置。

（6）前腋点：人体手臂与胸部的交界处，是测量前胸宽的基准点。

（7）后腋点：人体手臂与背部的交界处，是测量后背宽的基准点。

（8）袖肘点：尺骨上端向外最突出的点，是确定袖弯线凹势的参考点。

（9）膝盖骨点：位于人体的膝关节中央。

（10）头顶点：以正确立姿站立时，头部最高点，位于人体中心线上，它是测量总体高的基准点。

（11）茎突点：也称手根点，桡骨下端茎突最尖端之点，是测量袖长的基准点。

（12）外踝点：脚腕外侧踝骨的突出点，是测量裤长的基准点。

（13）肠棘点：在骨盆位置上前髂骨棘处，即仰面躺下时可触摸到的骨盆最突出的点，是确定中臀围线的位置。

（14）转子点：大腿骨的大转子位置，在裙、裤侧部最丰满处。

2.儿童身体测量的基准线

基准线是以人体形体凹凸状变化大的部位为基准的线，包括以下部位：

（1）颈围线（NL）：是测量人体颈围长度的基准线，通过左右侧颈点（SNP）、后颈点（BNP）、前颈点（FNP）测量得到的尺寸。

（2）胸围线（BL）：通过胸部最大位置的水平围度线，是测量人体胸围大小的基准线。

（3）腰围线（WL）：通过腰部最细处的水平围度线，是测量人体腰围大小的基准线。儿童腰围线不明显，测量时可准备一根细带子，在腰部最细位置水平系好，此处就是腰围线。若不好确定腰围最细处，可使孩子弯曲肘部，肘点位置即是目标位。

（4）臀围线（HL）：通过臀部最丰满处的水平围度线，是测量人体臀围大小的基准线。

（四）儿童身体测量的部位与方法

儿童身体测量的部位由测量目的决定，测量目的不同，所需要测量的部位也不同。根

据服装结构设计的需要，进行童体测量的主要部位有 24 个，如图 1-18 所示。

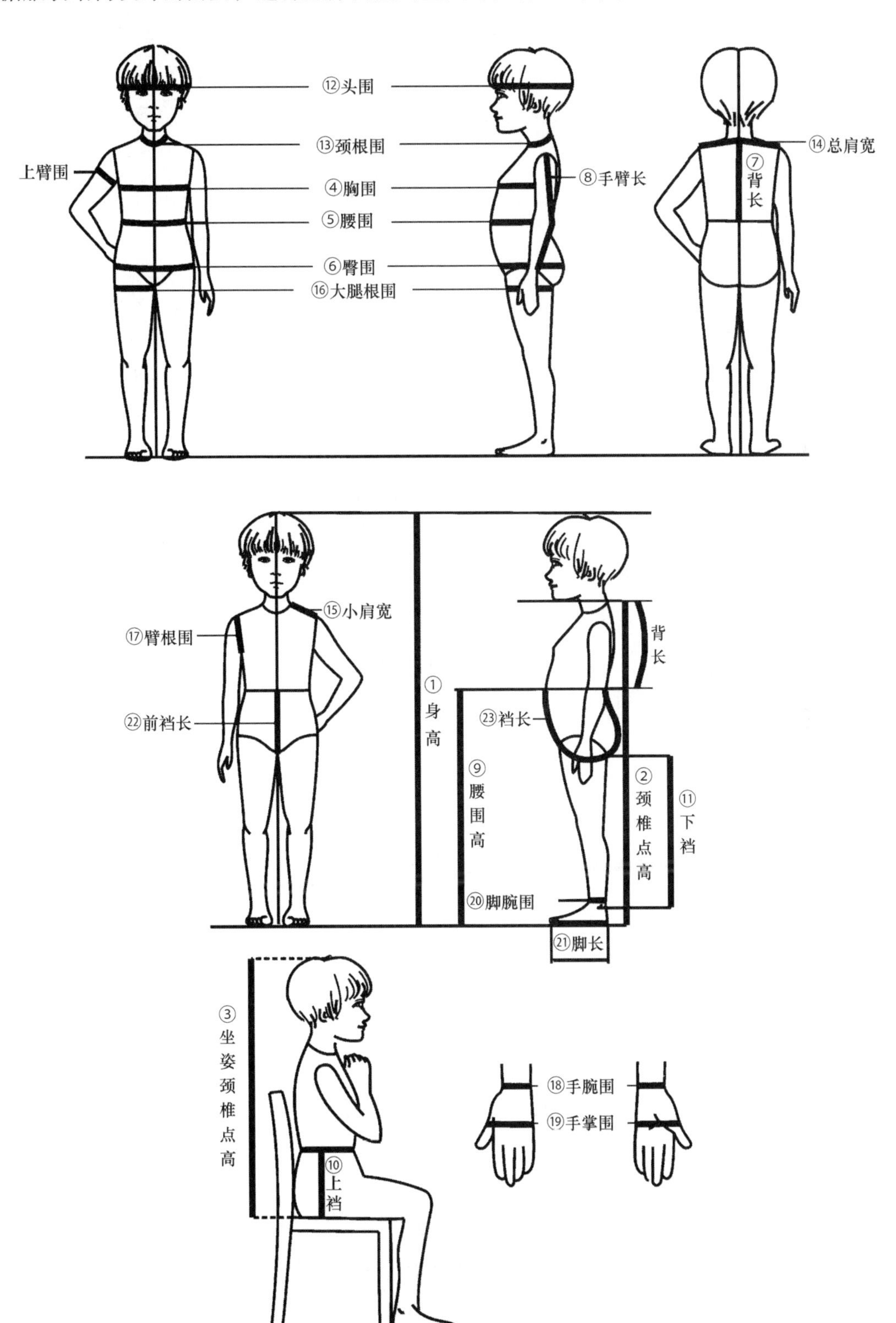

图1-18　儿童身体测量

① 身高：赤足站立，自头顶至地面的垂直距离。

② 颈椎点高：赤足站立，从第七颈椎点到地面的垂直距离。

③ 坐姿颈椎点高：坐姿状态下，自头顶点量至椅子面之间的距离。

④ 胸围：水平围量胸部最宽位置一周，软尺内能夹进两个手指（约 1cm 的松量）所得到的尺寸。

⑤ 腰围：在细带束好的位置，夹入两个手指，水平围量一周（约 1cm 的松量）所得到的尺寸。

⑥ 臀围：在臀部最丰满的位置（约低于腰围$\frac{1}{2}$背长）夹入两个手指，水平围量一周（约 1cm 的松量）所得到的尺寸。

⑦ 背长：自后颈点向下量至腰围线的长度，应考虑一定的肩胛骨凸出的松量。

有时测量后腰节尺寸和前腰节尺寸，后腰节尺寸一般从侧颈点经背部量至腰部最细处，前腰节尺寸一般从侧颈点经胸部量至腰部最细处。

⑧ 手臂长：手臂自然下垂，自肩端点沿手臂弯度量至尺骨茎突点的长度。

⑨ 腰围高：赤足站立，自腰围线至地面的垂直距离。

⑩ 上裆：坐姿时，从腰围线到椅子面的距离。

⑪ 下裆：从横裆处到外踝点的距离。

⑫ 头围：在头部最大位置夹入两个手指，环绕一周进行测量所得到的尺寸。

⑬ 颈根围：将颈项的根部环绕一周进行测量所得尺寸，软尺应略微松些。

⑭ 总肩宽：经后颈点测量左右肩端点之间的距离。

⑮ 小肩宽：从侧颈点到肩端点之间的长度。

⑯ 大腿根围：大腿最粗位置围量一周所得尺寸。

⑰ 臂根围：自腋下经过肩端点与前后腋点环绕手臂根部一周所得尺寸。

⑱ 手腕围：经过手根点将手腕部环绕一周测量所得长度，注意不要太紧。

⑲ 手掌围：在手掌最宽处环绕手掌一周所得尺寸。

⑳ 脚腕围：环绕踝骨一周所得尺寸。

㉑ 脚长：从脚后跟到最长的脚趾头端直线测量所得长度。

㉒ 前裆长：从前腰节线向下量至股根的长度。

㉓ 裆长：从前腰节线往下经过股根量至后腰节线的长度。

（五）儿童特殊体型的测量

与成人相比，儿童中特殊体型较少，但仍然为不可忽视的一类人群。要想使这类特殊体型者的服装外观美观，穿着舒适，其表征身体各部位特征的数据就更应该准确、详细。因此，在对特殊体型儿童的身体进行测量之前，必须按照他的形态进行认真观察和分析，从前面观察胸部、腰部、肩部，从侧面观察背部、腹部、臀部，从后面观察肩部。对于不同的体型，除测量正常部位外，还需增加测量形体“特征”之处。儿童特殊体型主要有以下几种。

1.肥胖体型

肥胖儿童的体型特征是：全身圆而丰满，腰围尺寸大，后颈及后肩部脂肪厚，手臂围大。测量重点部位是肩宽、腰围、臀围、手臂围、颈根围。

2.鸡胸体体型

鸡胸体儿童的体型特征是：自胸部至腹部向前凸出，背部平坦，前胸宽大于后背宽，头部成后仰状态。测量重点部位是前腰节长、后腰节长、胸宽、背宽、颈根围。

3.肩胛骨挺度强的体型

该体型特征是肩胛骨明显外凸，测量时需加测的部位是后腰节长、总肩宽。

4.端肩体型

该体型特征是肩平、中肩端变宽。测量重点部位是总肩宽、后背宽、手臂围、肩水平线和肩高点的垂直距离。

第三节　童装号型及规格设计

一、儿童服装号型

（一）我国儿童服装号型系列

我国儿童服装号型执行标准是 GB/T 1335.3—2009，该标准包含了身高 52~80cm 的婴儿号型系列、80~130cm 的儿童号型系列、135~155cm 的女童和 135~160cm 的男童号型系列。儿童号型无中间体，无体型分类。

1.号型的定义和标志

（1）号型定义：号指人体的身高，以厘米为单位表示，是设计和选购服装长短的依据。型指人体的上体胸围和下体腰围，是设计和选购服装肥瘦的依据。

（2）号型标志：童装号型标志是号 / 型，表明所采用该号型的服装适用于身高和胸围（或腰围）与此号相近似的儿童。如：上装号型 140/64，表明该服装适用于身高 138~142cm、胸围 62~65cm 的儿童穿着；下装号型 145/63，表示该服装适用于身高 143~147cm、腰围 62~64cm 的儿童穿着。

2.我国儿童服装号型系列表

（1）婴儿号型系列：身高 52~80cm 的婴儿，身高以 7cm 分档，胸围以 4cm、腰围以 3cm 分档，分别组成 7·4 和 7·3 系列。上装号型系列见表 1-1，下装号型系列见表 1-2。

表 1-1　身高 52~80cm 的婴儿上装号型系列　　单位：cm

<table>
<tr><td>号</td><td colspan="3">型</td></tr>
<tr><td>52</td><td>40</td><td>—</td><td rowspan="2">—</td></tr>
<tr><td>59</td><td>40</td><td>44</td></tr>
<tr><td>66</td><td>40</td><td>44</td><td>48</td></tr>
<tr><td>73</td><td rowspan="2">—</td><td>44</td><td>48</td></tr>
<tr><td>80</td><td>—</td><td>48</td></tr>
</table>

表 1-2　身高 52~80cm 的婴儿下装号型系列　　单位：cm

<table>
<tr><td>号</td><td colspan="3">型</td></tr>
<tr><td>52</td><td>41</td><td>—</td><td rowspan="2">—</td></tr>
<tr><td>59</td><td>41</td><td>44</td></tr>
<tr><td>66</td><td>41</td><td>44</td><td>47</td></tr>
<tr><td>73</td><td rowspan="2">—</td><td>44</td><td>47</td></tr>
<tr><td>80</td><td>—</td><td>47</td></tr>
</table>

（2）身高 80~130cm 儿童号型系列表：身高 80~130cm 的儿童，身高以 10cm 分档，胸围以 4cm、腰围以 3cm 分档，分别组成 10・4 和 10・3 系列。上装号型见表 1-3，下装号型见表 1-4。

表 1-3　身高 80~130cm 的儿童上装号型系列　　单位：cm

<table>
<tr><td>号</td><td colspan="5">型</td></tr>
<tr><td>80</td><td>48</td><td>—</td><td>—</td><td rowspan="4">—</td><td rowspan="5">—</td></tr>
<tr><td>90</td><td>48</td><td>52</td><td>56</td></tr>
<tr><td>100</td><td>48</td><td>52</td><td>56</td></tr>
<tr><td>110</td><td rowspan="3">—</td><td>52</td><td>56</td></tr>
<tr><td>120</td><td>52</td><td>56</td><td>60</td></tr>
<tr><td>130</td><td>—</td><td>56</td><td>60</td><td>64</td></tr>
</table>

表 1-4　身高 80~130cm 的儿童下装号型系列　　单位：cm

<table>
<tr><td>号</td><td colspan="5">型</td></tr>
<tr><td>80</td><td>47</td><td>—</td><td rowspan="2">—</td><td rowspan="4">—</td><td rowspan="5">—</td></tr>
<tr><td>90</td><td>47</td><td>50</td></tr>
<tr><td>100</td><td>47</td><td>50</td><td>53</td></tr>
<tr><td>110</td><td rowspan="3">—</td><td>50</td><td>53</td></tr>
<tr><td>120</td><td>50</td><td>53</td><td>56</td></tr>
<tr><td>130</td><td>—</td><td>53</td><td>56</td><td>59</td></tr>
</table>

（3）身高135~160cm男童号型系列表：身高135~160cm的男童，身高以5cm分档，胸围以4cm、腰围以3cm分档，分别组成5·4和5·3系列。上装号型见表1-5，下装号型见表1-6。

表1-5 身高135~160cm的男童上装号型系列 单位：cm

<table>
<tr><th>号</th><th colspan="6">型</th></tr>
<tr><td>135</td><td>60</td><td>64</td><td>68</td><td rowspan="2">—</td><td rowspan="4">—</td><td rowspan="5">—</td></tr>
<tr><td>140</td><td>60</td><td>64</td><td>68</td></tr>
<tr><td>145</td><td rowspan="4">—</td><td>64</td><td>68</td><td>72</td></tr>
<tr><td>150</td><td>64</td><td>68</td><td>72</td></tr>
<tr><td>155</td><td rowspan="2">—</td><td>68</td><td>72</td><td>76</td></tr>
<tr><td>160</td><td>—</td><td>72</td><td>76</td><td>80</td></tr>
</table>

表1-6 身高135~160cm的男童下装号型系列 单位：cm

<table>
<tr><th>号</th><th colspan="6">型</th></tr>
<tr><td>135</td><td>54</td><td>57</td><td>60</td><td rowspan="2">—</td><td rowspan="4">—</td><td rowspan="5">—</td></tr>
<tr><td>140</td><td>54</td><td>57</td><td>60</td></tr>
<tr><td>145</td><td rowspan="4">—</td><td>57</td><td>60</td><td>63</td></tr>
<tr><td>150</td><td>57</td><td>60</td><td>63</td></tr>
<tr><td>155</td><td rowspan="2">—</td><td>60</td><td>63</td><td>66</td></tr>
<tr><td>160</td><td>—</td><td>63</td><td>66</td><td>69</td></tr>
</table>

（4）身高135~155cm女童号型系列表：身高135~155cm的女童，身高以5cm分档，胸围以4cm、腰围以3cm分档，分别组成5·4和5·3系列。上装号型见表1-7，下装号型见表1-8。

表1-7 身高135~155cm的女童上装号型系列 单位：cm

<table>
<tr><th>号</th><th colspan="6">型</th></tr>
<tr><td>135</td><td>56</td><td>60</td><td>64</td><td rowspan="2">—</td><td rowspan="3">—</td><td rowspan="4">—</td></tr>
<tr><td>140</td><td rowspan="4">—</td><td>60</td><td>64</td></tr>
<tr><td>145</td><td rowspan="3">—</td><td>64</td><td>68</td></tr>
<tr><td>150</td><td>64</td><td>68</td><td>72</td></tr>
<tr><td>155</td><td>—</td><td>68</td><td>72</td><td>76</td></tr>
</table>

表 1-8　身高 135~155cm 的女童下装号型系列　　单位：cm

<table>
<tr><th>号</th><th colspan="6">型</th></tr>
<tr><td>135</td><td>49</td><td>52</td><td>55</td><td rowspan="2">—</td><td rowspan="3">—</td><td rowspan="4">—</td></tr>
<tr><td>140</td><td rowspan="4">—</td><td>52</td><td>55</td></tr>
<tr><td>145</td><td rowspan="3">—</td><td>55</td><td>58</td></tr>
<tr><td>150</td><td>55</td><td>58</td><td>61</td></tr>
<tr><td>155</td><td>—</td><td>58</td><td>61</td><td>64</td></tr>
</table>

3.我国儿童服装号型系列控制部位数值及分档数值

控制部位数值是人体主要部位的数值，系净体数值，是设计服装规格的依据。长度方向有身高、坐姿颈椎点高、全臂长和腰围高四个部位，围度方向有胸围、颈围、总肩宽、腰围和臀围五个部位。在我国服装号型中，身高 80cm 以下的婴儿没有控制部位数值。儿童控制部位的测量见图 1–19 所示。

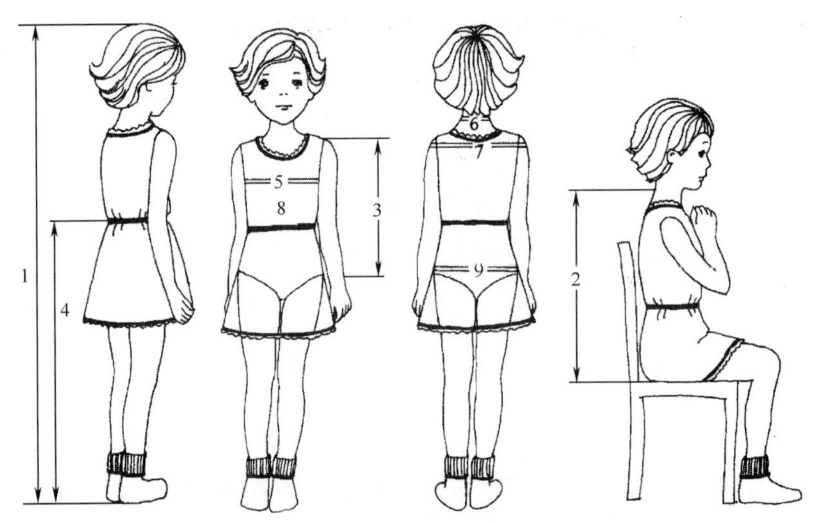

图1–19　儿童控制部位的测体

1—身高　2—坐姿颈椎点高　3—全臂长　4—腰围高　5—胸围　6—颈围
7—总肩宽（后肩弧长）　8—腰围（最小腰围）　9—臀围

（1）身高 80~130cm 儿童控制部位的数值：长度控制部位数值见表 1–9，围度控制部位数值见表 1–10、表 1–11。

表 1–9　80~130cm 儿童长度控制部位数值　　单位：cm

部位 \ 数值 \ 号		80	90	100	110	120	130	分档数值
长度	身高	80	90	100	110	120	130	10
	坐姿颈椎点高	30	34	38	42	46	50	4
	全臂长	25	28	31	34	37	40	3
	腰围高	44	51	58	65	72	79	7

表 1-10　80~130cm 儿童上装围度控制部位数值　　单位：cm

部位 \ 数值 \ 型		48	52	56	60	64	分档数值
围度	胸围	48	52	56	60	64	4
	颈围	24.2	25	25.8	26.6	27.4	0.8
	总肩宽	24.4	26.2	28	29.8	31.6	1.8

表 1-11　80~130cm 儿童下装围度控制部位数值　　单位：cm

部位 \ 数值 \ 型		47	50	53	56	59	分档数值
围度	腰围	47	50	53	56	59	3
	臀围	49	54	59	64	69	5

（2）身高 135~160cm 男童控制部位的数值：长度控制部位数值见表 1-12，围度控制部位数值见表 1-13、表 1-14。

表 1-12　135~160cm 男童长度控制部位数值　　单位：cm

部位 \ 数值 \ 号		135	140	145	150	155	160	分档数值
长度	身高	135	140	145	150	155	160	5
	坐姿颈椎点高	49	51	53	55	57	59	2
	全臂长	44.5	46	47.5	49	50.5	52	1.5
	腰围高	83	86	89	92	95	98	3

表 1-13　135~160cm 男童上装围度控制部位数值　　单位：cm

部位 \ 数值 \ 型		60	64	68	72	76	80	分档数值
围度	胸围	60	64	68	72	76	80	4
	颈围	29.5	30.5	31.5	32.5	33.5	34.5	1
	总肩宽	34.6	35.8	37	38.2	39.4	40.6	1.2

表 1-14　135~160cm 儿童下装围度控制部位数值　　单位：cm

部位 \ 数值 \ 型		54	57	60	63	66	69	分档数值
围度	腰围	54	57	60	63	66	69	3
	臀围	64	68.5	73	77.5	82	86.5	4.5

（3）身高 135~155cm 女童控制部位的数值：长度控制部位数值见表 1–15，围度控制部位数值见表 1–16、表 1–17。

表 1–15　135~160cm 女童长度控制部位数值　单位：cm

部位 \ 数值 \ 号		135	140	145	150	155	分档数值
长度	身高	135	140	145	150	155	5
	坐姿颈椎点高	50	52	54	56	58	2
	全臂长	43	44.5	46	47.5	49	1.5
	腰围高	84	87	90	93	96	3

表 1–16　135~160cm 女童上装围度控制部位数值　单位：cm

部位 \ 数值 \ 型		60	64	68	72	76	分档数值
围度	胸围	60	64	68	72	76	4
	颈围	28	29	30	31	32	1
	总肩宽	33.8	35	36.2	37.4	38.6	1.2

表 1–17　135~160cm 儿童下装围度控制部位数值　单位：cm

部位 \ 数值 \ 型		52	55	58	61	64	分档数值
围度	腰围	52	55	58	61	64	3
	臀围	66	70.5	75	79.5	84	4.5

（二）不同年龄段童装参考尺寸

在制作童装时，把握尽可能多的部位尺寸是相当重要的，但我国童装号型标准中控制部位尺寸较少，实用性不强，此处采用日本登丽美服装学院制订的童装参考尺寸，如表 1–18 所示。该表格数据全面、详尽，符合目前多数企业打板的实际规格尺寸。

该表格从婴儿到小学低年级男女童采用统一尺寸，随着年龄的增长，男女童身体尺寸差异变大，表格中将男女童数据分开表示。表格中部分数据非匀速变化，是因为儿童的整个生长期身体各部位增长快慢所致。

表 1–18 日本登丽美童装制作参考尺寸（摘录）

单位：cm

年龄（岁）			1	2		3	4	5	6		7	8		9	10		11	12		13	
						女	男	女	男	女	男	女	男	女	男	女	男	女	男	女	男
1	身高	50	60	70	80	90		100		110		120		130		140		150		160	
2	体重（kg）	3	6	9	11	13		16		19		23		29		34		42	43	48	51
3	颈根围		23	24	25	26		28		29		30		32	33	33	35	35	37	37	39
4	颈长	1	1	1.5	2	3		3.5		4		4.5		5		5.5		6		6.5	
5	颈围															30		32		33	
6	胸围	33	42	45	48	50		54		56		60		64		68		74		80	
7	腹围		40	42	45	47		50													
8	腰围					45		48		51	52	52	53	55	57	57	60	58	65	65	68
9	臀围		41	44	47	52		58		61		63	62	68	67	73	71	83	77	88	83
10	总肩宽		17	20	22	24		27		29		30		32		35		37		40	41
11	肩宽	5.4	6.1	6.8	7.5	8.2		8.5		8.9		9.6		10.3		11		11.7		12.4	
12	背长		16	18	20	22	23	24	25	26	28	28	30	30	32	32	34	34	37	37	42
13	总长（躯干长）			56	64	73		82		92		101		110		120		128		137	140
14	袖长		18	21	25	28		31		35		38		41	42	45	46	48	49	52	52
15	上臂围		14	15	16	16		17		18	17	19	18	20		21		23		25	
16	腕围		10	11	11	11		11		12		12	13	13	13	14	14	14	15	15	16
17	掌围（含拇指）		11	12	13	14		15		16		17		18	19	19	20	20	21	21	22
18	大腿根围		25	26	27	30	29	32	31	34	33	37	36	40	39	43	41	48	44	51	48
19	小腿围		16	18	19	20		22		23		25		27		29	28	32	31	34	33
20	上裆长		13	14	15	16		17	16	18	16	19	17	20	18	22	20	24	22	25	23
21	腰围高			39	45	52		59	58	66	64	73	71	80	78	87	85	94	92	100	98
22	膝高			17	19	22		25		28		31		34		37		40		42	43
23	脚长		9	11	13	15		16		17	18	19	19	20	21	22	22	23	24	24	25
24	头围	33	41	45	47	49		50		51		51		52		53		54		55	

二、童装规格尺寸的设定

所谓童装规格设计，是在考虑儿童体型和服装之间的关系上，采用定量化形式表现服装的款式造型特征、品牌用途、穿着对象体型特征的重要技术设计内容。

成衣的规格设计是以国家号型标准为依据，以服装款式样品为标准，从而设计制订出系列的号型标准及相关各部位的规格尺寸，建立相应的加工数据和成品尺寸，为服装样板师及生产部门提供科学、合理的操作依据。在这项工作中，成衣的规格尺寸是直接指导制板与批量生产的技术标准，且具有经验性、复杂性的特点。但由于儿童不同年龄段体型的不同，长期以来一直没有规范的操作标准和理论体系，而国家颁布的童装号型标准也只能作为了解我国儿童体型特征，制订大众品牌号型标准的参考依据。童装的规格设计要从不同年龄段儿童的体型特征、童装的款式特点及使用的面料特性来着手，掌握其变化规律和特性，在实践中建立一套科学、合理的理论依据，从而指导各年龄段童装规格尺寸的制订。

（一）影响童装规格设计的因素

1.儿童体型特征影响规格设计

儿童的成长过程分为婴儿期、幼儿期、学童期和中学生期，每个时期的儿童都有明显的体形特征和着装偏好，在进行规格设计时应充分了解其体形特征和动态活动规律，为制订成衣规格尺寸建立最初的依据。如在设计上衣和连衣裙胸围规格尺寸时，1~3岁的儿童加放松量为14cm，4~9岁的儿童加放松量为12cm，10岁以上的儿童采用成人加放松量10cm。

2.服装款式造型影响规格设计

为童装批量生产制订规格尺寸时，款式特点是放在第一位要考虑的，款式特点主要从款式和造型两方面来体现。

（1）服装款式：款式是服装的本体，它是由线的性质决定的。线围合形成面，面与面相交形成体，直到最后的服装造型。服装的结构线包括省道线、公主线、肩袖线、各种分割线、折裥线等内部结构线，其作用在于体现服装的特定风格和轮廓造型。每一条结构线都对服装轮廓的完美实现起着帮助和烘托作用，且具有装饰性和功能性。而各部位规格尺寸的设计，就要依照款式造型线的特点来制订。比如，一件无领、无袖、带有公主线的连衣裙，各部位线的设定直接影响着规格尺寸：公主线除作为装饰外，还具有收省、吸腰的作用；袖窿部位由于是无袖，其构成袖窿线的肩宽、前宽、后宽三个部位的规格尺寸要比原型尺寸减小，量的大小依照款式的设计来定，而袖窿深的规格尺寸要依照原型尺寸；领子部位的规格尺寸要根据设计的开深、开宽程度和造型来确定，在不得小于颈根围和大于肩宽尺寸的范围内，充分满足款式的需要。在制订系列号型尺寸时，要考虑款式特点。

（2）服装造型：服装造型就是抛开服装内部的一切装饰，单纯地看它外部轮廓的形状，或者外部轮廓线与服装结构的缝合线组合构成的立体的“型”。服装造型可以适应人的形体，也可以改变或夸张人体本来的形态，创造出不同的视觉形象。童装中经常看到的H型、O型、X型、A型等不同的服装造型，其规格尺寸在加放量上都有不同程度的调整，比如：一件A型的外套，肩宽的加放量就应减小，下摆成比例地适当放大，胸围、腰围、胸宽等部位的规格尺寸应介于肩宽和下摆之间，以突出A型的外观造型；而X型的外套，为了表现吸腰的效果，其腰围的加放量应减小（但应满足基本呼吸量和活动量），肩宽和下摆的加放量适当加大，充分突出服装的外观造型。总之，服装的规格尺寸是款式造型的有机组成部分，同一号型下，不同的款式造型会产生不同的规格尺寸。

3.面料特性影响规格设计

当前面料市场日新月异地发展，各类不同质地、外观、性能的面料层出不穷，冲击着童装业的发展。各种面料由于原材料不同，其织造工艺、后处理工艺也不同，分别具有各自特有的性能和特征。款式相同而面料不同的服装，各部位规格尺寸的数据就会不同。因此，在使用前，必须进行检测、试制，从而把握其特性。

（二）童装规格设计的一般规律

为了利于儿童的生长发育和满足其活泼好动的特点，童装的规格不宜像成人一样较多使用合体和较合体设计，而是多采用宽松和较宽松设计。童装规格设计的一般规律如下。

短上衣衣长 = 背长 +（13~16）cm，或身高 ×0.4−（3~6）cm；

一般上衣衣长 = 背长 +（18~24）cm，或身高 ×0.4 ± 3cm；

中长外套衣长 = 身高 ×0.5+（0~5）cm；

长外套衣长 = 身高 ×0.6 ± 5cm；

长裤裤长 = 腰围高 −（0~2）cm；

$$\text{短裤裤长} = \frac{\text{腰围高}}{2} - (0\sim3)\text{cm}；$$

袖长 = 全臂长 +（0~3）cm；

$$\text{胸围} = (\text{净胸围} + \text{内衣厚度}) + \begin{cases} 10\sim16\text{cm（较合体）；} \\ 17\sim24\text{cm（较宽松）；} \\ 25\text{cm 以上（宽松）；} \end{cases}$$

$$\text{腰围（上衣）} = \text{净腰围} + \begin{cases} 10\sim13\text{cm（较合体）；} \\ 14\sim19\text{cm（较宽松）；} \\ 20\text{cm 以上（宽松）；} \end{cases}$$

腰围（下装）= 净腰围 +（0~3）cm；

腰围（加入橡筋后的尺寸）= 净腰围 −（0~6）cm；

$$\text{臀围} = \text{净臀围} + \begin{cases} 10\sim15\text{cm（较合体）；} \\ 16\sim23\text{cm（较宽松）；} \\ 24\text{cm 以上（宽松）。} \end{cases}$$

第四节　童装制图规则与常用工具

服装制图是传达设计意图、沟通设计、生产、管理部门的技术语言，是组织和指导生产的技术文件之一。结构制图作为服装制图的组成，它对于标准样板的制订、系列样板的缩放是起指导作用的技术语言。结构制图的规则和符号都有严格的规定，以便保证制图格式的统一和规范。

一、童装制图规则

（一）制图顺序

1.具体制图线条的绘画顺序

服装结构制图的平面展开图是由直线和直线、直线和弧线等的连接构成衣片（或附件）的外形轮廓线及内部结构线。制图时，一般先横后纵，即先定长度、后定宽度，由上而下、由左而右进行。做好基础线后，根据轮廓线的绘制要求，在有关部位标出若干工艺点，最后用直线、曲线和光滑的弧线准确地连接各部位定点和工艺点，画出轮廓线。

2.服装部件（或附件）制图顺序

每一单件衣片的制图顺序按先大片、后小片、再零部件的原则，即一般是先依次画前片、后片、大袖、小袖，再按主、次、大、小画零部件。若是夹衣类的品种，则先面料、后衣衬、再衣里。下面以一般上衣为例，排列顺序如下：

（1）面料：前片→后片→大袖→小袖→衣领或帽子（连帽品种）→零部件等。

（2）衣衬：大身衬→垫衬（包括各种垫衬如挺胸衬、帮胸衬等）→领衬→袖口衬→袋口衬等。

（3）里布：前里→后里→大袖里→小袖里→零部件等。

（4）其他辅料：面袋布→里袋布→垫肩布等。

对各零部件制图，重在齐全，先后次序并不十分严格。

（二）制图的尺寸

服装结构制图时的尺寸一般使用的是服装成品规格，即各主要部位的实际尺寸（规定服装上通用的长度计量单位为厘米）。但用原型制图时须知道穿衣者的胸围、腰围、臀围、袖长、裙长等重要部位的净尺寸。在结构制图中，根据使用场合需要作毛缝制图、净缝制图、放大制图、缩小制图等。对缩小制图，规定必须在有关重要部位的尺寸界线之间，用注寸线和尺寸表达式或实际尺寸来表达该部位的尺寸。尺寸表达式使用注寸代号，注寸代号是表示人体各量体部位的符号，国际上以该部位的英文单词的第一个字母作为代号。如长度代号“L”，胸围代号为“B”等。

（三）制图比例

服装制图比例是指制图时图形的尺寸与服装部件（衣片）的实际大小的尺寸之比。服装制图中采用的是缩比，即将服装部件（衣片）的实际尺寸缩小若干倍后制作在图纸上。等比也采用的较多，等比是将服装部件（衣片）的实际尺寸按原样大小制作在图上。有时为了强调说明某些零部件或服装的某些部位，也采用倍比的方法，即将服装零部件按实际大小放大若干倍后制作在图上，这种方法一般采用较少，而且仅限于零部件或某些部位。在同一图纸上，应采用相同的比例，并将比例填写在标题栏内，如需要采用不同比例时，必须在每一零部件的左上角标明比例。服装常用制图比例见表 1–19 所示。

表 1–19 服装制图比例

原值比例	1∶1
缩小比例	1∶2 1∶3 1∶4 1∶5 1∶6 1∶10
放大比例	2∶1 4∶1

（四）图线及画法

为方便制图和读图，对各种图线有严格的规定。常用的有粗实线、细实线、虚线、点划线、双点划线五种，各种制图用线的形状、作用都不同，各自代表约定的含义。结构图线形式及用途按表 1–20 规定。

表 1–20 图线画法及用途

序号	图线名称	图线形式	图线宽度	用途
1	粗实线	━━━━━	0.9	服装和零部件轮廓线；部位轮廓线
2	细实线	─────	0.3	图样结构的基本线；尺寸线和尺寸界线；引出线
3	粗虚线	━ ━ ━ ━	0.9	背面轮廓影示线、对折线
4	细虚线	‐ ‐ ‐ ‐ ‐	0.3	缝纫明线
5	点划线	━ · ━ ·	0.9	对折线
6	双点划线	━ ·· ━	0.3	折转线

（五）字体

图纸中的文字、数字、字母都必须做到字体工整、笔画清楚、间隔均匀、排列整齐。字体高度（用 h 表示）为 1.8mm、2.5mm、3.5mm、5mm、7mm、10mm、14mm、20mm，如需要书写更大的字，其字体高度应按比例递增，字体高度代表字体的号数。汉字应写成长仿宋体字，并应采用中华人民共和国国务院正式公布推行的《汉字简化方案》中规定的简化字。汉字的高度不应小于 3.5mm，其字宽一般为$\frac{h}{1.5}$。字母和数字可写成斜体和直体。斜字字头应向右倾斜，与水平基准线成 75°。用作分数、偏差、注脚等的数字及字母，一般应采用小一号字体。

（六）尺寸注法

基本规则：服装各部位和零部件的实际大小以图样上所注的尺寸数值为准。图纸中（包括技术要求和其他说明）的尺寸，一律以 cm（厘米）为单位。服装制图部位、部件的每一尺寸，一般只标注一次，并应标注在该结构最清晰的图形上。

标注尺寸线的画法：尺寸线用细实线绘制，其两端箭头应指到尺寸界线处（图 1–20）。制图结构线不能代替标注尺寸线，一般也不得与其他图线重合或画在其延长线上（图 1–21）。

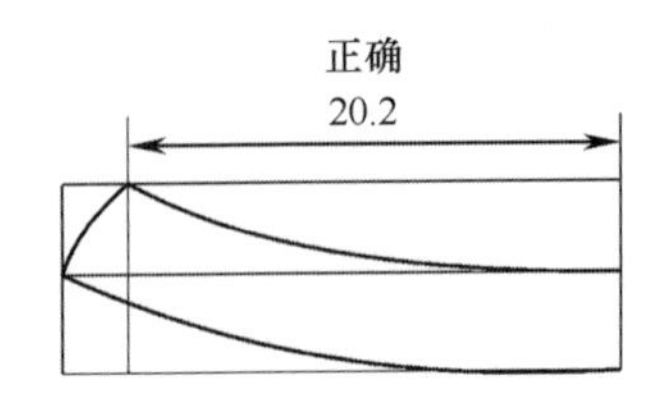

图1–20 尺寸标注线的正确画法

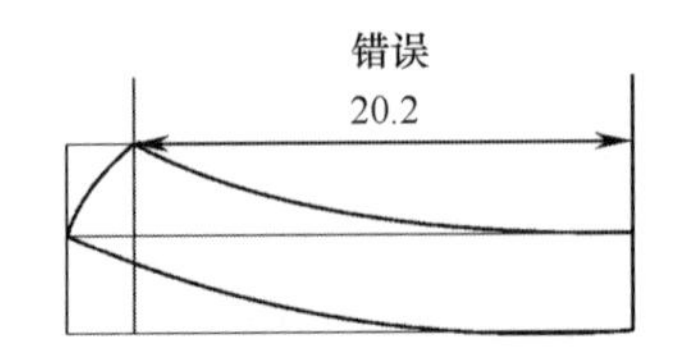

图1–21 尺寸标注线的错误画法

标注尺寸线及尺寸数字的位置：标注垂直距离尺寸时，尺寸数字一般应标注在尺寸线的中间部位（图 1–22），如垂直距离尺寸位置小，在轮廓线的一端和对折线处引出直线，在上下箭头的引线上标注尺寸数字（图 1–23）。

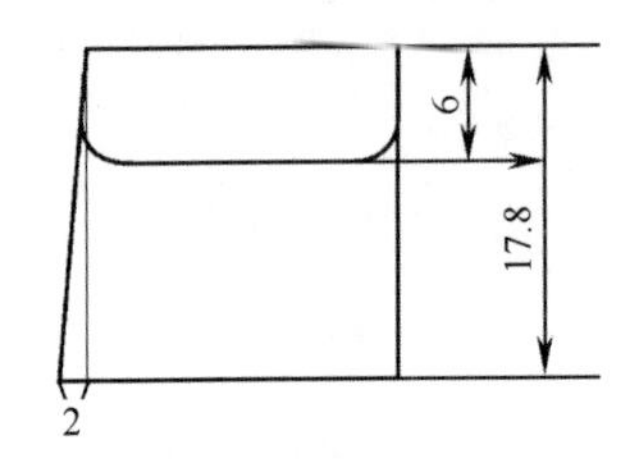

图1–22 标注尺寸线及尺寸数字的位置1

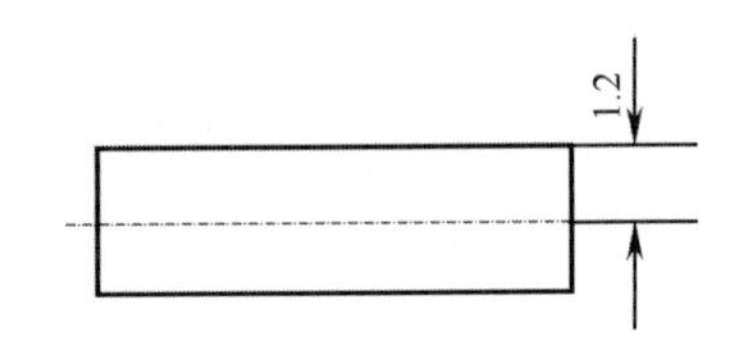

图1–23 标注尺寸线及尺寸数字的位置2

标注横距离的尺寸时，尺寸数字一般应标注在尺寸线的上方中间部位（图 1–24）。如横距离尺寸位置小，需用细实线引出使之成为一个三角形，并在角的一端绘制一条横线，尺寸数字就标注在该横线上（图 1–25）。尺寸线不可被任何图线所通过，当无法避开时，必须将尺寸线断开，用弧线表示，尺寸数字就标注在弧线断开的中间（图 1–26）。

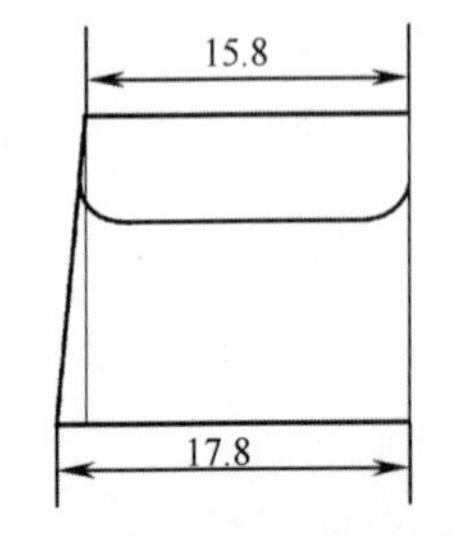

图1–24 横距离尺寸标注1

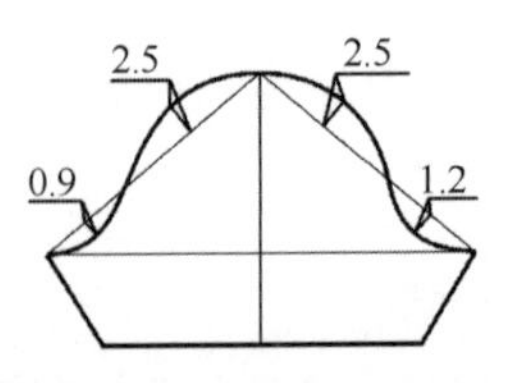

图1–25 横距离尺寸标注2

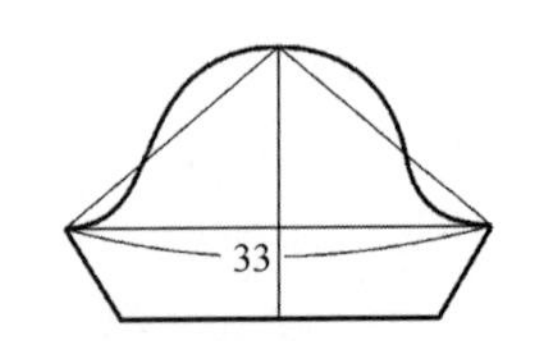

图1–26 横距离尺寸标注3

二、童装制图常用符号

服装结构制图的符号有严格的规定，以保证制图格式的统一和规范。制图中所用的符号都表示了每一种用途和相关的内容，是结构制图中必须遵守的共同的语言。

童装结构制图常用符号如表 1–21 所示。

表 1–21　童装结构制图常用符号

序　号	符号形式	名　称	说　　明
1		拉链	画在装拉链的部位
2		花边	花边的部位及长度
3	2	特殊放缝	符号上的数字表示所需缝份的尺寸
4		斜料	用有箭头的直线表示布料的经纱方向
5		单阴裥	裥底在下的褶裥
6		扑裥	裥底在上的褶裥
7		垂直	两部位相互垂直
8		等量号	尺寸相同符号
9		经向	用有箭头的直线表示布料的经纱方向
10		顺向	表示褶裥、省道、覆势等的折倒方向 （线尾的布料在线头的布料之上）
11		按扣	按扣
12		拼合	表示相关布料拼合一致
13		重叠	两者交叉重叠及长度相等
14		纽眼	两短线间的距离表示纽眼大小
15		钉扣	表示钉扣的位置
16		单向褶裥	表示顺向褶自高向低的折倒方向
17		对合褶裥	表示对合褶自高向低的折倒方向
18		缉双止口	表示布边缉缝双道止口线
19		等份线	表示将某一段尺寸平均分成若干等分

注　在制图中，若使用其他制图符号或非标准符号，必须在图纸中用图和文字加以说明。

三、童装制图主要部位代号

结构制图符号是在服装制图中引进的部位代号，主要是为了书写方便，同时也为了制图画面的整洁。大部分的部位代号都是以相应的英文词首位字母或两个首位字母的组合表示的。童装结构制图主要部位代号如表 1–22 所示。

表 1–22　童装制图主要部位代号

序号	中文	英文	代号	序号	中文	英文	代号
1	胸围	Bust girth	B	9	袖肘线	Elbow line	EL
2	腰围	Waist girth	W	10	膝围线	Knee line	KL
3	臀围	Hip girth	H	11	胸点	Bust point	BP
4	领围	Neck girth	N	12	颈肩点	Neck point	NP
5	胸围线	Bust line	BL	13	肩端点	Shoulder Point	SP
6	腰围线	Waist line	WL	14	袖窿	Arm hole	AH
7	臀围线	Hip line	HL	15	长度	Length	L
8	领围线	Neck line	NL	16	头围	Head Size	HS

四、制图工具

（一）结构制图工具

1.尺

（1）米尺：以公制为计量单位的尺子。长度为 100cm，质地为木质或有机玻璃，在制图中用于长直线的绘制。

（2）角尺：两边夹角为 90° 的尺子，现在多用三角板代替，在制图中用于绘制垂直相交的线段。

（3）弯尺：两端呈弧线状的尺子，是最古老的服装专用绘图工具，主要用于绘制侧缝线、袖线等。弯尺对于初学制图的人有一定的帮助，但对于特殊曲线的绘制不够灵活。

（4）直尺：绘制直线和测量较短距离的尺子，长度有 20cm、50cm 等多种。

（5）软尺：服装制图中测量曲线长度的尺子，规格有 1.5m、2m 等，常用于测量、复核各曲线、拼合部位的长度（如测量袖窿、袖山弧线长度等）。

（6）比例尺：制图中用来缩放长度的尺子，刻度按照不同的放大或缩小比例而设置。目前比较常用的有三棱比例尺，它的三个面上刻有六种不同比例的刻度。

（7）蛇形尺：又称自由曲线尺，它的内芯为扁形金属条，外侧为软塑料，质地柔软，可塑性强，用于测量人体曲线或图纸中弧线的长度。

（8）丁字尺：绘制直线用的丁字形尺，常与三角板配合使用，以绘出 15°、30°、45°、60°、75°、90° 等角度线和各种方向的平行线和垂线。

2.曲线板

绘制曲线用的薄板。服装结构制图使用的曲线板，其边缘曲线的曲率要小，应备有适宜于袖窿、袖山、侧缝、裆缝等部位的曲线。

3.量角器

能随意画角度，量角度，画垂直线、平行线，测倾斜度、垂直度、水平度的器具。

4.圆规

画圆用的绘图工具。

5.分规

绘图工具，常用来移量长度或两点距离和等分直线或圆弧长度等。

6.绘图笔与擦图片

（1）绘图墨水笔：绘制基础线和轮廓线的自来水笔，特点是墨迹粗细一致，墨量均匀，其规格根据所画线型宽度可分为 0.3mm、0.6mm、0.9mm 等多种。

（2）铅笔：实寸制图时，绘制基础线选用 F 或 HB 型铅笔，轮廓线选用 HB 或 B 型铅笔；缩小制图时，绘制基础线选用 2H 或 H 型铅笔，轮廓线选用 F 或 HB 型铅笔；修正线宜选用有色铅笔。

（3）鸭嘴笔：绘墨线用的工具，通常指"直线笔"。

（4）擦图片：用于擦拭多余及需要更正的线条的薄型图板。

（二）样板剪切工具

（1）大头针：固定衣片用的针，常用于试衣补正、服装立体裁剪。

（2）锥子：裁剪时钻洞做标记的工具，以钻头尖锐为佳。

（3）工作台板：裁剪、缝纫用的工作台，一般高为 80~85cm，长为 130~150cm，宽为 75~80cm，台面要平整。

（4）划粉：用于在衣料上画结构图的工具，质量以粉线易拍弹消除的为佳。

（5）剪刀：剪切纸样或衣料的工具，其特点是刀身长、刀柄短、捏手舒服。

（6）花齿剪：刀口呈锯齿形的剪刀，主要将布边剪成三角形花边，作为布样用。

（7）点线轮：在纸样和衣料上做标记的工具。使用时使点线轮在纸样或衣片上滚动留下点状，但在裁片上只能做暂时性标记。

（8）人体模型：半身或全身的人体模型工具，主要用于造型设计、立体裁剪、试样补正。我国的标准人台均采用国家号型标准制作，种类有男、女、儿童等；质地有硬质（塑料、木质、竹制）、软质（硬质外加罩一层海绵）；其尺码有固定尺码与活动尺码两种。

（9）样板纸：制作样板用的硬质纸，用数张牛皮纸经热压黏合而成，可久用不变形。

第五节 童装工业样板的制作

童装工业样板是合乎款式要求、面料要求、规格尺寸和工艺要求的一整套利于裁剪、缝制、后整理的纸样或样板，是将结构图的轮廓线加放缝份后使用的纸型，是童装生产企业有组织、有计划、有步骤、保质保量进行生产的保证。

一、样板检验

样板检验是确保产品质量的重要手段。检验内容包括以下几个方面。

（一）缝合部位的检验

部分缝合的边线最终都要相等，如侧缝线的长度、大小袖缝的长度等。部分缝合的长度要保证服装容量的最低尺寸，如袖山曲线长大于袖窿曲线的长度、后肩线大于前肩线的长度等。

对缝合部位缝合后的圆顺程度要进行检验与修正，如领弧、领子、袖窿、下摆、侧缝、袖缝等，如图 1–27 所示的领口与袖窿的检验和图 1–28 所示的底摆与袖窿的检验。

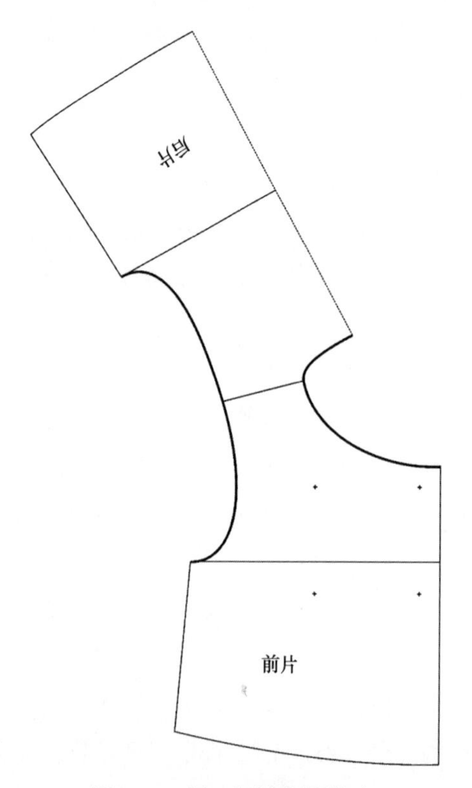

图1–27 领口与袖窿的检验

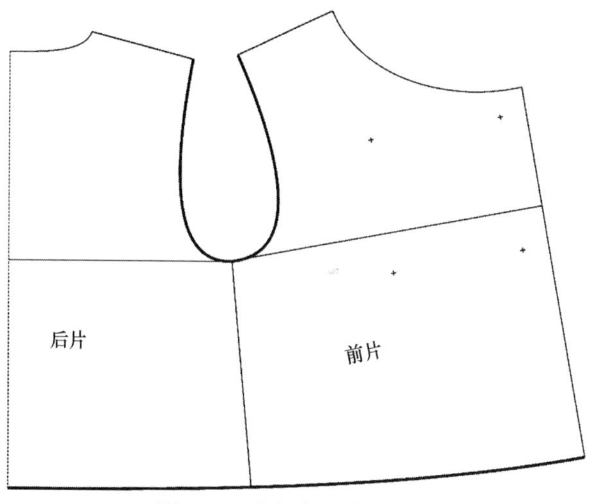

图1–28　底摆与袖窿的检验

（二）对位点的标注

对位点是指为了保证衣片在缝合时能够准确匹配而在样板上用剪口、打孔等方式做出的标记，是成对存在的，如三围线、袖肘线、开衩位、驳头绱领止点等，一般在款式轮廓线上用垂直于轮廓线的剪开方式做标记。

（三）纱向的标注

纱向用于描述机织物上纱线的纹路方向。直纱向指织物长度方向的纱向，横纱向指织物宽度方向的纱向，斜纱向指与织物纹路呈斜向角度的纱向。纱向线用以说明裁片排版的方向和位置。裁片在排料裁剪时首先要通过纱向线来摆放正确的方向和位置，其次要通过箭头符号来确定面料的状态。

（四）文字标注

文字标注包含产品的款式编号或名称、尺码号、裁片名称和裁片数等，对于一些分割较多的款式或不易识别的裁片，标注时也要在裁片的边线上写清楚，以便于生产。如图1–29所示的裁片标注内容。

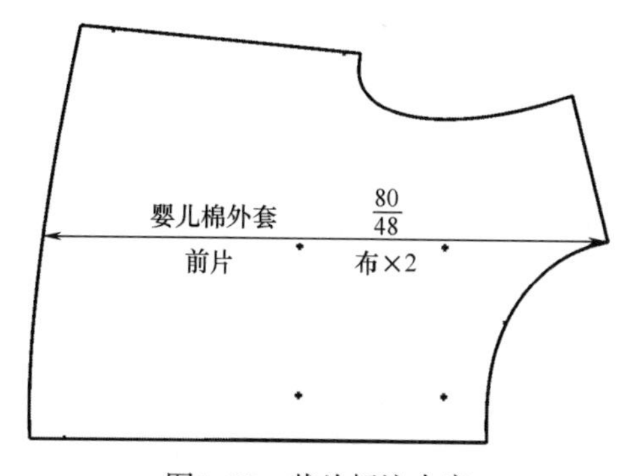

图1–29　裁片标注内容

二、缝份的加放

在服装结构图完成后，应根据需要在净板基础上加放必要的缝份，并对样板进行复核，确定样板准确无误后，再进行后续的生产。

缝份的加放是为了满足衣片缝制的基本要求，样板缝份的加放受很多因素的影响，如款式、部位、工艺及服用材料等，在加放时要综合考虑。一般，缝份加放的原则如下。

（1）样板的毛样轮廓线与净样轮廓线保持平行，即遵循平行加放的原则。

（2）对肩线、侧缝、前后中线等近似直线的轮廓线加放缝份 1~1.2cm。

（3）对领圈、袖窿等曲度较大的轮廓线加放缝份 0.8~1cm。

（4）折边部位缝份的加放量根据款式与年龄的不同，数量变化较大。对于近似扇形的下摆，还应注意缝份的加放能满足缝制的需要，即以下摆折边线为中心线，根据对称原理做出放缝线。

（5）注意各样板的拼接处应保证缝份宽窄、长度相当，角度吻合。例如两片袖，如果完全按平行加放的原则放缝，在两个袖片拼合的部位会因为端角缝份大小不等而发生错位现象。因此对于净样板的边角均应采用构制四边形法，即在样板边角延长需要缝合的净样线，两条毛样线相交，按缝头做缝线延长线的垂线，画出四边形，如图 1–30 所示的缝份角的处理。

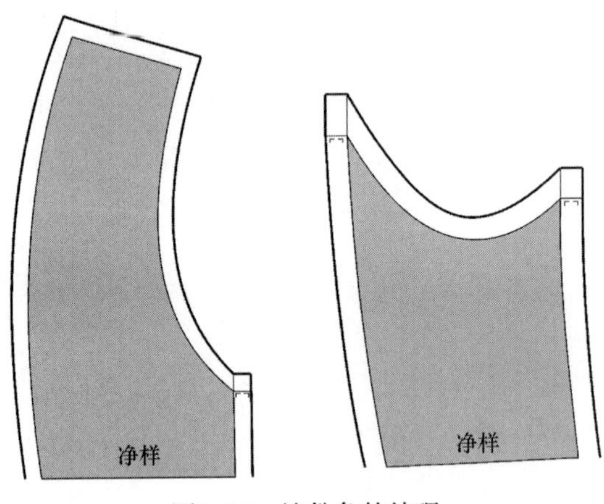

图1–30　缝份角的处理

（6）对于不同质地的服装材料，缝份的加放量要做相应调整。一般质地疏松、边缘易于脱散的面料缝份较之普通面料应多放 0.2cm。

（7）对于配里的服装，面料的放缝遵循以上所述的各原则和方法，里料的放缝方法与面料的放缝方法基本相同，但考虑到人体活动的需要，并且往往里料的强度较面料差，所以在围度方向上里料的放缝要大于面料，一般大 0.2~0.3cm，长度方向上由于下摆的制作工艺不同，里料的放缝量也有所不同，一般情况下在净样的基础上加放 1cm 即可。

思考与练习

1.儿童年龄分为几个阶段？如何划分？

2.选择儿童服装面料的首要原则是什么？举例说明。

3.测量10名不同年龄段的儿童体型，掌握儿童的量体方法。

4.对儿童原型进行制图，掌握制图的方法与规律。

综合实训——

婴儿装结构设计与制板

章节名称： 婴儿装结构设计与制板

章节内容： 婴儿上衣结构设计

婴儿裤装结构设计

章节时间： 8课时

教学要求： 使学生了解婴儿上衣常见部位的变化形式和婴儿裤装的变化形式；掌握不同款式上衣和裤装规格尺寸设计的方法及规律；掌握不同类型、不同款式上衣和裤装结构设计的方法和工业样板的制作。

第二章　婴儿装结构设计与制板

婴儿有与其他年龄段儿童不同的特点：身体呈筒形，没有明显的三围区别；生长发育较快；皮肤娇嫩，自身调节气温能力较弱；婴儿前期基本上是睡眠静止期，但是随着时间的推移，活动机能不断增强。婴儿从 4~5 个月开始能自行翻身；6~7 个月可以自己坐起；8~9 个月能够爬行；12~13 个月即可学走以至自己可以走路。

基于婴儿的特点，在婴儿装面料选择上应考虑以下内容：从湿热性能考虑，材料应具有吸湿、透气、保暖等良好的性能，以帮助婴儿调节体温，适应气候环境；从力学性能考虑，材料应具有柔软、有一定弹性、耐洗性较好等特点；从安全性能考虑，应具有抗静电性，甲醛等有害物质少；从压力性能考虑，材料应质轻、压力值低；从颜色方面考虑，以白色和浅色为主；从经济方面考虑，材料的穿着时间短，价格要低。

第一节　婴儿上衣结构设计

婴儿活动范围较小，其适合的上衣品类也较少，结构形式比较简单，不随流行的变化而变化，主要是满足婴儿的功能性和实用性要求。

一、婴儿上衣各部位变化原则

（一）领

领口既要满足颈根围的量，在套头衫中又要满足头围的量，同时又要考虑婴儿颈部极短，下颏几乎贴紧胸部，颈部易潮湿且在转动时易造成极强的不适感。基于以上要求，婴儿装的领子形式一般使用领圈和极低的平领，如图 2–1 所示。

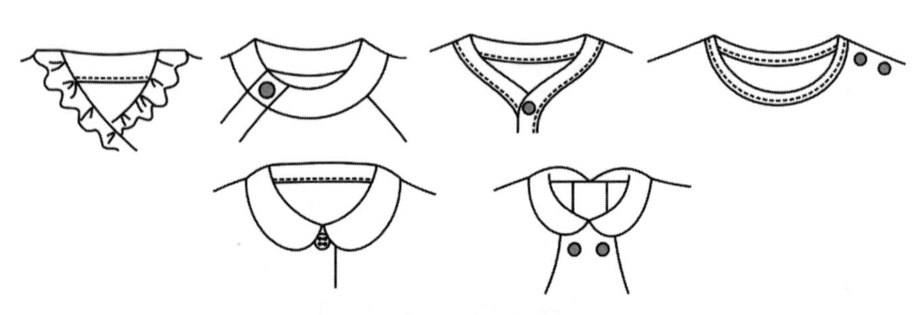

图2–1　婴儿装常见领子形式

（二）袖

无袖、中式连袖、插肩袖和装袖均为婴儿服装中的常见袖型，无论哪种袖型，袖窿部位均应有足够的加放量，以增加婴儿穿着的舒适性。较小婴儿缺少自主穿衣能力，因此应考虑成年人为孩子穿衣的方便，袖口尺寸应宽松。当袖口处抽褶、抽带时，以不勒紧腕部或手臂为原则。长袖袖口尺寸在净腕围基础上加放 2cm，短袖袖口尺寸在臂根围净尺寸基础上加放 4cm。

（三）衣长

最初几个月的婴儿睡眠时间较长，过长的衣摆易给孩子造成不适，因此衣长不宜太长，应在臀部以上。随着孩子年龄的增加，户外活动也在增加，衣长可根据款式进行设计。衣长设计的基本规律如下：

短上衣衣长 = 背长 +（13~16）cm，或身高 ×0.4–（3~6）cm；

一般上衣衣长 = 背长 +（18~24）cm，或身高 ×0.4 ± 3cm。

（四）下摆

下摆尺寸随衣长的变化而变化。为了母亲操作方便和婴儿穿着舒适，下摆需展开一定的量，衣长越长，展开的量越大。

婴儿具有挺胸凸腹的特点，因此，在确定下摆尺寸时应考虑腹凸量，婴儿阶段的腹凸量一般取 2cm。

二、婴儿上衣结构设计

（一）婴儿长袖中式衫

1.款式说明

宽松设计，交叉领，中式连袖，长袖，前片偏襟设计，闭合形式为系带，以保护婴儿娇嫩的腹部，款式设计如图 2–2 所示。

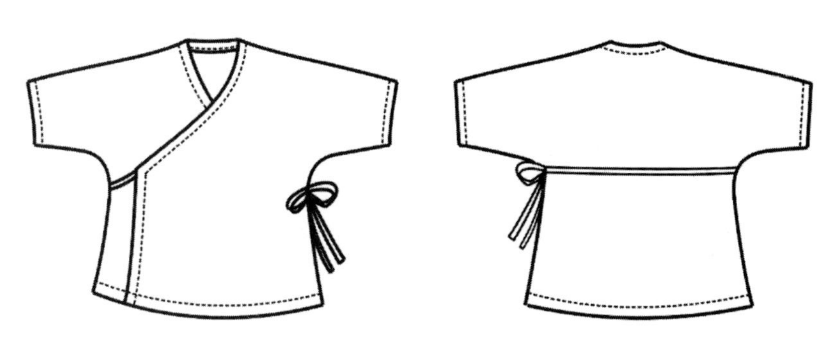

图2–2 婴儿长袖中式衫

2.适合范围

本款适合身高 59~66cm、3~6 个月大的婴儿。

3.规格设计

衣长 = 背长 +（13~16）cm；

胸围 = 净胸围 +16cm；

袖长（从后颈中点到手腕部位的尺寸）= $\frac{总肩宽}{2}$ + 手臂长。

不同身高的婴儿长袖中式衫各部位规格尺寸如表 2-1 所示。

表 2-1 婴儿长袖中式衫各部位规格尺寸　　单位：cm

身高	衣长	胸围	袖长	袖窿深	（前、后）领宽	袖口宽
52	28	56	25	14	4.8	8
59	30	60	27	15	5	8
66	32	64	29	16	5.2	8

4.结构制图

身高 59cm 婴儿的长袖中式衫结构设计如图 2-3 所示。

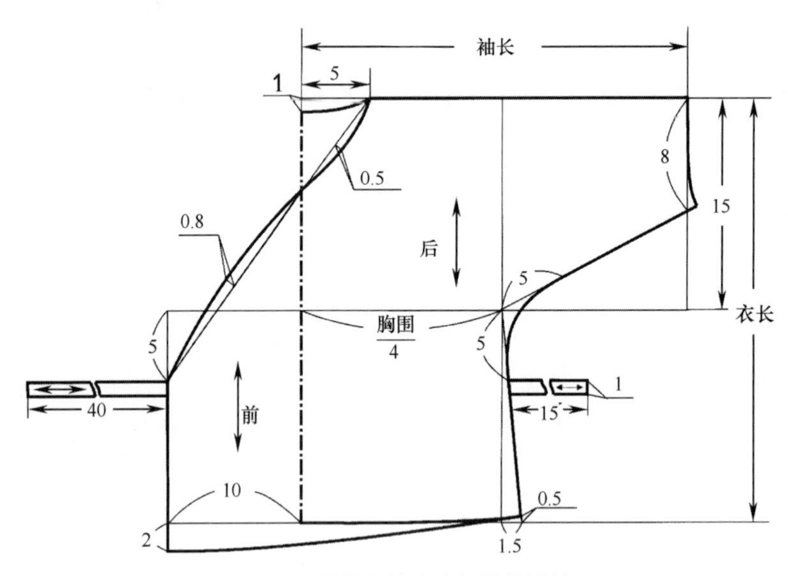

图2-3 婴儿长袖中式衫结构设计

5.制图说明（图2-3）

本款采用比例法制图。

（1）后片制图说明。

① 后片胸围尺寸为$\frac{胸围}{4}$。

② 后领宽尺寸 5cm，考虑婴儿颈部较短的特征，自上基础线向下取后领深 1cm，做后

领窝线。

③ 自后领中心点取袖长尺寸 27cm，袖窿深 15cm，袖口宽 8cm。

④ 下摆展开量为 1.5cm，在侧缝处起翘 0.5cm，下摆与侧缝保持直角状态。

⑤ 身袖缝线在腋下以弧线处理。

（2）前片制图说明。

前片胸围、袖长、领宽、袖口宽等和后片保持一致。

① 前片偏襟量取 8~10cm。

② 前领口弧线止点在偏襟线上，胸围线向下 5cm。

③ 婴儿胸腹部凸出，在下摆应增加适当的腹凸量 2cm，过腹凸点和侧缝底摆点做弧线。

④ 大襟系带长 40cm，侧缝带长 15cm，带宽 1cm，位置如图 2–3 所示。

⑤ 前、后片袖口均进行弧线修正，保持缝合后的圆顺状态。

6.缝份加放

婴儿长袖中式衫缝份加放量：肩线、侧缝线、前中线、袖缝线等近似直线的轮廓线缝份加放 1~1.2cm；前后领圈等曲度较大的轮廓线缝份加放 0.8~1cm；底摆、袖口折边，缝份加放 2cm；系带较窄，缝份加放 0.6cm。本款式净样板缝份的加放如图 2–4 所示，毛缝板如图 2–5 所示。

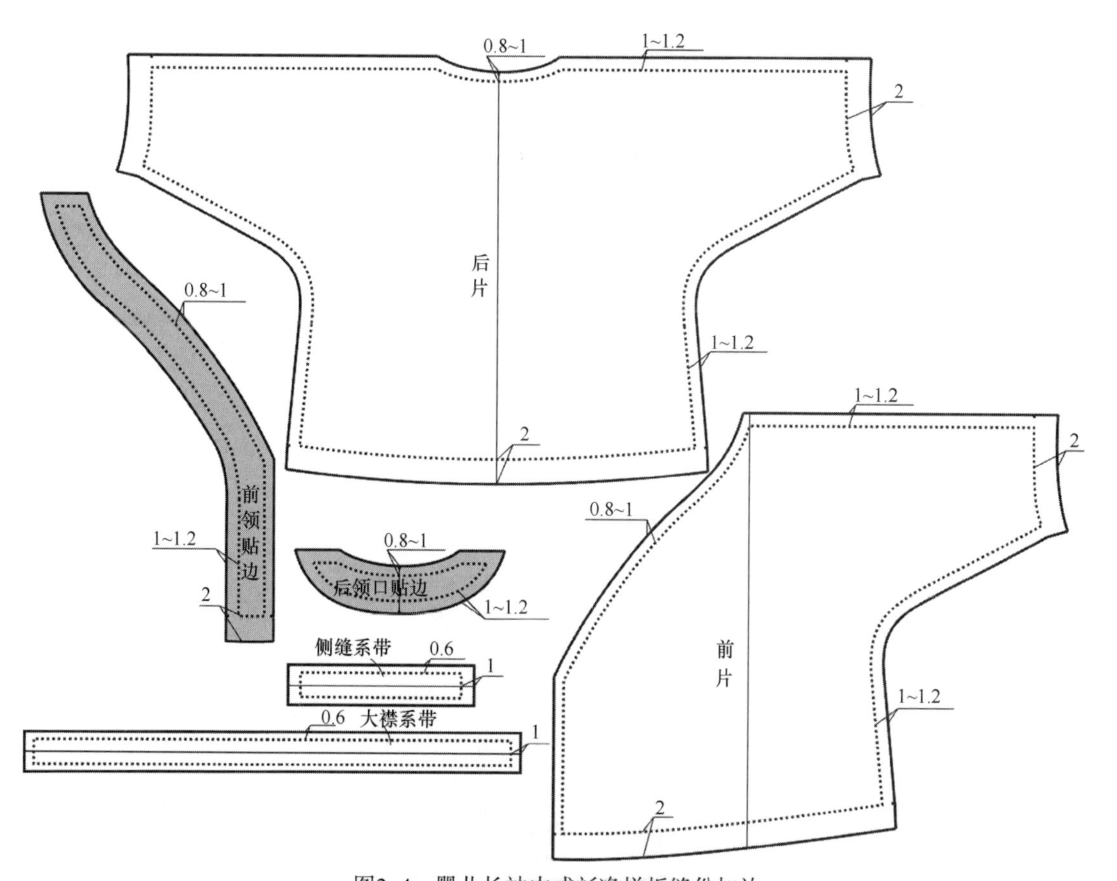

图2–4　婴儿长袖中式衫净样板缝份加放

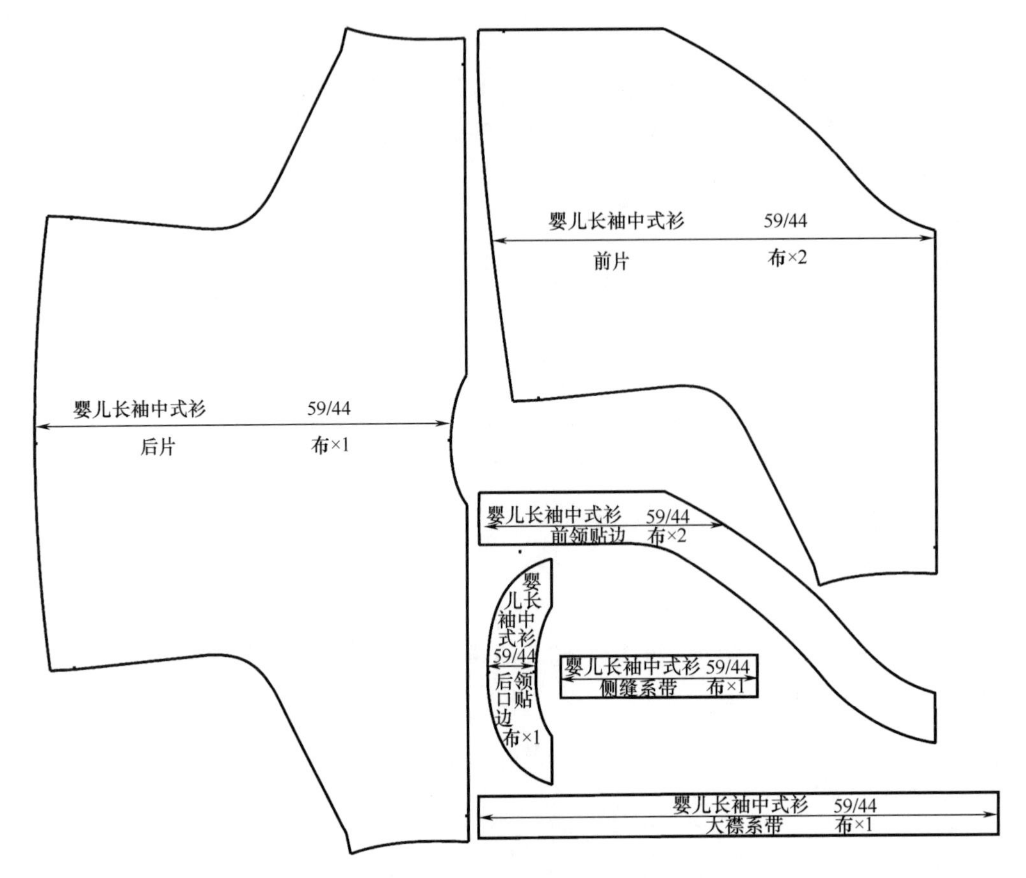

图2-5 婴儿长袖中式衫毛缝板

（二）婴儿插肩袖 T 恤

1. 款式说明

较合体短袖 T 恤，插肩袖，领口处有短门襟，两粒扣系结，便于穿脱；前胸设计有横向分割线，下摆展开，为婴儿提供充裕的下摆活动量；图案装饰，款式简单、大方，穿着方便、舒适。婴儿插肩 T 恤款式设计如图 2-6 所示。

图2-6 婴儿插肩袖T恤款式设计

2.适合范围

本款适合身高 66~80cm、6~12 个月大的婴儿。

3.规格设计

衣长 = 背长 +（12~15）cm；

胸围 = 净胸围 +12cm 放松量；

后领深 =1.5cm；

前领深 = 领宽。

不同身高婴儿插肩袖 T 恤各部位规格尺寸如表 2-2 所示。

表 2-2　婴儿插肩袖 T 恤各部位规格尺寸　　单位：cm

身高	衣长	胸围	总肩宽	袖长	袖口宽	（前、后）领宽	前领深	袖窿深
66	30	52	20	8	8	5.6	5.6	13
73	31.5	56	22	9	8.5	5.8	5.8	13.5
80	33	60	24	10	9	6	6	14

4.结构制图

身高 80cm 婴儿的插肩袖 T 恤结构设计如图 2-7 所示。

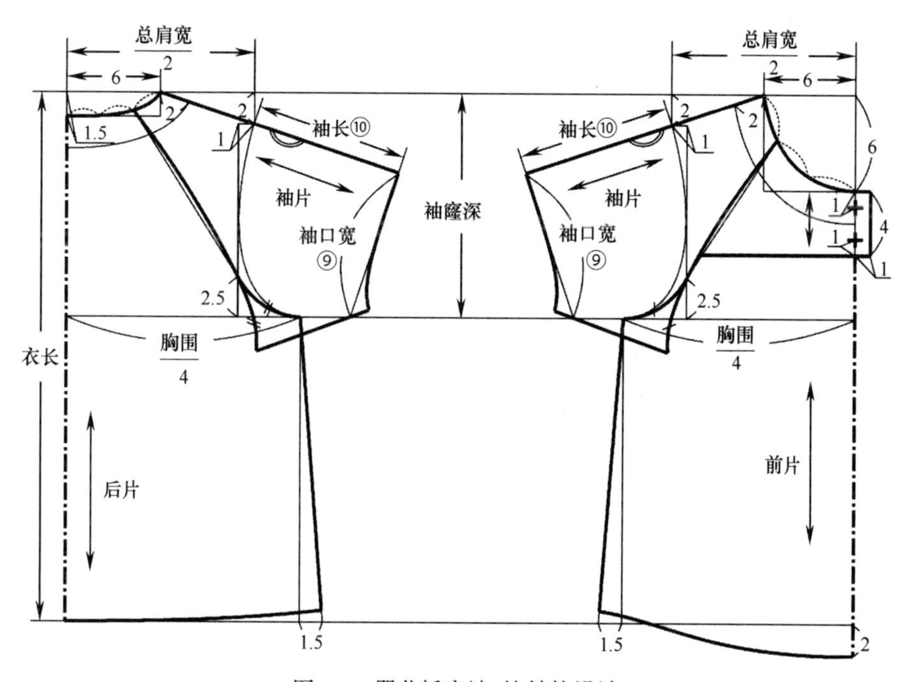

图2-7　婴儿插肩袖T恤结构设计

5.**制图说明**（图2–7）

本款采用比例法制图。

（1）后片制图说明。

① 后片胸围尺寸为$\frac{胸围}{4}$。

② 后领宽尺寸 6cm，自上基础线向下取后领深 1.5cm，做后领窝线。

③ 自后领中心点取$\frac{总肩宽}{2}$（尺寸为 12cm），落肩 2cm，连接侧颈点和肩端点并延长，袖斜采用肩斜斜度。

④ 自肩端点取袖长 10cm，过袖长点做袖斜线的垂线，取袖口宽 9cm。

⑤ 后领弧线三等分，插肩点在$\frac{1}{3}$点处；在背宽线上，自胸围线向上取 2.5cm 为身袖交叉点，微弧连接插肩点和身袖交叉点为身袖公共边线，以身袖公共边线为对称线做等长反弧腋下弧线。

⑥ 连接袖肥点和袖口点，做袖缝线。

⑦ 下摆展开量为 1.5cm，做底摆弧线，下摆与侧缝保持直角状态。

（2）前片制图说明。

前片胸围、袖长、领宽、肩宽、袖口宽、侧缝长度等和后片保持一致。

① 在前中线上，自上基础线向下取 6cm，确定前领深点，做前领窝线。

② 自前领深点向下 4cm 做水平线，确定前胸片分割线。

③ 前胸片分割线以上设计短门襟，搭门量 1cm，两粒扣系结，两粒扣距领口和分割线处均为 1cm。

④ 下摆设计 2cm 腹凸量，过腹凸点和侧缝底摆点做弧线。

⑤ 前、后片袖口均进行弧线修正，保持缝合后的圆顺状态。

6.**缝份加放**

婴儿插肩袖 T 恤净样板缝份加放量：前中门襟、前胸片分割线、侧缝、袖缝等直线和近似直线的轮廓线缝份加放 1~1.2cm；前后领圈、插肩弧线等曲度较大的轮廓线缝份加放 0.8~1cm；底摆、袖口边折边缝份加放 2cm。本款式净样板缝份的加放如图 2–8 所示，毛缝板如图 2–9 所示。

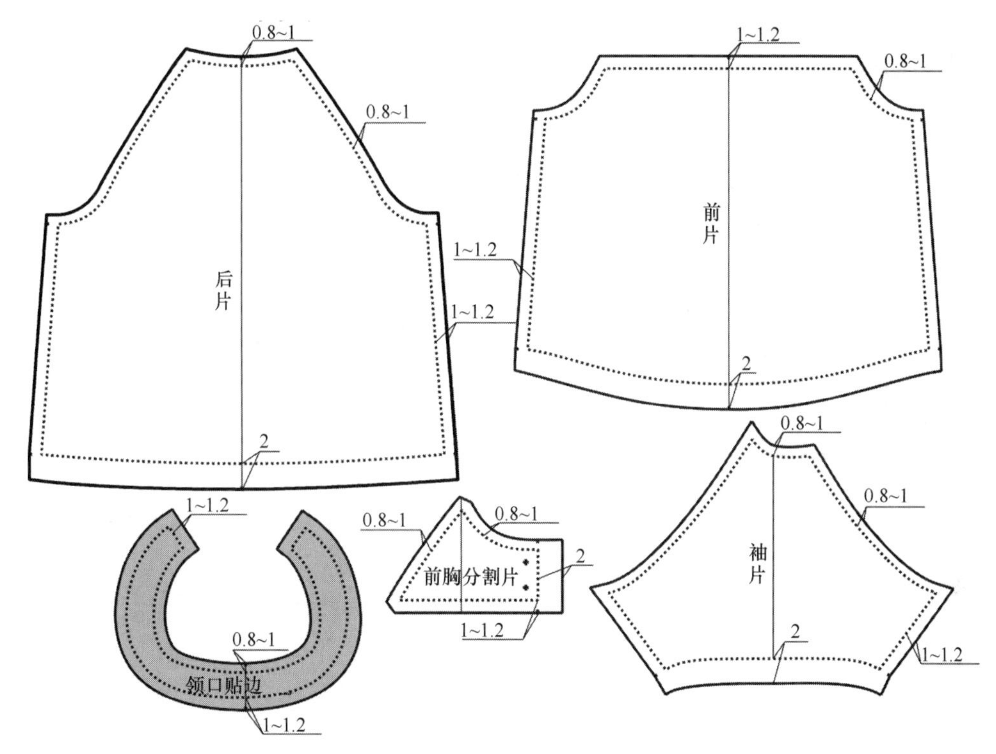

图2-8　婴儿插肩袖T恤净样板缝份加放

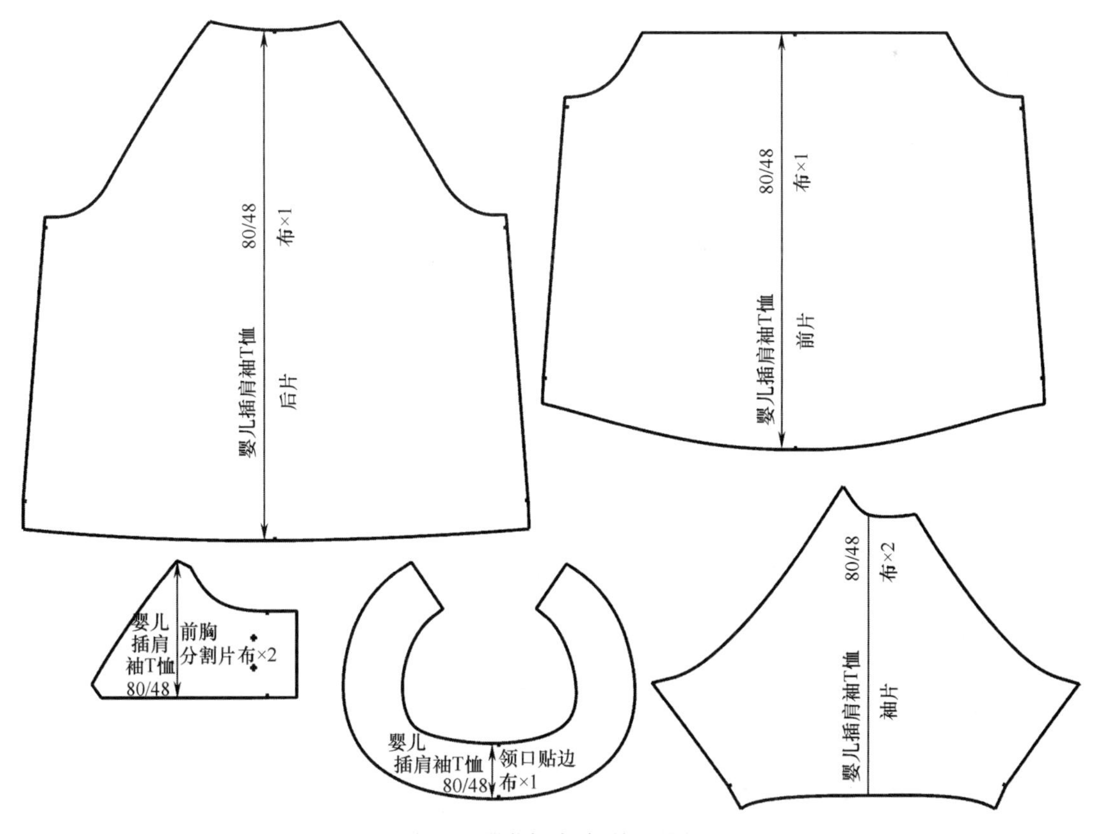

图2-9　婴儿插肩袖T恤毛缝板

（三）婴儿棉服

1. 款式说明

宽松小棉服，衣长适中，连帽设计，前衣片偏襟双排扣，增加保暖性，穿脱方便，舒适美观，款式设计如图 2–10 所示。

图2–10　婴儿棉服款式设计

2. 适合范围

本款适合身高 59~80cm、3~12 个月大的婴儿。

3. 规格设计

衣长 = 背长 +（12~15）cm；

胸围 = 净胸围 +20cm；

肩宽 = 总肩宽 +6cm；

袖长 = 手臂长。

不同身高婴儿棉服各部位规格尺寸见表 2–3 所示。

表 2–3　婴儿棉服各部位规格尺寸　　单位：cm

身高	衣长	胸围	袖长	总肩宽	袖窿深	袖口宽	（前、后）领宽	后领深	头围
66	30	60	21	25	14	10	5.8	1.5	43
73	32	64	23	26.5	14.5	10	6	1.5	45
80	34	68	25	28	15	10	6.2	1.5	47

4. 结构制图

身高 80cm 的婴儿棉服结构设计如图 2–11 所示。

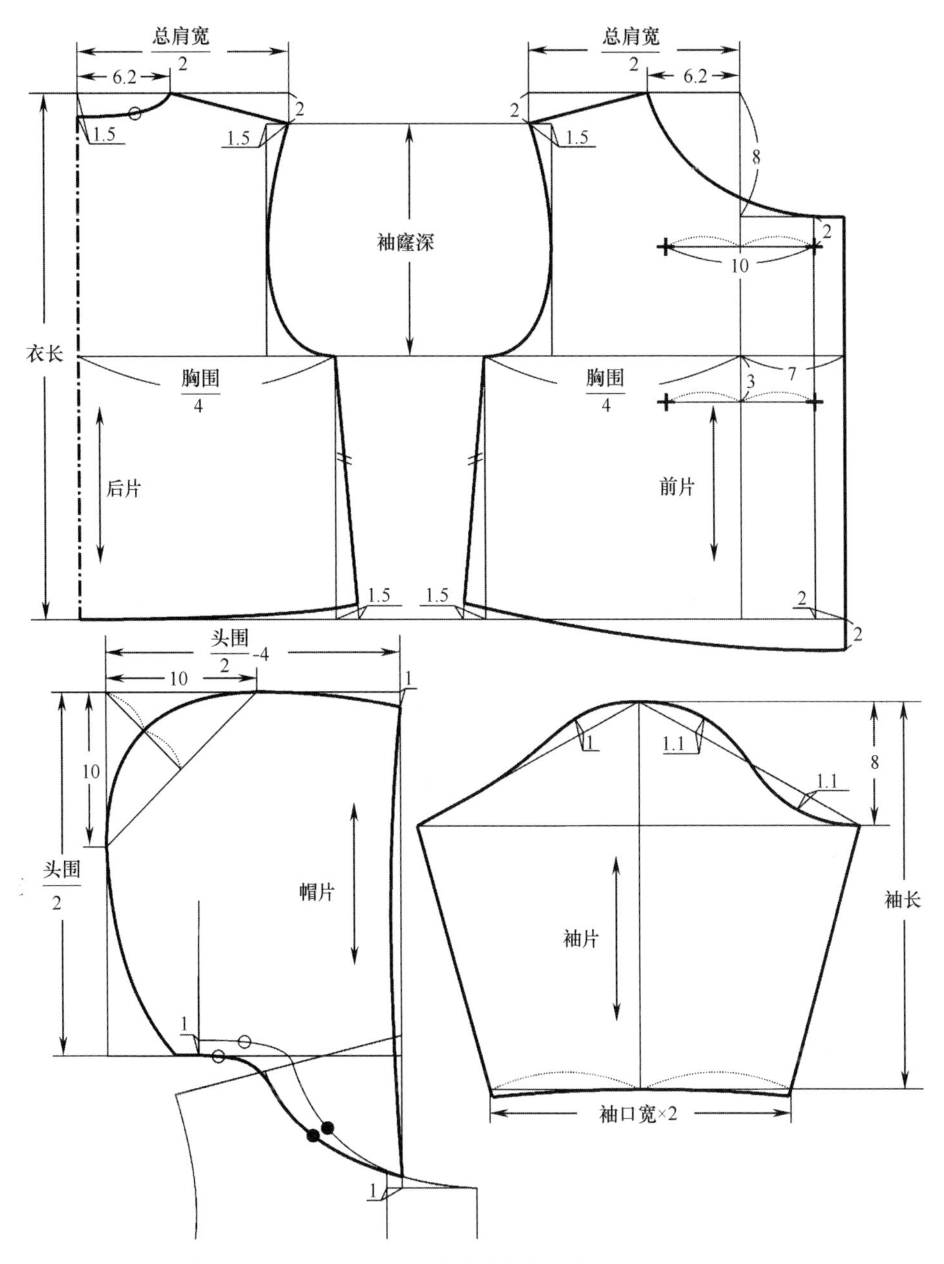

图2-11　婴儿棉服结构设计

5.**制图说明（图2-11）**

本款采用比例法制图。

（1）衣身制图说明。

① 前、后胸围尺寸分别为$\frac{胸围}{4}$，前片采用偏襟设计，偏襟量为7cm。

② 前、后领宽均为6.2cm，考虑婴儿颈部较短的特征，自上基础线向下取后领深1.5cm，适应款式特征，前领深取8cm。

③ 在上基础线上，分别由前、后中点向肩端方向取$\frac{1}{2}$总肩宽，落肩 2cm，分别连接侧颈点和肩端点为前、后肩线。

④ 前、后袖窿深相等。

⑤ 适应婴儿挺胸凸腹的体型特征，前身下垂量取 2cm。

⑥ 前、后片底摆展放量均为 1.5cm，为保证成衣底摆圆顺，底摆与侧缝线应修成直角状态，起翘量根据底摆展放量的大小而定。

⑦ 前搭门宽 2cm，双排扣间距 10cm。

（2）帽制图说明。

① 拼合前、后衣片，以侧颈点为对位点，将后衣身在前衣身的肩线延长线上拼合。

② 做帽下口线，在后颈点下部取帽座量 1cm，画顺帽下口线，使之与领圈线等长。

③ 以$\frac{1}{2}$头围 -4cm 为宽，$\frac{1}{2}$头围为高做长方形，长方形上边线为帽顶辅助线，下边线为帽口辅助线，左边线为后中辅助线。

④ 做帽顶及后中弧线，做前脸线。

（3）袖子制图说明。

① 袖子为普通一片袖结构，为使婴儿手臂活动方便、舒适，袖山高取 8cm，前袖山斜线取前袖窿弧长，后袖山斜线取后袖窿弧长，袖山斜线$\frac{1}{4}$点处的垂直抬升量如图所示。

② 袖口尺寸为袖口宽 ×2，前后袖口尺寸相等，修正袖口线为弧线，以保证袖缝处的袖口圆顺。

6.缝份加放

婴儿棉服净样板缝份加放量：肩线、侧缝、前中线、袖缝等近似直线的轮廓线缝份加放 1~1.2cm，领圈、袖窿、袖山、帽后中缝等曲度较大的轮廓线缝份加放 0.8~1cm，底摆、袖口缝份加放 1~1.2cm。

该款为棉服，里净样板的放缝与面净样板不同，肩线、侧缝、前中线、袖缝等部位加放 1.5~1.8cm，领圈、袖窿、袖山、帽后中缝等部位加放 1.2~1.5cm，底摆、袖口在净板基础上加放 1.2~1.5cm。本款婴儿棉服面净样板缝份的加放如图 2-12 所示，里净样板缝份的加放如图 2-13 所示。本款婴儿棉服毛缝板面板如图 2-14 所示，毛缝板里板如图 2-15 所示。

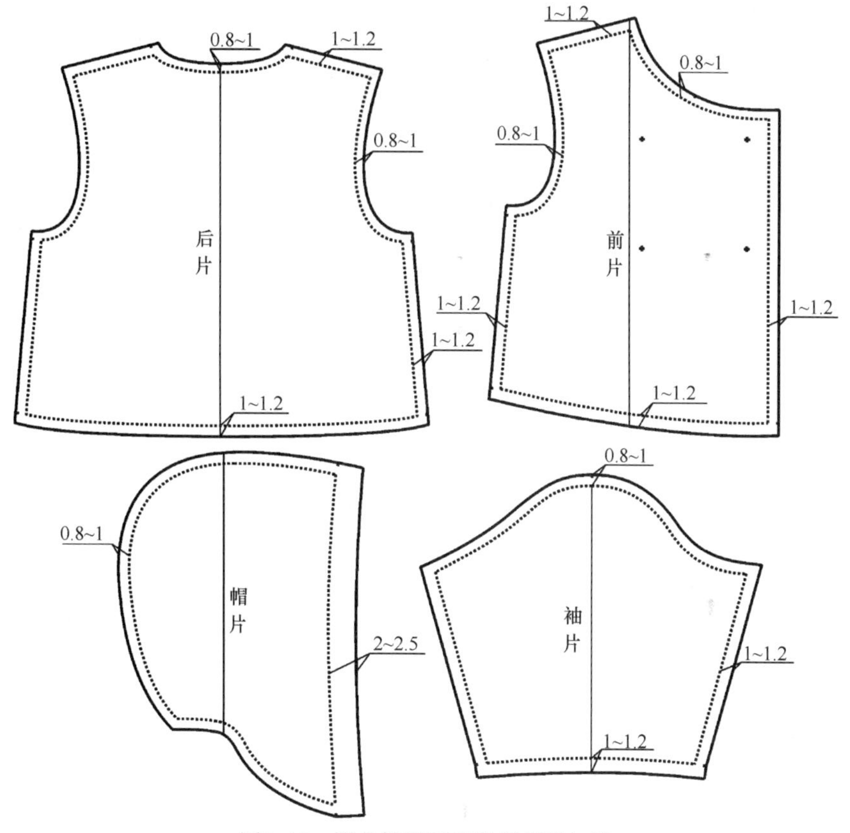

图2-12 婴儿棉服面净样板缝份加放

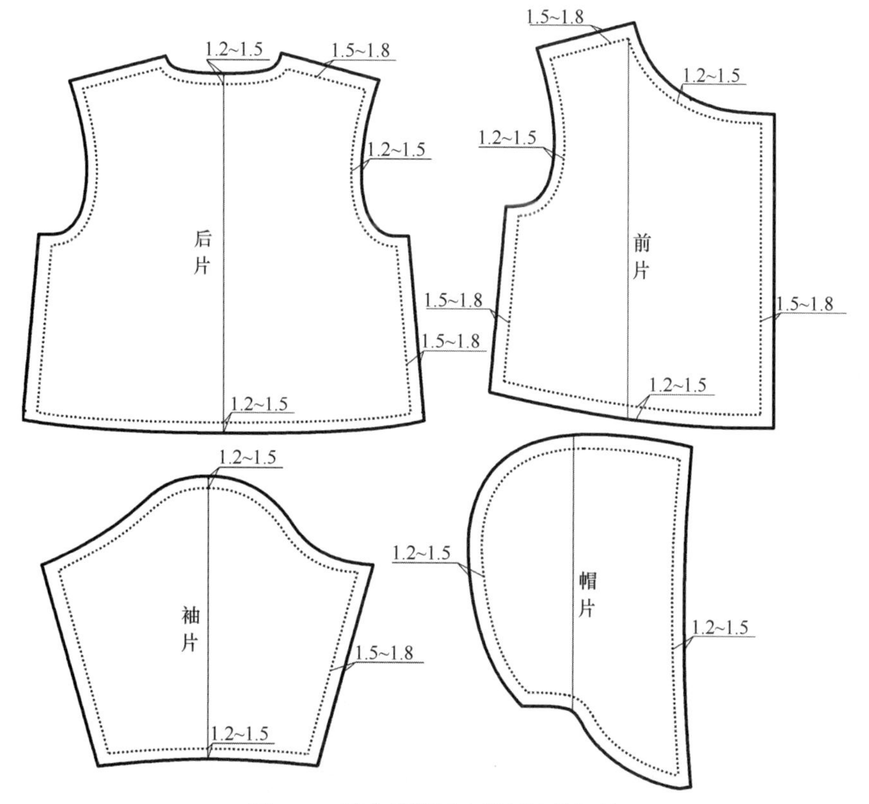

图2-13 婴儿棉服里净样板缝份加放

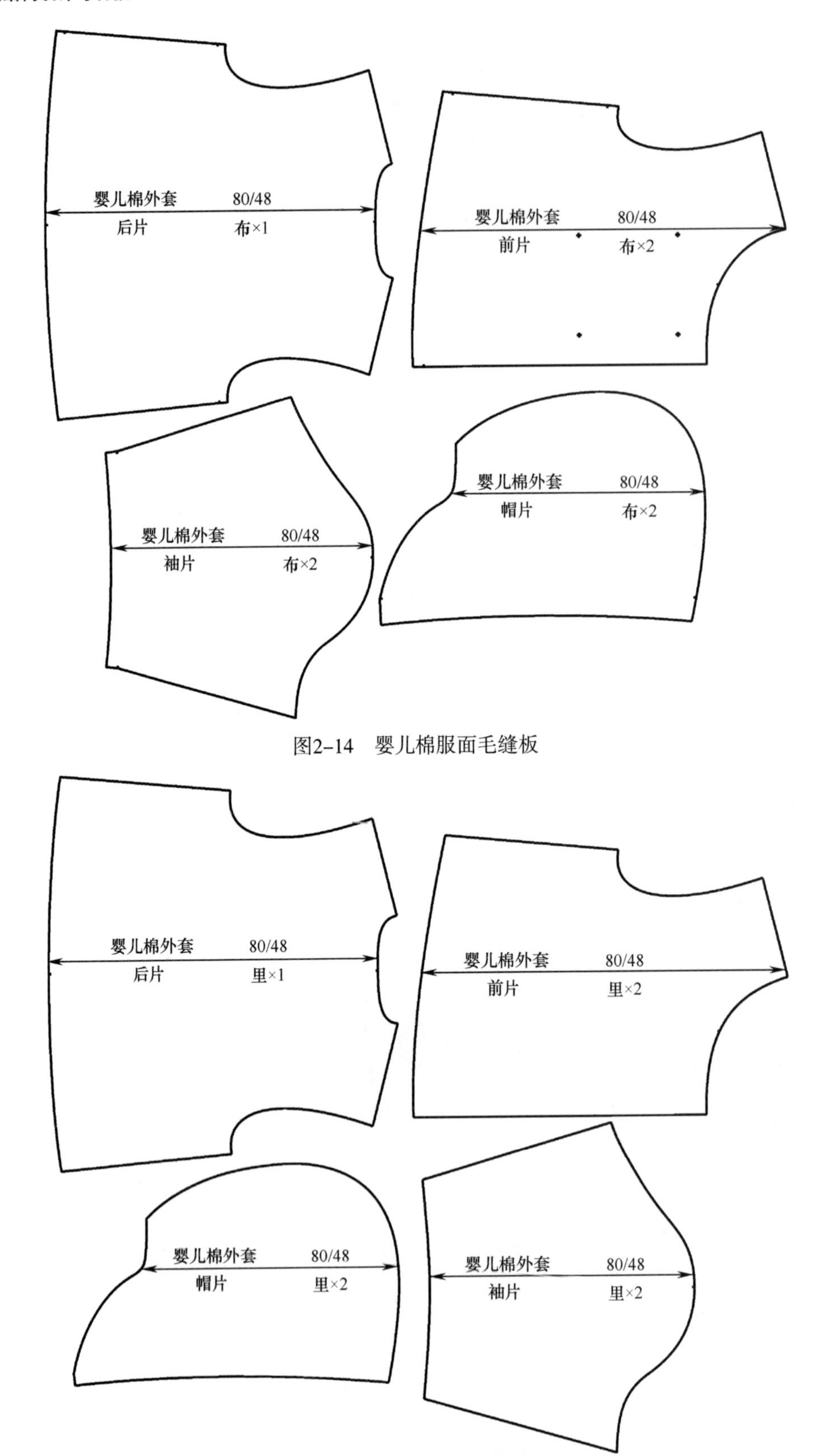

图2-14 婴儿棉服面毛缝板

图2-15 婴儿棉服里毛缝板

第二节 婴儿裤装结构设计

婴儿裤装形式有一片式和两片式，针对婴儿腹部凸出的特点，款式主要有普通裤装和连身裤装。根据裤口形式的不同，又分为连脚裤和散脚裤两种。在婴儿裤装设计中，应考虑加放尿布的量，因此长度方向和围度方向的量要足够大。面料根据季节不同而不同，夏季采用薄型机织纯棉平布、纯棉绒布、涤棉平布、薄型针织布等，春、秋、冬季采用纯棉纱卡、厚型绒布和灯芯绒布等，也可制作成带有里料和絮料的棉裤。

婴儿裤装纸样设计需要腰围、臀围、上裆、裤长、裤口等部位的尺寸。由于婴儿使用尿布，并且服装要求有更高的舒适性，因此婴儿裤装应有足够的松量，臀部的松量增加在围度和长度两个方面。

一、婴儿普通裤装结构设计

上下分体的裤装结构对婴儿的生长发育束缚较大，穿着时，裤腰正好捆在婴儿的胸腹位置，影响婴儿胸腹的正常发育和肺活量的增加，因此裤装设计尽量采用连体裤装的形式。但普通裤装具有穿着便利的特点，在婴儿装中仍然广泛采用。

（一）婴儿针织开裆裤

1.款式说明

前、后开裆设计，小于3个月的婴儿裤腰采用抽带，以保护婴儿娇嫩的腹部，3个月以上婴儿裤腰用橡筋带，并在后腰中部搭接按扣扣合，方便穿脱，裤口有罗纹边。3个月以上婴儿针织开裆裤款式设计如图2-16所示。

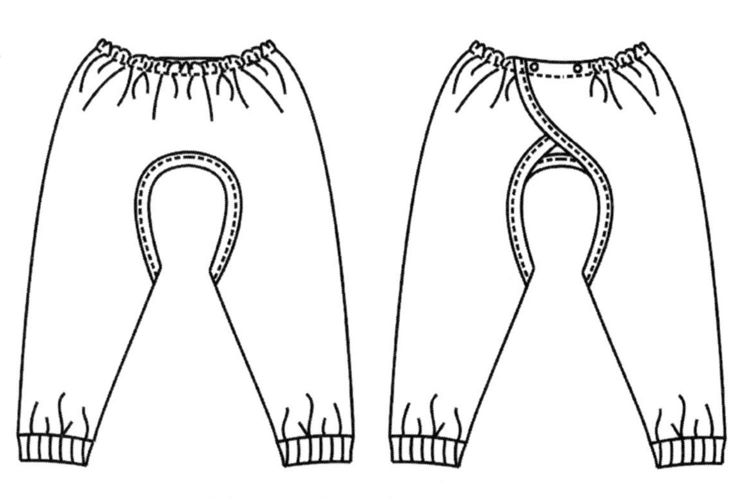

图2-16 婴儿开裆裤款式设计

2.适合范围

本款适合身高59~73cm、3~9个月大的婴儿。

3.规格设计

裤长 = 身高 ×0.6±（0~3）cm；

腰围（装橡筋带后尺寸）= 净腰围 -1cm；

臀围 = 净臀围 +12cm。

不同身高婴儿针织开裆裤各部位规格尺寸如表2-4所示。

表2-4 婴儿针织开裆裤各部位规格尺寸 单位：cm

身高	裤长	腰围（装橡筋带的尺寸）	臀围	裆开口深	前直裆长	后直裆长	裤脚口宽
59	35	40	53	21	10.5	8.5	7
66	38	43	56	22	11	9	8
73	41	46	59	23	11.5	9.5	9

4.结构设计图

身高66cm的婴儿开裆裤结构设计如图2-17所示。

5.制图说明（图2-17）

① 本款采用比例法制图，前后片连裁，无侧缝。

② 裤片连腰头，腰头宽1.5cm，穿细橡筋带。后腰中部搭接量6cm，腰头上两粒纽扣，纽扣间距9cm。

③ 裆开口深度22cm，前直裆长11cm，后直裆长9cm，前、后臀部弧线宽4cm，后臀弧线和后片搭接片以圆顺弧线相接。

④ 裤脚口尺寸为$\frac{臀围}{3}$+4cm。

⑤ 裆部开口采用绲条扣净，绲条宽0.8cm。

⑥ 裤脚口绱罗纹边，罗纹边宽4cm，长16cm。

6.缝份加放

腰口、裤内缝、裤脚口、裤脚口罗纹边等直线和近似直线的轮廓线加放缝份1~1.2cm；曲度较大的裆部开口轮廓线加放缝份0.8~1cm；绲条宽度加放缝份0.6cm，长度加放缝份1~1.2cm。本款式缝份加放如图2-18所示，毛缝板如图2-19所示。

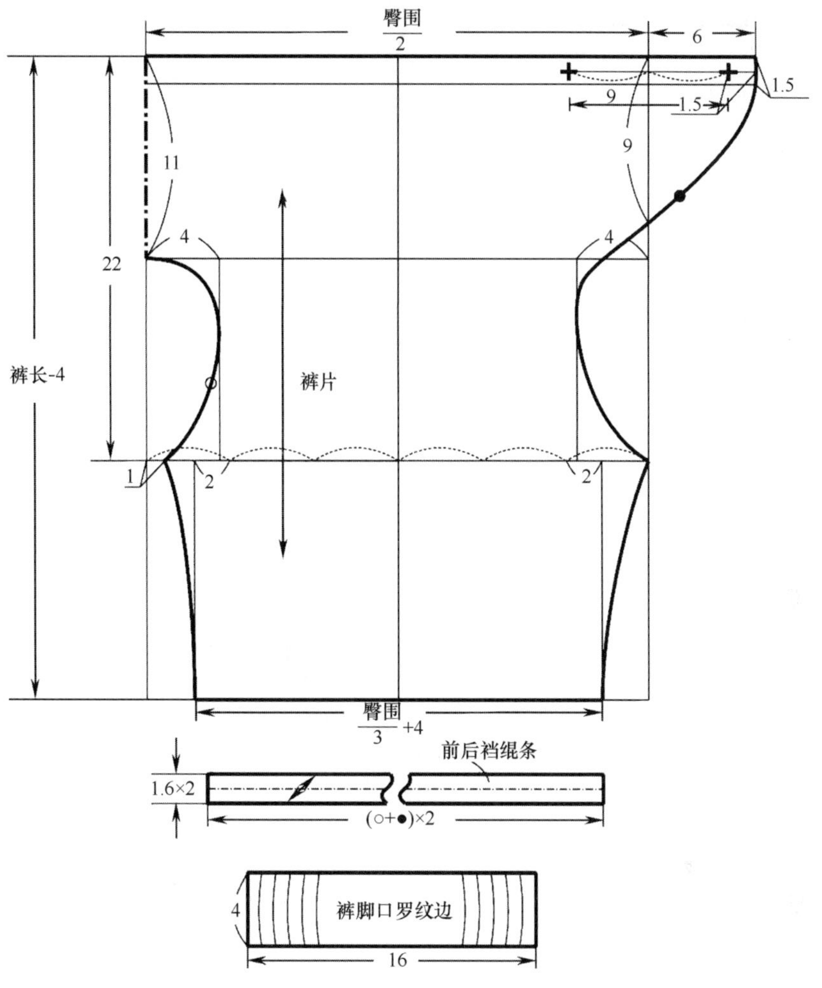

图2-17　婴儿针织开裆裤结构设计

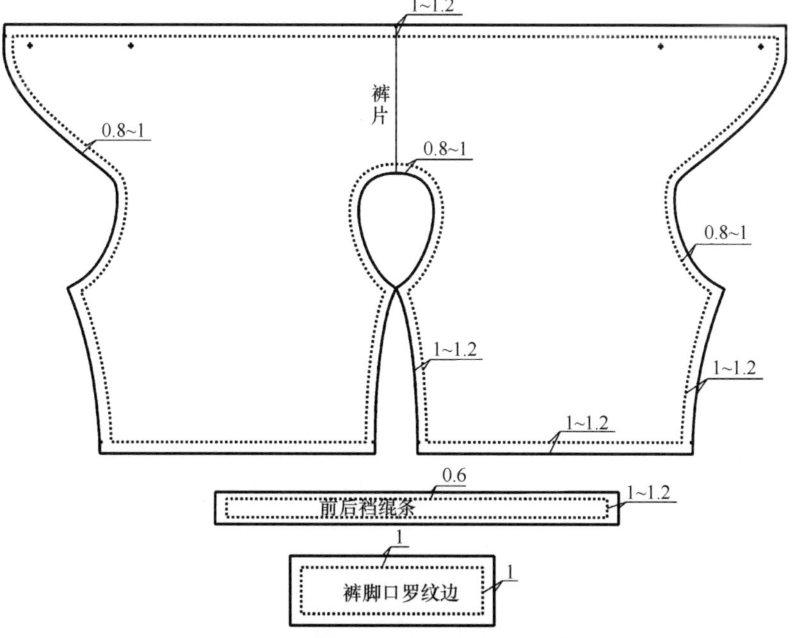

图2-18　婴儿针织开裆裤缝份加放

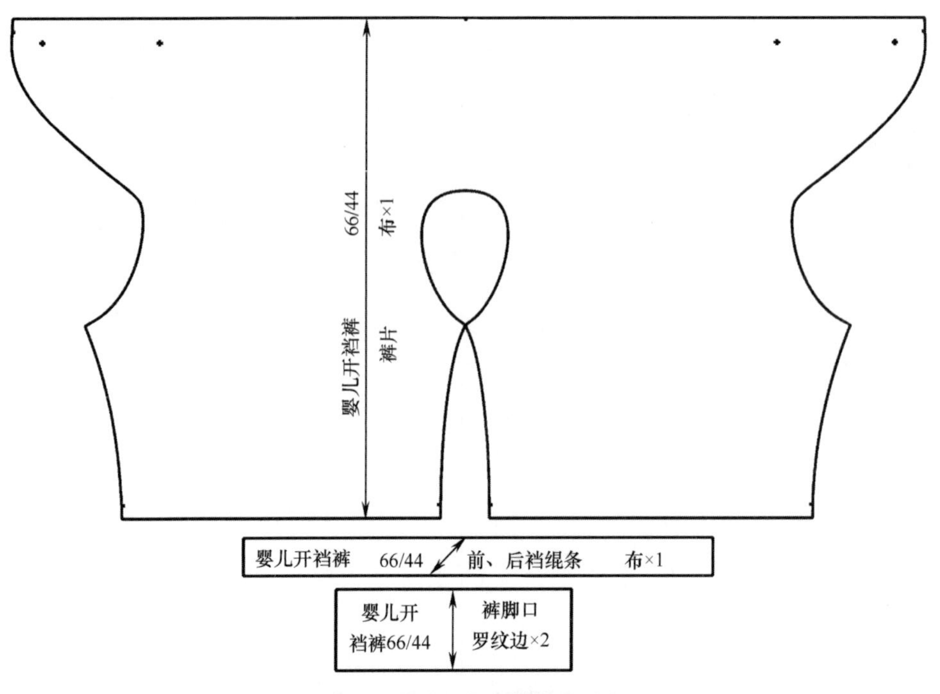

图2-19 婴儿针织开裆裤毛缝板

（二）婴儿一片式长裤

1.款式说明

宽松设计，腰部抽橡筋带，裆部缝合，无侧缝，穿着方便、舒适，为普通长裤，可作为其他裤装制图的基础。婴儿一片式长裤款式设计如图 2-20 所示。

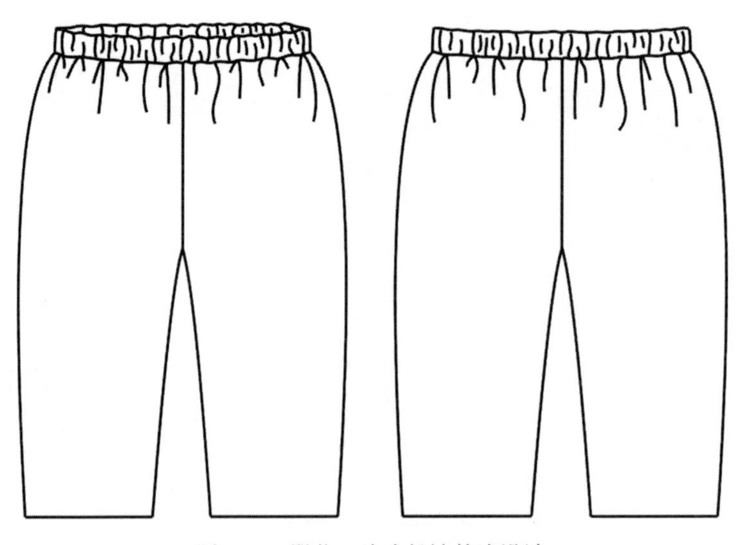

图2-20 婴儿一片式长裤款式设计

2.适合范围

本款适合身高 66~80cm、6~12 个月大的婴儿。

3.规格设计

腰围（装橡筋带后的尺寸）= 净腰围 -1cm；

臀围＝净臀围 +16cm 松量；

裤长＝身高 ×0.6 ± 2cm；

裤脚口由臀围尺寸确定。

不同身高婴儿一片式长裤各部位规格尺寸如表 2-5 所示。

表 2-5　婴儿一片式长裤各部位规格尺寸　　单位：cm

身高	裤长	腰围	臀围	上裆长（不含腰头）
66	38	40	57	16
73	41	43	60	17
80	44	46	63	18

4.结构设计图

身高 73cm 的婴儿一片式长裤结构设计如图 2-21 所示。

5.制图说明（图2-21）

① 本款采用比例法制图，无侧缝，前后片结构完整。

② 裤片长为裤长 -2cm（腰头宽），腰头宽尺寸较窄，以保护婴儿娇嫩的腹部。

③ 按上裆尺寸 17cm 确定横裆线。

④ 在上基础线到横裆线的$\frac{1}{2}$处做水平线，该线作为臀围线，因婴儿胸腹部凸出，同时婴儿阶段需考虑尿布的加放量，因此臀围线上移，随着孩子年龄的增加，臀围线需下移至上基础线到横裆线的下$\frac{1}{3}$处。

⑤ 中裆线位于横裆线至裤脚口线的$\frac{1}{2}$处，该线主要起造型的作用。

⑥ 将前臀围尺寸四等分，小裆宽为$\frac{1}{4}$份。

⑦ 在前裆宽和前中辅助线的角平分线上取$\frac{3}{5}$小裆宽，该尺寸作为前裆弯弧线的内凹量，做前裆弧线。

⑧ 前裤脚口宽为$\frac{3}{4}$前臀围 +1cm，前中裆宽为前裤脚口宽 +1.5cm，内缝线在距裤脚口 4cm 处保持直线状态，从而保证裤脚口的顺直。

⑨ 后裆宽在前裆宽基础上增加前裆宽 -1cm 的量，落裆为 0.5cm，距后中辅助线 2cm 处起翘 2cm（固定数值），后裆弯弧起点为臀围线和后中辅助线的交点。

⑩ 后裤脚口宽等于前裤脚口宽 +1.5cm，后中裆宽等于前中裆宽 +1.5cm。

⑪ 腰围线为前中线顶点至后起翘点的弧线。

⑫ 腰头宽 2cm，里、面连裁，长为腰线尺寸。

6.缝份加放

裤内缝、前裆、后裆等部位加放缝份 1~1.2cm。腰口处要接缝腰头，腰口处加放缝份 0.8~1cm。裤脚口卷边，裤脚口处加放缝份 2~2.5cm。本款式缝份加放如图 2-22 所示，毛缝板如图 2-23 所示。

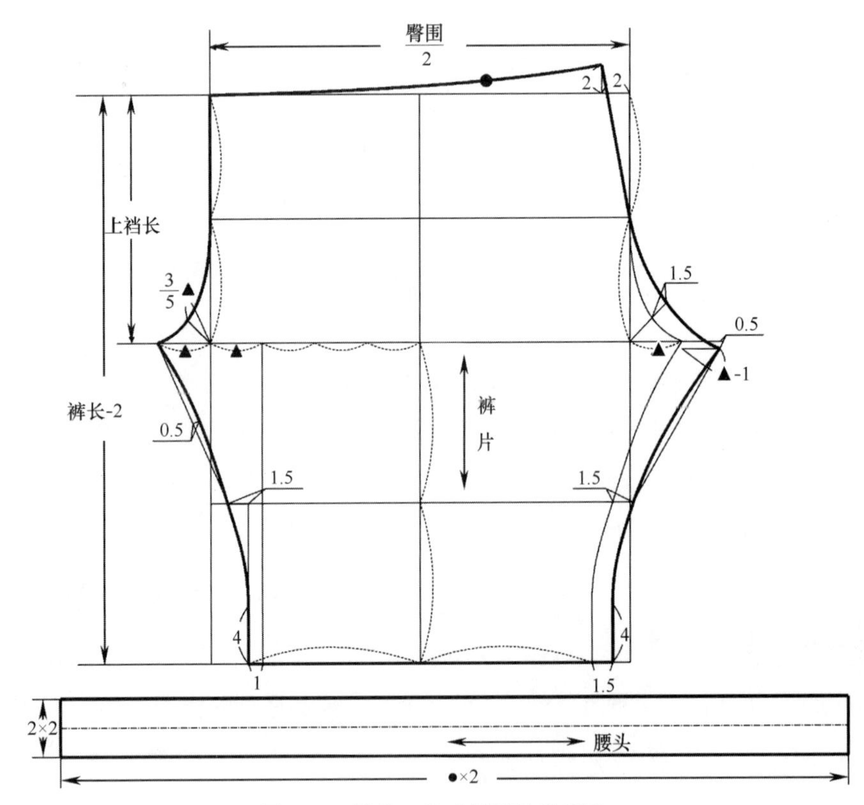

图2-21 婴儿一片式长裤结构设计

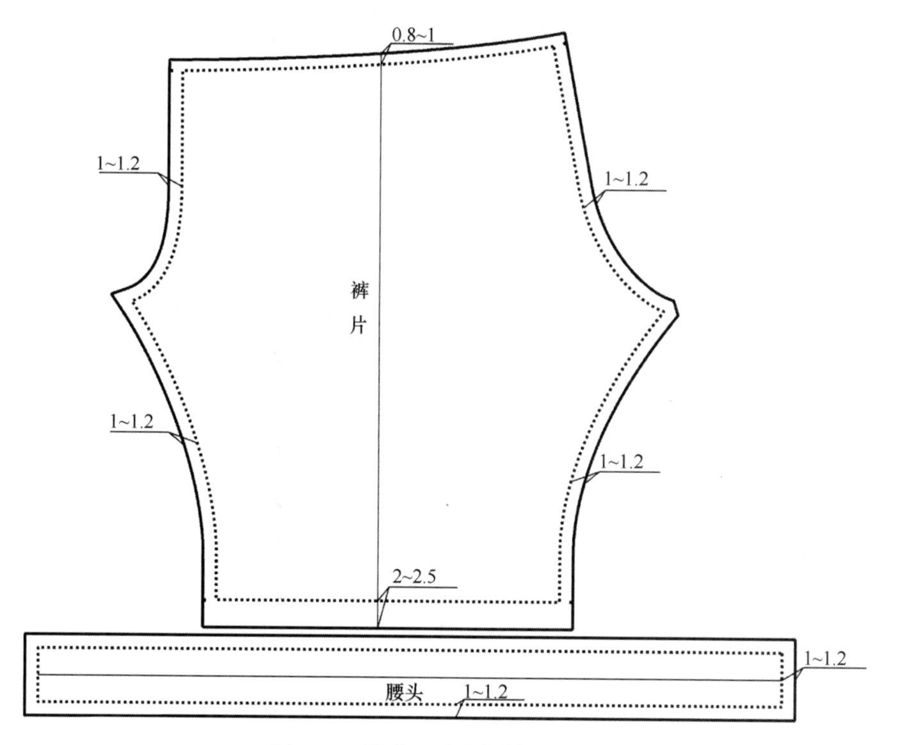

图2-22　婴儿一片式长裤缝份加放

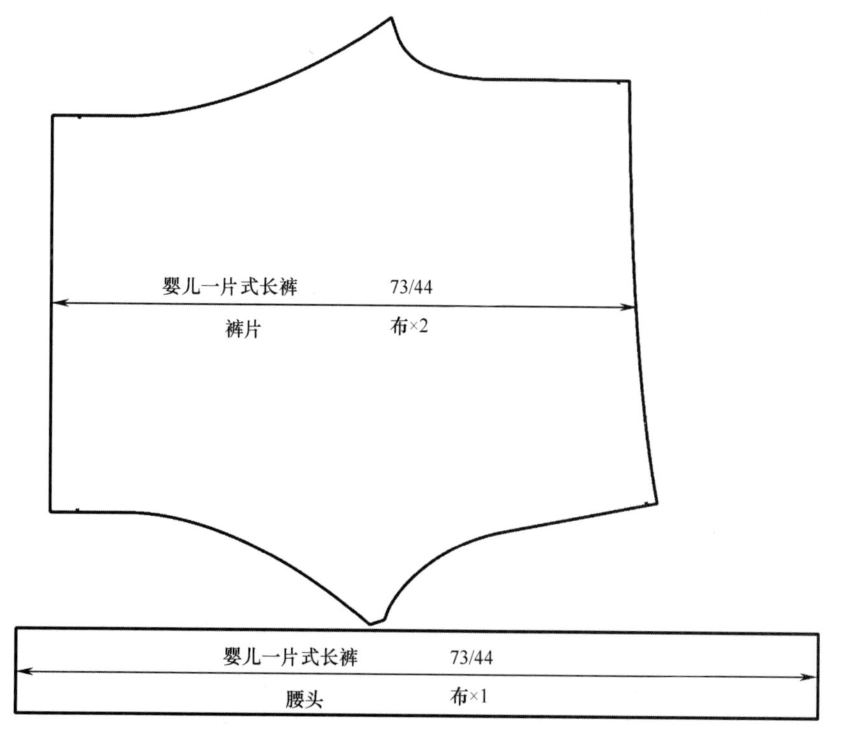

图2-23　婴儿一片式长裤毛缝板

（三）婴儿两片式长裤

1.款式说明

宽松设计，腰部抽橡筋带，裆部缝合，穿着方便、舒适，为普通长裤，可作为其他裤装制图的基础。婴儿两片式长裤款式设计如图2–24所示。

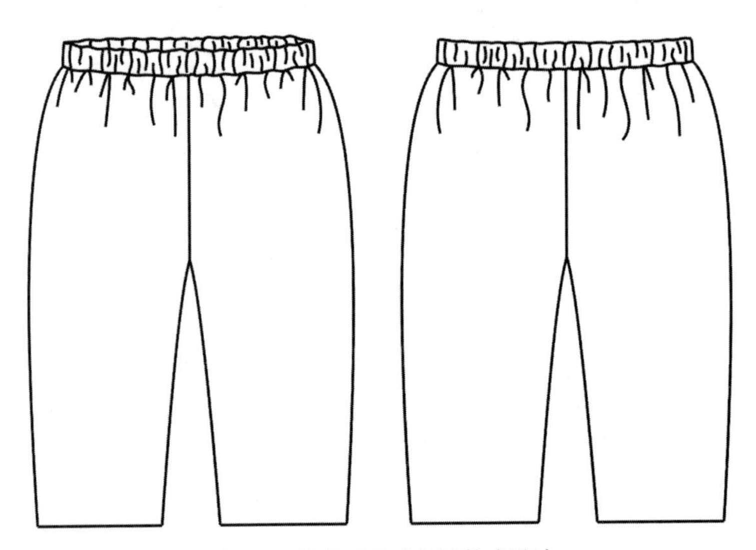

图2–24 婴儿两片式长裤款式设计

2.适合范围

本款适合身高66~80cm、6~12个月大的婴儿。

3.规格设计

腰围 = 净腰围 –1cm；

臀围＝净臀围 +16cm 松量；

上裆长（不含腰头）＝基本立裆长 +2cm；

裤长＝身高 ×0.6 ± 2cm；

裤脚口由臀围尺寸确定。

不同身高婴儿两片式长裤各部位规格尺寸如表2–6所示。

表2–6 婴儿两片式长裤各部位规格尺寸 单位：cm

身高	裤长	腰围	臀围	上裆长（不含腰头）
66	38	40	57	16
73	41	43	60	17
80	44	46	63	18

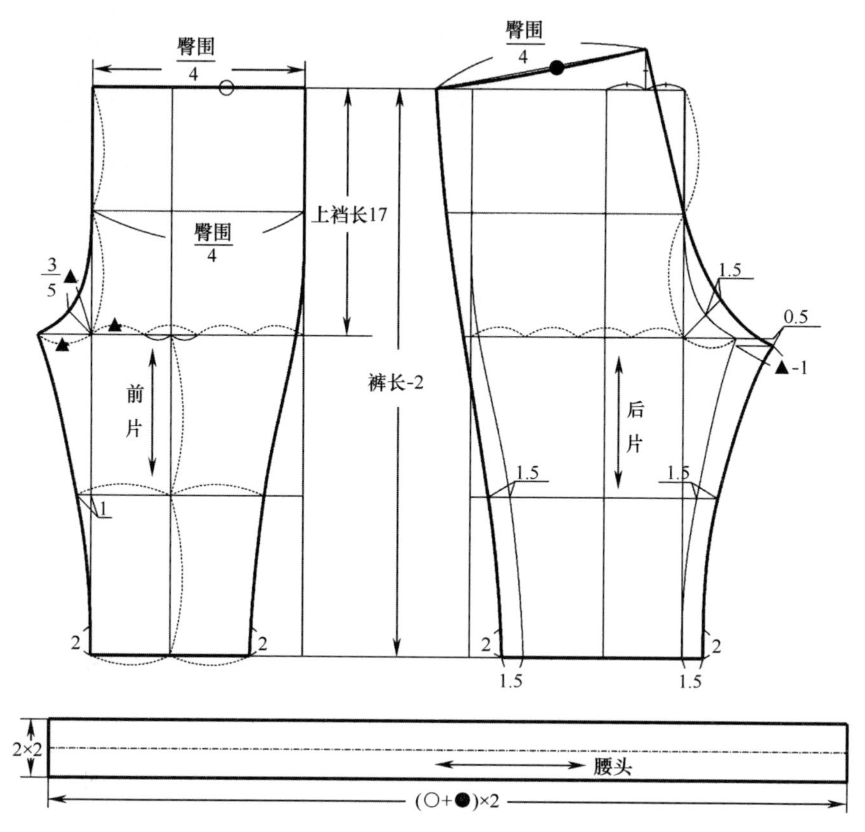

图2-25 婴儿两片式长裤结构设计

4.结构设计图

身高 73cm 的婴儿两片式长裤结构设计如图 2-25 所示。

5.制图说明（图2-25）

本款采用比例法制图，后片在前片基础上进行绘制。

（1）前片制图说明。

① 裤片长为裤长 -2cm（腰头宽），腰头宽尺寸较窄，以保护婴儿娇嫩的腹部。

② 按上裆尺寸 17cm 确定横裆线，在上基础线至横裆线的$\frac{1}{2}$处做臀围线，在横裆线至裤脚口线的$\frac{1}{2}$处做中裆线。

③ 小裆宽为$\frac{1}{4}$前臀围，前裆弯弧线的内凹量为$\frac{3}{5}$小裆宽，在前裆宽和前中辅助线的角平分线上。

④ 将前臀围线四等分，烫迹线在距前中心线第二等分点处。

⑤ 前裤脚口宽为$\frac{3}{4}$前臀围，前中裆宽为前裤脚口宽 +2cm，内缝线和侧缝线在距裤脚口 2cm 处保持直线状态，以保证裤口的顺直。

（2）后片制图说明。

① 在腰围线上，从烫迹线至后中辅助线距离的$\frac{1}{2}$处起翘，起翘量为该距离的$\frac{1}{2}$，过起翘点向上基础线的延长线做斜线，尺寸为$\frac{臀围}{4}$。

② 后裆宽在前裆宽基础上增加前裆宽 -1cm 的尺寸，落裆为 0.5cm，后裆弯弧起点为臀围线和后中辅助线的交点。

③ 后裤脚口宽在前裤口宽的基础上左、右分别加 1.5cm，后中裆宽在前中裆宽的基础上左、右分别加 1.5cm。

④ 腰线、侧缝线、下裆缝线等保持圆顺。

⑤ 腰头宽 2cm，长为腰线尺寸。

6.缝份加放

下裆缝、侧缝、前裆弧线、后裆弧线等部位缝份加放 1~1.2cm，腰线处缝份加放 0.8~1cm。裤脚口卷边缝份加放 2~2.5cm。本款婴儿两片式长裤缝份加放如图 2-26 所示，毛缝板如图 2-27 所示。

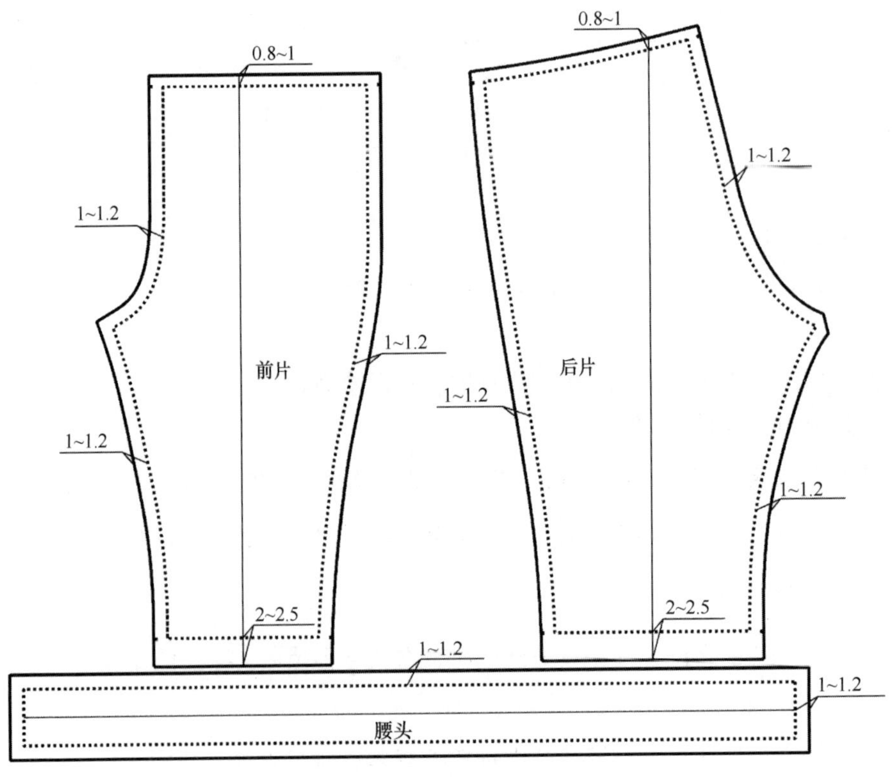

图2-26 婴儿两片式长裤缝份加放

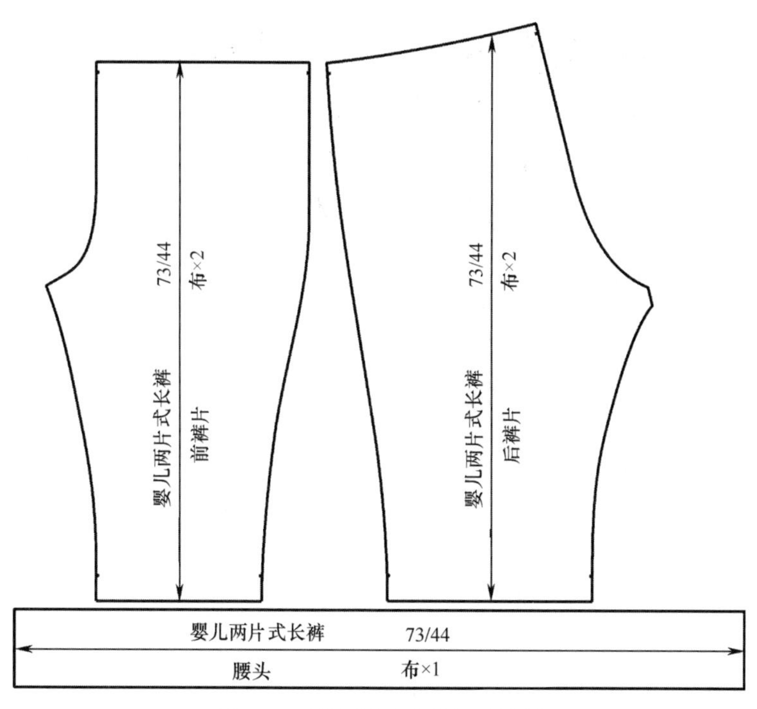

图2-27　婴儿两片式长裤毛缝板

二、婴儿连身裤装结构设计

从服饰卫生学的角度来看，婴儿以穿着宽松型的纯棉连衣裤为最佳。类似“襁褓”式的连衣裤，胸部、裆部可随意打开，穿着、换洗极为方便，既能很好地保护婴儿的身体，又能调节体温，最关键的是有利于婴儿胸围和肺部的生长发育。因为婴儿的鼻腔、咽、气管和支气管均十分狭小，胸腔较小且呼吸肌较弱，主要靠膈肌呼吸。仔细观察婴儿的腹部，能明显看出婴儿呼吸的节律。连衣裤对婴儿的身体没有任何束缚，对婴儿的腹式呼吸极为有利。连体式裤装按照不同季节，可做成单的、夹的、棉的。随着婴儿渐渐长大，上肢向上的运动逐步增加，连衣裤解决了上肢运动带来的上衣向上提升使婴儿腹部外露以至着凉这一问题。连衣裤可选用纯棉平布、绒布、斜纹布、细灯芯绒布、柔软薄牛仔布等面料制作。

（一）婴儿夏季蛤服

1.款式说明

较贴体设计，无领，接袖，连裆斜襟，裆部开口系扣，方便穿脱与更换尿布，底襟订系带，在右侧缝处系结，领、门襟、裆部等斜绲边，全身斜绲边相连。采用柔软面料制作斜襟连身裤，有利于婴儿胸腹部的健康发育与运动。款式设计如图 2-28 所示。

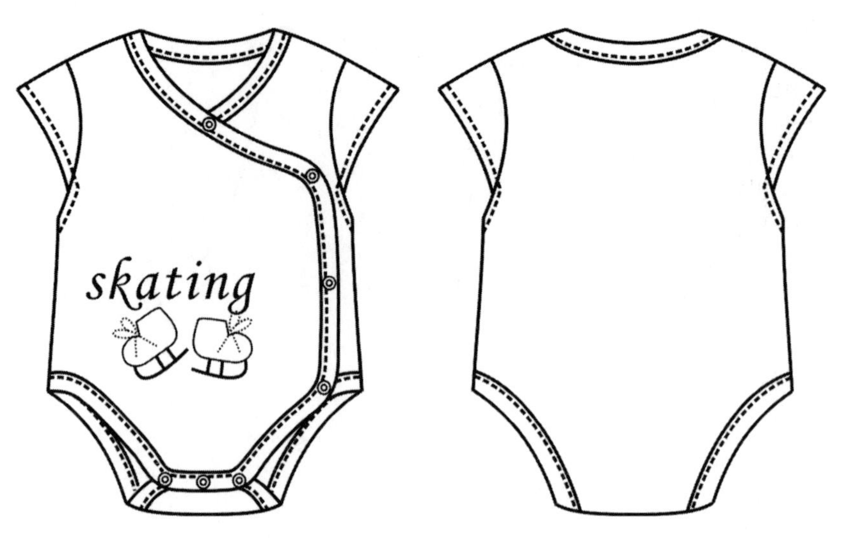

图2-28 婴儿夏季蛤服款式

2.适合范围

本款适合身高 52~80cm、0~12 个月大的婴儿。

3.规格设计

衣长 = 身高 ×0.6–（1~3）cm；

胸围 = 净胸围 +12cm；

臀围 = 净臀围 +（16~18）cm。

不同身高婴儿夏季蛤服各部位规格尺寸如表 2-7 所示。

表 2-7 婴儿夏季蛤服各部位规格尺寸 单位：cm

身高	衣长	背长	胸围	臀围	肩宽	袖长	袖窿深	（前、后）领宽
66	39	18	52	58	18	6	14	5.8
73	42	19	56	61	20	6.5	14.5	6
80	45	20	60	64	22	7	15	6.2

4.结构制图

身高 80cm 的婴儿夏季蛤服结构设计如图 2-29 所示。

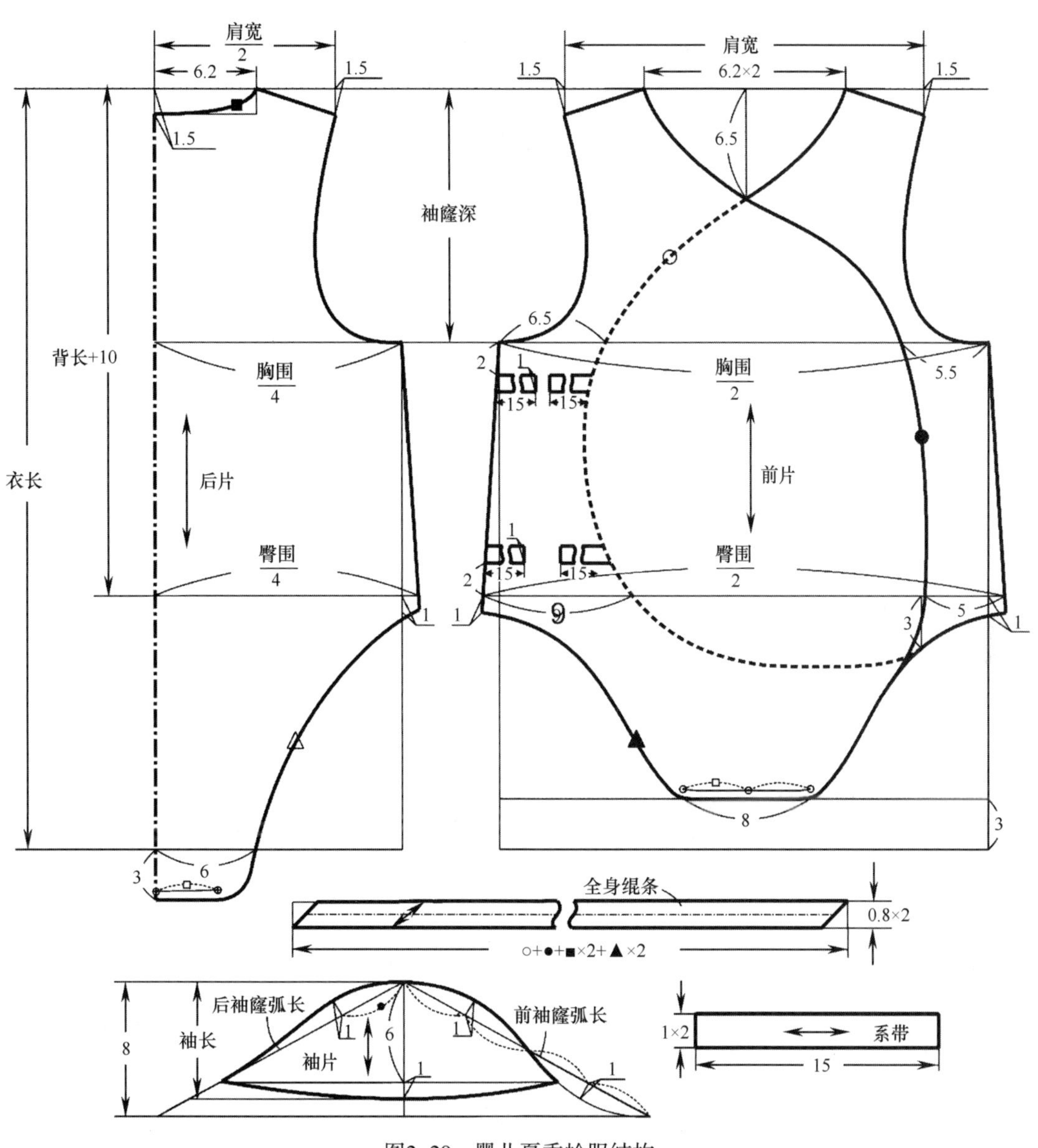

图2-29　婴儿夏季蛤服结构

5.制图说明（图2–29）

本款采用比例法制图。

（1）后片制图说明。

① 胸围、臀围尺寸均匀分配，后胸围尺寸为$\frac{胸围}{4}$，后臀围尺寸为$\frac{臀围}{4}$。

② 后领宽尺寸同规格表，后领深取 1.5cm，落肩 1.5cm。

③ 自上基础线向下，取袖窿深，确定胸围线的位置。取背长 +10cm 为臀围线的位置，臀围线较胸围线向外展开 1cm。

④ 由款式图知，后裆长于前裆，后裆翻转折叠 3cm，因此后裆比前裆长 6cm，裆宽 12cm。

（2）前片制图说明。

① 前领宽等于后领宽，前领深为 6.5cm，落肩为 1.5cm。

② 按款式图要求，自下基础线向上 3cm 做前片裆底，宽 8cm，以圆顺弧线连接臀围线上的侧缝点和前裆底弧线。

③ 右前片偏襟弧线在胸围线和臀围线处与侧缝线的距离分别为 5.5cm 和 5cm，与裆部弧线圆顺连接。

④ 左前片里襟弧线在胸围线和臀围线处与侧缝线的距离分别为 6.5cm 和 9cm，并与左侧裆部以弧线圆顺相接。

⑤ 右侧缝在胸围线下 2cm 和臀围线上 2cm 处分别与里襟相应位置以细带系结，带宽 1cm，每根带长 15cm。

⑥ 绲条宽 0.8cm，全身相连无断续。

（3）衣袖制图说明。

① 袖山高 8cm，前后袖山弧线内凹点和外凸点均为 1cm，圆顺绘制袖山弧线。

② 在袖中线上自袖山点向下取 6cm 做水平线为袖口基础线，修正袖口线，袖口线在袖中线处外凸 1cm。

6.缝份加放

衣片缝份加放量：肩缝和侧缝等直线部位加放缝份 1~1.2cm，领口、袖窿、裆部、偏襟弧线等部位加放缝份 0.8~1cm。衣袖缝份加放量：袖山弧线加放缝份 0.8~1cm，袖口折边加放缝份 1.2~1.5cm。绲条宽度方向加放缝份 0.8~1cm，长度方向加放缝份 1~1.2cm。系带宽度方向加放缝份 0.8~1cm，长度方向加放缝份 1~1.2cm。本款式缝份的加放如图 2–30 所示，毛缝板如图 2–31 所示。

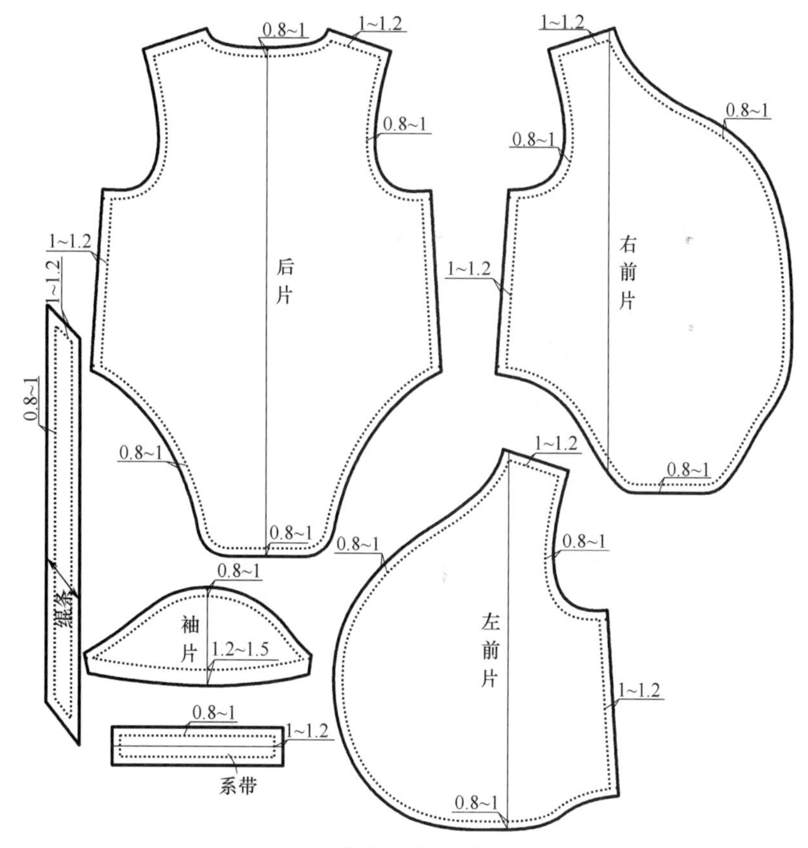

图2-30　婴儿夏季蛤服缝份加放

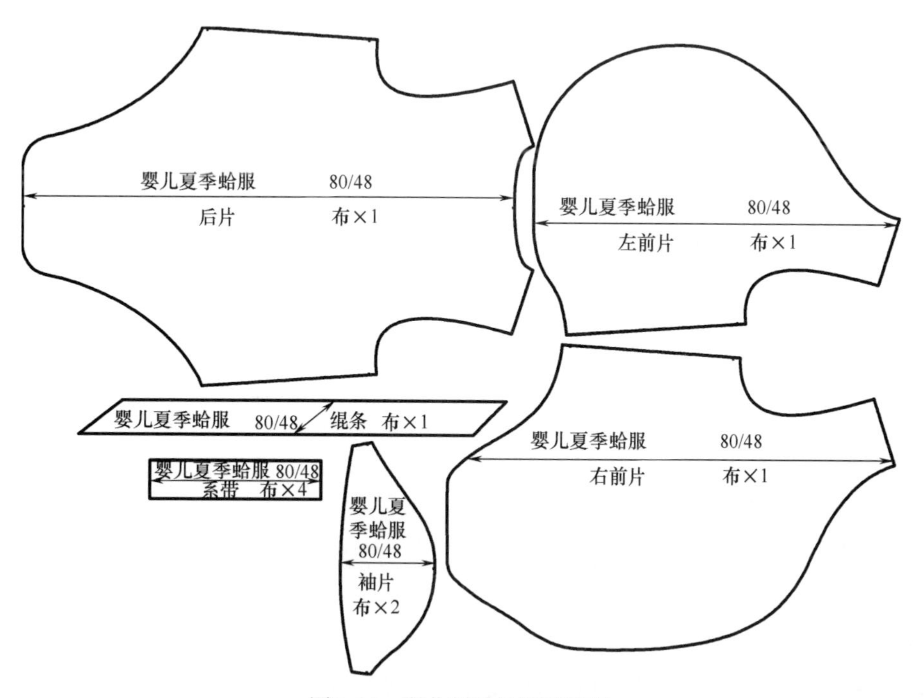

图2-31　婴儿夏季蛤服毛缝板

（二）婴儿连脚裤装

1.款式说明

较宽松设计，长袖，连脚，直门襟，方便穿脱；门襟连裆，系扣式开口，方便更换尿布，领口、袖口绱罗纹边；前中心图案装饰，活泼可爱，连体服装健康、舒适、保暖。款式设计如图 2–32 所示。

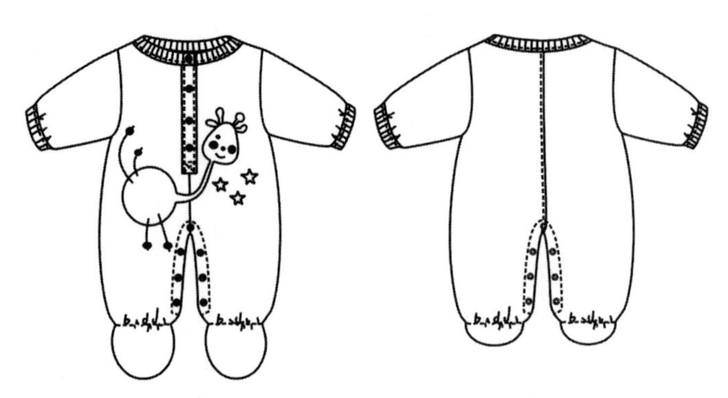

图2–32 婴儿连脚裤装款式设计

2.适合范围

本款适合身高 59~73cm、3~9 个月大的婴儿。

3.规格设计

衣长 = 身高 –（1~3）cm；

胸围 = 净胸围 +16cm；

臀围 = 净臀围 +18cm；

肩宽 = 总肩宽 +4cm；

袖长 = 手臂长 –2cm；

不同身高婴儿连脚裤装各部位规格尺寸如表 2–8 所示。

表 2–8 婴儿连脚裤装各部位规格尺寸 单位：cm

身高	衣长	背长	胸围	臀围	肩宽	袖长	袖窿深	袖口宽	（前、后）领宽	脚长
59	58	17	56	59	21	19	14.5	9	5	10
66	64	18	60	62	22	20	15	9	5.2	11
73	70	19	64	65	23	21	15.5	9	5.4	12

4.结构制图

身高 59cm 的婴儿连脚裤装结构设计如图 2–33 所示。

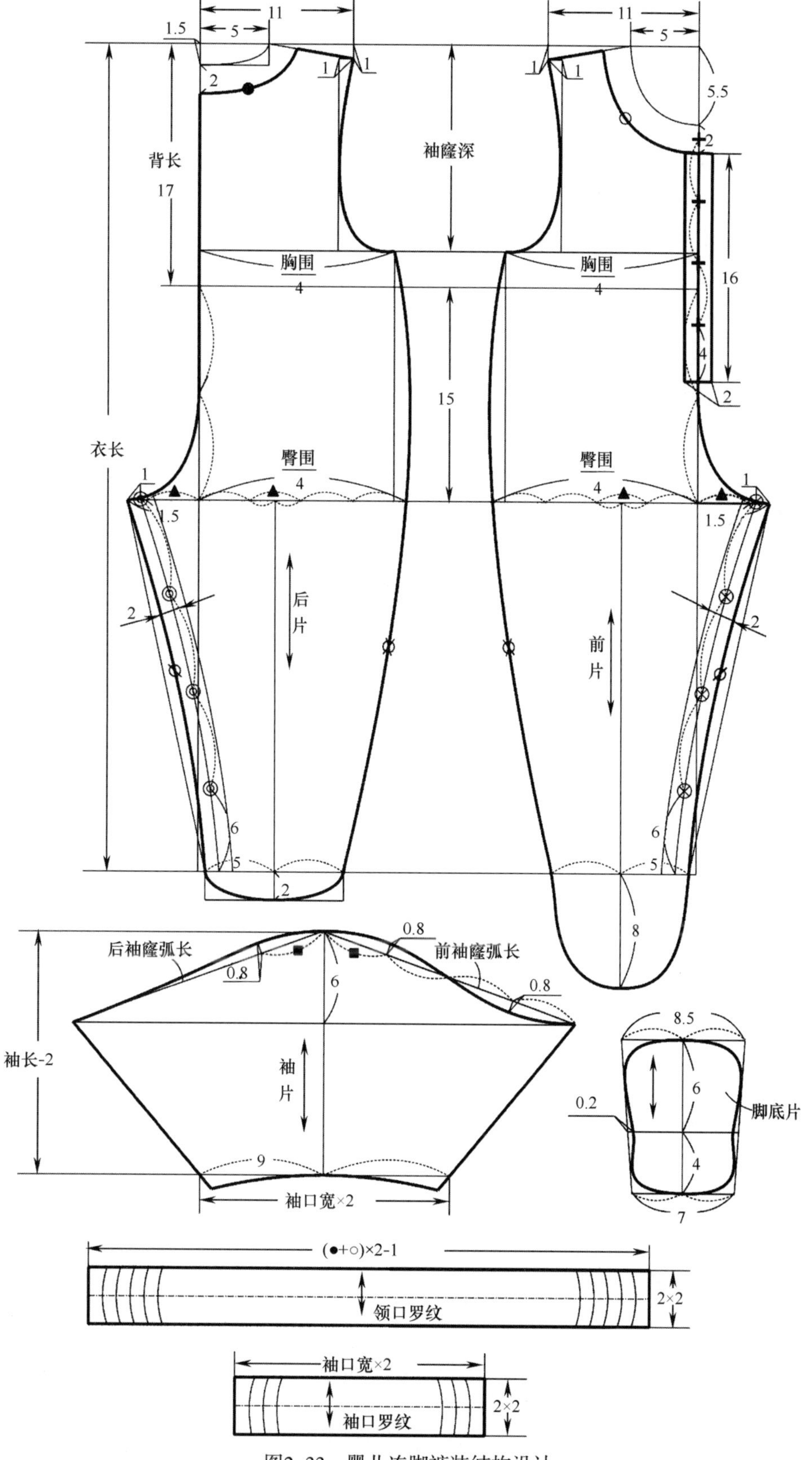

图2-33　婴儿连脚裤装结构设计

5.制图说明（图2-33）

采用比例法制图。

（1）后片制图说明。

① 胸围、臀围尺寸均匀分配，后胸围尺寸为$\frac{胸围}{4}$，后臀围尺寸为$\frac{臀围}{4}$。

② 后领宽 5cm，后领深取 1.5cm，落肩为 1cm。

③ 自上基础线向下，取袖窿深，确定胸围线的位置。取背长 17cm，继续向下取 15cm 为臀围线的位置，以后中线为基础取$\frac{臀围}{4}$尺寸，确定侧缝臀围点。

④ 把后臀围尺寸四等分，后裆宽为$\frac{1}{4}$份 +1.5cm。

⑤ 过第二等分点的中点做垂线至脚口线，脚口宽 10cm，脚跟厚度 2cm。

⑥ 领宽、领深分别比规格尺寸加大 2cm，提供罗纹口的量。

⑦ 裆部门襟宽度 1cm，四粒扣系结。

（2）前片制图说明。

① 前领宽等于后领宽，前领深等于前领宽 +0.5cm，落肩为 1cm。

② 连脚裤的脚面尺寸为 8cm，脚面与脚跟部位弧线长度之和应等于脚底片的弧长，因此，在制图过程中需修正弧线长度。

前片其他部位制图与后片相同。

（3）前门襟制图说明：

门襟长为 16cm，宽 1cm。包括领口罗纹上的 1 粒扣，共计 4 粒扣。

（4）衣袖制图说明：

袖山高 6cm，前后袖山弧线内凹点和外凸点均为 0.8cm，圆顺绘制袖山弧线。

（5）脚底片制图说明：

脚长 10cm，上宽 8.5cm，下宽 7cm。在距上基础线 6cm 处，脚部左、右分别凹进 0.2cm，四周以圆顺弧线绘制。

（6）领口、袖口罗纹边制图说明：

领口、袖口罗纹宽 2cm，里、面连裁。

（7）下裆贴边制图说明：

前、后片下裆贴边宽均为 2cm，平行于前、后片下裆缝。

6.缝份加放

衣身缝份加放量：前后中心线、肩缝线、侧缝线、下裆缝线等部位加放缝份 1~1.2cm，领口、袖窿等部位加放缝份 0.8~1cm。

衣袖缝份加放中量：袖山弧线加放缝份 0.8~1cm，袖缝、袖口加放缝份 1~1.2cm。

前中线上，门、里襟尺寸相同，双折缉缝，领口处加放缝份 0.8~1cm，其他各部位加放缝份 1~1.2cm。

脚底片四周加放缝份 1~1.2cm。

领部、袖部罗纹口加放缝份 1~1.2cm。

下裆贴边各部位加放缝份 1~1.2cm。

本款式缝份的加放如图 2-34 所示，毛缝板如图 2-35 所示。

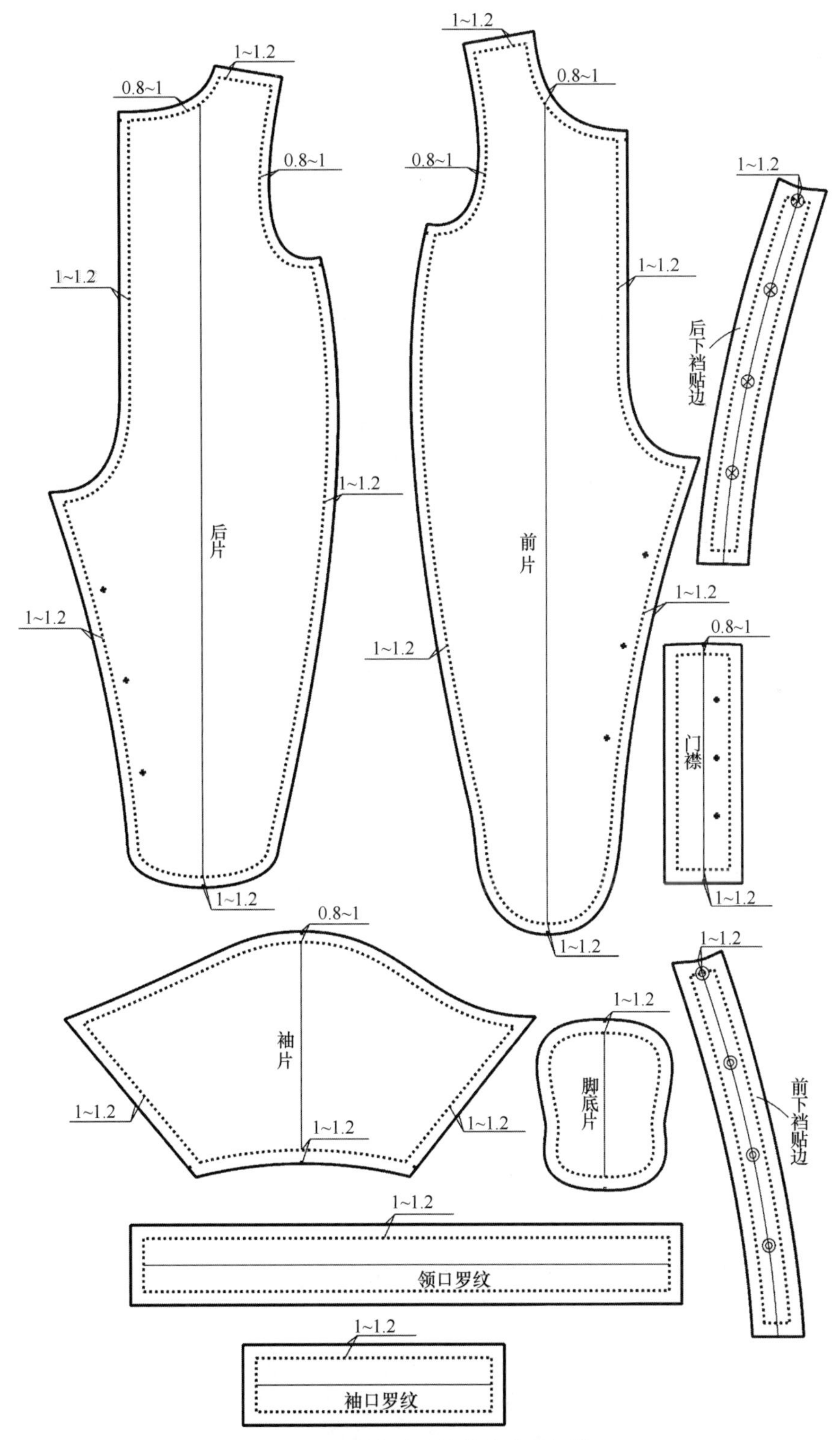

图2-34　婴儿连脚裤装缝份的加放

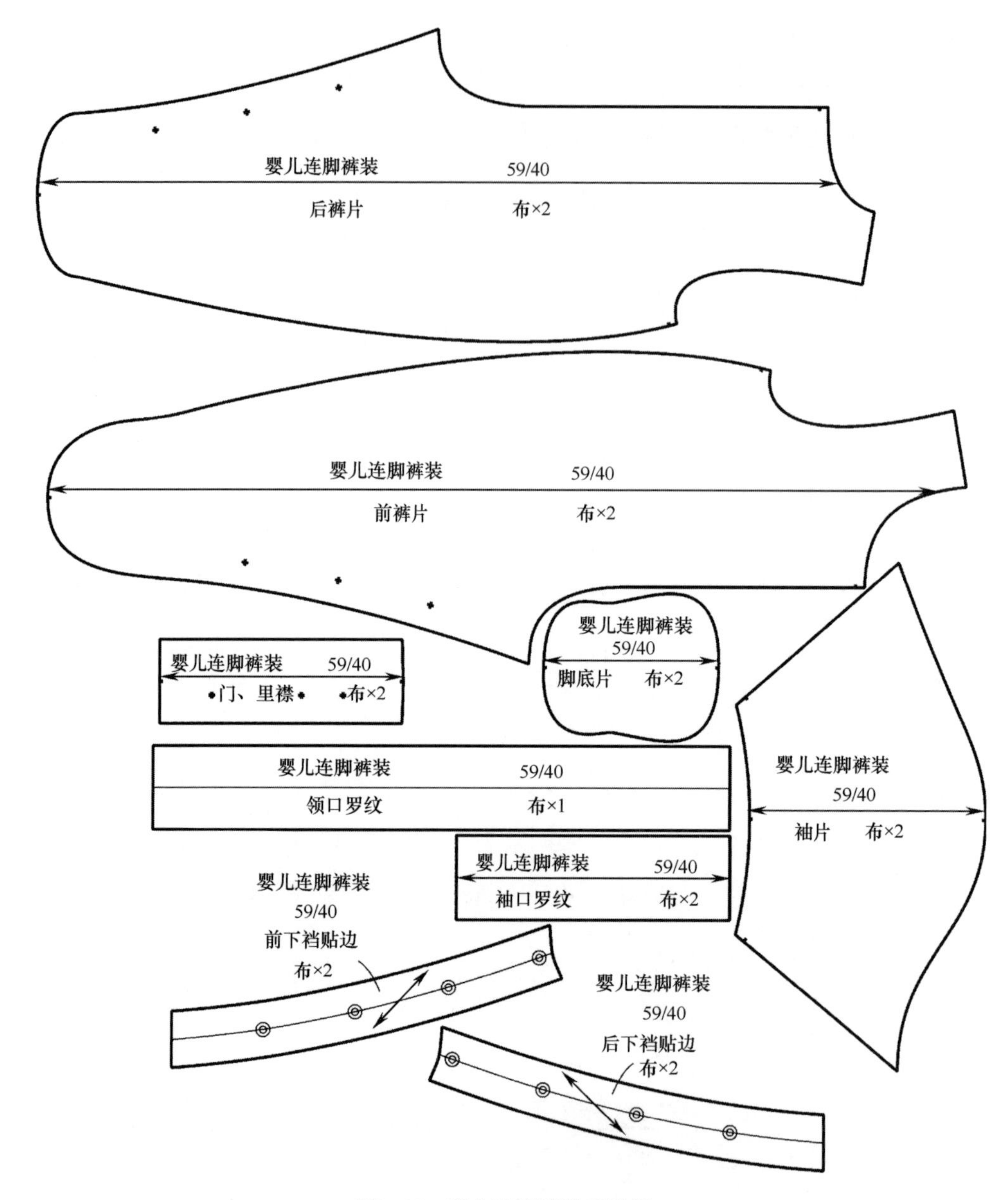

图2-35 婴儿连脚裤装毛缝板

思考与练习

1.针对婴儿体型特点，分别设计婴儿夏季衬衫和冬季棉上装各一件，绘制结构图并加放缝份。

2.针对婴儿体型特点，分别设计婴儿普通长裤和连体裤款式各一条，绘制结构图并加放缝份。

绘图要求：构图严谨、规范，线条圆顺，标识准确，尺寸绘制准确，特殊符号使用正确，结构图与款式图相吻合，缝份加放正确，比例1：5。

综合实训——

儿童上装结构设计与制板

章节名称： 儿童上装结构设计与制板

章节内容： 儿童上装结构设计概述

童装衣领结构设计

童装衣袖结构设计

童装口袋结构设计

童装衣身原型前身下垂量的结构设计

不同款式儿童上装结构设计

章节时间： 16课时

教学要求： 使学生掌握童装衣领、衣袖、口袋、前身下垂量等重点部位结构设计的方法和规律；掌握不同款式上装规格尺寸设计的方法及规律；掌握不同类型、不同款式上装结构设计的方法和工业样板的制作，能做到整体结构与人体规律相符，局部结构与整体结构相称。

第三章　儿童上装结构设计与制板

上装是上身穿着的服装，一般由领、袖、衣身和口袋四部分组成，并由这四部分的造型变化形成不同的款式。童装中的上装种类常见的有普通上衣、T恤衫、毛衣、罩衫、夹克、大衣等。

根据穿着目的和穿着状态的不同，上装选择材料的标准也不相同。日常穿着的上装选用吸湿性好、容易吸汗、耐洗涤且耐磨损的天然纤维织物比较舒适，如棉织物，但棉织物具有易缩水、易出皱褶等特点。涤纶或其他化纤材料洗后易干、不易出皱褶、耐磨损、强度较大，但吸湿性差，易起静电。因此，童装内衣应选择纯棉织物，外衣可采用棉或棉与化纤的混纺材料。

第一节　儿童上装结构设计概述

一、上装测量部位及其规格设计

童体测量所得尺寸为儿童的净体尺寸，而童上装的成品尺寸要考虑儿童的呼吸量、活动量，即人体的静态和动态尺度，除此之外，还要考虑服装本身与人体各生理因素的关系，如衣服的长短、松紧等都有一定的设计范围和审美习惯，按照这个范围和习惯可以取得服装与人体结合的“合适度”，否则不仅对服装的机能产生影响，而且也不符合审美规律。

上装与人体的胸、腰、肩有着密切的关系。躯体的胸、腰、臀是一个复杂的曲面体，胸、腰、臀的松量确定是决定服装轮廓造型的关键，也是服装穿着舒适性的关键。为使服装穿着舒适、不影响儿童的生长发育，同时又达到美观的效果，应对不同的体型、不同服装的款式造型进行各个部位松量的合理加放。根据儿童年龄不同，对各部位围度的加放量应做适当调整，越小的儿童，服装的舒适功能要求越强烈，加放量越大，少年期的围度加放量接近或等于成年人的加放量。

（一）胸围

净胸围加基本松量构成上装胸部尺寸的最小极限，它不涉及更多的运动度，儿童原型是在净胸围的基础上加放14cm，以适应儿童身体的成长和较大的运动量。表3-1为童上装主要品种围度参考放松量。

表 3-1 童上装主要品种围度参考放松量 单位：cm

品种 \ 放松量 \ 部位	胸围	领围
衬衫	12~16	1.5~2
背心	10~14	
外套	16~20	2~3
夹克	18~26	2~4
大衣	18~22	3~5

（二）腰围

净腰围加基本松量和运动度构成腰部尺寸的最小极限。较小的儿童，腹部突出，其腰围尺寸实际上是腹围尺寸，放松量不能小于胸围的放松量，在进行款式设计时，还应设计成褶裥、抽褶等 A 型结构，增加腰围的松量。对于较大的女童，体型逐渐发育，出现胸腰差，但到 15 岁，体型仍然没有发育完全，胸腰差量小于成年女子，同时考虑到少女的生长发育，款型设计应不十分贴体，因此其腰围的最小松量应不小于 8cm。

（三）头围和颈围

颈围加基本松量是关门领领口尺寸设计的参数；头围加基本松量是贯头装领口尺寸设计的参数，很多童装款式都有兜帽设计，因此头围尺寸在童装设计中尤为重要。

（四）掌围

掌围加基本松量是袖口、袋口尺寸设计的参数。

（五）长度部位

童上装长度部位主要包括衣长和袖长。

童装长度设计至少要考虑三个因素：一是服装种类，即服装有一定目的要求；二是流行因素；三是人体活动部位的适应范围。第三个因素可以作为前两因素的基本条件，因为它强调的是实用价值。

人体运动的关节等枢纽部位与外界接触的机会最多，此类部位是考虑设计避免过紧或应加固的重要依据。这要求在临近这些部位的结构中设法减轻人体与服装的不良接触，在服装的长度设计中，凡是临近运动部位的地方都要注意，特别是运动幅度较大的部位，例如衣、袖等的摆位都不适宜设在与运动部位重合的部位，这一点设计者要有充分的把握。

可以总结出一条基本规律，即服装的长短是以人体的运动部位为界设定的，下面加以具体说明。

（1）无袖上装的开袖窿位置，应远离侧颈点而靠近肩点，但不宜与肩点重合。

（2）肩袖上装的袖口位置，在上臂靠近肩点处，而不宜与肩点重合。

（3）短袖上装的袖口位置，在肩点与肘点之间，同时也可根据流行的趋势而加长，但短袖最长不宜与肘点重合。

（4）半长袖的袖口位置，在肘点与腕关节之间浮动。

（5）一般长袖上装的袖口位置，在人的手腕处。

（6）短上装的下摆位置在中腰上下，即腰围线和臀围线之间。

（7）一般上装的摆位均在臀围线以下。

（8）长上装的下摆位置在臀围线与膝围线之间。

（9）短外套的下摆位置在膝盖以上。

（10）一般外套的摆位在膝盖以下。

二、儿童上装的廓型

廓型指服装的外边界线所表现出来的如同剪影般的整体形状。由于不同年龄阶段儿童的体型差异很大,童装廓型也会随之体现不同的特征。一般而言,幼童和中小童的体型短小、饱满，多以憨态可爱的形象为共性特征，因此选择 H 型、O 型、椭圆型等简单的廓型较为适合；大童和少年阶段，由于生长发育和性别的差异，廓型会变得相对复杂，此时可以参考成人装的廓型，在整体长度和比例上做一定的调整，“X”和小“A”的廓型设计在这个时期的女童中运用较多。青少年阶段，由于个性突出以及受到流行文化的影响，可以多运用一些对比效果较强的廓型组合设计，或者是刻意淡化体型而突显设计感的夸张廓型。

（一）影响童上装廓型的部位

1.肩部

肩线的位置、肩形的变化会对服装的造型产生影响，肩部制作工艺的变化，也会产生新的廓型。

2.腰部

腰部是影响服装廓型的重要部位，主要体现在腰线的高低、腰围松量的大小等方面。

3.臀部

臀部对童装廓型也有很大的影响，臀部造型的变化也会带来廓型的变化。

4.底摆线

底摆线是童装廓型的主要影响因素，其形状变化丰富，受流行影响的因素较大。

5.围度

围度设置是服装与人体之间横向空间量的处理。在人体的不同部位，由于服装内空间量比例设置的不同，会产生截然不同廓型的变化。如胸、腰、臀部服装空间量依次递减，有意识加大上部、减弱下部，就形成 T 型服装廓型；胸、腰、臀部服装空间量大致相等，就形成 H 型服装廓型；胸、腰、臀部服装空间量依次递增，就形成 A 型服装廓型。

（二）童上装廓型分类

童装的廓型和成人装一样常常采用字母形式表示，常见的有以下几种。

1.H 型

H 型又称箱型、长方形，它是腰部较宽松的服装造型。其肩、腰、臀和下摆部位的服装宽度无明显差别，呈直筒状，可以修长、纤细，也可以宽大、舒展。童上装中有直身外套、直身大衣、衬衫等。一般来讲，H 型的服装细部设计也比较简洁、明快，有轻松、飘逸的动态美，有舒适方便、简练随意的特点。

2.A 型

A 型指上小、下大造型的服装，造型相当于几何图形中的正三角形、等腰梯形、塔形等。A 型服装不收腰或略收腰，下摆宽大，造型生动、活泼、可爱，非常适合于正在生长发育的少年儿童的穿着。A 型既可用于整体服装造型，又可用于服装部件设计。童装中的斗篷形披风、小号形大衣、下摆展开的各类上装等都是上部贴身而下部外张的式样。

3.T 型

T 型服装造型的特征是上大、下小的倒梯形结构，同 V 型服装类似，但儿童 T 型服装肩部的夸张比成人要小。T 型既可用于整体服装造型，又可用于服装部件设计。童装中的灯笼袖上装等都是夸张肩部的 T 形结构。

4.O 型

O 型也称气球型、圆筒型、椭圆型等，其造型特点是中间膨胀、肩部和摆向内收拢，服装廓型无明显棱角，腰部宽松。这种造型活泼可爱、体积感强，是趣味感比较强的结构，在日常服装设计中，适合作为服装的一个组成部分，如袖子等。O 型服装造型具有多变的艺术效果。

第二节 童装衣领结构设计

服装最吸引人的是色彩和整体轮廓造型，其次就是领型。因为衣领所处的部位是人的视觉中心，童装中的很多装饰都集中在衣领部位，造型美观、装饰新颖别致、结构舒适合体的领型最能吸引人的视线，引起人们对整件服装的注意，从而引起儿童试穿和购买的欲望。领型设计是童装整体设计的重点。

一、童装衣领设计特点

童装领型设计不但要符合儿童的生理特点，同时还要满足儿童及家长心理上审美功能的需要，其特点如下。

(一)领型设计要适合儿童颈部结构及颈部的活动规律

人体颈部呈上细、下粗的圆台型，但儿童的年龄不同，其圆台造型也不相同。6个月以下婴儿的颈部极短，1岁左右，颈部开始发育成型，2~3岁颈部形状明显，随之逐渐发育变长。从侧面看，颈部略向前倾斜，因此在结构设计上表现为前领深的设计大于后领深。儿童在活动时，颈的上中部摆动幅度大于颈根部。在进行领型设计时，应依据不同年龄段儿童的颈部发育特点和颈部活动规律来确定领口及领面的造型。

一般童装衣领以不过分脱离颈部为宜，领座也不能太高。幼儿期，孩子的颈部短，大多选用领圈结构，也可选用领座很低的领子。到了学童期以后，应根据孩子的脸型和个性的不同选择各种合适的领型。如果因为款式或冬季保暖需要抬高领座时，也要以不妨碍其颈部的活动为准则。

(二)领型设计要满足儿童及家长心理审美功能的需要

不同的领型有不同的美感，主要体现在造型、材料和装饰工艺上。一般来讲，各种曲线领型显得可爱、华丽；直线领型简练、大方；领口较大时，显得宽松、凉爽、随意、活泼；领口较小时，相对拘谨、严实、正规。同样的领型，材料不同，其外观效果也不相同。领口有装饰时，显得孩子可爱、活泼；无装饰时，又显得孩子落落大方。因此，在进行领型设计时要根据不同的年龄、不同的心理审美进行设计。

(三)领型设计应符合季节的变化

儿童皮肤娇嫩，新陈代谢比较旺盛，因此领型设计要充分考虑防寒、防风和防暑等实用功能。秋冬季节以防寒、防风为主要目的，领宽适当，并搭配保暖而柔软的围巾。夏季应充分考虑到孩子的排汗和透气，领口适当加宽和加深，但不应过分脱离颈部。

(四)领型设计应符合服装的整体造型

衣领作为服装的一个重要部件，其款式造型和风格设计必须与服装的整体造型风格相协调，这样才能体现出服装的整体美感和孩子活泼可爱的个性。

二、童装常用领型结构设计与分析

(一)领圈结构设计与分析

领圈是直接以衣身领窝线为造型结构线的一种领型，其特点是只有领口而无领片，如普通圆领衫、小背心等服装。领圈对颈部没有束缚，穿着随意、舒适，适合儿童颈部较短的特征，在童装中有非常广泛的应用。

领圈的基础领窝线就是原型的基础领窝线，以人体颈根围度为基准进行设计。它是一条造型性的结构线，在结构设计时，按具体的服装款式，以类比的方法确定领口的宽度和深度，以仿形的方法在衣身上绘出变化的领窝线。

领圈结构设计虽然简单，但在结构设计中还是要注意以下内容。

（1）原型的领窝是领口的最小尺寸，在设计中不能小于此领口的大小。

（2）当领口小于头围时，应设计开口，当领口大于头围时，可以不设计开口，但这里需考虑材料弹性的影响。

（3）无领领口扩展范围一般以不过分暴露人体为原则。

童装常用的领圈结构设计实例分析如下所述。

1.圆型领口

圆型领口与人体颈部较为靠近，领宽、领深可以根据款式造型进行变化，但必须符合儿童活泼、可爱的特点，并且易于穿脱。图 3–1 所示为普通绲边圆型领，领口处没有开口设计，因此领宽、领深在原型基础上均开深。图 3–2 所示是在前中线设计开口的圆型领口，两粒扣系结，既具有装饰性，又增加穿着的方便性。

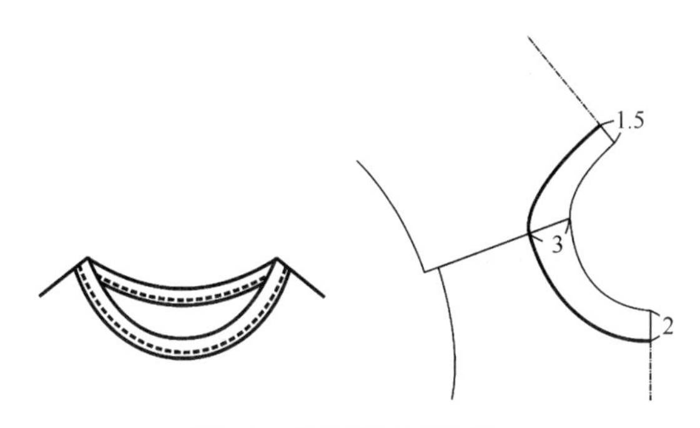

图3–1　普通绲边圆型领口

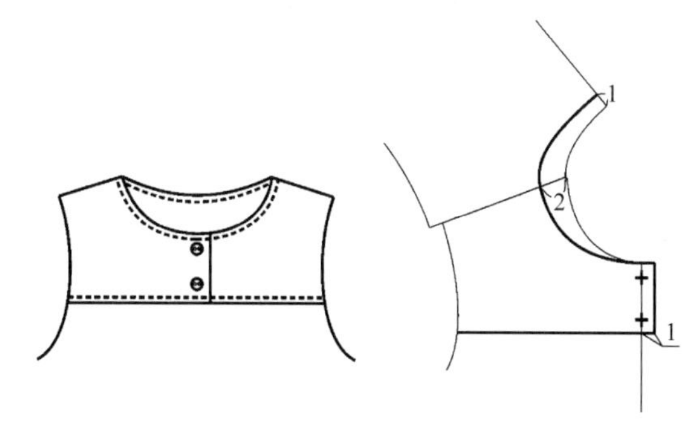

图3–2　前中开口的圆型领

图 3–3 所示是在圆形无领领型的基础上在领口部位进行抽褶，既具有很好的装饰性，又增加了胸腹部的宽松量，适用于各个年龄段的女童服装。

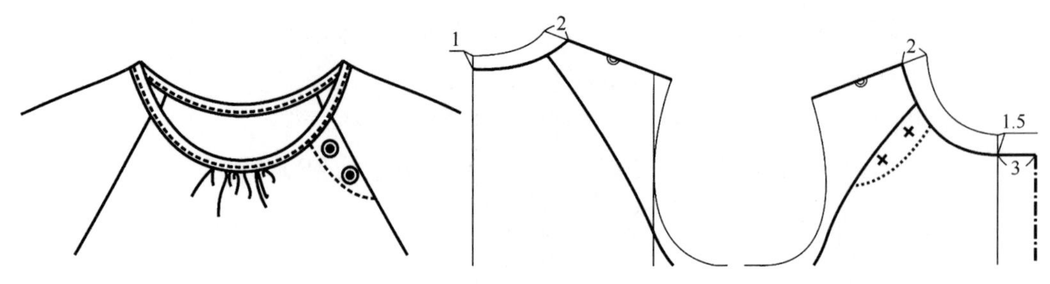

图3-3　圆型领口抽褶

2.方型领口

和圆型领口相比，方型领口在童装上的应用相对比较少，方型领的领宽和领深同样可以根据款式造型进行变化，但也必须考虑儿童特点。图 3-4 所示是夏季童装普通敞开式方型领口，领宽、领深尺寸较大，可以满足头围的需求。

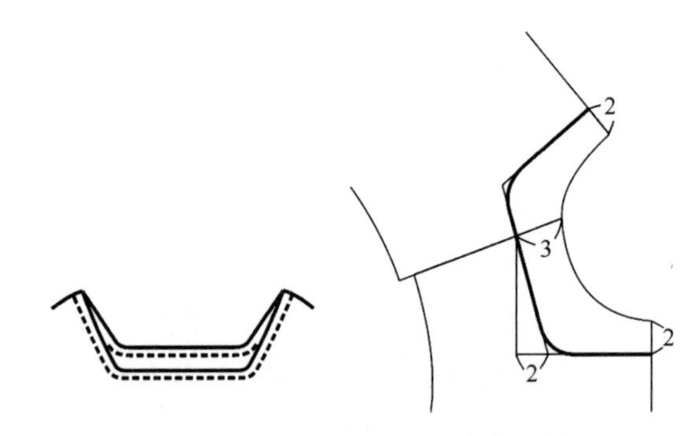

图3-4　夏季童装普通敞开式方形领口

3.一字型领口

一字型领是前后领圈呈水平状态的领口，其领宽较大，前领深较小显得平顺。当领宽加大时，前片领口会出现浮起的多余面料，因此需要减小前领深的量、增加后领深的量。一字型领多应用在较大儿童的运动衫、休闲服、内衣等款式中。儿童着装以舒适为主，针对儿童的年龄特点，在一字型领童装中，领宽尺寸不宜太大。图 3-5 所示是普通一字型领口结构，图 3-6 所示是婴幼儿服装中常见的肩部系扣的一字型领口。

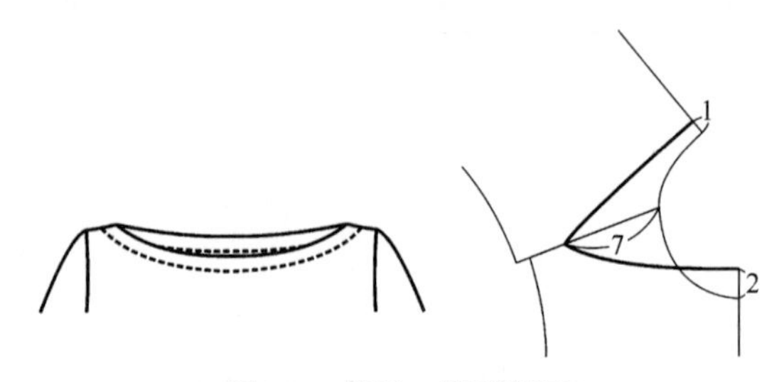

图3-5　普通一字型领口

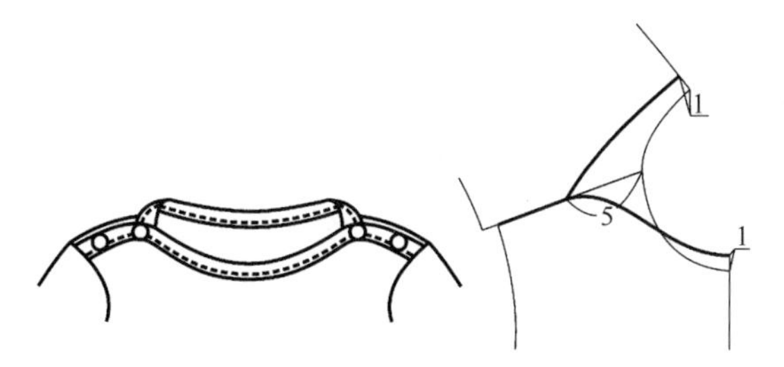

图3-6　肩部系扣一字型领口

4.V型领口

领型如“V”字，常用在毛衣、衬衫、背心、背心裙、弹力演出服等服装上。浅V型领较柔和，常用在较大儿童休闲服装及内衣中，深V型领在领口部位形成锐角，给人以严肃、庄重、冷漠感，多用于儿童礼服、背心等服装中。在儿童日常服装中，V型领一般不适合开得太深，否则与儿童天真活泼的个性不协调。V型领领宽的宽窄、前中心点高低等变化可以给人以完全不同的外观造型和服装美感。图3-7所示是常见儿童背心的V型领造型，图3-8所示是应用于T恤衫中的“V”型领口，左右片领口处交叠固定，纽扣装饰，新颖别致。

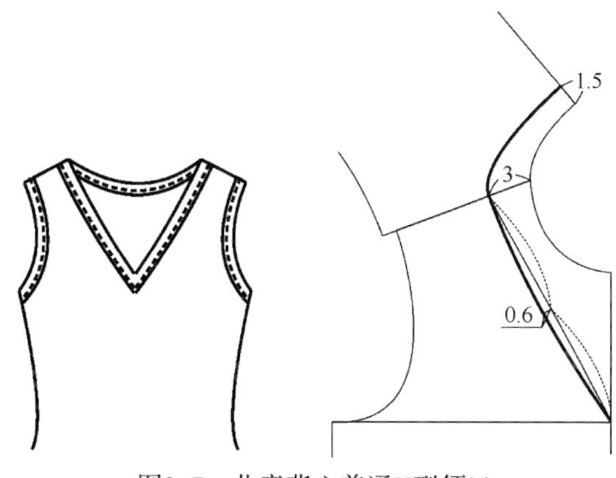

图3-7　儿童背心普通V型领口

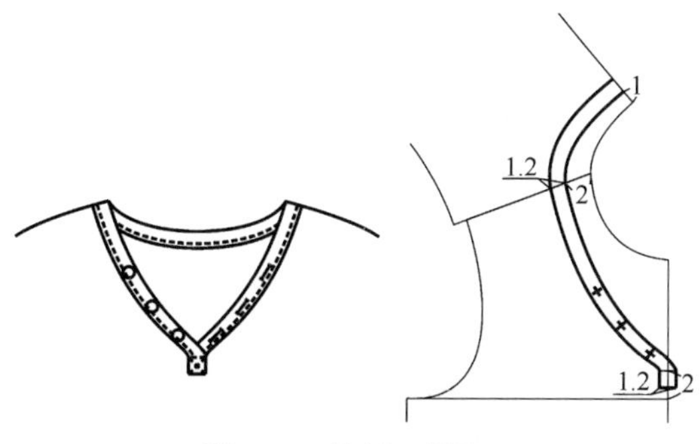

图3-8　T恤衫V型领口

（二）装领结构设计与分析

装领是领与衣身缝合连接的领型，按照颈部结构进行的装领设计，不但使儿童穿着舒适，而且外观造型丰富多样。按照造型的不同可分为立领、翻领、翻驳领等。

1.立领

立领是服装领型中重要的种类之一。立领是只有领座、没有翻领的一类衣领，它不但具有较强的装饰性，而且具有保护和保暖作用。在衣领结构设计领域中，它不但自成一体，而且，其设计方法对其他衣领的结构设计具有普遍的指导意义。

立领覆盖了颈部，在一定程度上会阻碍颈部的前屈、旋转等运动，对颈部运动产生一定的抑制作用。由于儿童的脖颈长度较短，因此，在进行童装立领造型设计时，一定要充分考虑影响颈部活动的各种因素，使设计出的立领造型既美观、符合设计者的要求，又适应儿童颈部的运动特征。

在结构图中，立领与衣身领圈相接处的结构线称为领下口线，对应的围度称为下口线围度。领下口线与领窝线是一对相关结构线，应做到形态、长度的吻合。立领上口围的结构线称为领上口线，对应的围度称为上口线围度，该长度应大于所处位置的颈围，以保证儿童活动的方便，同时，它又是一条造型结构线，随服装款式而进行设计。立领后中线上、下口线的直线距离称为立领后领宽，简称立领高。

（1）立领造型种类有以下几种。

① 内倾型立领：内倾型立领又称为钝角立领，与人体颈根围截面呈钝角夹角。人体颈部呈上细下粗的圆台型，衣领围于人体的颈部，与颈部相吻合时，领上口线尺寸小于领窝线尺寸，如图 3-9 所示。在内倾型立领基本结构设计中，装领线应向上弯曲变成弧形，立领呈梯形，如图 3-10 所示。

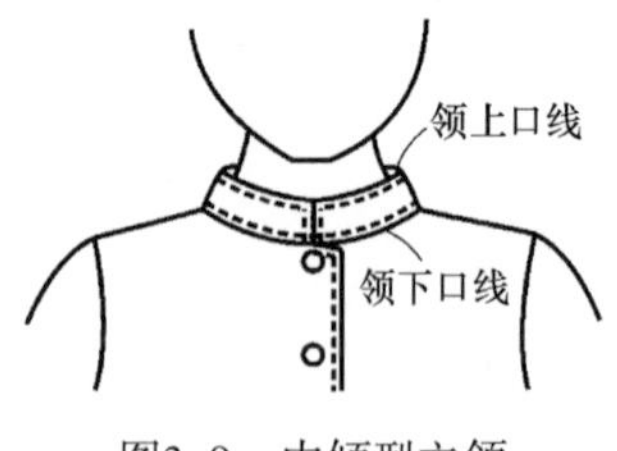

图3-9　内倾型立领

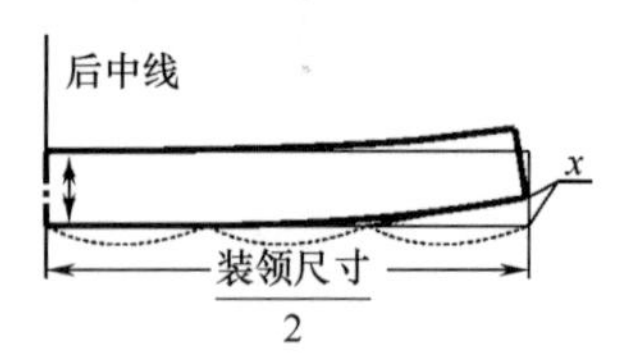

图3-10　内倾型立领结构设计

② 垂直型立领：垂直型立领又称做直角立领，如图 3-11 所示，指与颈根围截面呈 90° 夹角的立领，侧后部及前领与人体颈部略作分离，领上口线尺寸等于装领线尺寸。在垂直型立领基本结构设计中，立领造型呈直立型领式，领子平面展开图为矩形，如图 3-12 所示。

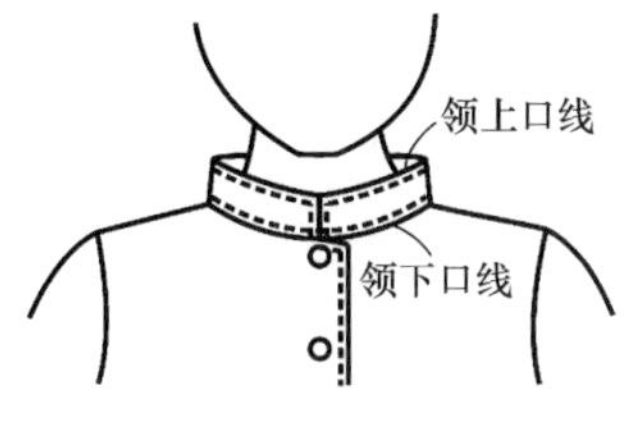

图3-11　垂直型立领

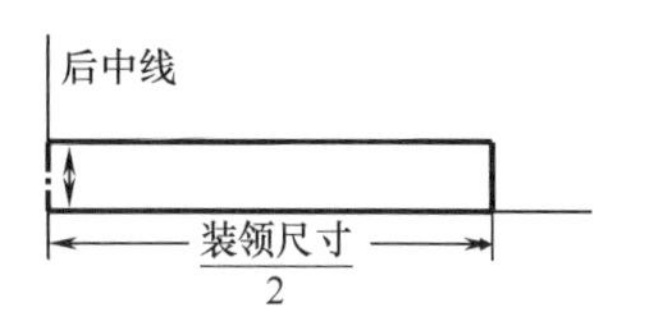

图3-12　垂直型立领结构设计

因婴幼儿颈部较短，而立领领面较窄，所以垂直型立领在婴幼儿服装中的应用较广泛。

③ 外倾型立领：又称锐角立领，其侧后部及前领与人体颈部分离，领子呈仰立状态，领上口线尺寸大于装领线尺寸，如图 3-13 所示。外倾型立领基本结构设计中，立领造型呈下弯状领式，立领平面展开图呈倒梯形，如图 3-14 所示。

外倾型立领使用频率较小，多用于夏季服装或非常规的服装中。在领宽允许的情况下，当下弯度 x 增加到一定程度时，立领上口可翻折下来。而当领上口线长度与所抵之衣身能很好贴和时，则形成了事实上的领面和领座，即转化为衣领的另一种形式——连翻领。

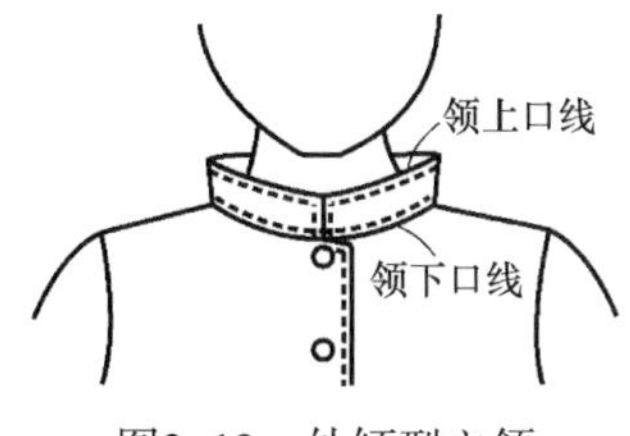

图3-13　外倾型立领

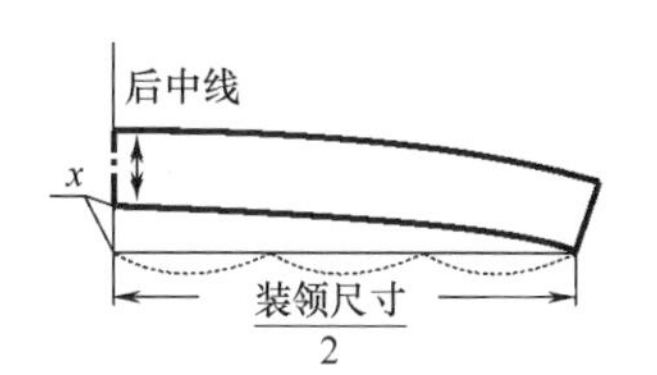

图3-14　外倾型立领结构设计

（2）立领结构设计要素。

① 前中心起翘量：在内倾型立领结构图中，起翘量 x 是决定立领与颈部之间间隙量的重要因素，x 数值越大，领下口线的曲度就越大，领上口线和领下口线的尺寸差就越大，立领的台体特征就越明显。当起翘量 x 较大时，从形态上满足了立领的内倾式要求，但在功能上，领窝线翘度大，使领上口围度小于颈围，立领上口线与人体颈中围度差值表现为负值，领子对颈部的压力加大，颈部感觉不适，此时应将基本领口开大，使领子的一部分化解为衣身。

儿童正处于生长发育阶段，越小的儿童，颈部越短，其颈部的圆台造型越不明显，因此在不同年龄段应设计合适的起翘量，以形成适当的空隙量，在一定程度上缓解领子对颈部的压力。

② 立领领面的宽窄：颈部连接着人体的头部和躯干，立领领面的宽窄以不妨碍头部运动为适宜。一般立领领高应为颈长的$\frac{1}{3}\sim\frac{1}{2}$，根据季节的不同进行调整。当立领较高时，为减小领上口线对颈部的影响，可适当开大领口。当立领过高、超过颈长时，领上口线长度应以头围尺寸为设计依据，同时开大领口。另外，因款式需要或从外观及舒适性出发，可将立领前部上口线设计为弧线形（图 3-15），图 3-15 所示款式是婴幼儿上衣常见的领式。

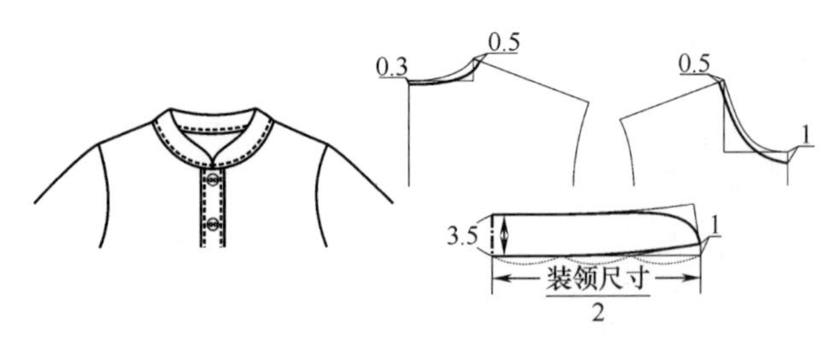

图3–15　常见立领及其前中弧线形处理

2.翻领

翻领是将领片直接缝在领窝上而自然形成的。该领式不是呈直立状包住颈部，而是自然围住颈部并向外顺翻后略贴在肩上。在众多领型中，翻领最为常见，它广泛应用于儿童服装，适用于幼儿到中学生的衬衫、短上衣、夹克、外套、连衣裙等款式。

翻领造型变化多样，主要有以下几种。

（1）翻立领：领座和翻领呈分离结构，组装时需缝合，又称“立式翻折领”、“企领”，如中山装领、男衬衫领等。

① 翻立领结构设计分析：要使领型结构与人体的颈脖相符合，翻领就要翻贴在领座上，这就要求翻领和领座的结构恰好相反，即领座上翘、翻领下弯，这样翻领外围线大于领座装领线而翻贴在领座上。根据这种造型要求，领座上翘和翻领下弯的配合应是成正比的，即领座装领线的上翘度等于翻领装领线的下弯度，这是领座和翻领容量达到符合的理论依据。如果翻领需要特别的容量，可以修正两个曲度的比例，当翻领下弯度小于领座上翘度时，翻领较为贴紧领座；反之，翻领翻折后空隙较大，翻折线不固定，领型有自然随意之感。

② 影响翻立领结构设计的因素。

A. 翻立领的领窝线：翻立领的造型决定其领窝线就是基础领窝线，领窝线应确定在人体颈部与胸部、背部的交界面上。

B. 翻立领的领座：领座的结构设计同内倾型立领的设计，主要控制领的翘度，但翻立领的造型决定其领座领片的翘度变化不大。

C. 翻立领的翻领：翻领的关键是控制领片的下弯曲度，翻领的下弯曲度决定了翻领的松度。

D. 翻立领的翻领领外口线：翻领领外口线是一条造型性的结构线，可以任意依款式仿形设计，领角可以为圆角、方角、尖角等。

③ 翻立领结构设计举例。

A. 女童衬衫典型翻立领领型：领座、翻领宽度适宜，造型抱颈、合体，领型庄重，适宜女童衬衫、连衣裙等款式的设计，如图 3–16 所示。

图中，以立领制图为基础，根据款式，选择后中心领座宽度为 2.5cm，前中心领座宽 2.2cm，以增加活动的舒适性。搭门宽 2cm，前中心起翘 1cm，搭门领台为圆角；翻领后中心宽度为 4cm，前中心宽度 6cm，并进行圆角处理，翻领底线下弯 2cm。

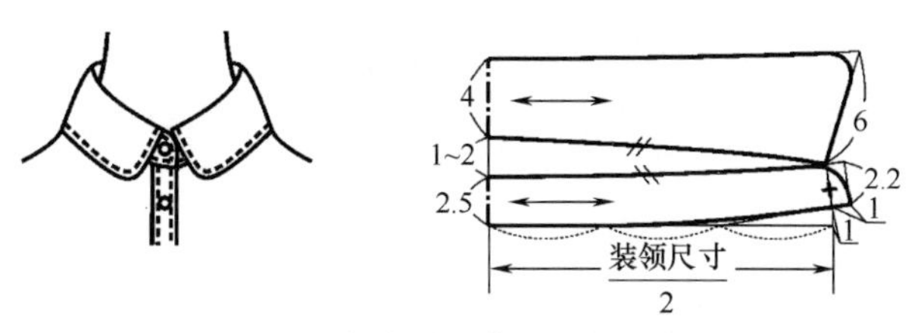

图3-16　女童衬衫典型翻立领领型

从颈部后面观察，翻领会形成上小、下大的圆台型，翻领和领座之间保持了一定的间隙量。如图 3-17 所示为翻立领后颈部效果。

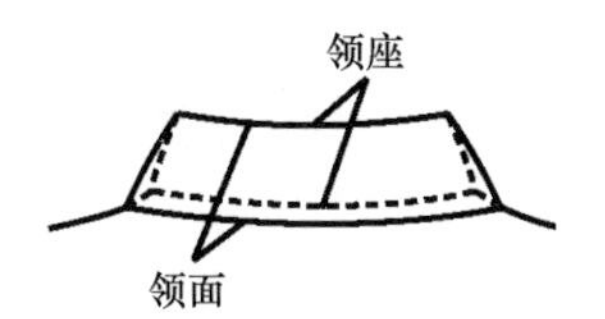

图3-17　翻立领后颈部效果

B. 男童衬衫典型翻立领领型：典型的男童衬衫领型，领座、翻领宽度适中，领型经典大方，广泛应用于各个年龄段的男童衬衫，如图 3-18 所示。

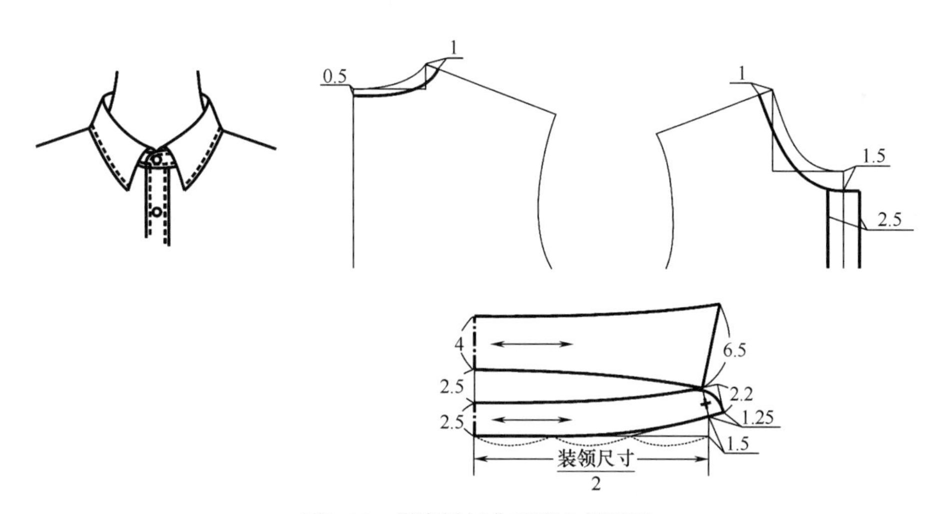

图3-18　男童衬衫典型翻立领领型

图中，根据款式造型特点，领口较宽松，领口在原型基础上做加大处理。领子制图仍以立领制图为基础，根据款式，选择后中心领座宽度为 2.5cm，前中心领座宽 2.2cm，搭门宽 2.5cm，前中心起翘 1.5cm，搭门领台为圆角；翻领后中心宽度为 4cm，前中心宽度 6.5cm，翻领底线下弯 2.5cm。

（2）连翻领：连翻领是翻领部分与领座部分连成一体的领子，以各个年龄段的体型特征为依据，同时根据其轮廓线的造型和立体形态，可以设计成各种连翻领的款式，在各个年龄段的衬衫、夹克、连衣裙、外套、棉服等款式中有非常广泛的应用。

连翻领的领宽可以根据需要来设定，一般情况下对衣领造型影响不大，影响连翻领结构设计的因素有以下几个方面。

① 装领线对衣领造型有影响。

A. 装领线弯曲程度对衣领造型的影响：图 3-19 所示的连翻领结构分析图中，装领线向下弯曲，形成上大、下小的圆台型，上口向外敞开，与颈部有一定的间隙。该领型中，装领线向下弯曲越大，即 x_1 越大，领外轮廓线弯曲也越大，领座越小，翻领直立程度越弱，领外口线敞开幅度越大，领子与颈部的间隙就越大。

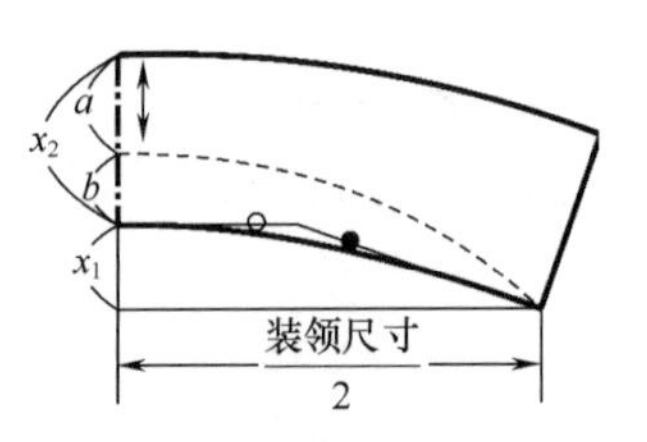

图3-19　连翻领结构分析

B. 装领线形态对衣领造型的影响：装领线弯曲的曲率最大部位应在人体颈部转折与肩胛处，因人体在颈部转折与肩胛处转折曲度最大。装领线弯曲的部位和形态影响连翻领局部造型，如图 3-20 所示为装领线对连翻领局部造型的影响。

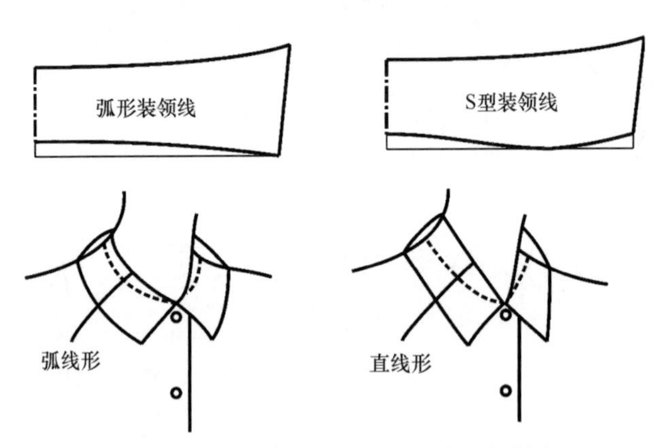

图3-20　装领线形态对连翻领造型的影响

② 领外口线对衣领造型的影响：领外口线是一条造型性结构线，可以随意变化，与结构设计无关，可以依服装款式进行领型设计，如图 3-21 所示的连翻领外轮廓线造型。

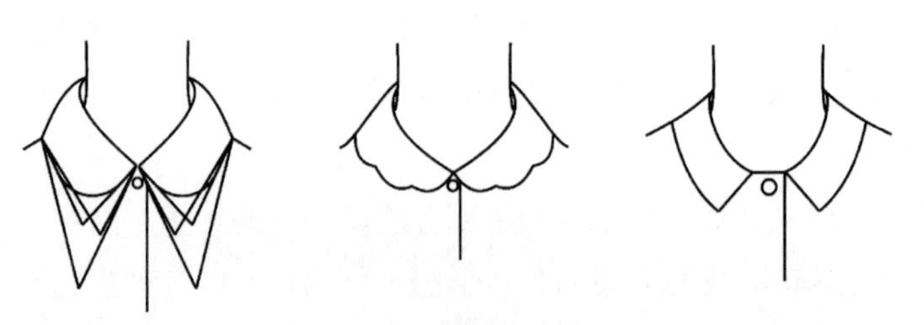
图3-21　连翻领外轮廓线造型

③ 领窝线对衣领造型有影响：连翻领的领窝线设计较随意，但由于有领座要耸立在人体颈部，因此，一般领窝线的前、后领宽和后领口的领深变化很小。

（3）坦领：坦领是普通连翻领，装领线下弯度逐步与领口曲度达到吻合，其领座极低，几乎完全是领面平贴在肩上，在女童服装中的应用非常广泛。

坦领的廓形设计可依据设计者的设计意图自行设计。整体上，领前部必须完全贴服于衣身之上，领外口线不能翘起，以达到整体平服的效果。自肩部至领后部要保留一小部分领座，促使领座与领口的接缝线隐蔽，而又不直接与颈部摩擦，同时又形成坦领靠近颈部位置略微隆起的状态，产生一种微妙的立体造型效果。

影响坦领结构设计的因素主要有以下几种。

① 肩部重叠量：坦领常采用在衣身基础上制图的方法，制图时若将前、后衣片肩线完全重合，在该状态下形成坦领的外轮廓线尺寸和领外口线到衣身处的尺寸完全相同，则衣领完全平贴于衣身之上，在实际穿着时，领与衣身缝合时的接缝线成为坦领的翻折线。此时形成的坦领由于领外口线呈斜丝缕，故缝制时极易被拉伸，使领外口线翘起而不平服。为改善以上缺点，在制图时前后衣片肩线处应有一定的重叠量，重叠量越多，领外口线尺寸越小，所形成的领座就越高；重叠量越少，领外口线尺寸越大，领座就越低。

② 装领线尺寸：坦领制图时，应使装领线略小于领窝线，原因：一是坦领整体结构弯曲过大出现斜纱，使外围容易拉长，减小装领线曲度可以使坦领的外围减小而服帖在肩部，使领面平整；二是由于领片与领圈的接缝与颈部直接接触，接缝处较厚而不柔软，使颈部产生不舒服的感觉；三是为了使坦领仍保留很小一部分领座，应使装领线与领口接缝隐蔽，同时可以造成坦领靠近颈部位置微微隆起，产生一种微妙的造型效果。因此，在制图时，应使装领线弧度变小，从而使尺寸减小。

③ 各部位领宽：普通坦领一般设计成前、后领宽尺寸相同，肩部加宽 0.5~1cm，因在侧颈点会形成较低的领座，若与领宽尺寸相同，肩部就会显窄。坦领结构设计如图 3–22 所示。

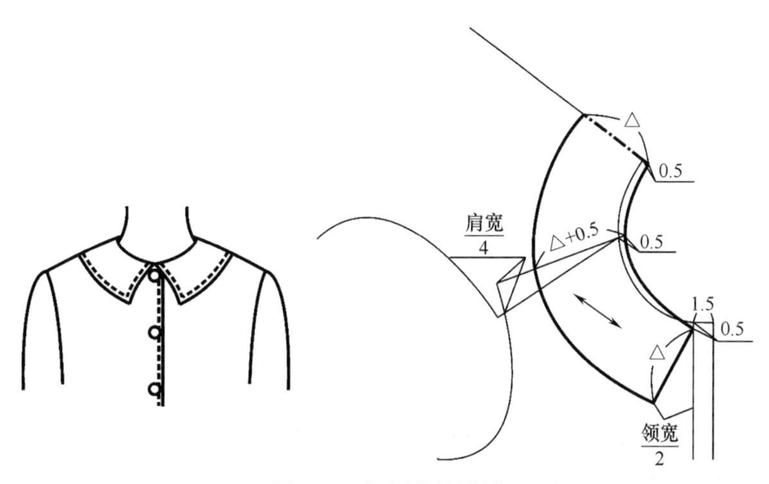

图3–22　坦领结构设计

（4）水兵领：水兵领又称做海军领，属于坦领结构，是从水兵服的领子得来的名称，常用在女学生的制服上，显得朝气蓬勃。制图时使用前后身的领口，与坦领的要领相同。前领口向下开深呈 V 型，领外轮廓线形状可以呈圆形，可以呈方形，也可以自由变化，如图 3-23 所示。

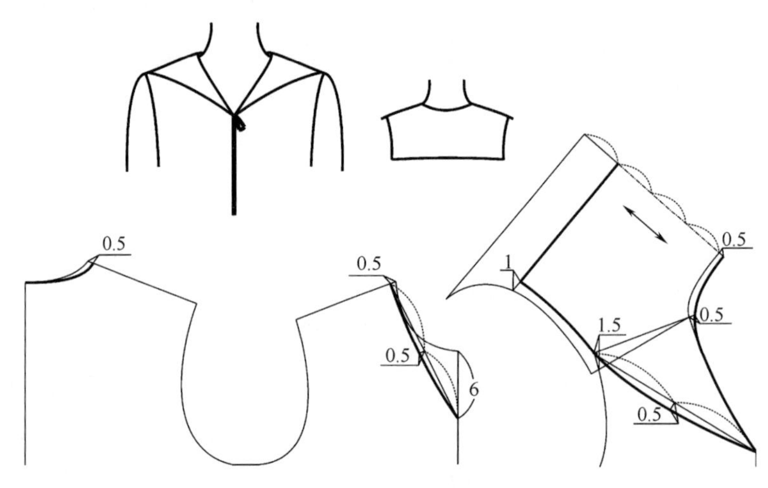

图3-23　水兵领结构设计

（5）荷叶领：荷叶领是有意加大坦领的外沿容量使其呈现波形褶，这就需要使装领线弯曲度大大超过领外口线的弯曲度，促使外围增加容量。结构处理的方法是，通过切展使装领线加大弯曲度，增加外围长度。加工时，装领线还原后，领外沿会挤出有规律的波形褶。波形褶的多少取决于装领线的弯曲程度，如图 3-24 所示。荷叶领在女童衬衫、连衣裙等款式的服装中应用非常广泛。

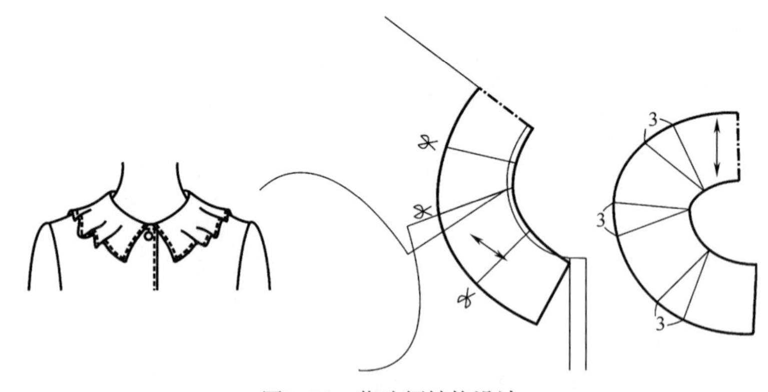

图3-24　荷叶领结构设计

3.翻驳领

翻驳领是由翻领与驳头两部分组成，翻领的前部和与衣身连为一体的驳头共同翻折，在胸部形成敞开的领子。翻驳领的外观式样及内在结构变化多样，设计上不拘一格，有长、短、宽驳头翻驳领，还有立、平驳头驳领等变化。

（1）翻驳领结构设计：翻驳头以西装领结构作为基础，由驳头和翻领组合而成，款式设计如图 3–25 所示。翻领与驳头连接的部位形成领嘴造型。

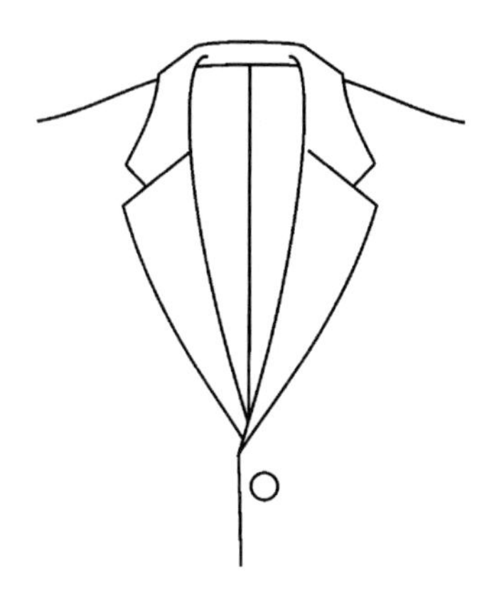

图3–25　翻驳领款式设计

① 衣身处理：根据面料的厚度，对原型样板的领口等部位进行调整，调整量如图 3–26 所示。在后中线处追加 0.2~0.5cm 的量以补充穿着中的围度量，该量可根据面料的厚度进行调整。前中线处加 0.7cm 作为面料的厚度及重叠的厚度量，侧颈点下挪 0.5cm 以增加穿着的舒适性。前片结构中，以腰围前中心 *A* 点为旋转点旋转原型，做 0.5cm 的撇胸处理，搭门量 2cm。

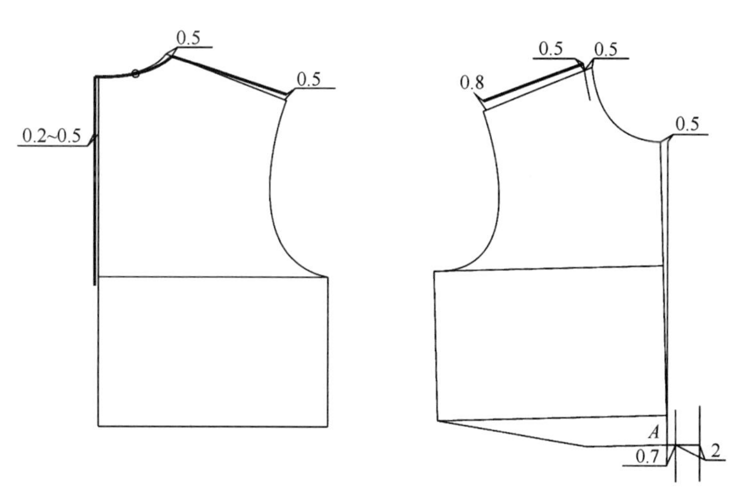

图3–26　翻驳领衣身处理

② 在前后片分别设计穿着后的领型状态：在前片侧颈点下 2.5~3cm 处确定领座尺寸，并根据开口止点的位置做出驳口线，在驳口线的大身部位画出自己满意的领型，然后确定领宽、领深和串口的倾斜等。这些部位的设计与孩子的年龄、流行趋势、设计者的爱好等

有关。根据领嘴形状的不同，领子可以分为平驳头和戗驳头两种类型。

③ 翻领与驳头的绘制：以驳口线为轴，延长驳口宽的辅助线，并对大身部位所画的领型加以对称转换整理。

④ 做后领部分：首先延长驳口线，并与此延长线平行地由侧颈点向上截取后领口尺寸，画出后领宽的长方形。

⑤ 完成翻驳领的结构设计：为了满足翻领领外口线的必要尺寸，应在肩部设置翻领切开量，以补充翻领领外口线的不足，切开的位置在侧颈点或比侧颈点低 1~1.5cm 处。修顺翻领外领口弧线和翻领装领线，完成翻驳领的结构设计。见图 3–27。

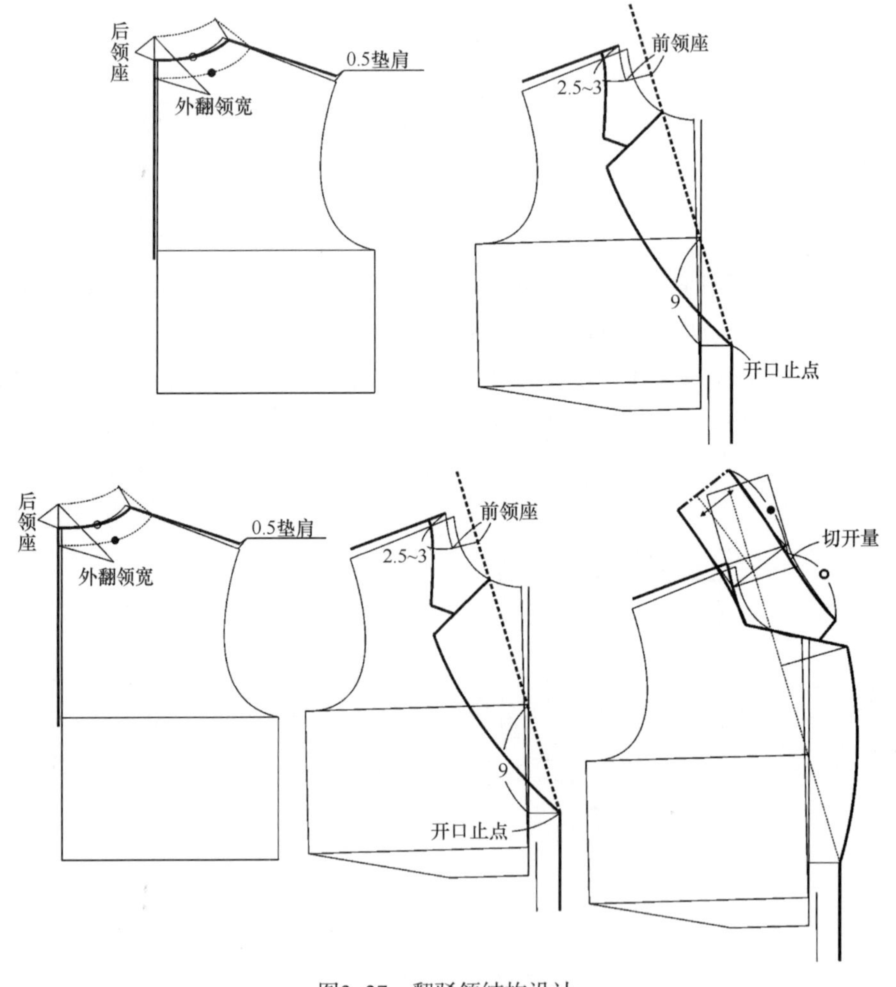

图3–27　翻驳领结构设计

（2）翻驳领结构设计分析如下。

① 领窝线设计：翻驳领的特点是前胸部敞开，所以不强调领围的尺寸，主要考虑领子与领口的配合。在领口设计中，由于翻领要耸立在人体颈部，因此，对前、后衣片的领深要求严格，后衣片的领深也不可以设计过大，前衣片的领深可以按翻驳领的款式确定串口线。

② 翻领：翻驳领的翻领从整体造型上看，应具有连翻领的结构特征，由领座和翻领两部分组成，两者也是连为一体的。翻驳领翻领的前部和与衣身相连的驳头一起翻折，并存在串口线，因此翻领的装领弧线总变化趋势是向下弯曲的。在翻驳领结构设计图中，肩部切开量越大，翻领松度就越大。

③ 驳头：驳头与衣身相连为一体，以驳口线为界翻贴于衣身的肩胸处。

④ 领外轮廓线：领外轮廓线是一条造型线，可以在款式设计时，依据流行趋势、孩子年龄大小与着装目的而设计成各种不同的造型，结构设计时依据具体领款设计即可。

（三）帽领结构设计

帽领是将帽子绱于领口之上，穿着时帽子可以竖起、戴在头上，也可放下披于后肩，以帽代领，因此称作帽领。

1.帽领造型变化部位

帽领造型变化非常丰富，其领口、帽体等部位均可根据孩子的年龄及用途进行变化。

（1）领口形状的变化：帽领的领口可以进行各种变化设计，可以是圆型、V 型、船型、U 型等，不同造型的领口给帽领的效果带来不同的变化。如图 3–28 是童装常见帽领的领口形式。

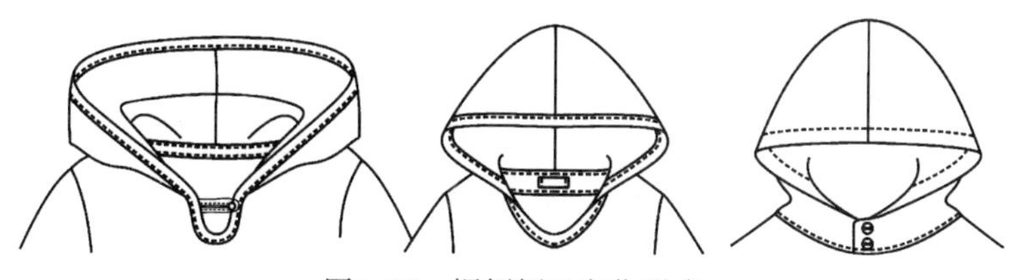

图3–28　帽领领口变化形式

（2）帽体装饰的变化：帽体装饰可以表现在帽边、帽分割线和帽体的仿生设计等，帽边可以加毛条、穿带、装饰布等，帽分割线中可以加饰条或拉链，仿生设计可以进行诸如动物头型的各种设计等，如图 3–29 所示。

图3–29　帽领帽体装饰样式

2.帽领结构设计分析

（1）帽领设计要素有以下三个。

① 人体自头顶至侧颈点的长度即头长。成人头长尺寸相对比较固定，大约 33cm 左右，儿童头长随年龄的不同而有很大差异。一般在尺寸表上没有头长的直接数据，鉴于儿童的头形，通常情况下参照头围尺寸进行计算。

② 儿童头围尺寸随年龄而变化，其测量方法是在头部围度最大位置环绕一周进行测量，并加入两个手指的量。进行帽宽设计时需参考头围尺寸，由于帽体不必包覆人的脸部，因此可采用头围尺寸的比例进行计算。

③ 帽翻下来形成的帽座量应视款式造型而定，一般帽座量控制在 0~3cm 之间，越小的儿童，其帽座量应该越小。

（2）按照帽体包覆头部的合体程度，帽领可以分为三种。

① 宽松型帽领：帽身做成两片型。

② 较宽松型帽领：帽身做成收省型。

③ 较贴体型帽领：帽身做成分割型。

（3）帽领结构设计方法采用反方向肩线折叠法，延长前衣片小肩线，在延长线上进行衣片肩线折叠进行设计。

图 3-30 是宽松型帽领的结构设计图，图中■是帽体包覆面部程度的调节量，●是设计的帽座量。

图 3-31 是较宽松型帽领结构设计图，该设计图是在宽松型帽领的基础上，在后领弧线部位剪切、拉展，在帽顶和领口弧线部位分别设计 1~2cm 的省量，这样做成的帽身呈球体状，更符合儿童的头部。

图 3-32 是较贴体型帽领结构设计，该设计图是在宽松型背帽领的基础上，在帽中部位做分割线，分割出的小片做成左右相连的帽条。该设计与儿童头部更为符合。

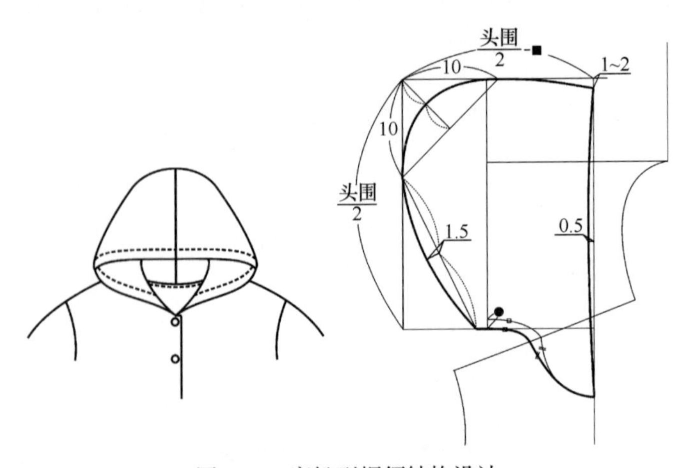

图3-30 宽松型帽领结构设计

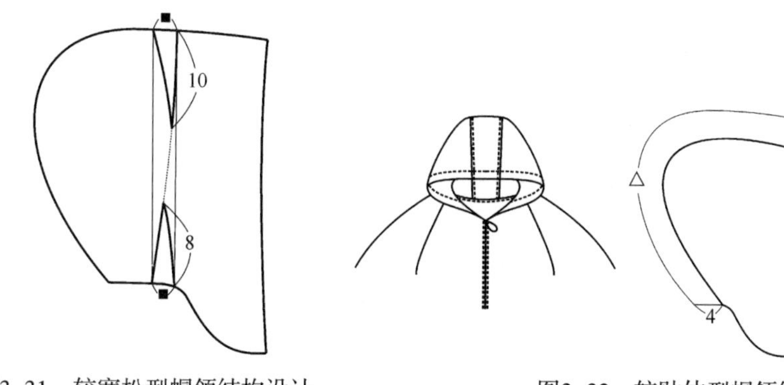

图3-31　较宽松型帽领结构设计

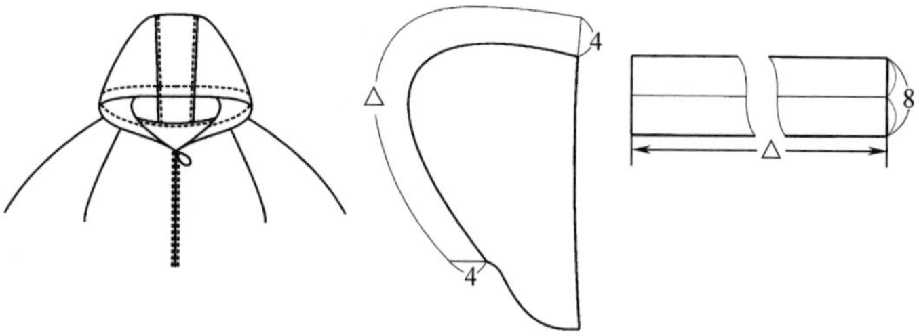

图3-32　较贴体型帽领结构设计

第三节　童装衣袖结构设计

一、衣袖设计

衣袖作为服装的一部分，以筒状为基本形态，与衣身的袖窿相连结构成完整的服装。

（一）衣袖与人体的关系

上肢是人体活动最频繁、活动幅度最大的部分，它通过肩、肘、腕等部位的活动带动上身各部位的动作发生改变。衣袖由三大部分组成，即袖山、袖身和袖口，这些设计用来满足肩、肘、腕等部位的活动。

袖山的设计关系到肩部的活动范围和服装的造型轮廓，设计不合理，会妨碍人体运动。袖山高不够，手臂垂下时就会有太多皱褶；袖山太高，手臂就难以抬起。袖身是袖子的主体部分，袖身的设计关系到肘部的活动范围，设计不合理，就会妨碍手臂的活动及袖子的整体造型。手臂为自然前倾状态，袖身设计要满足这一形态。袖口设计除考虑造型效果外，还要满足袖口可动性和适体性，使其利于穿脱。

（二）衣袖种类

衣袖种类繁多，按照不同的分类方式，衣袖有不同的类别。

1.按衣袖长短分类

按长短分类，衣袖可以分为无袖、短袖、半袖、中袖和长袖，袖长变化如图3-33所示。由图中可以看出，无袖上衣的袖口位置在肩端点的位置，但不宜与肩端点重合，因为肩端点是一个大的关节点。短袖上衣的袖口位置在肩端点和肘点之间。半袖上衣的袖口位置在肘点上下，但不宜与肘点重合。中袖上衣的袖口位置在肘点和腕关节之间。一般长袖上衣的袖口位置在人的手腕处。

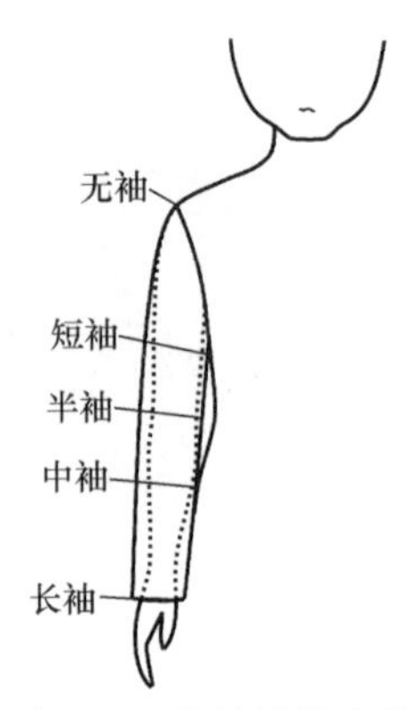

图3-33 衣袖袖长变化

2.按衣身与袖的连接方式分类

按衣身与袖的连接方式分类，可以将衣袖分为装袖、连身袖和插肩袖，三种衣袖的结构设计不同，所适合的服装风格也不相同。

（1）装袖：装袖是根据人体肩部与手臂的结构形态进行的结构设计，它是符合肩部造型的合体袖型，具有立体感。该袖型衣袖和衣身分开裁剪，是袖子设计中应用广泛的规范袖型。装袖分为圆装袖和平装袖，圆装袖是一种比较适体的袖型，袖身多为筒形，肥瘦适体，袖山高的则袖肥较小，袖山低的则袖肥较大。圆装袖廓型笔挺，具有较强的立体感，静态效果比较好，但穿着时手臂活动受到一定的限制。圆装袖多采用两片或两片以上的裁剪方式，在童装中属于常见袖型。平装袖和圆装袖的结构原理相同，不同的是袖山较低，袖窿弧线平直，袖较肥，肩点下落，所以又称作落肩袖。平装袖多采用一片袖的裁剪方式，但造型变化丰富，穿着自然、宽松、舒适，在童装中具有非常广泛的应用。

肩部的变化、袖身的形状、袖口的设计是装袖造型的关键，是反映服装风格和服装流行的重要因素，其设计变化体现在细微之处。装袖袖身从紧身到宽松有很多不同的变化，也体现不同的美感。袖口的大小和形状对衣袖乃至整个服装造型都有很大的影响，它的收紧和放松既具有装饰性，又兼具很强的功能性。

（2）连袖：袖片与衣片完全或部分连在一起的袖型。该袖型没有袖窿线，肩部没有拼接线，肩形平整圆顺。连袖分为中式连袖和西式连袖两种。中式连袖，服装的肩线与袖身成一条水平线，即袖身和肩线呈180°，适宜用轻薄柔软的面料制作，否则腋下堆褶和起棱角，影响穿着效果。西式连袖，肩线与袖身呈一定的倾斜角度，一定限度上减少了腋下堆积的皱褶，更符合人体结构。为增加服装的活动性和体现服装的外观效果，腋下可设计插片（插角），但由于缝制工艺的问题，插角袖在童装中应用较少。

连袖服装的袖身大多较宽松，造型上有袖根肥大、袖口收紧的宽松设计，也有筒形的较合体设计。袖身长度可任意设计。连袖设计大多应用在婴儿服装、休闲装、家居服装等。

（3）插肩袖：插肩袖是介于连袖和装袖之间的一种袖型，其特征是将袖窿的分割线由肩头转移到领口附近，使肩部与袖子连接在一起，既具有连袖的洒脱自然，又具有装袖的合体舒适，在童装中具有广泛的应用。插肩袖的肩袖分割线走向变化较多，通过分割、组合或结构变化设计能产生多种袖型。插肩袖的袖口既可收紧，也可开放。

3.按袖片数量分类

按袖片数量分类，可分为一片袖、两片袖和三片袖。

一片袖是袖片为整体结构的袖子，其特点是没有袖中缝，可为装袖，也可为插肩袖；可设计成宽松的筒形袖，也可加肘省设计成合体袖型。相比两片袖和多片袖，一片袖穿着舒适，制作工艺简单，在童装中应用广泛。

两片袖是袖片为两片式结构的袖子。两片袖的典型代表为西装袖，其造型比一片袖更加丰满美观。

三片袖是袖片为三片式结构的袖子。一片袖结构中的肘省及袖弯线和两片袖中的大、小袖互补关系的设计都是为了合体和造型需要而采取的必要手段，因此，在符合合体与造型原则的基础上进行各因素的合理组合，会大大丰富合体袖的设计，形成三片袖的互补关系和分割结构。

4.衣袖款式变化与服装整体造型的关系

袖型款式变化会对服装的造型、风格产生很大的影响，不同的袖型和服装搭配会有不同的视觉美感变化。衣身紧而合体的服装使用装袖的较多；衣身宽而肥大的服装使用连袖和插肩袖的较多。衣身和袖的造型关系既可对比又可协调，如窄瘦的衣身搭配蓬松的袖型，这种袖型需要装袖设计。

袖子的造型直接影响肢体的动作，它的宽窄、长短、有无都是根据适用的需要而安排的，紧身的体操服、无袖的游泳衣、舞蹈服的喇叭袖、各种抽褶袖等，都体现出人们多种活动方式的不同需要。

二、衣袖的基本变化原理与规律

无论装袖还是连袖、插肩袖，袖山高是造型结构的关键。袖山高指袖山顶点到袖肥线的距离，它影响着衣袖的外观造型和功能性。

根据年龄的不同，儿童原型袖山高采用不同的计算方法，1~5 岁取$\frac{袖窿弧长}{4}$+1cm，6~9 岁取$\frac{袖窿弧长}{4}$+1.5cm，10~12 岁取$\frac{袖窿弧长}{4}$+2cm。从以上计算方法可以看出，随着孩子年龄的增加，袖山高的数值逐渐增大。

袖山曲线和袖肥是根据款式不同而变化的，其变化总是遵循着一个共同的原则，这样才能保证两者的吻合及穿着的舒适性。原则上，袖山曲线和袖窿弧线在长度上是相等的（加上袖山的容量）。如果把原形袖山高理解为中间状态的话，按照结构的要求，当袖山曲线和袖长不变时，袖山越高，袖肥越小；当袖山高与袖山曲线长度趋向一致时，袖肥接近零。从该结构的角度看，袖山高也制约着袖子和衣身的贴体度。袖山越高，形成接口的椭圆形越突出，成形后的内夹角就越小，外肩角越明显，这说明袖子的贴体度越大。相反，内角越大，外肩角越平直，说明袖子的贴体度越小，活动度也就越方便，因此袖山高和袖子的贴体度成正比。袖山高与袖肥的制约关系带有普遍性，这种关系是基于结构合理性而考虑的。图3-34是当袖窿尺寸不变时，袖山高与袖肥的关系图。图中用原型衣袖的基础线作为标准，标准袖山高用*AB*表示，*AC*为前袖山和前袖窿相符合的设计长度，*AD*为后袖山和后袖窿相符合的设计长度，*AC*和*AD*在变化过程中尺寸不发生改变，*CD*构成袖肥，*AE*是袖长。

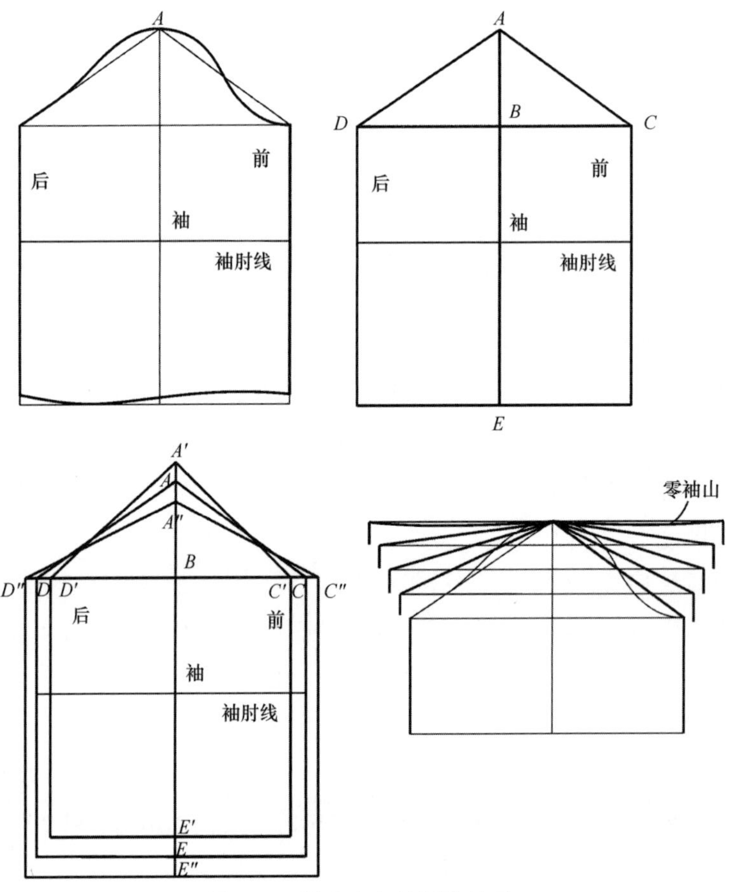

图3-34 袖山高与袖肥的关系

袖山高与袖肥的变化规律是在袖窿长度不变的前提下进行的，没有考虑袖窿的开度和形状。当袖山较高、袖窿也较深时，袖窿与袖片的缝合线远离腋窝而靠近前臂，这时袖子虽然贴体，但手臂上举受袖窿牵制，袖窿越深，牵制力越大。当袖山幅度很低时，袖子和衣身的组合呈现出袖子的外展状态，如果袖窿仍然采用原型袖窿深度，当手臂下垂时，在腋下就会聚集很多余量，穿着时会产生不适感。因此，当袖山高变化时，袖窿开度及形状应随之发生变化。当选择高袖山结构时，袖窿应较浅并贴近腋窝，形状接近原型袖窿的椭圆形；当选择低袖山结构时，袖窿应开深大、宽度小，呈窄长形袖窿，以达到活动自如、舒适和宽松的综合效果，当袖山高接近零时，袖中线和肩线形成一条直线，袖窿的作用随之消失，这时就形成了原身出袖的结构。在袖山与袖窿变化的同时，胸围尺寸也在进行变化，宽松形袖窿结构在袖窿开深时，侧缝胸围也应适当变大，袖窿形状接近相似形变化，如图 3–35 所示。

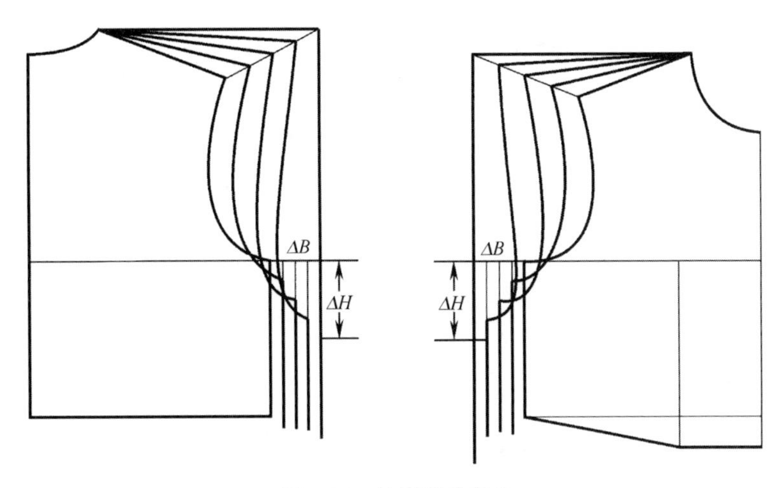

图3–35　袖窿形状变化

三、无袖结构设计

无袖是指以袖窿弧线为造型线而变化的袖型。袖窿弧线上没有袖片组装，袖窿弧线属于造型性的结构线，可以自由设计。无袖服装常见为袖窿远离肩点而靠近侧颈点的吊带服装、袖窿远离侧颈点而靠近肩点的坎袖服装和将肩宽延长、扩大后覆盖整个人体躯干，肩、手臂部分的斗篷类服装。图 3–36 所示为吊带服装的款式及结构设计图。

该款式为儿童服装中常见的吊带服装，胸围尺寸在原型松量基础上每$\frac{1}{4}$片收进 1cm，采用 10cm 的松量设计，袖窿深尺寸不变。对于无袖结构的服装款式，其结构设计中胸围的放松量一般都较小，以防腋下起空。

图 3–37 所示为坎袖服装的款式及结构设计图。

该款为裙式坎袖小上衣，肩宽点在肩点以内，采用原型松量 14cm，袖窿深尺寸不变。前后片胸部分割，前片剪切加褶量，以适应凸出的腹部。前中心开口系两粒扣，方便穿脱。

图 3–38 所示为斗篷的款式及结构设计图。

该款为典型的双排扣背帽小披风，方便儿童外出穿着。

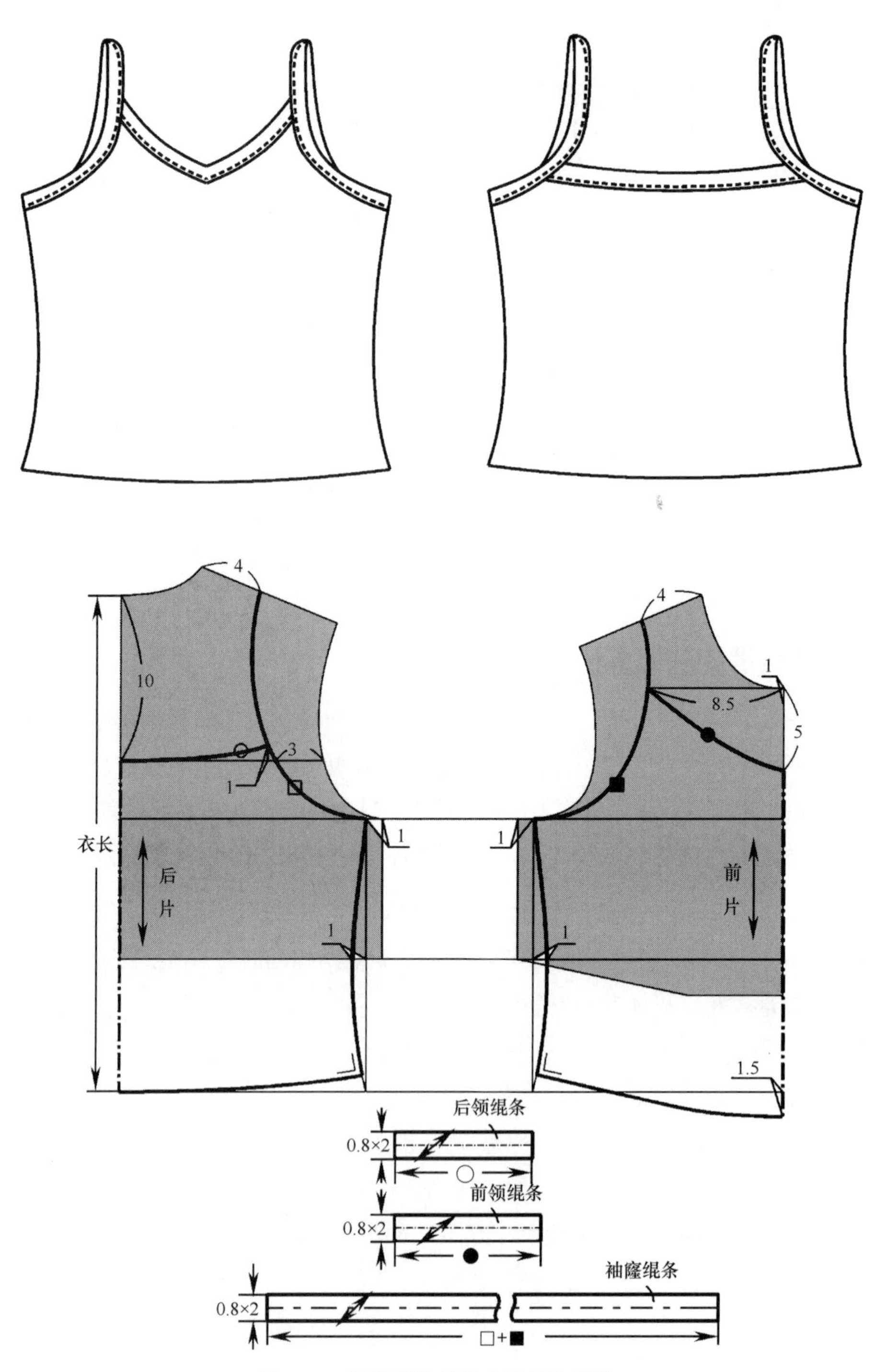

图3-36　吊带服装的款式及结构设计

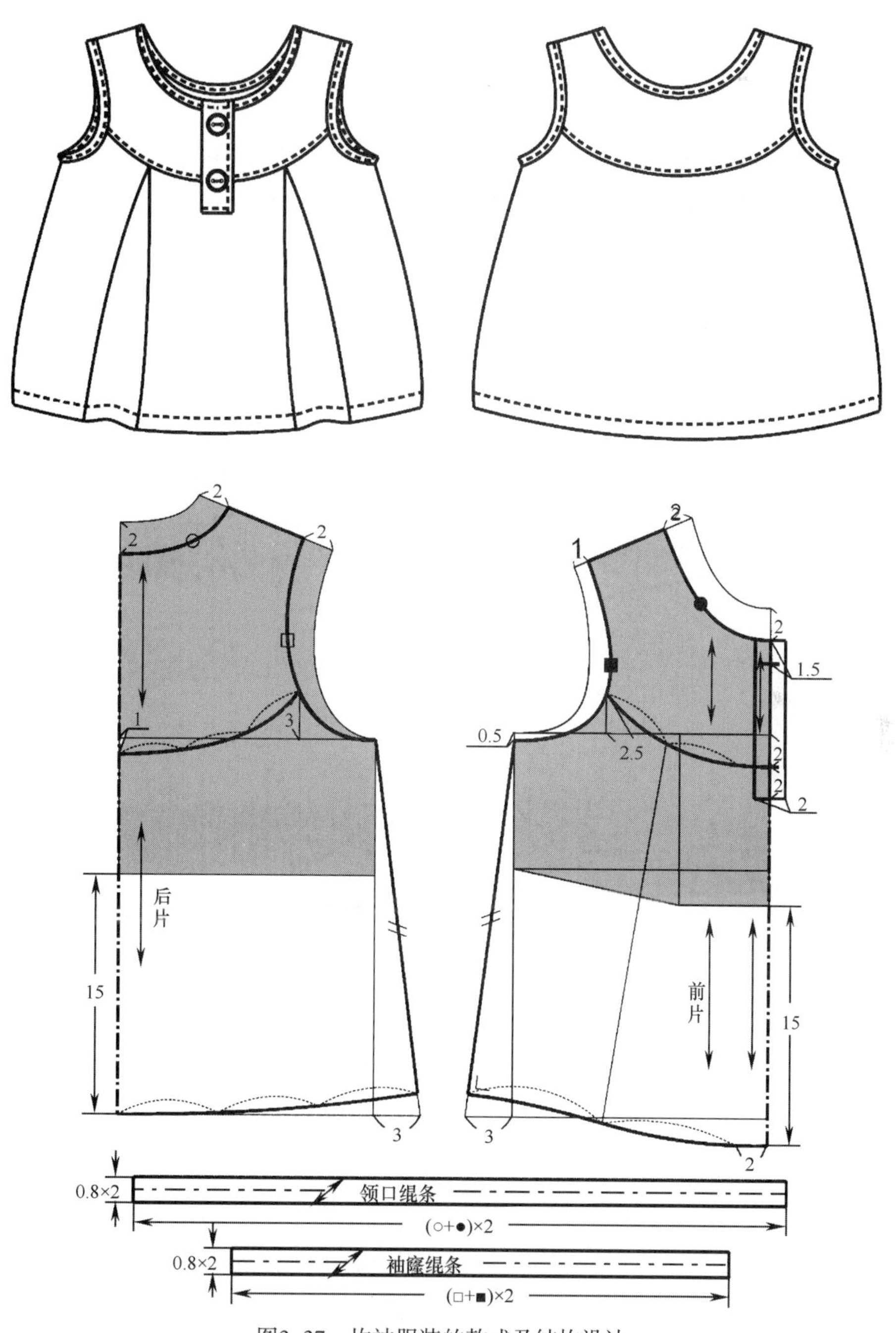

图3-37　坎袖服装的款式及结构设计

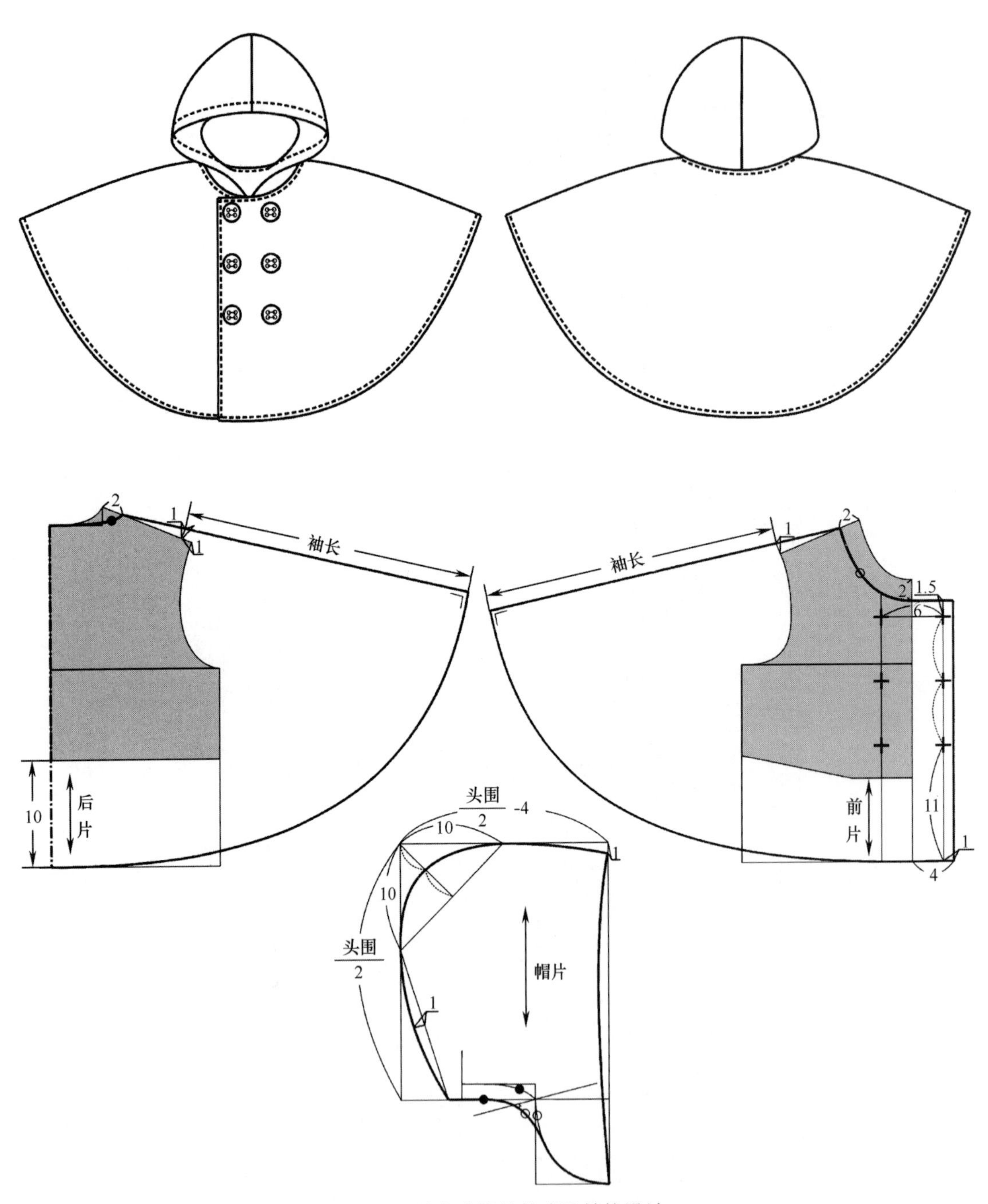

图3-38 幼儿斗篷的款式及结构设计

四、装袖结构设计

（一）合体装袖结构设计

1.合体一片袖结构设计

人体手臂在自然下垂时不是垂直的，而是向前弯曲的，这就要求合体袖不仅要有袖子贴紧衣身的造型，还要利用肘省的结构处理，使衣袖与手臂自然弯曲相吻合。图 3-39 所示是手臂自然下垂时衣袖的状态，由图中可以看出，人体穿着普通一片袖时手臂外侧出现多余的量，影响衣袖的合体性，把多余的量原封不动地折合成省，这是最简单的合体袖结构处理形式。图 3-40 所示是在普通一片袖的基础上进行的袖口收省处理。

图3-39　手臂自然下垂时衣袖状态

按照合体袖的造型结构要求，首先应选择足够的袖山高度，以保证衣袖与衣身贴体的造型状态和袖山所需的缩容量。因此在原型袖山高的基础上追加 1~1.5cm（视儿童年龄和衣服的造型决定），重新修正袖山曲线。原袖中线在袖口处的点向前袖缝偏移 1~1.5cm（较小幼儿偏移 1cm，学童偏移 1.5cm），以此为界确定前后袖口尺寸。省在后袖口处，省量为制成尺寸 - 后袖口尺寸。

将袖口省转移至袖肘处，形成袖肘省，如图 3-41 所示。图中省量为前袖缝线和后袖缝线之差。

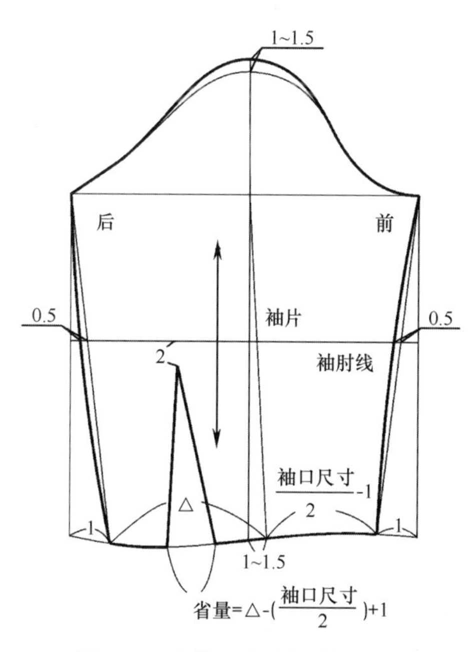

图3-40　合体一片袖的袖口收省

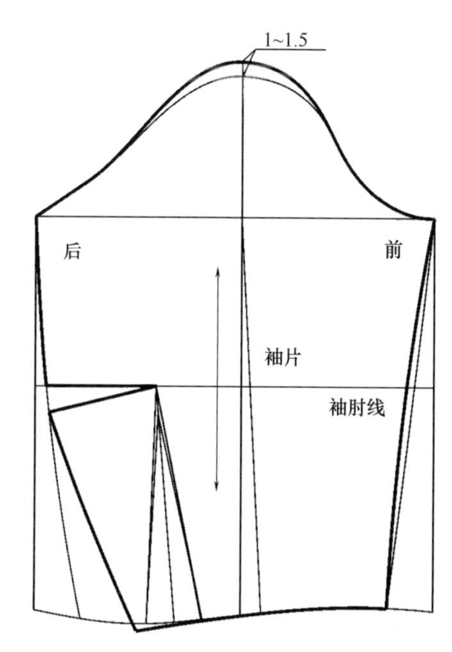

图3-41　合体一片袖的袖肘收省

2.合体两片袖结构设计

收省一片袖是针对合体要求而设计的，但从平面到立体造型原理上考虑，分割比加省更能达到理想的造型效果，因此两片袖结构比一片袖结构造型更美观。西装袖属于典型的合体两片袖结构，主要应用在较大儿童的夹克、外套、大衣等服装中。

影响两片袖结构设计的主要因素包括袖山高、袖肥、袖山斜线、袖窿弧长等。

在合体两片袖的结构设计中，利用两片袖的结构原理，通过互补的方法设计大小袖的结构。所谓大小袖的互补方法，就是先要在基本纸样的基础上，找出大袖片和小袖片的两条公共边线，这两条公共边线应符合手臂自然弯曲的要求，然后以该线为界，大袖片增加的部分在对应的小袖片中减掉，而产生最终的大、小袖片。但互补量的大小对袖子的塑型有所影响，一般互补量越大，加工越困难，但立体造型明显。相反，则加工容易，则立体效果差。通常前袖互补量大于后袖互补量，其主要原因是，袖子的前部尽可能使结构线隐蔽，以取得前片较完整的立体效果。在儿童服装中，互补量一般较小，以增加穿着的舒适性，如图 3–42 所示。

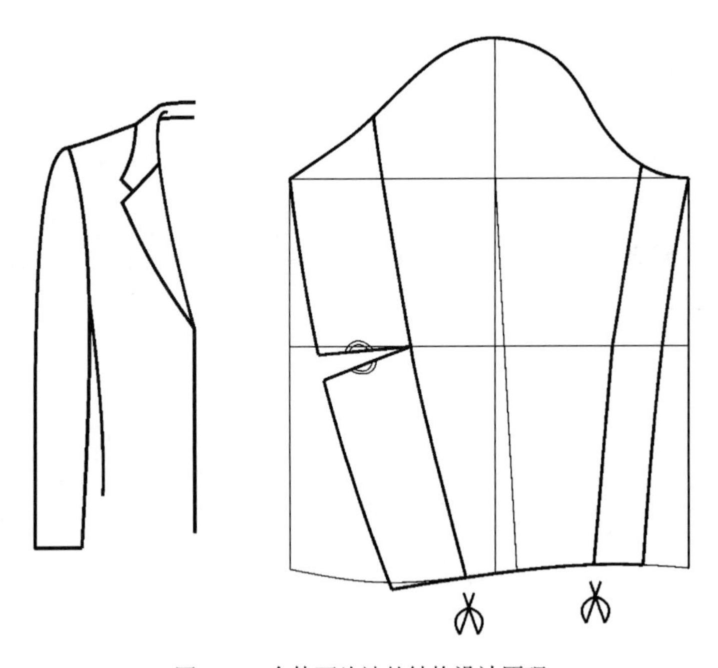

图3–42　合体两片袖的结构设计原理

儿童合体两片袖，袖口有假开口与无假开口两种形式。

（1）袖口有假开口的合体两片袖：有假开口的合体两片袖如图 3–43 所示。图中，袖山高在原型袖山高的基础上增加 1.5cm，以保证合适的造型状态和缩容量。儿童年龄越小，袖山弧线和袖窿曲线的长度差就越小。互补量根据儿童年龄的不同而不同，年龄接近成人的儿童互补量接近成人（3cm）。袖口尺寸根据袖宽尺寸设计，在$\frac{袖宽}{2}$基础上根据款式需要调整数值。袖口假开口长度根据儿童年龄确定，取值范围长 4~8cm，宽 2~3cm。

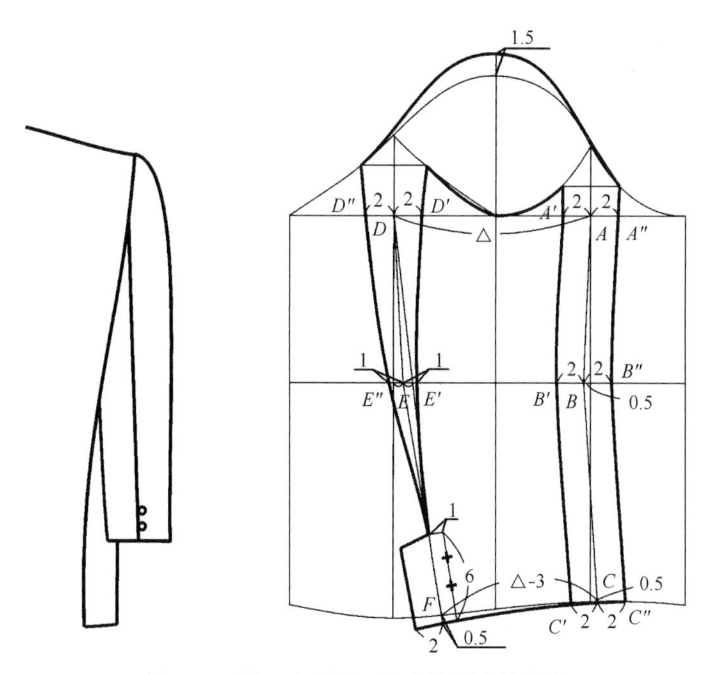

图3-43　袖口有假开口的合体两片袖结构

（2）袖口无假开口的西装袖：袖口无假开口的合体两片袖，除袖口处制图方法和上图不同外，其他制图方法相同，如图 3-44 所示。

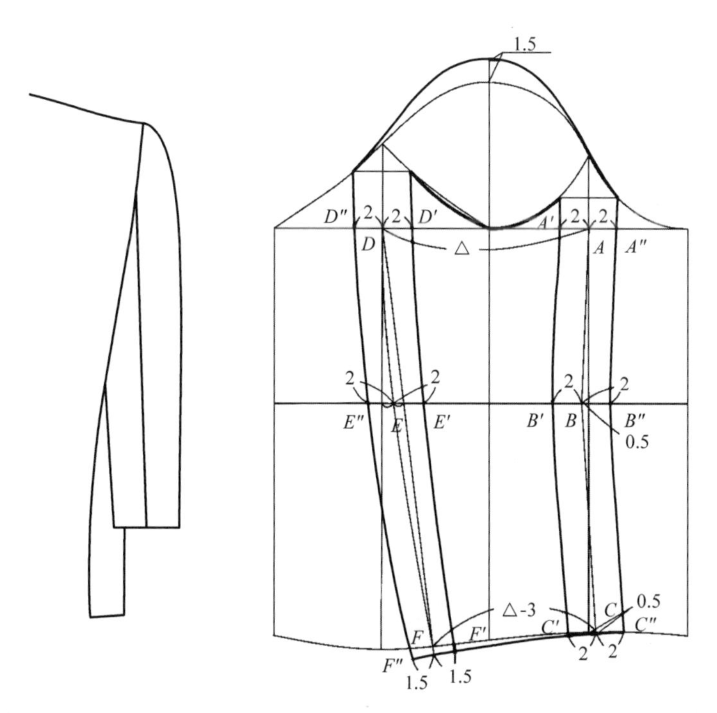

图3-44　袖口无假开口的合体两片袖结构

（二）宽松装袖结构设计

1.普通直身袖结构设计

普通直身袖是在原型袖的基础上直接收窄袖口所形成。因袖口较宽，袖身宽松，因此可以不考虑肘部的弯曲，袖口宽度可根据款式和年龄需要进行调整，如图 3–45 所示。

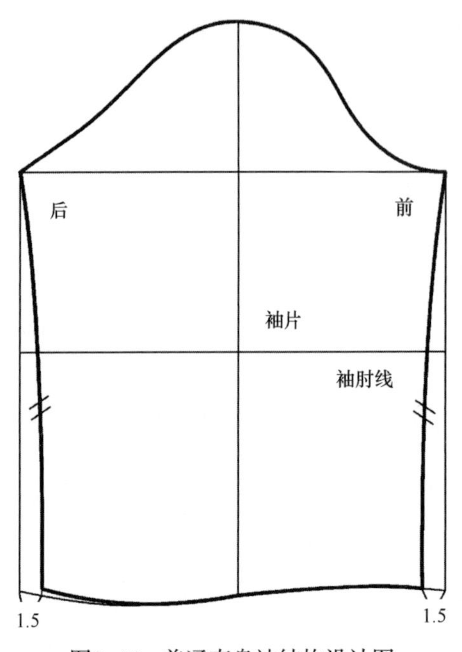

图3–45 普通直身袖结构设计图

在原型袖制图中，前袖山斜线为前袖窿弧长 +0.5cm，后袖山斜线为后袖窿弧长 +1cm。实际制图中，袖窿弧长的调节数可以进行调整，因为调节数决定袖山弧线的缩缝量。面料厚，缩缝量大，则调节数应略大。面料薄，则缩缝量小，调节数也应该略小。袖山高度也可以变化，较合体的直身袖袖山高较高，宽松直身袖袖山高较低。

直身袖的袖长也需要根据款式进行变化，袖口大小依据人体同部位的手臂围度加上放松量而设计，但也要考虑袖口处的造型。袖口线如果设计成直线，在缝合袖缝后，袖口线会有凹陷，按结构的平衡，应调整袖口线为弧线，或调整袖缝线为弧线，如图 3–46 所示。

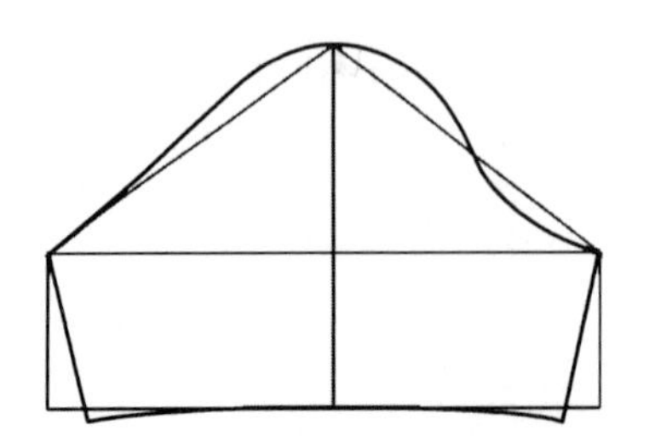
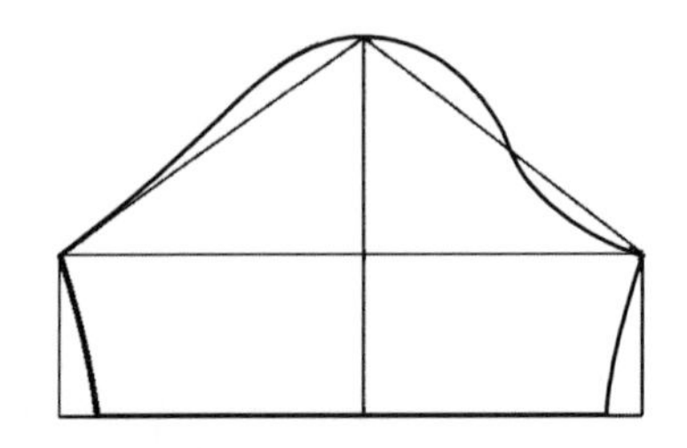

图3–46 短袖直身袖袖口线和袖缝线的调整

2.喇叭袖

喇叭袖是从袖山到袖口呈喇叭状自然展开的袖型，具有自由、随意、飘逸的特点。常用喇叭袖有以下三种。

（1）小喇叭袖：当袖摆增加较少，不足以影响袖山结构时，可直接在袖摆处展宽一定的量，如图3–47所示。

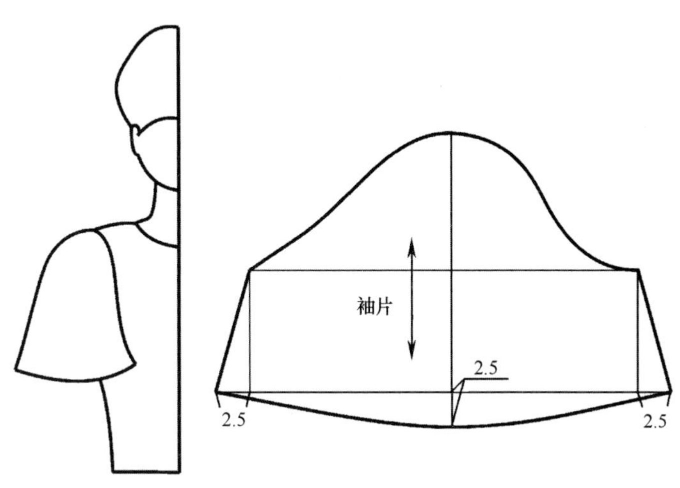

图3–47 小喇叭袖结构设计

（2）大喇叭袖：当袖摆增加较大时，袖摆处形成一定量均匀的波形褶，这时需在袖身处进行剪切加量处理，如图3–48所示。从图示上可以看到袖摆量的增加与袖山高、袖山曲线有一定的关系，袖摆量增加越多，袖身的宽松程度越大；袖山越低，袖山曲线也就越趋于平缓。

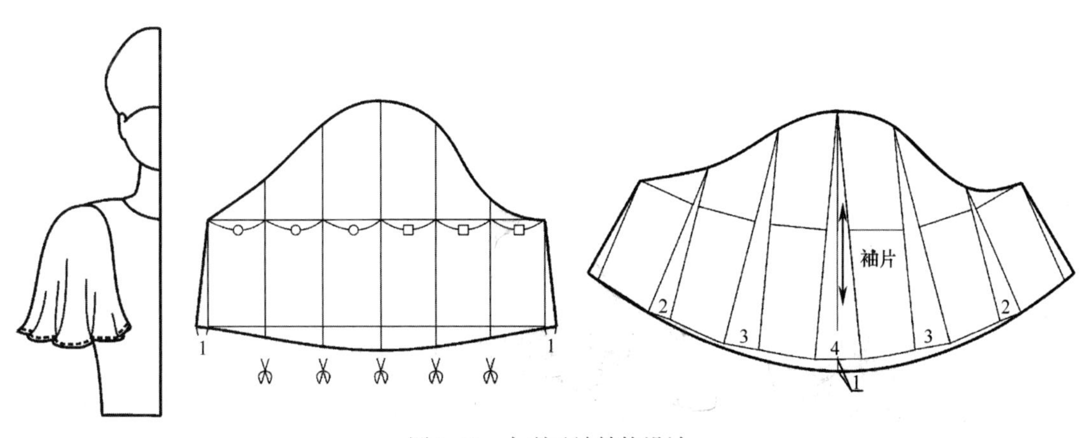

图3–48 大喇叭袖结构设计

（3）褶量不均匀分布喇叭袖：当袖山部分结构合适，袖身部分设计成褶量不均匀分布时，需要将褶量在袖宽进行均匀分配，然后对袖身进行剪切加量处理，如图3–49所示。

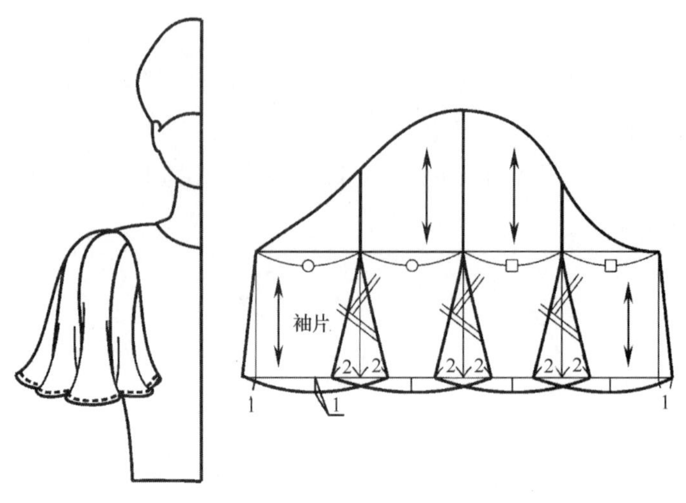

图3-49 褶量不均匀分布喇叭袖结构设计

3.泡泡袖

泡泡袖指在袖山处抽碎褶而蓬起呈泡泡状的袖型，广泛应用在各类女童服装中，款式及结构设计如图 3-50 所示。

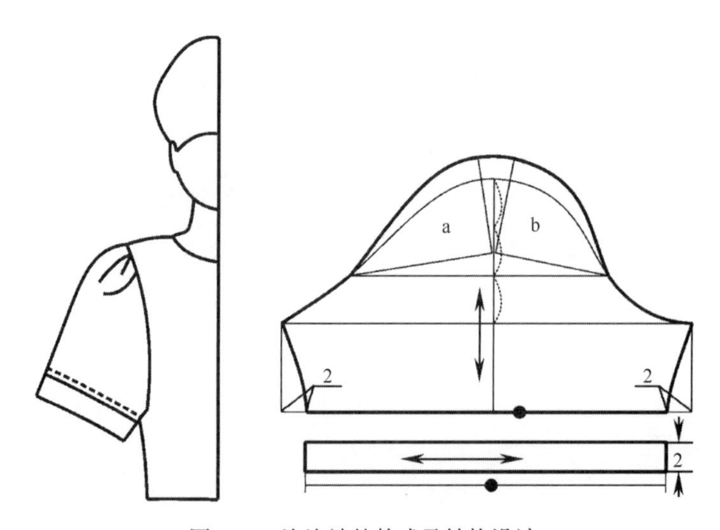

图3-50 泡泡袖的款式及结构设计

由图可看出在原型袖基础上进行制图，根据款式，把原型袖山高进行了横向切割，并对切割的袖山沿袖山线切割成 a、b 两部分；分别逆时针和顺时针旋转 a、b 两部分，使袖顶部到切展止点形成“V”字形张角；修正袖山弧线，完成袖山褶量的设计。

在以上制图过程中有两个可选择的设计量，一是切展所形成的“V”字形张角，张角越大，袖山褶量就越多，袖山的外隆起度越明显；反之，褶量越少，袖山造型越趋于平缓。二是切展的深度，切展越深，袖山造型隆起的部分越靠近袖口，反之越接近袖山头。当切展位置位于袖肥线上时（图 3-51），那么袖下缝缝合后，袖缝附近的袖山弧线就会形成图 3-52 中所示的 a 曲线的状态，不易与袖窿曲线接合，产生不合理的皱纹，因此，这种情况需要对前后袖山弧线进行适当修正，如图 3-52 中虚线所示，缝合线的状态如图 3-52 中的虚线 b。

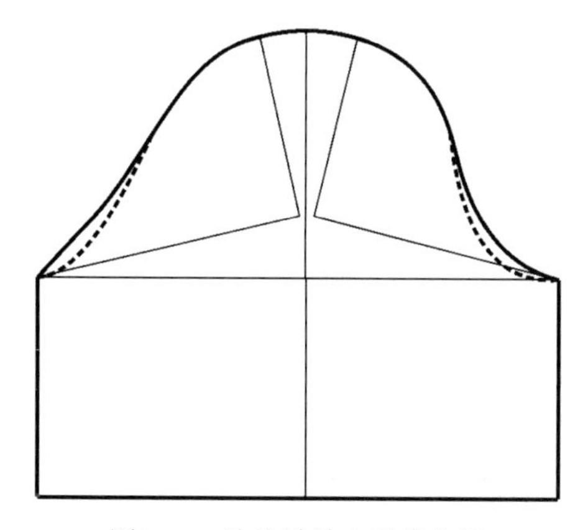

图3-51　泡泡袖袖山弧线分析

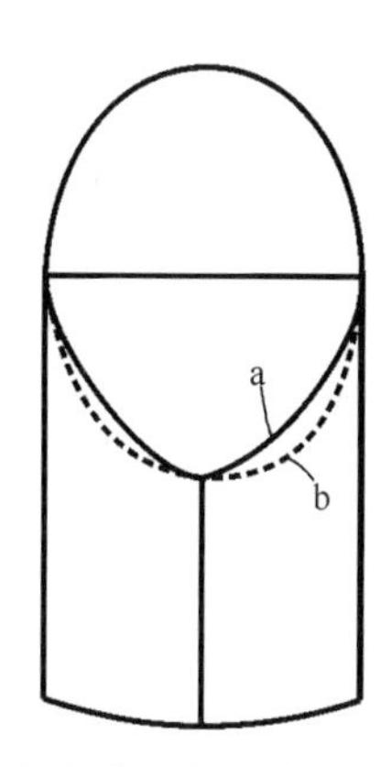

图3-52　泡泡袖缝合后袖山弧线状态分析

4.灯笼袖

灯笼袖指肩部隆起、袖口收缩、整体袖身宽松，呈灯笼形鼓起的袖子。

灯笼袖为袖长在肩端点和肘点之间的短袖，肩部隆起，袖口处抽橡筋带自然收缩，适合各个年龄段的女童穿着，款式及结构设计如图 3-53 所示。

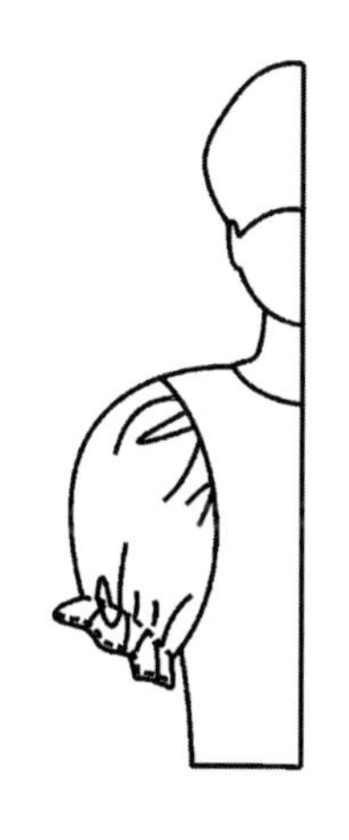

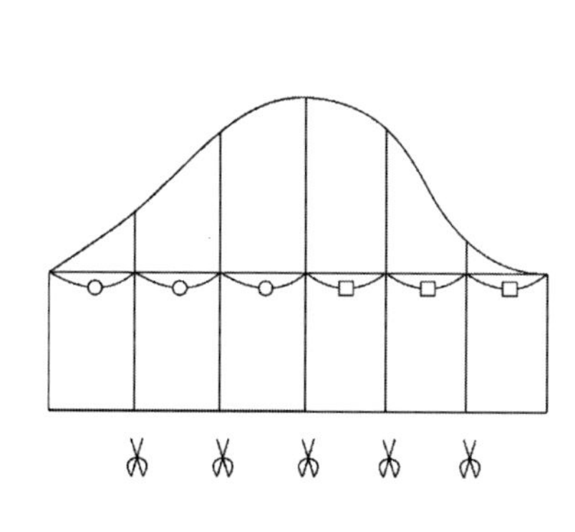

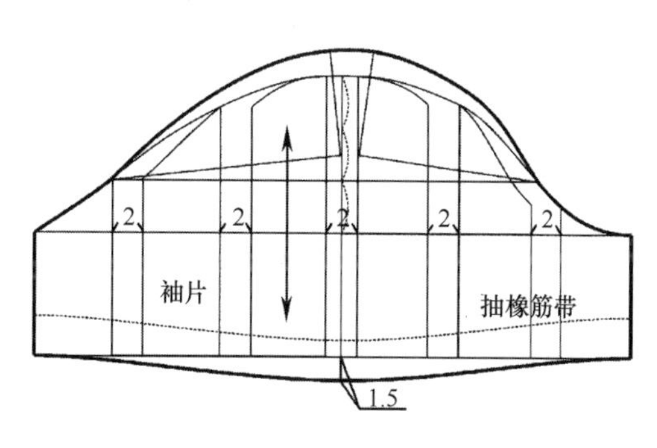

图3-53　灯笼袖的款式及结构设计

该图在原型袖基础上进行制图，首先对袖肥进行了均匀剪切加量处理，褶量几乎分布在整个袖山处；其次对袖山进行了外隆起度的设计，继续增加了袖山处的抽褶量，袖山高度也有所增加，符合袖山头隆起的造型。

5.衬衫袖

衬衫袖是一片式长袖，是在袖口处装有袖克夫的袖型，在男女儿童单衬衫、棉衬衫、休闲上衣、风衣等款式中应用非常广泛。图 3-54 所示是典型的男童休闲衬衫袖型，袖长适中，绱袖克夫，袖克夫宽 6cm，有袖衩及两个褶。

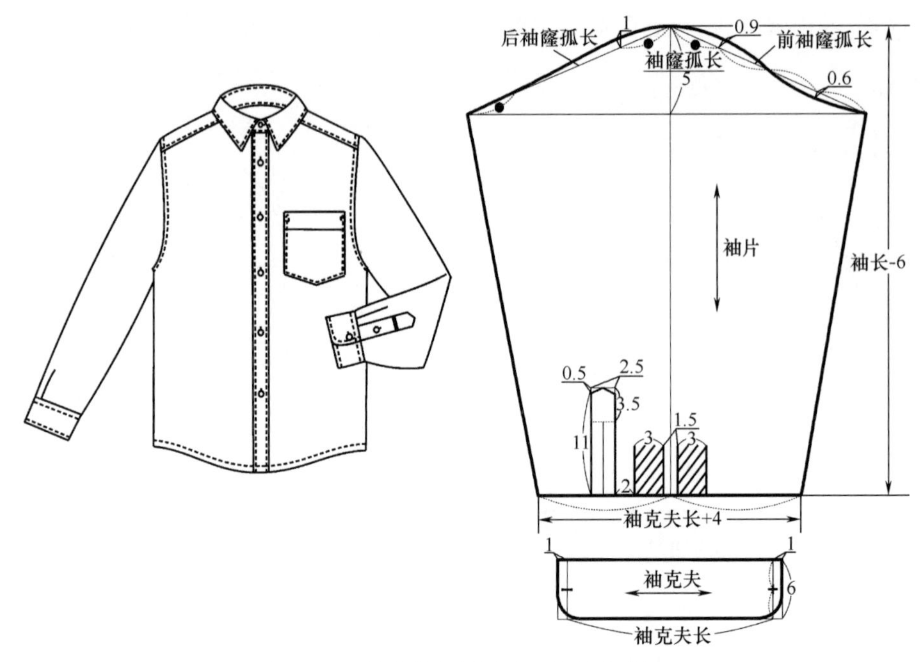

图3-54 男童休闲衬衫袖型及结构设计

该制图中，依据袖窿弧长采用比例法进行制图，袖山高采用袖窿弧长的$\frac{1}{5}$，前后袖山斜线长分别采用前袖窿弧长和后袖窿弧长；采用成人男衬衫的袖衩形式，袖衩长根据年龄进行调整。根据款式，袖中线前后各有一个褶，褶宽3cm。

五、插肩袖结构设计

插肩袖是介于连袖和装袖之间的一种袖型，其特征是将袖窿的分割线由肩头转移到了领窝附近，使得肩部与袖子连接在一起，视觉上增加了手臂的长度。对于生长迅速、体型变化较快的儿童非常适宜。插肩袖广泛应用在婴儿装、儿童衬衫、罩衫、外套、大衣、运动服等款式中。

（一）插肩袖的种类

通过袖山与袖窿的变化，加上对袖子的不同分割形式，可构成不同的插肩袖造型效果，如插肩袖、半插肩袖、肩章袖、连育克袖等，如图3-55所示。

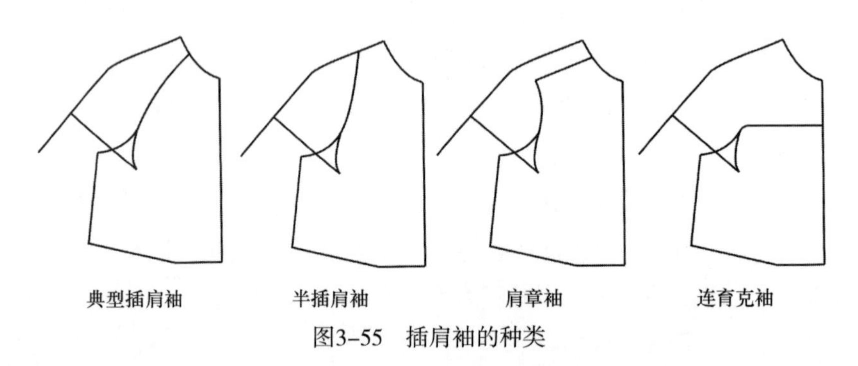

图3-55 插肩袖的种类

（二）插肩袖结构设计分析

1.袖中线倾斜角

袖中线倾斜角是指肩端点处袖中线与水平线之间的夹角 α，如图 3–56 所示。

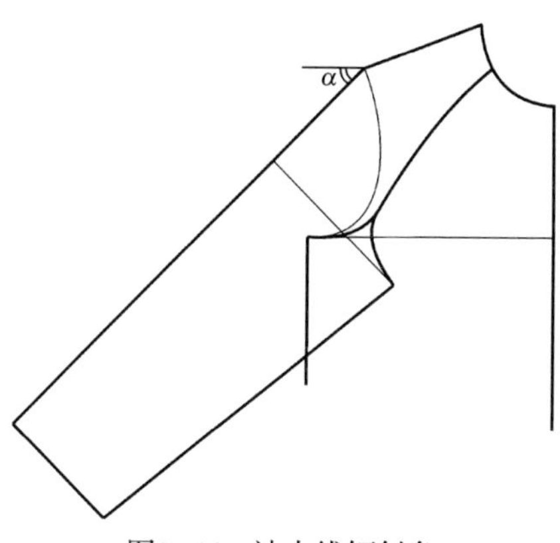

图3–56　袖中线倾斜角

一般来说，此夹角 α 可根据设计意图在 0°~60° 之间进行调节。袖中线倾斜角 α 的大小影响着人体手臂的活动范围及服装的款式造型。角度越大，腋下褶量越少，外观造型越合体，但其运动机能性越差（即手臂的活动受限）；反之，角度越小，腋下褶量越多，运动机能性越好（即手臂的活动自如），但其外观造型稍差。袖中线倾斜角与袖身风格的关系如表 3–2 所示。

表 3–2　袖中线倾斜角与袖身风格的关系

袖中线倾斜角 α	0°~20°	20°~30°	30°~45°	45°~60°
袖身风格	宽松型衣袖，适合于多种童装款式	较宽松型衣袖，适合于多种童装款式	适体型衣袖，在较大儿童服装中有所应用	贴体型衣袖，童装中极少应用

2.袖山高

袖山高与袖肥线的关系，可通过图 3–57 进行说明。AA' 为基本袖肥线，BB' 、CC' 为相同袖窿、不同袖山高的袖肥线。从图上可以看出，袖山越高，袖肥线就越窄。而袖肥线的宽窄会影响到衣袖造型的美观性与衣袖的运动机能性。BB' 袖肥的袖山高较低，袖肥线宽，运动机能性好，但外观造型不够美观；CC' 袖肥的袖山高较高，袖肥线窄，外观造型美观，但运动机能性差。因此，设计袖山高时，要综合考虑造型和运动功能。以造型美观为主的衣袖，可设计较高的袖山高，但不适合儿童的特点；而以运动功能为主的衣袖，较低的袖山高比较适用。

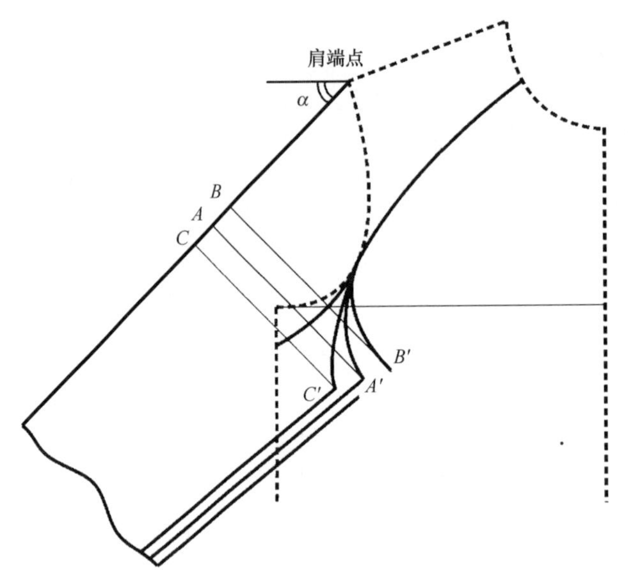

图3-57 袖山高与袖肥的关系

3.插肩线

插肩线是指在肩胛处将袖片与衣身分开的分割线。人体的前、后腋点将插肩线分成两部分，这两部分在结构设计上具有不同的规律。

（1）插肩线上方的形态：按服装款式设计，插肩袖可以是各种类型。考虑到人体向前运动时前胛骨处凹陷，为了合体插肩袖型的美观，可以将省处理在插肩线中。宽松式插肩袖，省的作用减弱，可以不考虑。

（2）插肩线下方的形态：腋点以下的插肩线是以袖造型状态及人体结构而定，肩胛骨和手臂是人体上肢运动多的部位，在人体的腋窝处活动幅度较大，因此插肩线下方的结构设计应遵循圆装袖的结构设计。

① 合体插肩袖，前袖窿底弧线曲率大于后袖窿底弧线曲率，袖山底弧线与袖窿底弧线形态完全一致，如图 3-58 所示。

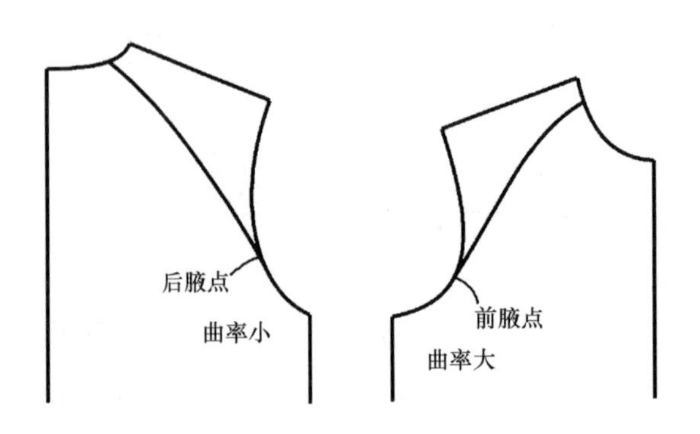

图3-58 合体插肩袖前、后窿底弧线

② 宽松式插肩袖，袖窿深度增加，袖窿底部弧线曲率变小，袖山底弧线曲率也相应变小。前袖窿底弧线与前袖山底弧线、后袖窿底弧线与后袖山底弧线的形态差异变小。

4.身袖交叉点

身袖交叉点是袖窿与袖山的公共交点，该点又是衣身袖窿与衣袖的袖山配合时的基准点，即袖符合点。交叉点以上，衣身、衣袖共用一条线，既是功能线，又是装饰线。交叉点以下为腋下隐蔽部位，属于运动功能线，袖山与袖窿重叠。交叉点的位置高，身和袖的重叠量大，活动范围大，反之活动范围小。人体运动规律决定了背部的活动范围大于前胸，因而后身的袖符合点应高于前身。

常规插肩袖服装的身袖交叉点在胸宽线和背宽线上，但适当改变交叉点的位置，可以改变服装的风格，如交叉点位置上移，腋下重叠加大，服装的运动机能随之加大，属于宽松型插肩袖。反之则不利于运动，但由于腋下重叠少，看上去较美观，属于贴体型插肩袖。如图 3–59 所示。

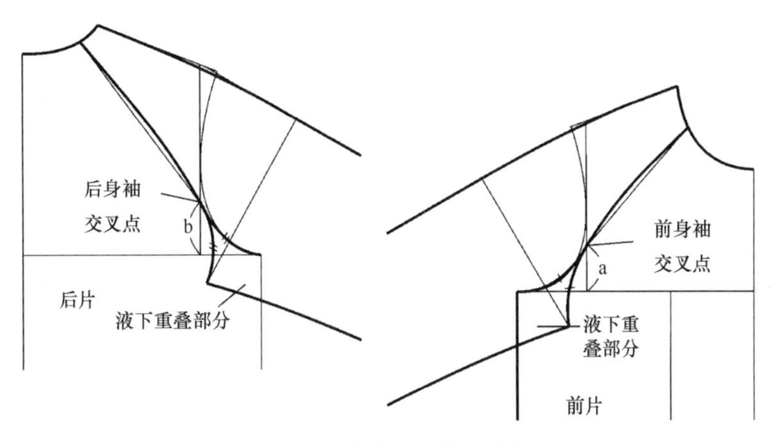

图3–59 身袖交叉点的确定

（三）符合儿童特点的插肩袖结构种类

1.宽松型插肩袖

宽松型插肩袖袖中线的倾斜角 α 在 0°~20° 之间，在此范围的袖中线倾斜角小于肩斜角度，因此，肩线与袖中线持平，肩点需抬高，形成无肩缝、无袖中缝的宽松插肩袖结构。与袖身斜度相适应，袖山高相应减小，以满足宽松袖的需要。衣身结构与袖身结构保持一致，增加胸围尺寸，开深袖窿尺寸，如图 3–60 所示。

2.较宽松型插肩袖

较宽松插肩袖袖中线的倾斜角 α 为 20°~30° ，在此范围的袖中线倾斜角等于或大于肩斜角度，因此，可形成无肩缝、无袖中缝的较宽松插肩袖结构，或有肩缝、无袖中缝的插肩袖结构。图 3–61 中，袖中线倾斜角 α 为 21° ，与肩斜角度相等，成无肩缝、无袖中缝的较宽松插肩袖结构。衣身结构与袖身结构保持一致，增加胸围尺寸，开深袖窿尺寸。

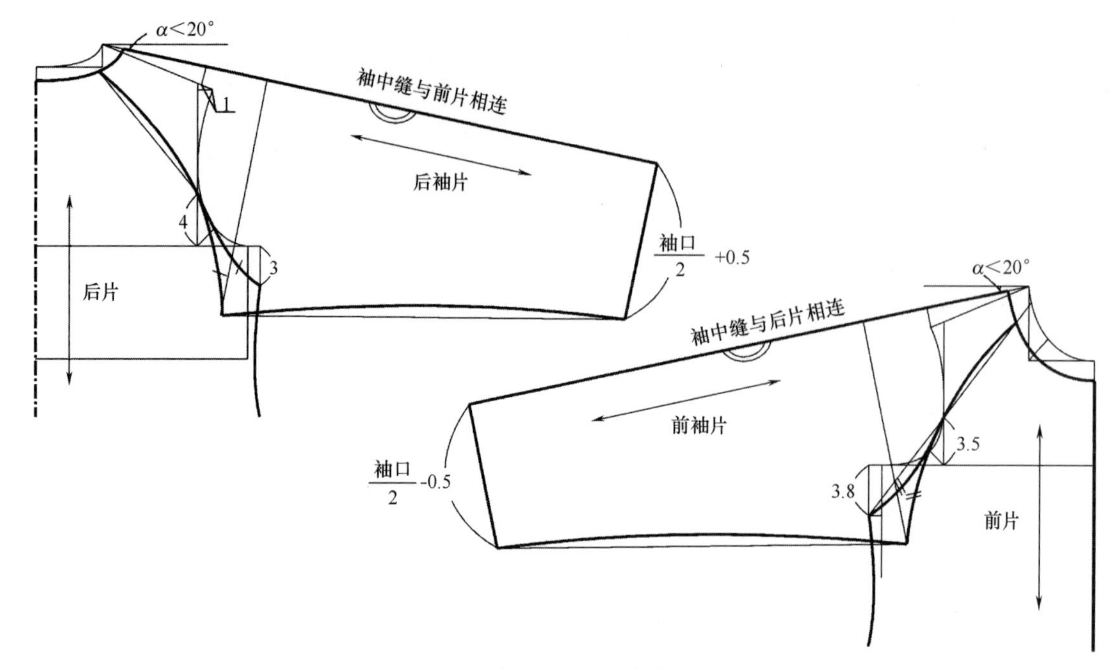

图3-60 宽松型插肩袖结构设计

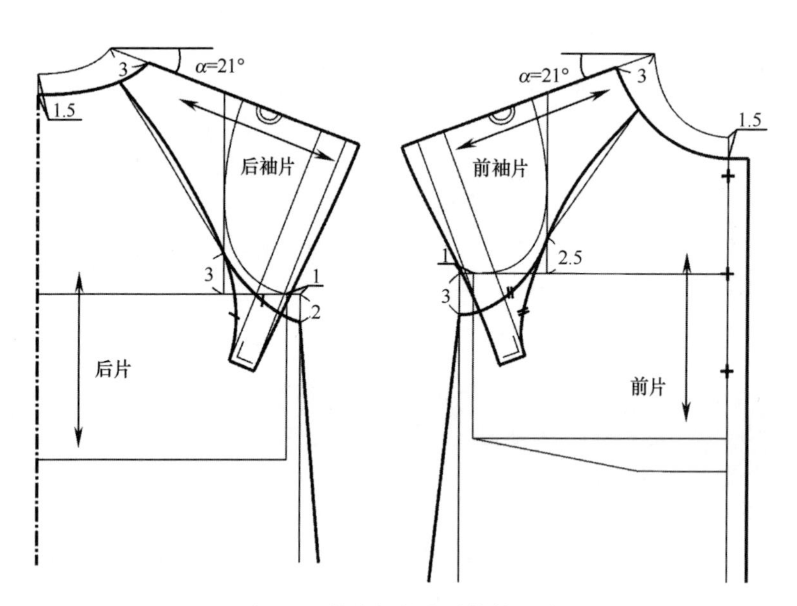

图3-61 较宽松插肩袖结构设计

3.适体型插肩袖

适体型插肩袖袖中线的倾斜角 α 为 30°~45° ，在此范围的袖中线倾斜角大于肩斜角度，因此，形成有肩缝和袖中缝的适体型插肩袖。当袖中线倾斜角 α 为 30° 时，袖山高有所增加，但仍然小于 45° 中性插肩袖的袖山高。衣身结构与袖身结构保持一致，保持原型胸围尺寸，采用原型袖窿深，只在前片袖窿底挖深 0.5cm，见图 3-62。

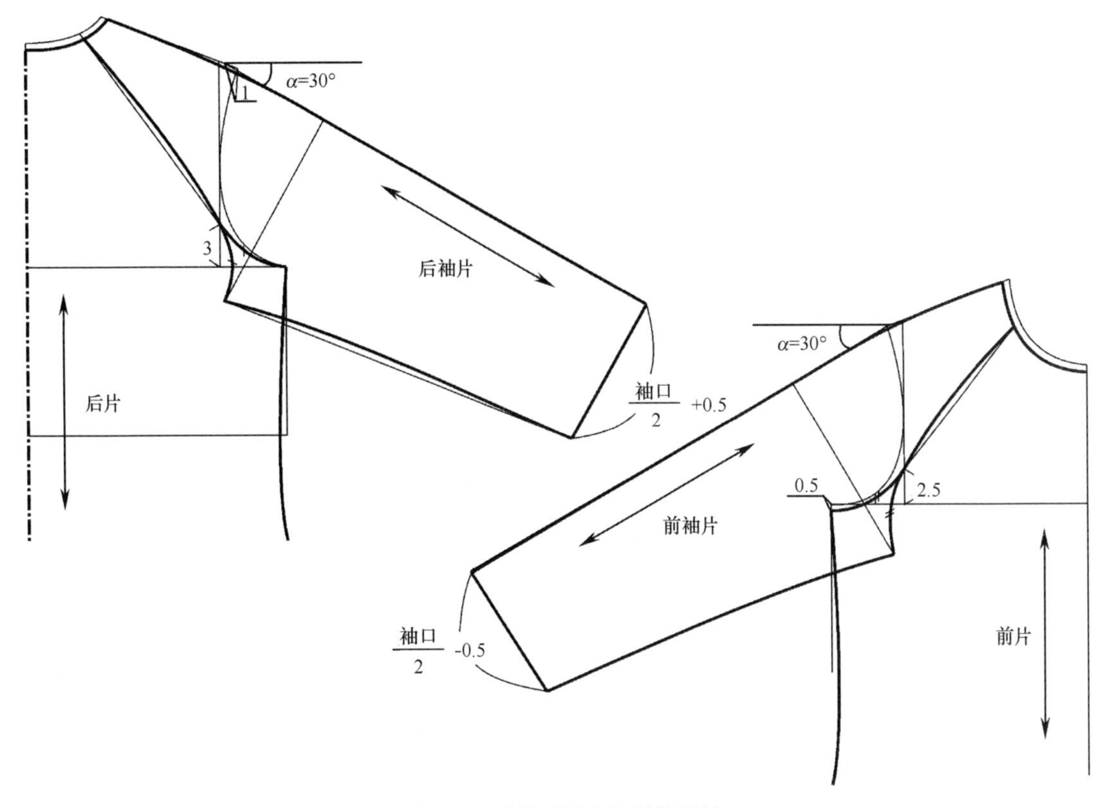

图3-62　适体型插肩袖结构设计

六、连袖结构设计

连袖指袖身与衣身或衣身的大部分连为一体的袖型。连袖按其袖身与衣身的连接结构进行划分，可分为平连袖（又称为中式连袖）和斜连袖（又称为西式连袖）两种。连袖造型变化繁多，在现代服装中有广泛的应用。

（一）连袖结构变化原理

1.平连袖

平连袖是袖中线与衣片水平线之间的夹角为零的连袖结构。在平面结构图中，袖身与前、后衣片形成连体形式，如图 3-63 所示。从结构上看，平连袖属于平面结构的袖型，腋下、肩胛处形成的阴影部分都载入了衣片。为了保证人体手臂处有足够的运动量，一般衣身的胸围放松量大，袖窿略深，因此人体穿着后，在腋下、肩胛处会堆积较多的面料。

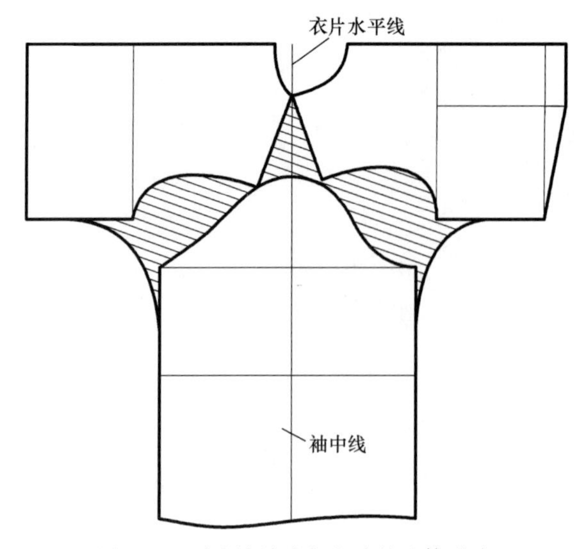

图3-63　平连袖袖片与衣片的连体形式

2.斜连袖

斜连袖就是袖中线与衣身水平线形成一定夹角的连袖结构。在平面结构图中，袖身平面与前、后衣片形成连体形式，如图 3-64 所示。图是以肩线的延长线作为袖中线的连袖结构图，由于袖中线与衣片水平线形成一定夹角，阴影部分减小，肩胛处及腋下的面料堆积量也减小，立体造型较好。但腋下的衣身侧缝与袖下线夹角也随之减小，因此为了保证人体的正常活动，就要考虑适当加深袖窿并增加胸围处的放松量，使袖身与衣身组合角度再增大。随着组合角度的增大，袖底弧线和袖窿弧线出现了重叠结构，可采用各种插角的形式解决其重叠量。但因工艺问题，腋下插角在童装中的应用很少。

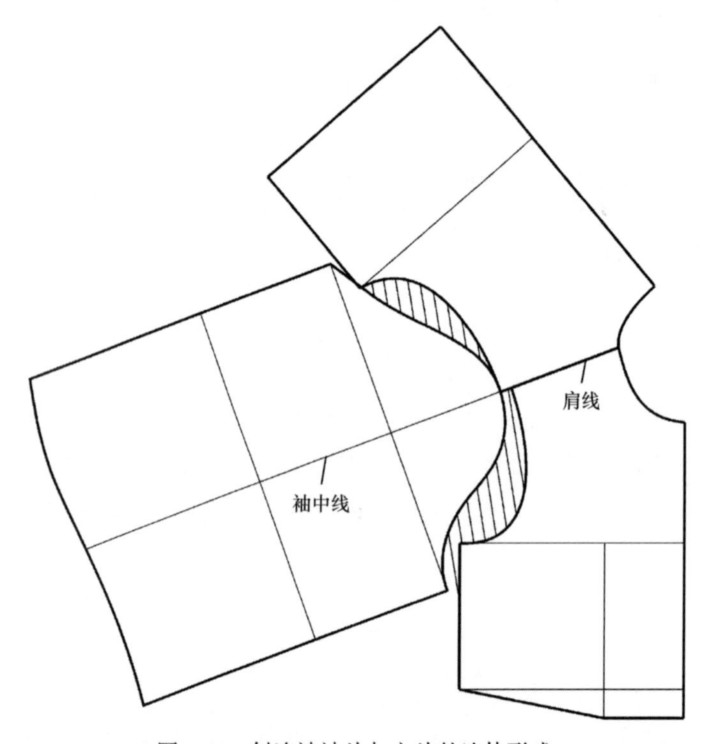

图3-64　斜连袖袖片与衣片的连体形式

（二）符合儿童特点的连袖结构

典型平连袖的款式及结构设计形式见第二章，在此不再赘述。斜连袖的款式及结构设计形式如图 3–65 所示的短袖斜连袖 T 恤。该款胸围在原型 14cm 松量的基础上再增加 8cm 松量，袖窿加深 5cm，以充分适应儿童的活动。肩斜与袖斜角度相等，取肩斜与衣片水平线夹角的一半，约为 10.5° ，与宽松舒适的衣身相适应。前、后领口均加深、加宽 3cm，在领口处绱 2cm 宽的罗纹口，既方便穿脱，又保持合体的状态。

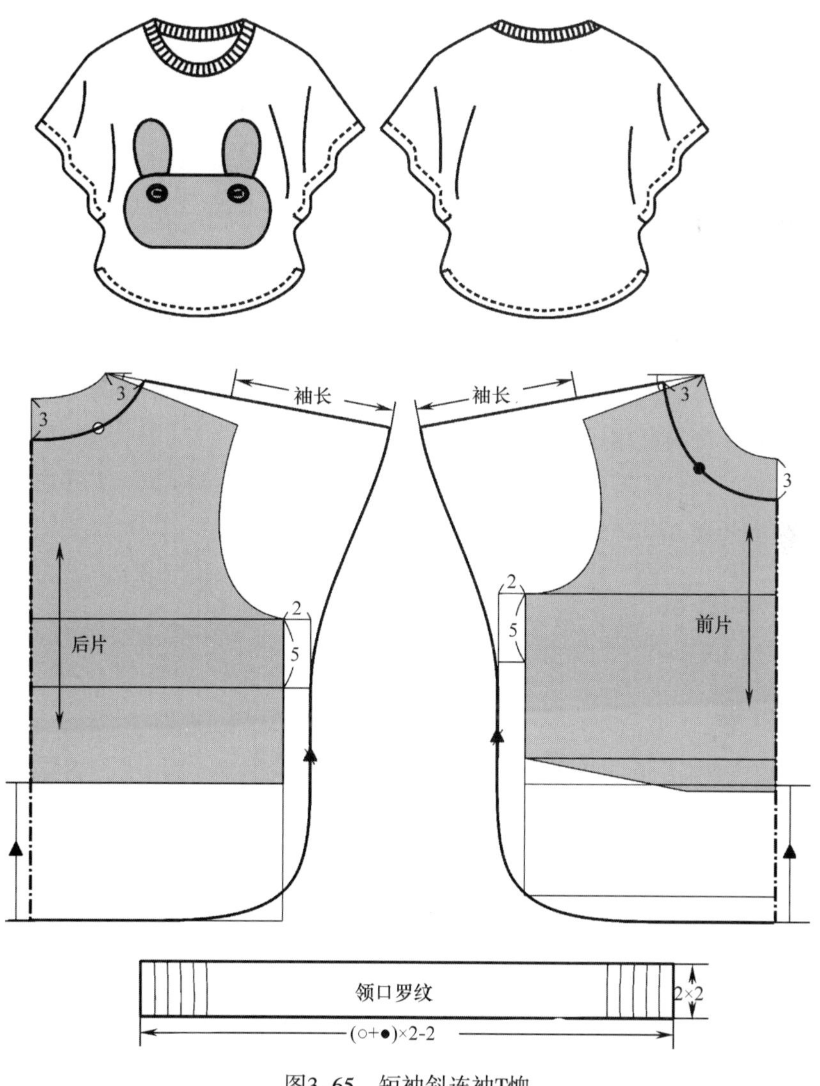

图3–65　短袖斜连袖T恤

第四节　童装口袋结构设计

口袋是童装的主要配件,它不仅能提高童装的使用功能,也常常是装饰童装的重要元素。

一、口袋的设计要点

（一）方便使用

具有实用功能的口袋一般都是用来放置小件物品，因此，口袋的朝向、位置和大小都要适合手的操作。袋口尺寸设计的功能依据是掌围加上松量，因此不同年龄段儿童的袋口尺寸有所差异。

（二）整体协调

口袋是服装的一个部件，其大小和位置都可能与服装的整体产生对比关系，因此，设计口袋的大小和位置时要注意使其与服装其他部位的大小和位置相协调。运用于口袋的装饰手法很多，要注意与整体风格相协调。

另外，口袋的设计还要结合儿童的年龄、服装的功能和材料的特征一起考虑。一般情况下，周岁以下的婴儿装不设计口袋，表演服、专业运动服以及用柔软、透明材料制作的服装无需设计口袋，制服、旅游服或用粗厚面料制作的服装则可设计口袋以增强服装的功能性和美观性。

二、口袋的分类

根据口袋的结构特征，口袋可以分为贴袋、挖袋和插袋，不同类型的口袋设计和表现方法有较大的不同。

（一）贴袋

贴袋是将布料裁剪成一定形状后直接缉缝在服装上的一种口袋，由于袋身、袋口均在服装外部，因此具有较强的装饰性，易吸引人的视线，是服装整体风格形成的重要部分。贴袋可以分为平面形明贴袋、立体形明贴袋和暗贴袋的形式。

1.平面形明贴袋

平面形明贴袋是最简单的一种形式，由于其工艺简单，造型变化多样，装饰性较强，在童装中应用非常广泛。

一岁以下的婴儿装一般不使用口袋装饰，因为这个年龄的儿童生活还没有开始独立，而且睡眠时间较多，服装需要高度的舒适性，而口袋在服装中进行装饰时会造成多层面料的叠加，使婴儿感到不适。

随着孩子年龄的增加，其认知能力也在增加，可根据孩子年龄把贴袋设计成不同的造型。幼童服装中可以把贴袋设计成各种仿生形图案，如水果、小动物、小船、小篮子等，能很好地适应儿童的心理特征和烘托天真活泼的可爱形象。图 3–66 所示是各种不同形状的仿生图案贴袋。图 3–67 中，虽然贴袋的造型比较简单，但与图案综合运用，其装饰更为灵活、可爱。

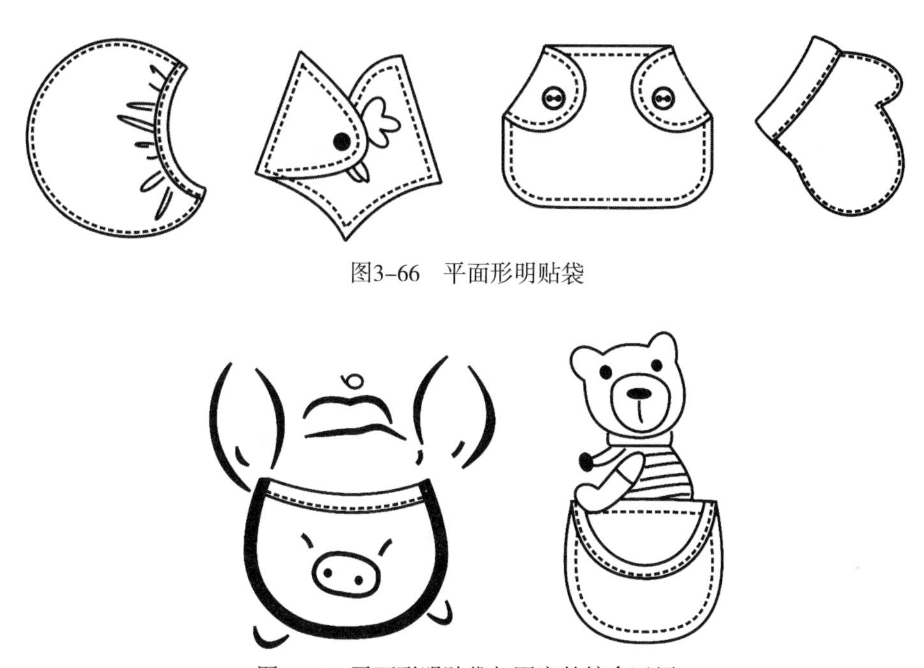

图3–66　平面形明贴袋

图3–67　平面形明贴袋与图案的综合运用

2.立体形明贴袋

立体型明贴袋增设了口袋的侧面厚度，凸出口袋的体积感，如图 3–68 所示。

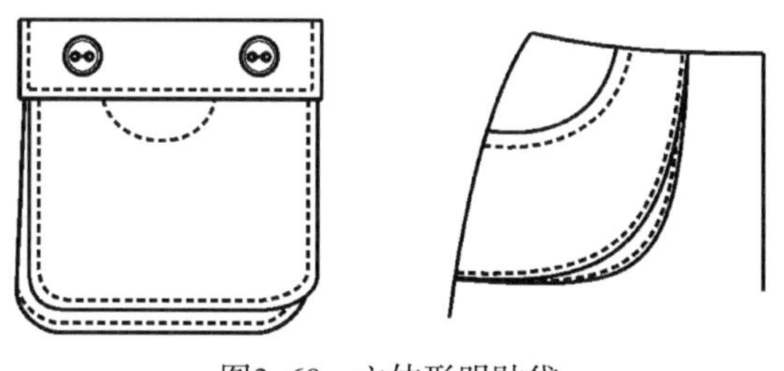

图3–68　立体形明贴袋

3.暗贴袋

暗贴袋是贴合固定在服装裁片反面的口袋。一般袋口均处于服装各片的自然拼接缝处，其袋型均以显眼的明缉线的方式显现出来，因此，暗贴袋的变化反映在袋型、线迹、位置等几个方面，如图 3–69 所示。

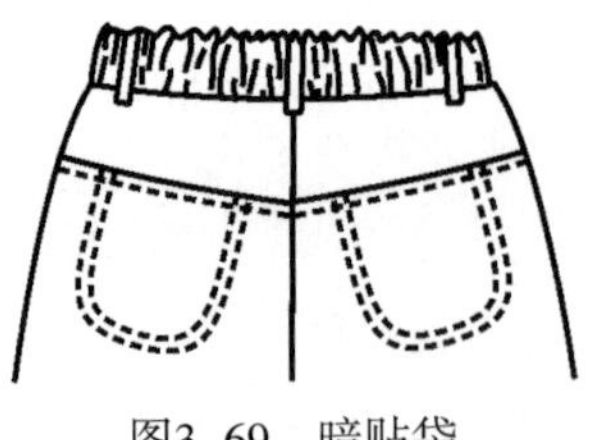

图3-69 暗贴袋

（二）挖袋

挖袋是根据设计要求，在服装的合适位置剪开，形成袋口形式，内衬袋里，在袋口处拼接、缉缝而成。挖袋具有轻便、简洁的特点，但工艺制作难度较大，质量要求较高。从袋口缝纫工艺的形式分，挖袋分为单嵌线袋、双嵌线袋和袋盖式袋三种；从袋口形状分，有直列式、横列式、斜列式和弧列式等。挖袋的袋体在衣服里面，夹在衣服的面料与里料之间，外面只露出袋口或袋盖，具有衣服表面形象简练、衣袋容量大的优点，缺点是需要破开整块面料。如图 3-70 所示不同形式的挖袋。

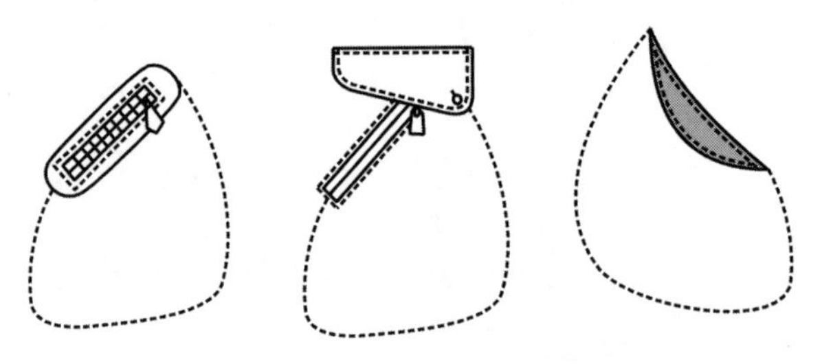

图3-70 不同形式的挖袋

（三）插袋

插袋是在服装拼接缝间留出的口袋，其口袋附着于服装上，不引人注目，所以不影响服装的整体感和服饰风格。现代服装中，衣身的侧缝、公主缝中都可以缝制插袋，袋上可加袋盖或扣子来丰富造型。此外，裤子侧缝处也多用插袋。插袋与服装接缝浑然一体，使服装表面光洁，具有整体感简洁、高雅精致的特征，而且装物方便，是一种实用、简练、朴实的袋型。图 3-71 所示为不同形式的插袋。

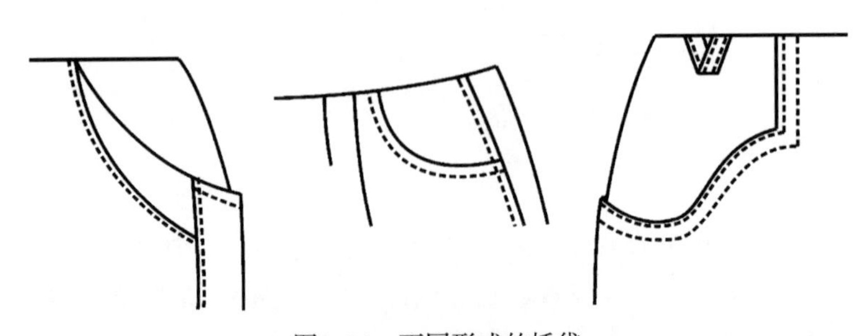

图3-71 不同形式的插袋

第五节　童装衣身原型前身下垂量的结构设计

在女装中，由于成年女性有明显的胸凸，故在结构设计中形成了胸省。相比之下，儿童没有成人女体那样丰满的胸部造型，但童装原型与女装原型非常相似，它们都具有前身下垂量。所不同的是，女装原型中的前身下垂量是针对胸凸点设计的，而童装原型中的前身下垂量是相对比较复杂。不同年龄段儿童，其“挺胸凸腹”的特点有所不同，因此，前身下垂量的结构设计形式也就有所不同。孩子越小，腹凸越大，前身下垂量主要是针对腹凸而设计；随着孩子年龄的增加，腹凸越来越小，对于女童来讲，胸凸会越来越明显，因此，前身下垂量的设计既有腹凸量，又有胸凸量。童装结构设计中，没有下垂量的设计会使服装出现前短后长的弊病。

童装原型中，前身下垂量等于后领高 +0.5cm，即$\frac{\frac{B}{20}+2.5}{3}$+0.5cm，身高 80~150cm 儿童的前身下垂量数值如表 3–3 所示。

表 3–3　身高 80~150cm 儿童前身下垂量数值　　单位：cm

部位	数值							
身高	80	90	100	110	120	130	140	150
胸围	48	52	54	58	62	64	68	72
下垂量	2.10	2.20	2.23	2.30	2.37	2.40	2.47	2.53

从表中可以看出，身高 80~150cm 儿童前身下垂量的数值范围在 2.10~2.53cm 之间。身高相差 70cm，而下垂量的数值只相差 0.5cm。在进行童装结构设计时，对于紧身及合体类上衣，下垂量不能随意抹去。

童装结构设计中，为适应儿童挺胸、凸腹的体型特点，在进行结构设计时，特别是在处理原型纸样前身下垂量时，可以通过直接收省、省道转移、前袖窿下挖、前衣摆起翘、撇胸等方法来分解，以避免服装在穿着过程中，出现前短后长的不合体现象。

一、直接收省

在童装中，若直接在衣身上收省，其省尖点应指向腹凸的位置，这样就可以很好地解决儿童腹凸的问题，如图 3–72 所示。

直接收省的方法主要运用于在腰部或者腹部有分割线或者装饰线的款式，如图 3–73 所示。在结构设计中，原型前身下垂量全部应用在断缝设计中，既起适体的作用，造型又比较美观。

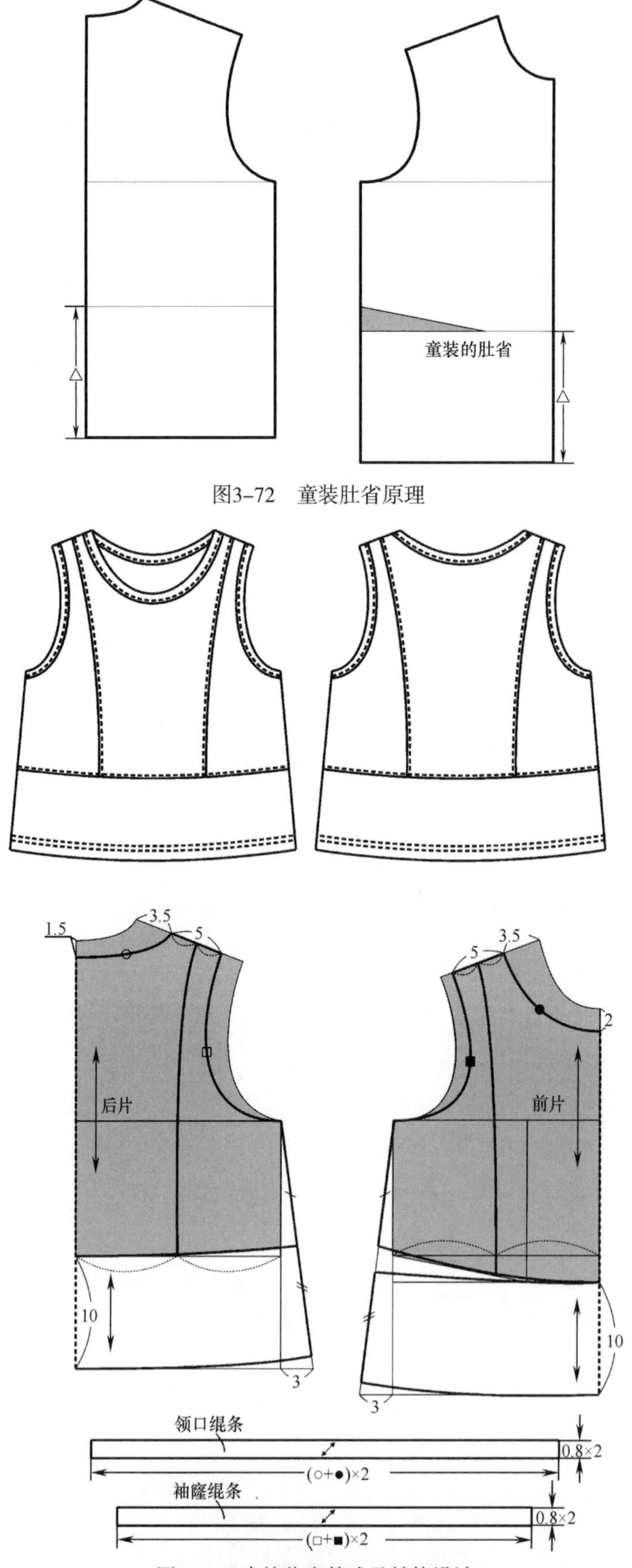

图3-72 童装肚省原理

图3-73 直接收省款式及结构设计

二、省道转移

童装中的转省是将肚省转移到其他部位，形成分割线或碎褶的形式，其原理和女装中的省道转移相同。

在结构设计时，应首先按照款式造型确定剪开线的位置；其次将肚省全部转移到剪开线的位置，转省的省量作为抽褶量，若褶量较多，可以进行剪切加量处理；最后按照造型确定其他部位的轮廓线及内部结构线，省道转移款式及前片结构设计如图 3–74 所示。

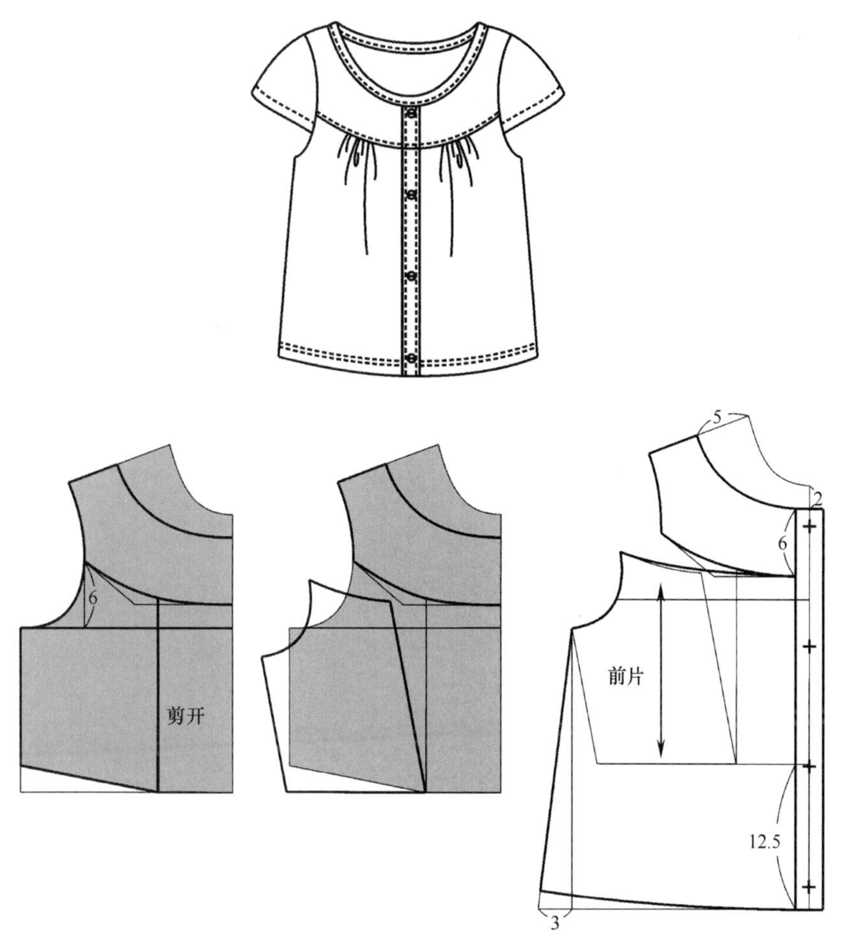

图3–74 省道转移款式及前片结构设计

三、前袖窿下挖

前袖窿下挖实际是将部分肚省转移至前袖窿处，在袖窿处形成浮余量，但这个浮余量会对服装造型产生影响，一般转移肚省量约为 0.5~1cm，如图 3–75 所示。前袖窿下挖转移肚省的原理是：选择袖窿弧线合适位置与腹凸点弧线相连，形成腋下片，旋转腋下片，旋转腋下片所形成的省量在袖窿弧线处形成浮余，修顺袖窿弧线；修正侧缝线，保持原胸围尺寸不变。

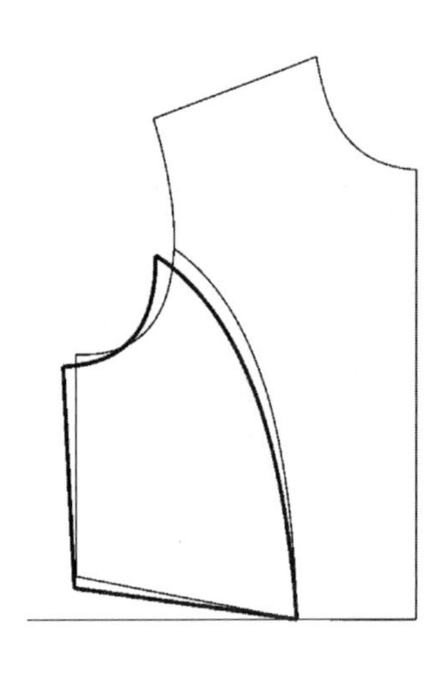

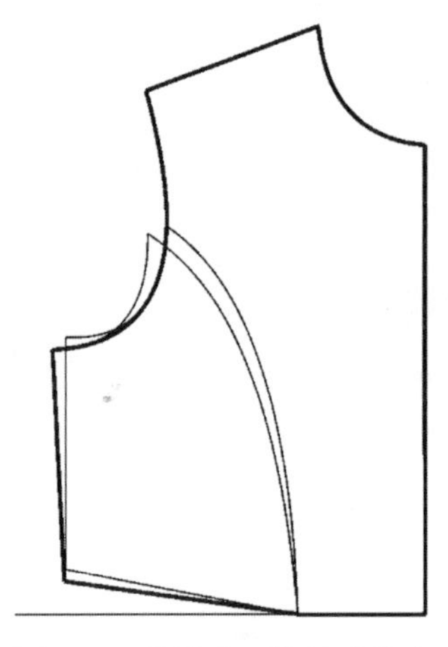

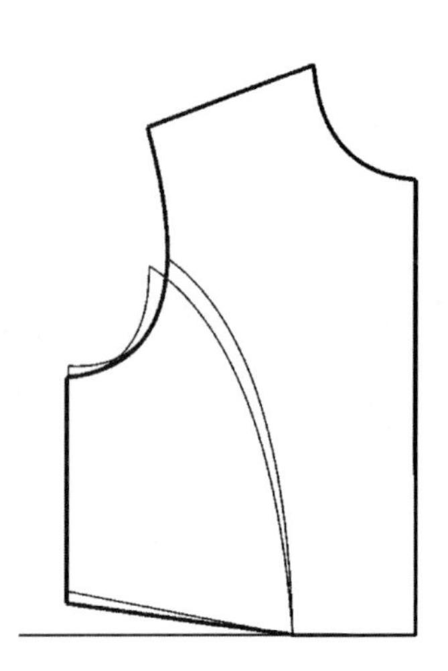

图3-75　前袖窿下挖转移肚省

四、前底摆起翘

童装结构设计中，在无省的情况下，仅靠前袖窿下挖平衡不了前后侧缝的差。在前底摆处做起翘，就可以粗略地解决这个问题。但这种做法是平面结构处理方法，它是将腹凸量人为地减小形成的。一般情况下，前袖窿下挖和前底摆起翘的方法配合使用，适用于比较宽松和平衡感较强的服装，如图 3-76 所示。

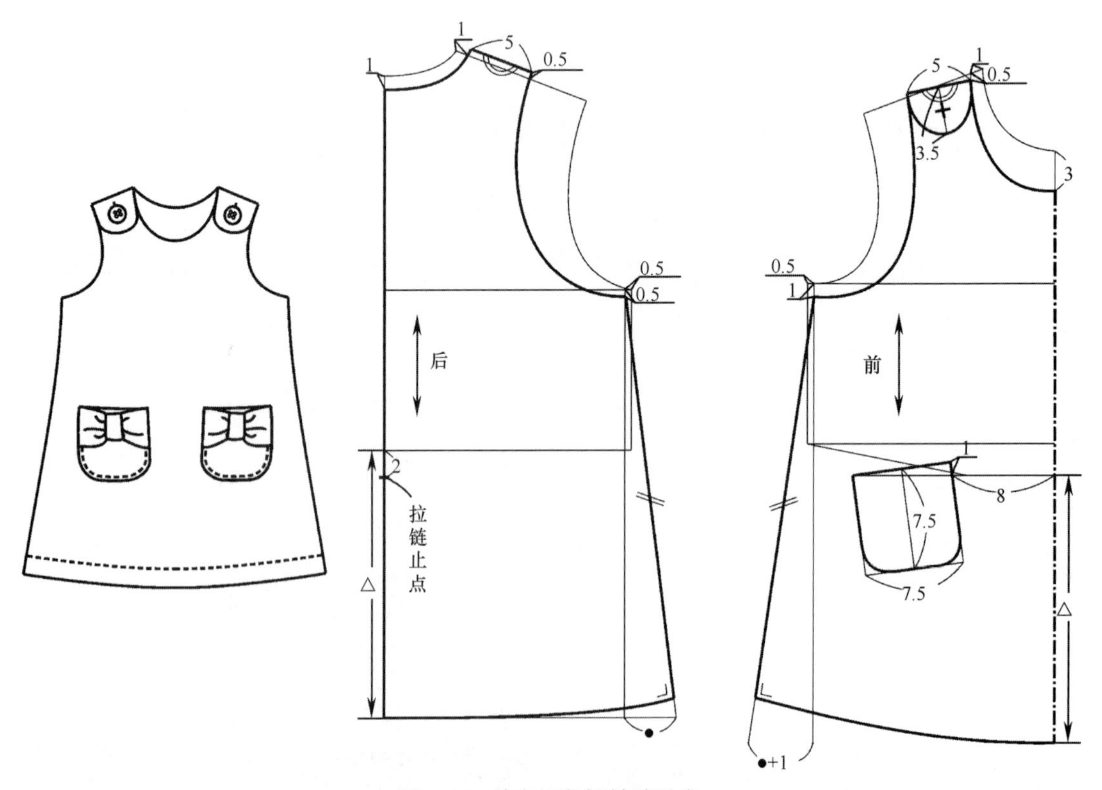

图3-76　前底摆起翘转移肚省

五、撇胸

撇胸是在原型上把肚省的一部分转移至前中线处，主要用于开放式的领型，如西服、衬衫、马甲、大衣等款式，转移的结果是前领口变大，胸宽变宽。

此种方法撇胸的设计量不宜过大，一般在 0.5~1.5cm 之间，如图 3-77 所示。

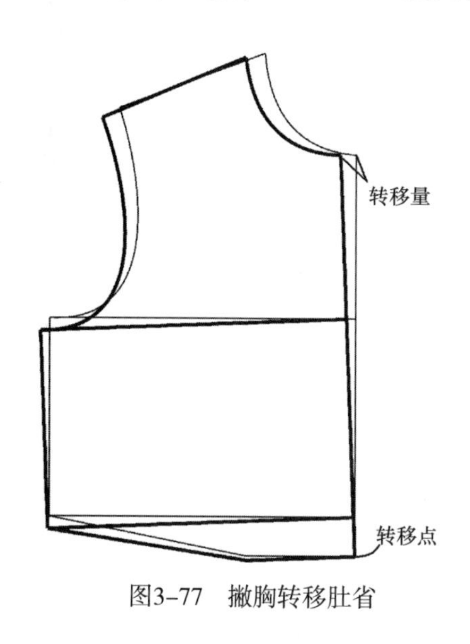

图3-77　撇胸转移肚省

第六节　不同款式童上装结构设计

童装的款式设计除了形式美以外，更应从实用性、功能性、合理性的角度来考虑。实用性是指能满足儿童的日常活动需要，例如放松量、口袋、袖口等局部设计，正反面穿着，可脱卸性里子等。功能性指能起到保护、防寒、防晒、防水的作用，例如连衣帽、背带、缉明线、系绳等设计。合理性指经济、简易、便于生产的设计，包括选择价格合适的材质、穿脱方便的结构和简洁可行的工艺等。在不同款式童装上衣设计中，应充分考虑以上影响童装设计的内容。

一、T恤

T 恤可谓是一种最没有年龄限制、也最不分性别、适应面最广的一种服装。单纯从造型角度看，T 恤是一种适合人体的简单服装形式，也是不同年龄、不同性别的人都能穿着的最舒适的服装。

T 恤的基本款式有以下三种：一是圆领、套头、袖口宽大，比较宽松；二是 Polo 衫，前开襟有两扣或三扣翻领；三是无袖、无领的背心。

T 恤的结构设计比较简单，其变化通常是体现在领口、下摆、袖口、色彩、图案、面料和造型上。其中图案可以说是 T 恤的一个重要组成部分。儿童 T 恤在图案设计上相对比较自由，尽可以体现儿童活泼可爱的天性，多以卡通造型风格的动物、人物、花卉等表现，多分布在前胸、后背或衣袖上。

从原料上看，T 恤的材质已从传统的棉布发展到麻、毛、丝、化纤及其混纺织物。尤以纯棉、麻或麻棉混纺为佳。它们具有透气、柔软、舒适、凉爽、吸汗、散热等优点。以前 T 恤面料常为针织面料，但由于消费者需求的不断变化，以机织面料制作的 T 恤也纷纷面市，成为 T 恤家族中的新成员。在机织 T 恤面料中，首选要数轻薄、柔软、滑爽的真丝面料，贴肤穿着特别舒适。而物美价廉的纯棉织物更是 T 恤面料的宠儿，它具有穿着自然、轻松以及吸汗、透气、对皮肤无过敏反应等优点，在儿童 T 恤面料中所占比例最大。

（一）圆领短袖 T 恤

1.款式说明

较宽松针织短袖 T 恤，绱袖，领口、袖口处绱罗纹口以增加穿着的合体性；下摆双明线缉缝，尺寸略有展开，便于穿脱；前胸装饰图案适合年龄特点，款式简单、大方，穿着方便、舒适。儿童绱袖 T 恤款式设计如图 3–78 所示。

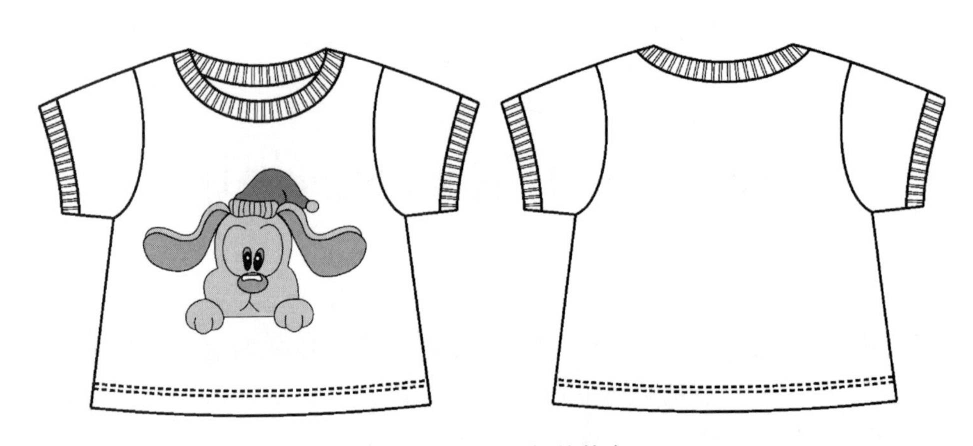

图3–78　圆领短袖T恤款式

2.适合范围

本款适合身高 80~100cm 的 1~3 岁儿童。

3.规格设计

衣长 = 身高 ×0.4 –（1~5）cm；

胸围 = 净胸围 +14cm 放松量。

不同身高儿童圆领短袖 T 恤各部位规格尺寸如表 3–4 所示。

表 3-4 圆领短袖 T 恤各部位规格尺寸

单位：cm

身高	衣长	胸围	袖长	袖口	罗纹口宽
80	31	62	9	24	2
90	33	66	10	22	2
100	35	70	11	23	2

4.结构制图

身高 90cm 幼儿圆领短袖 T 恤结构设计如图 3-79 所示。

5.制图说明

采用原型法制图，衣身加放松量 14cm。

（1）衣身制图说明如下。

① 前、后片胸围尺寸分别为$\frac{胸围}{4}$。

② 领宽加宽 4.5cm，前、后领深各加深 3cm，以保持绱 2cm 宽领口罗纹后仍有合适的领口形态。

③ 后肩宽减小 1cm，和前片保持相同的尺寸。

④ 前、后片下摆各展开 2cm，做底摆弧线，下摆与侧缝保持直角状态。

（2）袖子制图说明如下。

① 袖子为普通一片袖结构，为了保持 T 恤衫的舒适状态，袖山高取 5cm，前袖山斜线等于前袖窿弧长，后袖山斜线等于后袖窿弧长，袖山斜线四等分点的垂直抬升量均为 0.7cm。

② 前、后袖口尺寸相等，修正袖口线为弧线，以保证袖缝处的袖口圆顺。

6.缝份加放

幼儿圆领短袖 T 恤衣片缝份加放：侧缝线、肩缝线、袖窿线、袖缝线、袖山线、罗纹边缝份加放 1~1.2cm；因工艺要求，前后领圈、袖口处缝份加放 0.6~0.8cm；底摆双明线缉缝，缝份加放 2~2.2cm。本款圆领短袖 T 恤衣片缝份的加放如图 3-80 所示，毛缝板如图 3-81 所示。

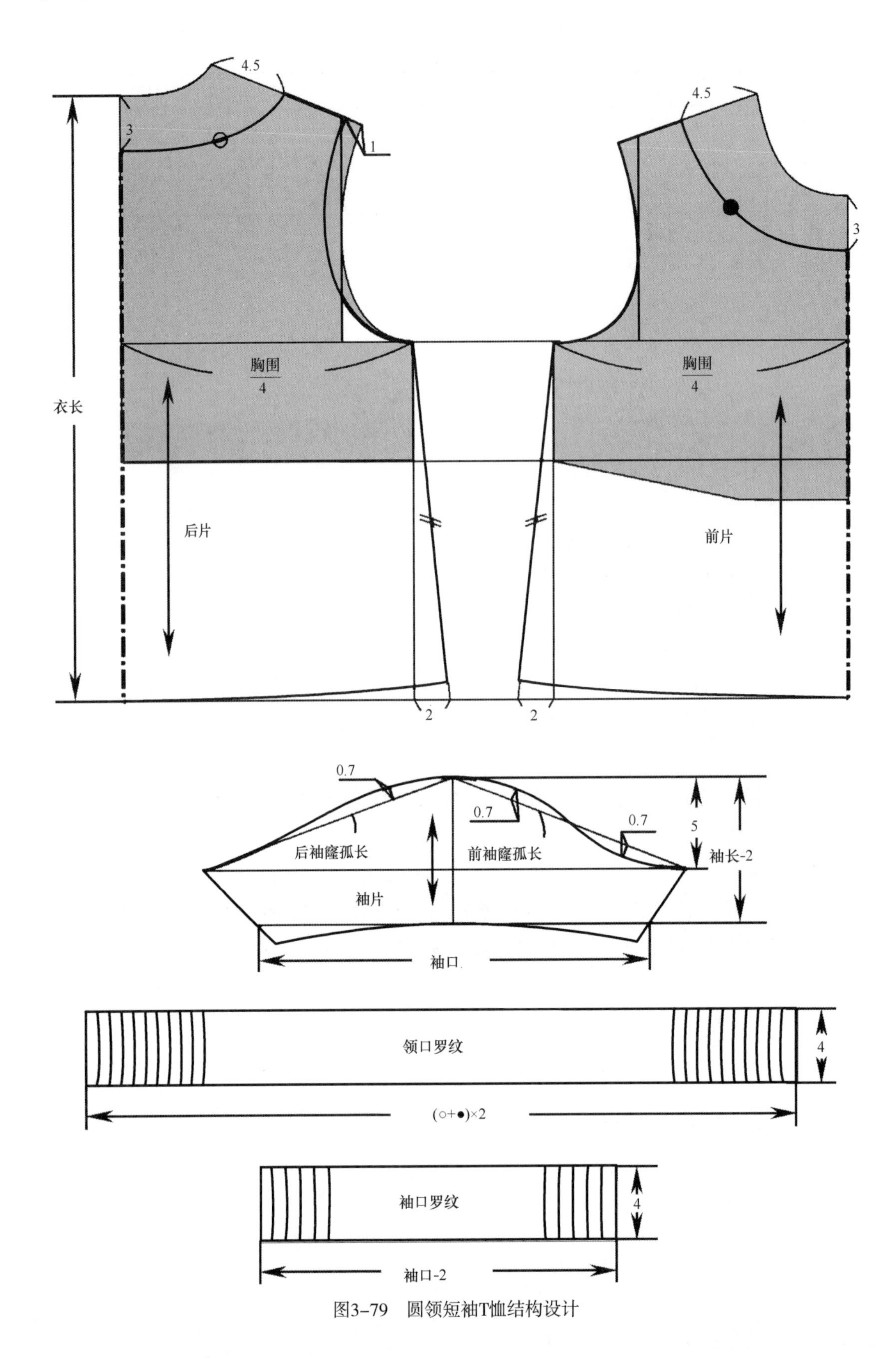

图3-79 圆领短袖T恤结构设计

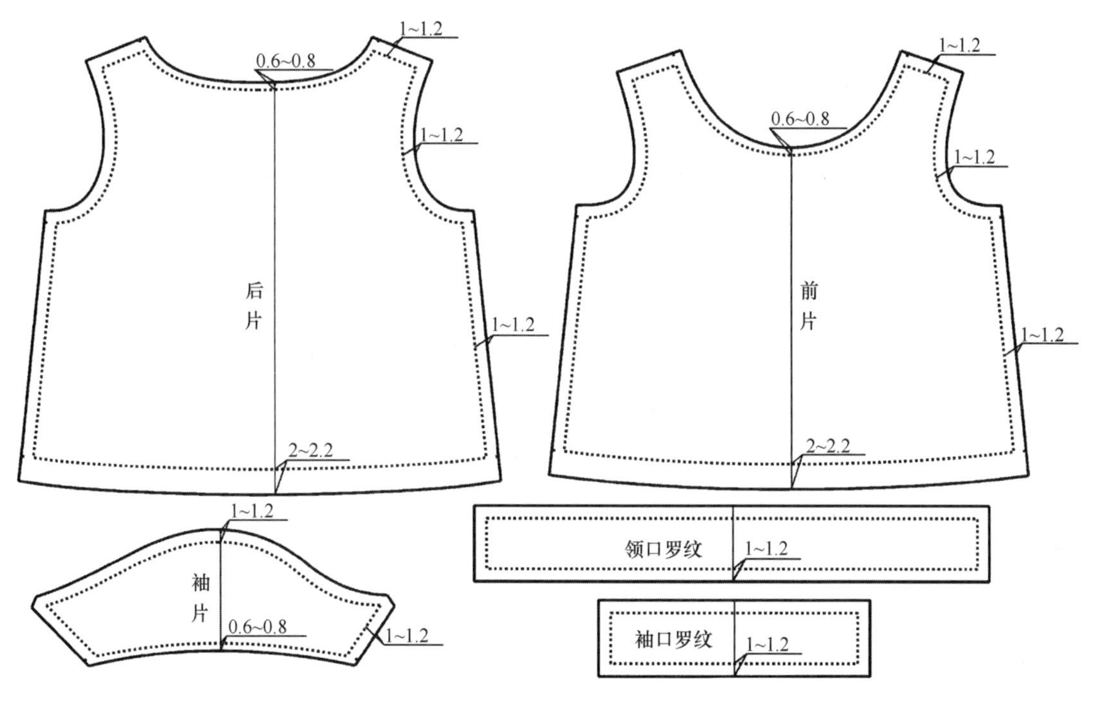

图3-80 圆领短袖T恤缝份的加放——面板

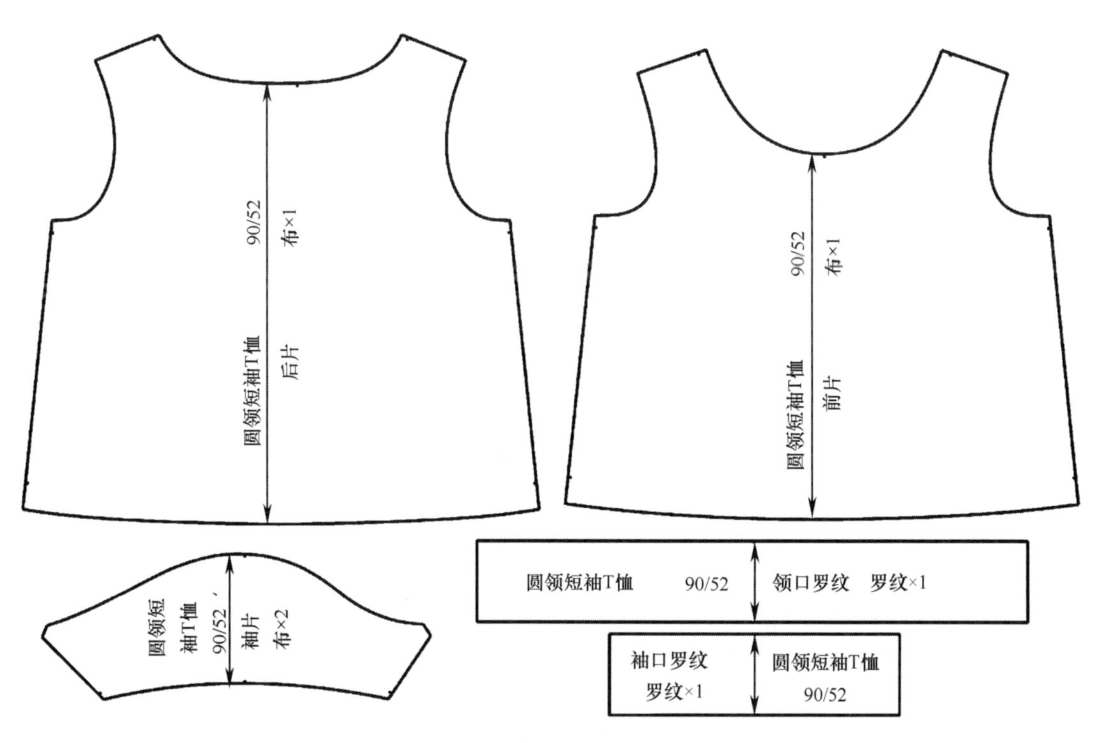

图3-81 圆领短袖T恤毛缝板——毛缝板

（二）翻领 T 恤

1.款式说明

较合体针织翻领 T 恤，领子较窄，明线装饰；小肩袖设计，泡泡袖，袖口处双明线缉缝；前胸分割设计，分隔线下抽碎褶，增加穿着的合体性；前中心设门襟、里襟，三粒扣系结；下摆双明线缉缝，尺寸略有展开。翻领 T 恤款式设计如图 3–82 所示。

图3–82　翻领T恤款式

2.适合范围

本款适合身高 110~130cm、年龄为 6~8 岁的儿童。

3.规格设计

衣长 = 身高 ×0.4 –（2~6）cm；

胸围 = 净胸围 +12cm 放松量。

不同身高儿童翻领 T 恤各部位规格尺寸如表 3–5 所示。

表 3–5　翻领 T 恤各部位规格尺寸　　单位：cm

身高	衣长	胸围	袖长	后领宽
110	42	68	8	5
120	44	72	9	5
130	46	76	10	5

4.结构制图

身高 120cm 儿童翻领 T 恤结构设计如图 3–83 所示。

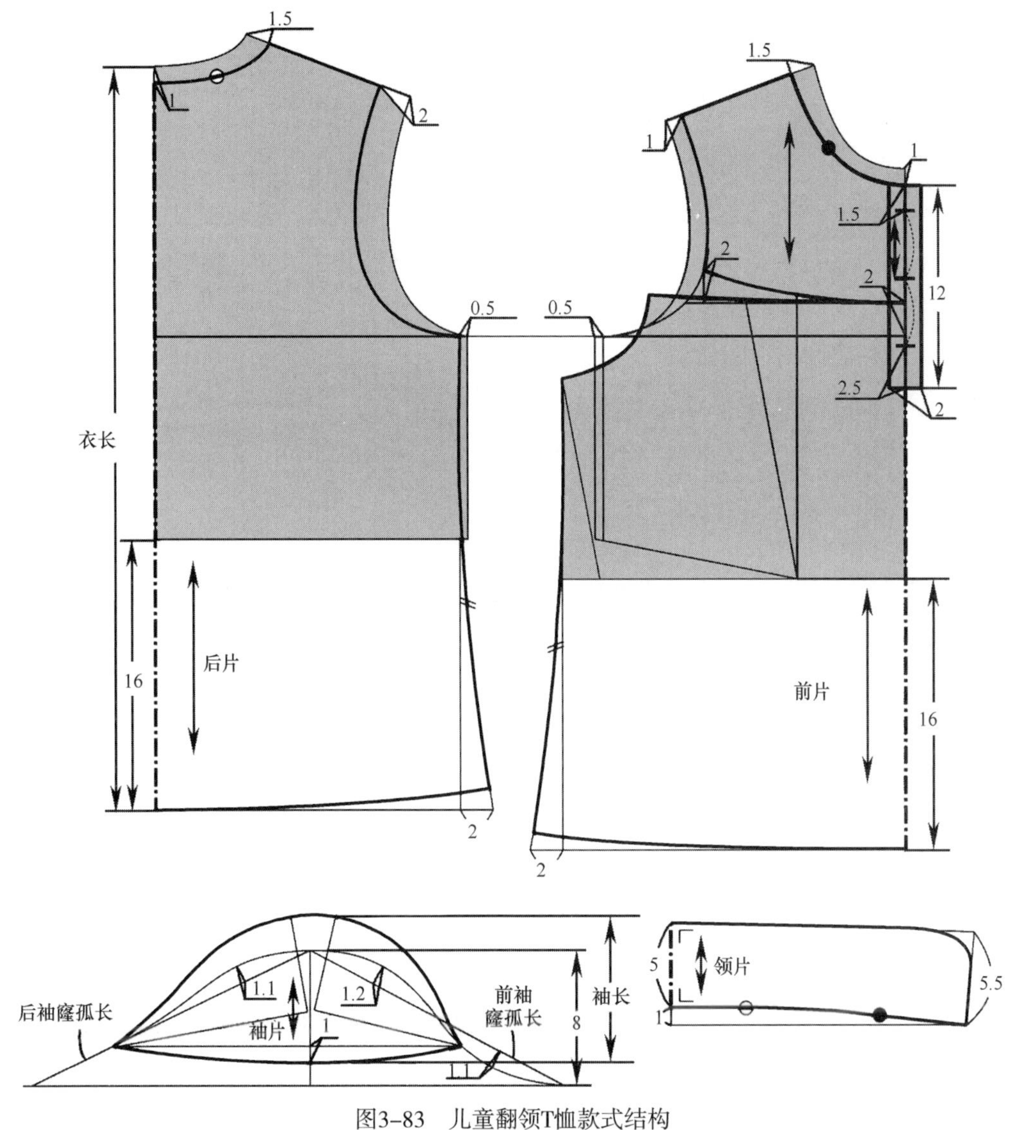

图3-83　儿童翻领T恤款式结构

5.制图说明

采用原型法制图，衣身加放松量12cm，保持合体的状态。

（1）后片制图说明如下。

① 后片胸围尺寸收0.5cm。

② 后领宽加宽1.5cm，后领深加深1cm，使儿童颈部保持舒适的状态。

③ 后肩宽减小2cm，在去除后肩省量的基础上再减小1cm，以适应泡泡袖的需要。

④ 自后腰围线向下16cm做底摆辅助线，下摆展开2cm，做适合款式要求的侧缝弧线和底摆弧线。

（2）前片制图说明如下。

① 前片胸围尺寸收 0.5cm。

② 前领宽加宽 1.5cm，和后领宽相等，前领深加深 1cm。

③ 前肩宽减小 1cm，和后肩宽相等。

④ 在胸围线上 2cm 处做分割线。

⑤ 以腹凸点为旋转点旋转衣片，使腹凸量转移至分割线处，形成褶量。

⑥ 自前片腰围线向下 16cm 确定前底摆辅助线，下摆展开 2cm，侧缝线和后侧缝线等长，底摆弧线在侧缝处应能和后底摆弧线顺接。

（3）门襟贴边制图说明如下。

① 门襟、里襟长度均为 12cm，宽 2cm。

② 自前领深点向下 1.5cm 确定第一粒扣位置，自门襟底部向上 2.5cm 确定第三粒扣位置，第二粒扣在两粒扣的中点。

（4）袖子制图说明如下。

① 袖子为肩袖结构，基础袖山高取 8cm，前袖山斜线等于前袖窿弧长，后袖山斜线等于后袖窿弧长，袖山斜线四等分点的垂直抬升量如图所示。

② 按款式图取合适的肩袖位置，做肩袖袖口辅助线。

③ 沿袖中线自袖山点至袖口辅助线进行剪切，把肩袖袖山分成左右两部分，两部分分别逆时针和顺时针旋转形成合适的“V”字形张角，张角量为袖山抽褶量。

④ 修顺袖山弧线和袖口弧线。

（5）领子制图说明：采用直角制图法进行领子制图，领子下弯量 1cm，后领宽 5cm，前领宽 5.5cm，与款式相适应，领角为圆角。

6.缝份加放

翻领 T 恤缝份加放：侧缝线、肩缝线、袖窿线、袖山线、领外轮廓线缝份加放 1~1.2cm；因工艺要求，前后领圈缝份加放 0.6~0.8cm；底摆、袖摆双明线缉缝，缝份加放 1.2~1.5cm；门襟里襟双折，双折边处加放 3~3.2cm。本款翻领 T 恤缝份的加放如图 3-84 所示，毛缝板如图 3-85 所示。

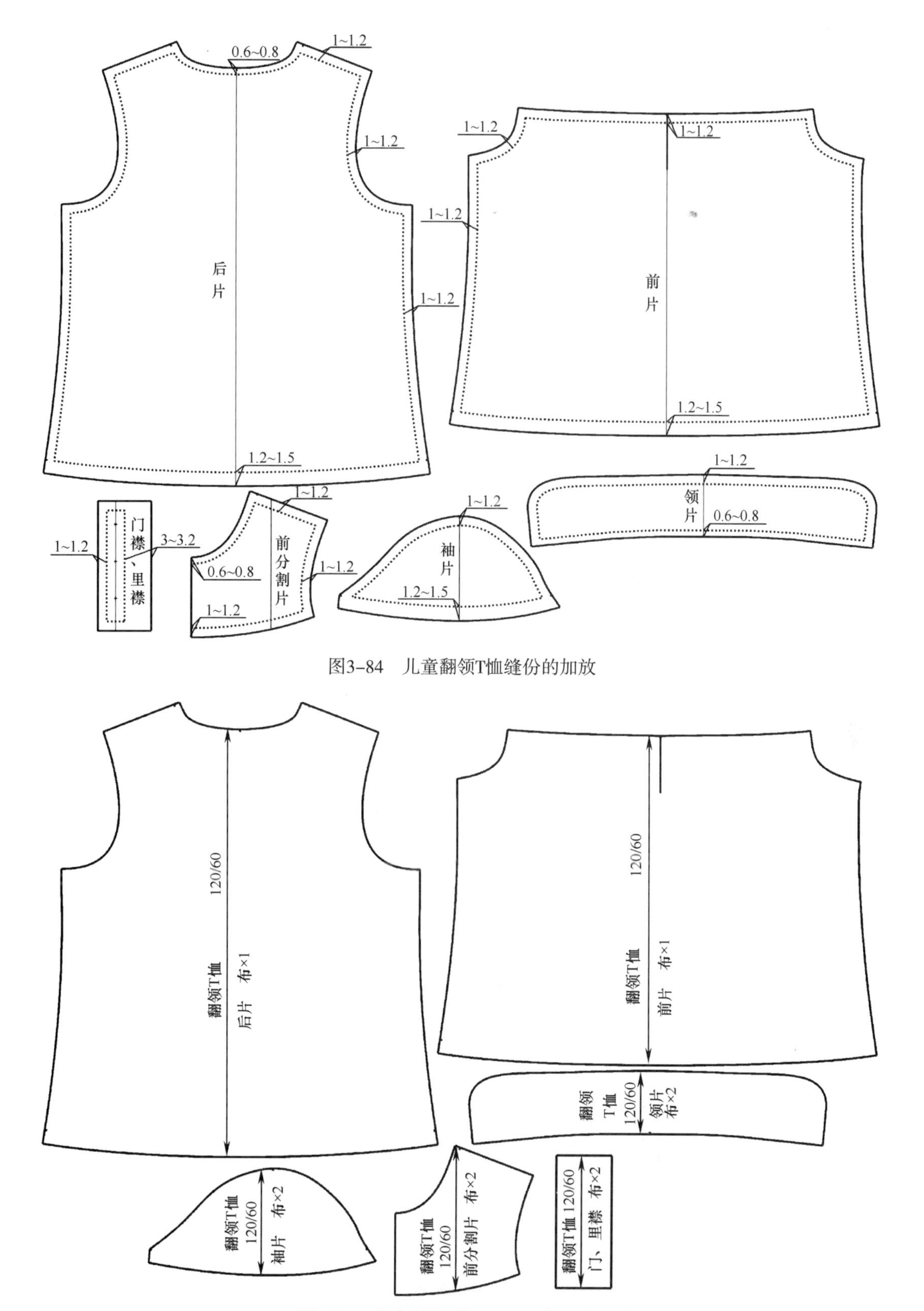

图3-84　儿童翻领T恤缝份的加放

图3-85　儿童翻领T恤毛缝板缝份的加放

二、衬衫

衬衫是儿童最主要的服装之一，既可作为正式的服装外穿，也可内穿，并在其外面配以背心、毛衣、夹克、大衣等；也可做成无袖或短袖在夏季穿着，还可做成长袖衬衫在冬季穿着。

根据穿着目的的不同，衬衫所选择的材料有所不同。在夏季穿着时，应选用吸湿、透气性好的棉、丝、麻等天然纤维材料或人造棉、天丝、莫代尔等再生纤维素纤维材料，但这些材料耐水洗和耐磨性较差，而且易出皱褶，因此对于较大儿童的外穿或校服类衬衫，可以选择以上材料和化学纤维材料的混纺织物，使其既具有天然纤维材料的优点，又具有化纤材料易洗快干、耐磨和保形性好的优点。在秋冬季节穿着时，应选用具有一定厚度的单面绒、双面绒、灯芯绒、薄毛纺制面料等抗静电性较好的织物。衬衫领衬衫应选用具有一定挺度的面料，而礼服类衬衫应选择悬垂性较好的面料。总之，材料的选择影响到上衣的款式、穿着的季节和缝制的工艺，从而关系到穿着的舒适性和加工质量的好坏，在进行材料选择时，应十分注意。

衬衫设计根据穿着目的不同而不同。日常穿着的衬衫设计要简单，穿脱要方便，外出穿着的衬衫设计要大方、美观，面料及色彩要漂亮。在装饰方面可采用多种装饰技法，如刺绣、印花、烫贴、丝带装饰、花边装饰等，衬衫的拼色设计要和外衣相吻合。但需注意的是，衬衫的装饰不宜太多，过多就会失去孩子活泼、纯真的感觉。

（一）立领衬衫

1.款式说明

宽松立领衬衫，肩部有育克设计；前胸有直线分割，分割线下装饰袋盖；前衣片有刀背形分割线，明线装饰；前片有明门襟及五组扣系结；领子较窄，方便颈部活动；短袖设计，袖口宽松，袖口贴边挽起，袖口双明线；弧形下摆缉明线。立领衬衫款式设计如图3-86所示。

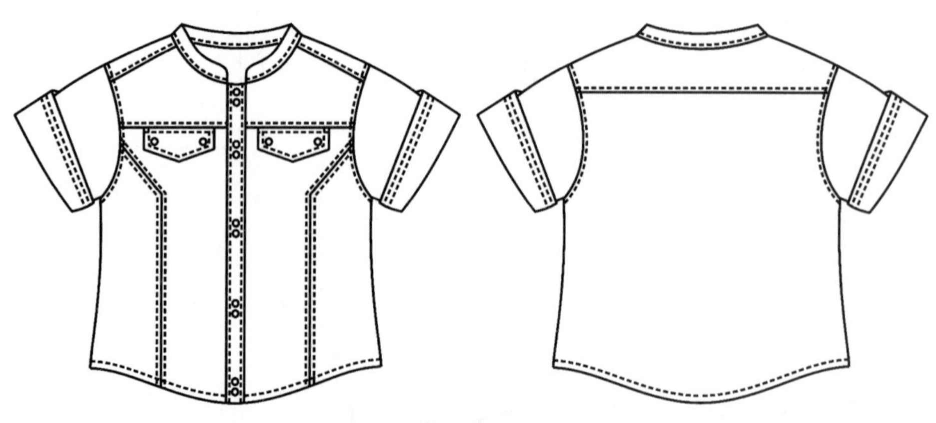

图3-86　立领衬衫款式

2.适合范围

本款适合身高 110~130cm 的 6~8 岁儿童。

3.规格设计

衣长 = 身高 ×0.4 –（2~6）cm；

胸围 = 净胸围 +16cm 放松量；

袖长 = 全臂长 ×0.3+（0~1）cm。

不同身高男童立领衬衫各部位规格尺寸如表 3–6 所示。

表 3–6　立领衬衫各部位规格尺寸　　单位：cm

身高	衣长	胸围	袖长
110	42	72	11.5
120	44	76	12
130	46	80	12.5

4.结构制图

身高 120cm 儿童立领衬衫结构设计如图 3–87 所示。

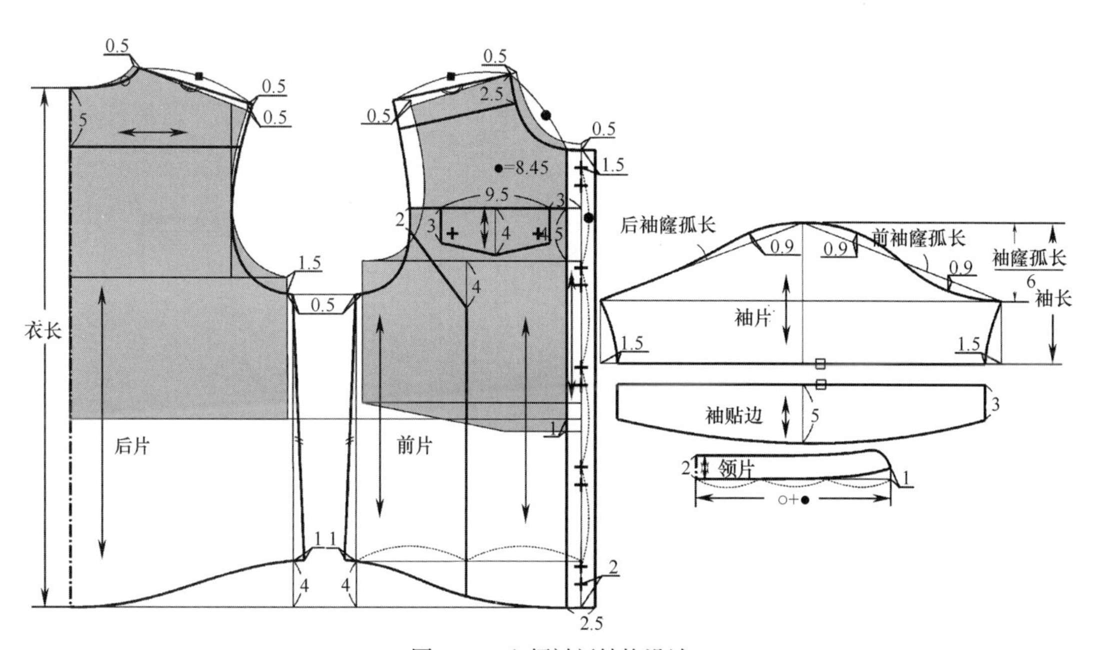

图3–87　立领衬衫结构设计

5.制图说明

采用原型法制图，衣身加放松量 16cm，保持较宽松的状态。

（1）后片制图说明如下。

① 后片胸围尺寸加放 0.5cm。

② 后领宽加宽 0.5cm，后领深保持不变。

③ 后肩点抬高 0.5cm，肩宽加宽 0.5cm，袖窿深加深 1.5cm。

④ 自后领中心点取衣长尺寸做下摆弧线，下摆展开 1cm，侧缝处起弧尺寸 4cm。

⑤ 育克在后中线处的宽度为 5cm。

（2）前片制图说明如下。

① 前片胸围尺寸加放 0.5cm。

② 前领宽加宽 0.5cm，前领深加深 0.5cm。

③ 前肩点抬高 0.5cm，前后肩宽尺寸相等，前袖窿深的调节量大于后袖窿深，具体见图。

④ 前下摆展开 1cm，侧缝处起弧尺寸 4cm，前后侧缝保持长度相等。

⑤ 育克在前片的宽为 2.5cm。

⑥ 前胸直线分割线的位置在原型胸围线以上 4.5cm，分割线下加绱装饰袋盖，袋盖距前中心线 3cm。

⑦ 刀背形分割线的位置在前衣片的中部，其在袖窿弧线上的点距直线分割线为 2cm。

（3）门襟贴边制图说明如下。

① 门襟贴边宽 2.5cm，长度与前片中心线处的长度相等。

② 自前领深点向下 1.5cm 确定第一粒扣位置，自门襟底部向上 2cm 确定最后一粒扣的位置，其他扣间距尺寸相等。

（4）袖子制图说明如下。

① 袖子为普通一片袖结构，袖山高取$\frac{\text{袖窿弧长}}{6}$，前袖山斜线等于前袖窿弧长，后袖山斜线等于后袖窿弧长，袖山斜线四等分点的垂直抬升量见图所示。

② 袖口尺寸 = 袖肥尺寸 −3cm，袖贴边长度和袖口尺寸相等，其在袖缝处的宽度为 3cm，中心宽度为 5cm。

（5）领子制图说明。

采用直角制图法进行领子制图，领子起翘量 1cm，后领宽 2cm，与款式相适应，领角为圆角。

6.缝份加放

立领衬衫衣身面板缝份加放：侧缝线、肩缝线、育克线、分割线等部位缝份加放 1~1.2cm；前后领圈、前后袖窿缝份加放 0.8~1cm；下摆缝份加放 1.2~1.5cm。

门襟贴边面板缝份加放：领口部位缝份加放 0.8~1cm；下摆处缝份加放 1.2~1.5cm，门襟、里襟双折，双折边处加放 3.5~3.7cm，其他部位加放 1~1.2cm。

袖子面板缝份加放：袖缝线、袖口线、袖贴边线缝份加放 1~1.2cm；袖山曲线缝份加放 0.8~1cm。

领子面板缝份加放：领外轮廓线缝份加放 1~1.2cm；装领线缝份加放 0.8~1cm。

袋盖面板各部位缝份加放 1~1.2cm。

领子衬板缝份加放：为防止黏合衬渗漏，各部位缝份加放比面板缝份小 0.2~0.3cm。

本款立领衬衫面板缝份的加放见图 3-88，衬板缝份加放见图 3-89，面板毛缝板如图 3-90 所示，衬板毛缝板见图 3-91。

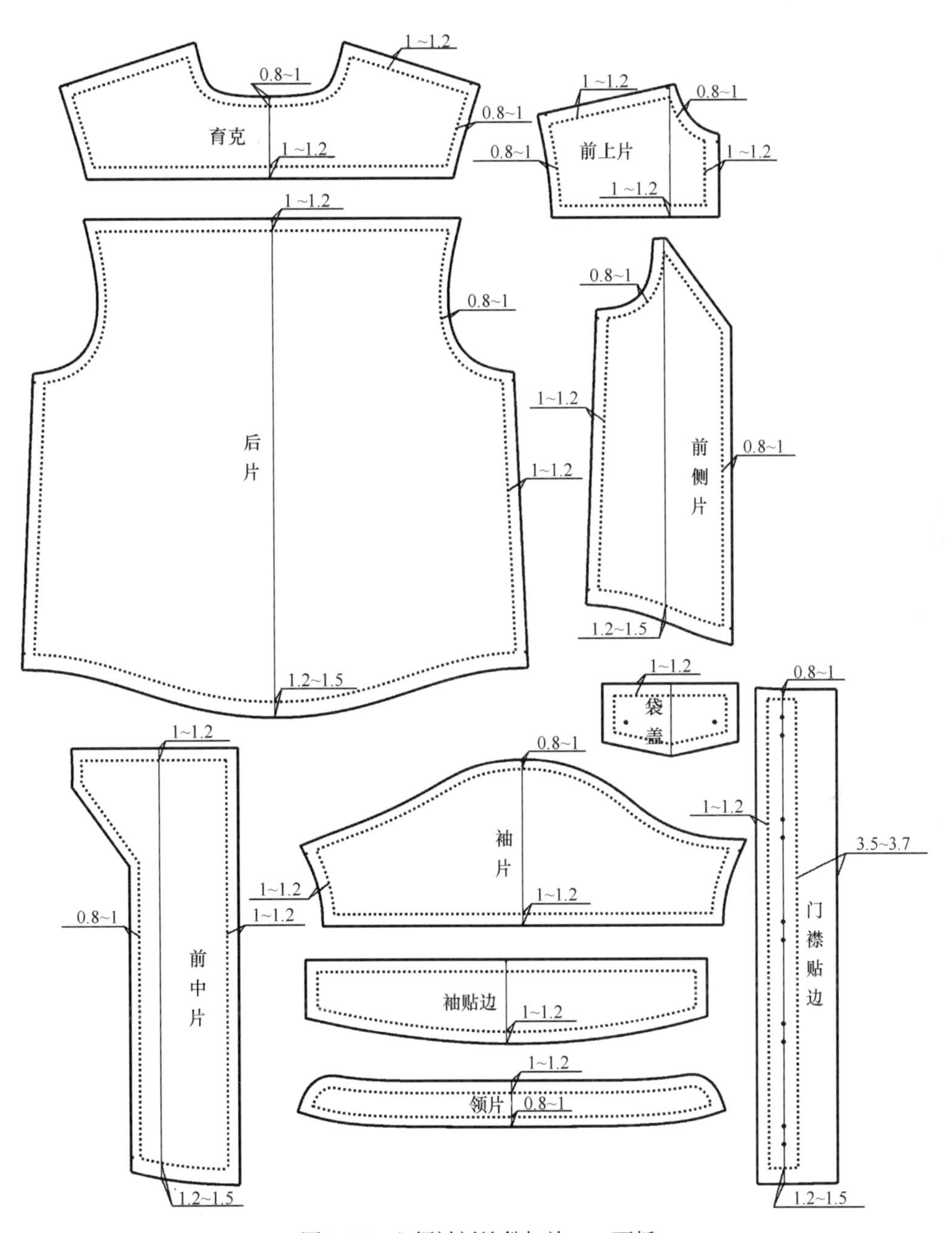

图3-88　立领衬衫缝份加放——面板

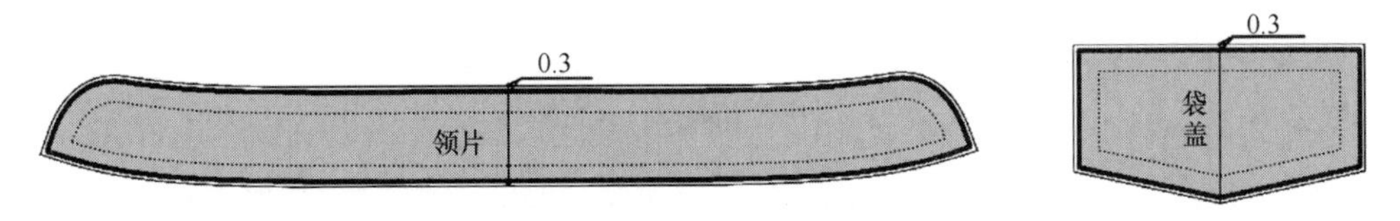

图3-89　立领衬衫缝份加放——衬板

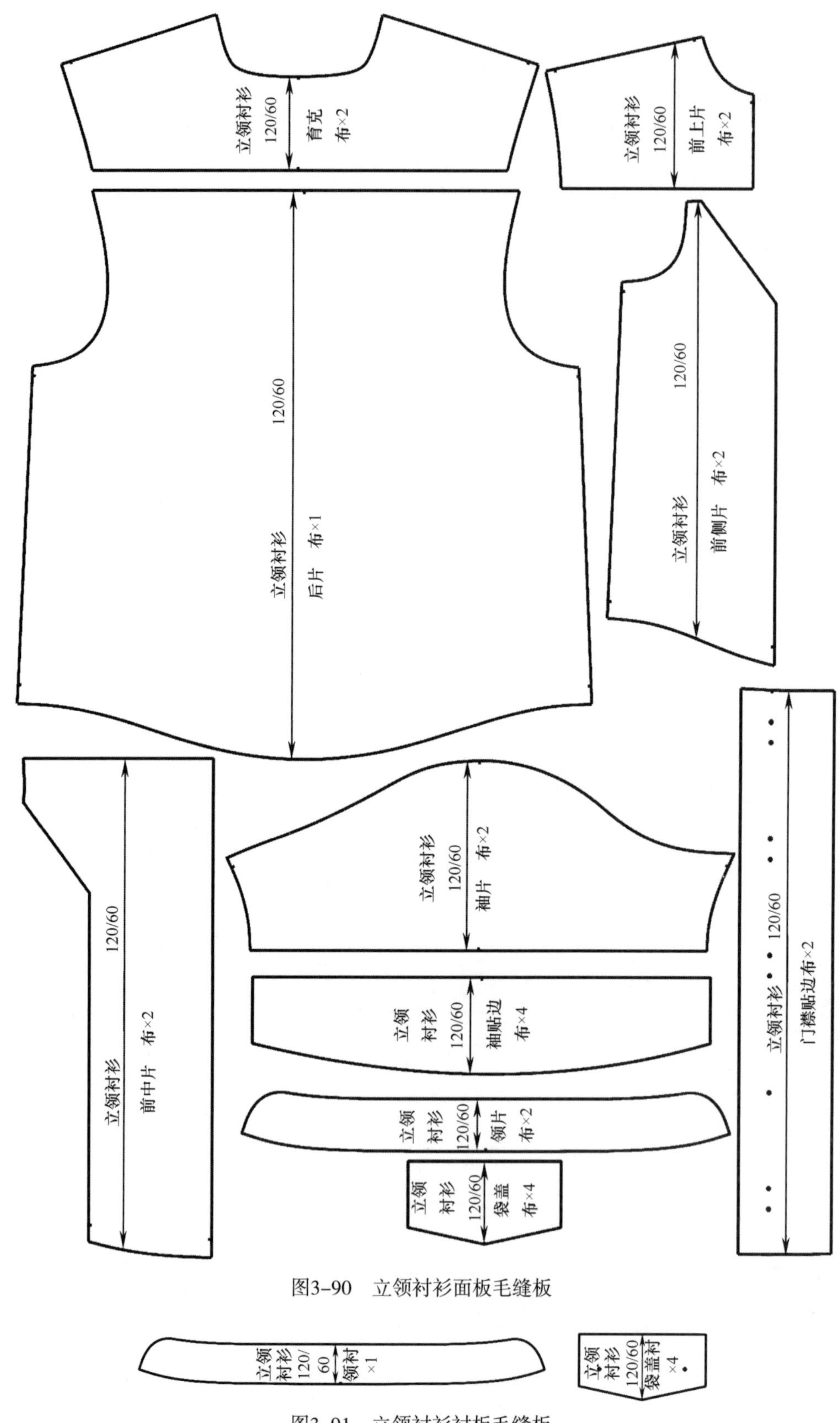

图3-90 立领衬衫面板毛缝板

图3-91 立领衬衫衬板毛缝板

（二）拼接衬衫

1.款式说明

较宽松翻领衬衫，前胸、后背以格子布拼接设计；前胸分割线下抽碎褶，以适应幼童腹部凸出的需要；前片明门襟以三粒扣系结；后背分割线下设计褶裥，褶裥上部以明线固定；宽松灯笼袖，袖口绱袖克夫，袖开衩。女童拼接衬衫款式设计如图3–92所示。

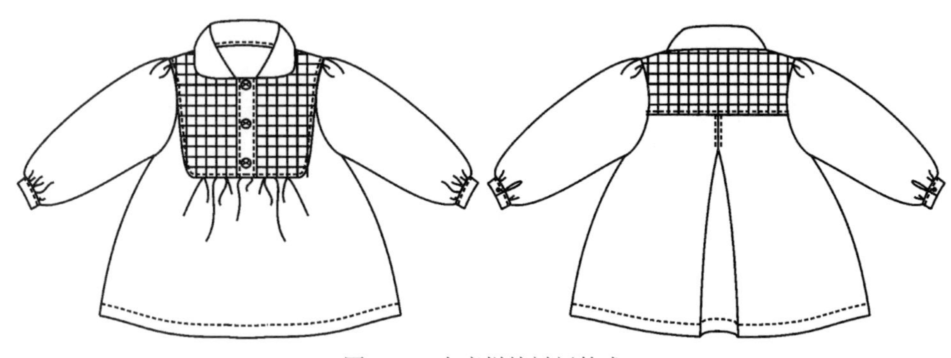

图3–92 女童拼接衬衫款式

2.适合范围

本款适合身高90~110cm、年龄为2~4岁的女童。

3.规格设计

衣长 = 身高 ×0.4+（2~5）cm；

胸围 = 净胸围 +14cm；

袖长 = 全臂长 +（1~2）cm。

不同身高女童拼接衬衫各部位规格尺寸如表3–7所示。

表3–7 拼接衬衫各部位规格尺寸 单位：cm

身高	衣长	胸围	袖长	袖口	袖克夫宽	门襟宽	领宽
90	39	62	30	15.5	2	2	6
100	43	66	33	16	2	2	6
110	47	70	36	16.5	2	2	6

4.结构制图

身高100cm左右女童拼接衬衫结构设计如图3–93所示。

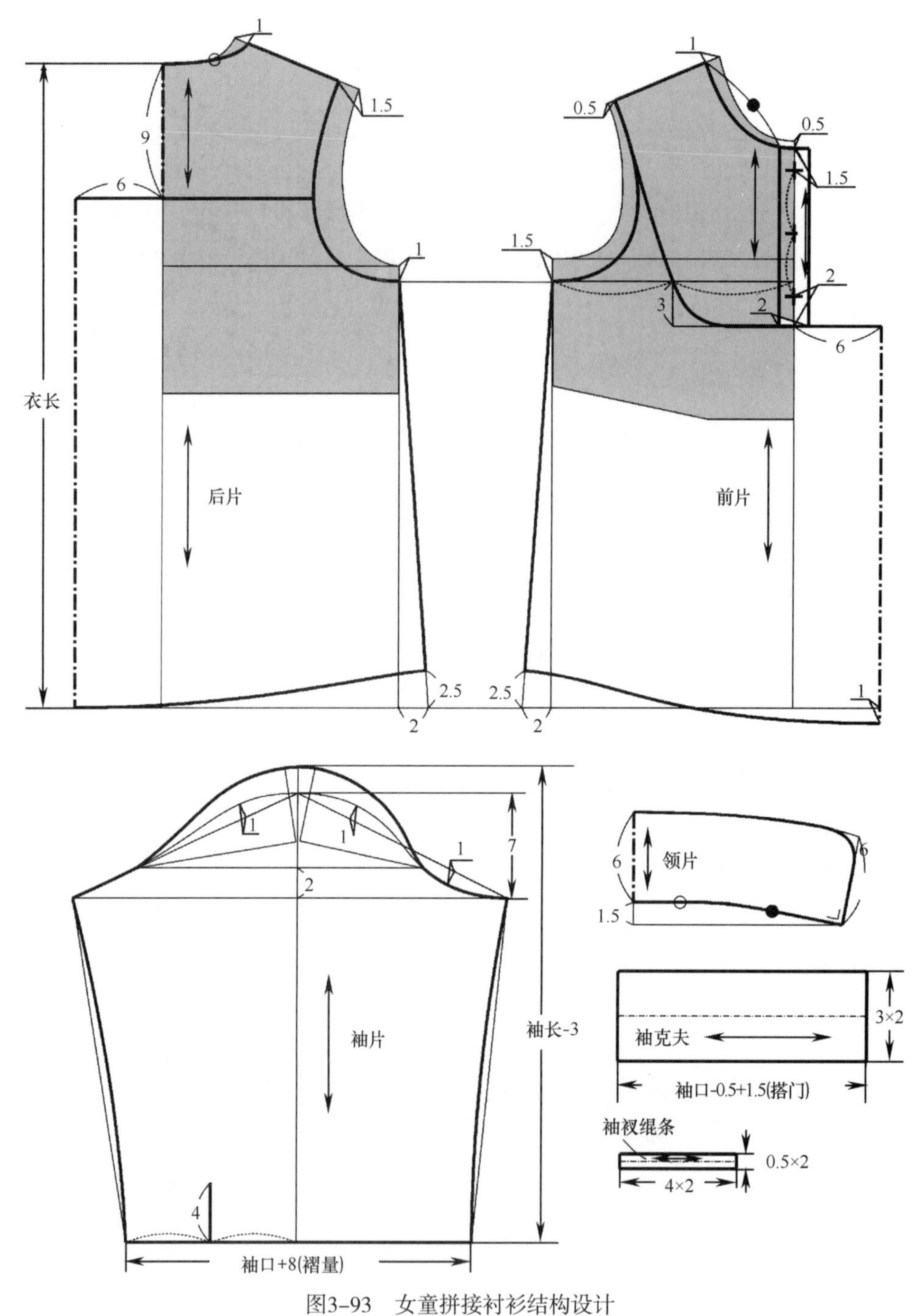

图3-93 女童拼接衬衫结构设计

5.制图说明

采用原型法制图，衣身加放松量 14cm，保持较宽松的状态。

（1）后片制图说明如下。

① 后领宽加宽 1cm，后领深保持不变。

② 后肩点在原型肩宽基础上收进 1.5cm，以适应泡泡袖的需要，袖窿深加深 1cm。

③ 自后领中心点向下 9cm 确定后背分割线的位置，褶裥宽 6cm。

④ 自后领中心点取衣长尺寸做下摆弧线，下摆展开 2cm，侧缝处起弧 2.5cm。

（2）前片制图说明如下。

① 前领宽加宽 1cm，前领深加深 0.5cm。

② 前肩点在原型基础上收进 0.5cm，前、后肩宽尺寸相等。前袖窿深的调节量大于后袖窿深 0.5cm，以适应儿童腹凸的需要。

③ 在袖窿深线下 3cm 确定前片分割线的位置，自肩点沿袖窿弧线过胸围线$\frac{1}{2}$处与分割线以圆顺弧线相连，褶量 6cm。

④ 前中线留出 1cm 的前身下垂量。

⑤ 前下摆展开 2cm，侧缝处起弧 2.5cm，前后侧缝保持长度相等。

（3）门襟贴边制图说明：门襟宽 2cm，自前领深点向下 1.5cm 确定第一粒扣位置，自门襟底部向上 2cm 确定第三粒扣的位置，扣间距尺寸相等。

（4）袖子制图说明如下。

① 袖子为普通一片袖结构，基础袖山高 7cm，前袖山斜线等于前袖窿弧长，后袖山斜线等于后袖窿弧长，袖山斜线四等分点的垂直抬升量为 1cm。

② 袖口制图尺寸 = 袖口 +8cm 抽褶量，袖缝线以弧线处理，以保证袖口处的顺接。在后袖口$\frac{1}{2}$处设置袖开衩位置，开衩长 4cm。

（5）袖克夫制图：袖克夫长 = 袖口尺寸 −0.5cm+1.5cm（搭门量），宽 2cm，里、面连裁。

（6）袖衩制图说明：袖衩绲条长为 4cm × 2，宽为 0.5cm × 2。

（7）领子制图说明：采用直角制图法进行领子制图，领子下弯量 1.5cm，前、后领宽均为 6cm，领角为圆角。

6.缝份加放

女童拼接衬衫衣身面板缝份加放：侧缝线、肩缝线、分割线等部位缝份加放 1~1.2cm；前后领圈、前后袖窿缝份加放 0.8~1cm；下摆缝份加放 2~2.2cm。

门襟贴边面板缝份加放：领口部位缝份加放 0.8~1cm；门、里襟双折，双折边处放缝 3~3.2cm，其他部位放缝 1~1.2cm。

袖子面板缝份加放：袖缝线、袖口线缝份加放 1~1.2cm；袖山曲线缝份加放 0.8~1cm。

袖克夫各部位缝份加放 1~1.2cm。

袖衩绲条宽度各线缝份加放 0.5cm，长度各线缝份加放 1~1.2cm。

领子面板缝份加放：领外轮廓线缝份加放 1~1.2cm；装领线缝份加放 0.8~1cm。

领子衬板缝份加放：为防止黏合衬渗漏，各部位缝份加放比面板缝份小 0.2~0.3cm。

本款拼接衬衫面板缝份的加放见图 3–94，毛缝板见图 3–95。

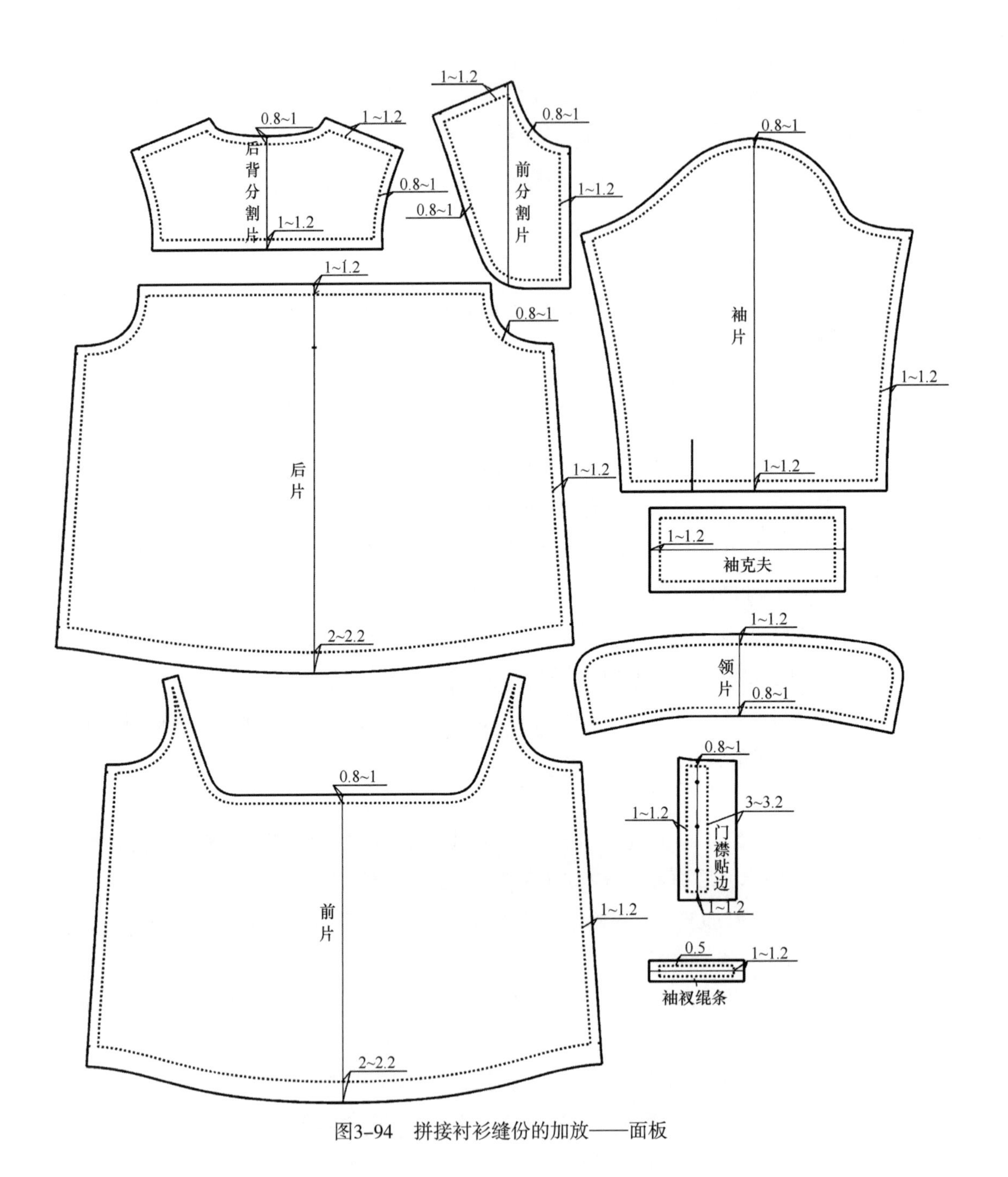

图3-94 拼接衬衫缝份的加放——面板

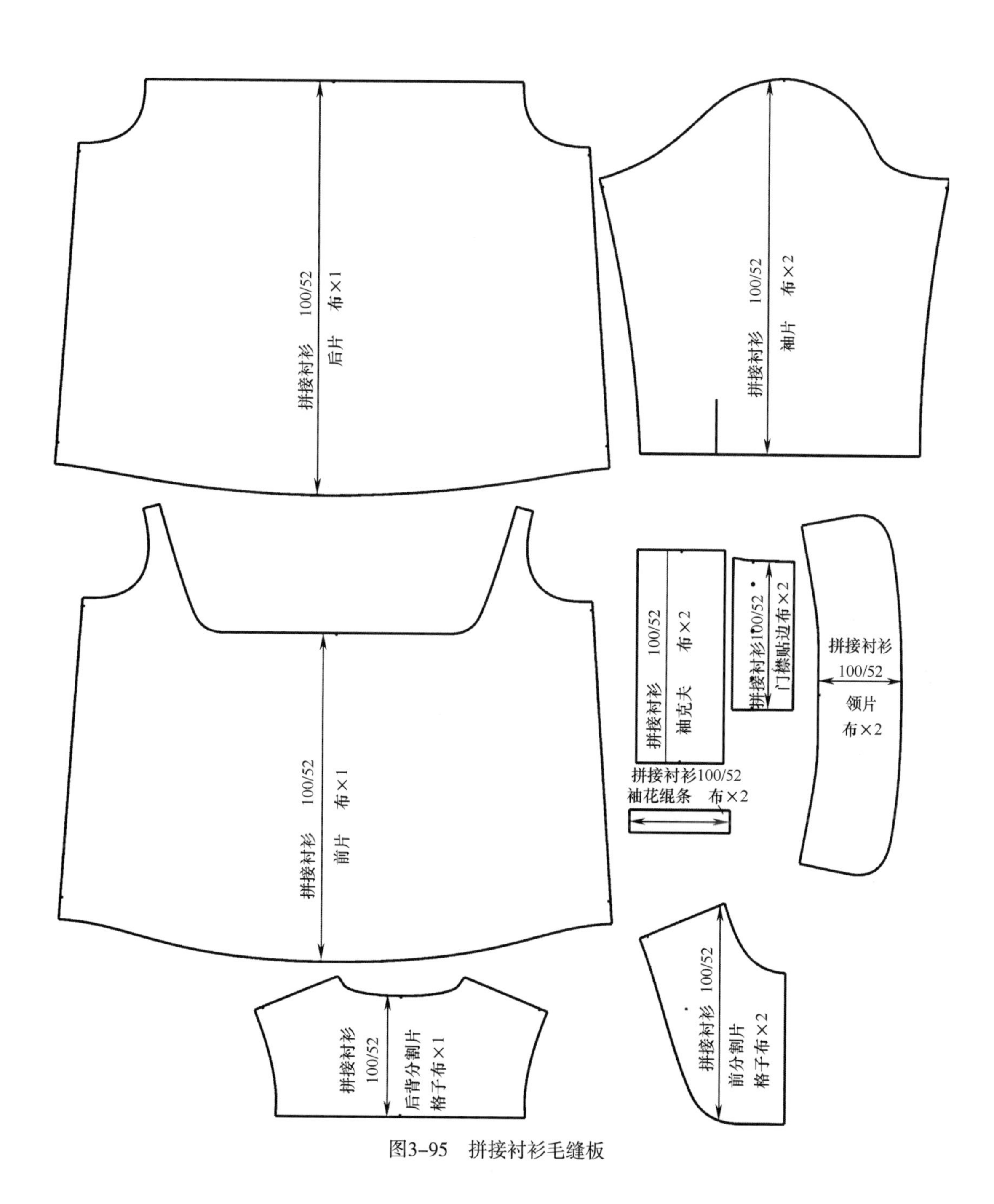

图3-95　拼接衬衫毛缝板

三、罩衣

罩衣是常见的儿童服装款式，常用于较大的婴儿至整个幼儿阶段。罩衣属外衣，穿着季节为春季、秋季和冬季。罩衣具有广泛的适用性，其特点是易于穿脱、便于洗涤、穿着舒适，结构既可采用插肩袖，又可采用装袖。除作为普通服装穿着外，还可用作幼儿吃饭用衣。

根据穿着目的不同，罩衣所选用的面料也不同。因为罩衣要体现易洗快干的特点，所以采用面料一般为薄型面料，比较常见的是纯棉和涤棉混纺面料。若用作吃饭的罩衣，可采用防水面料制成。

1.款式说明

宽松反穿式罩衣，前片以印花图案装饰；后片开口，以四粒扣系结；两片式坦领设计；绱袖，袖口抽橡筋带；款式简单大方，穿着方便舒适。幼儿绱袖罩衣款式设计如图 3-96 所示。

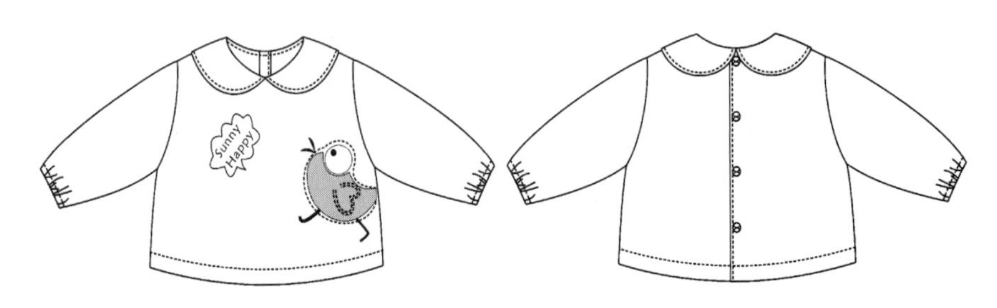

图3-96　幼儿绱袖罩衣款式

2.适合范围

本款适合身高 80~100cm、年龄为 1~3 岁的幼儿。

3.规格设计

衣长 = 身高 ×0.5 –（4~5）cm；

胸围 = 净胸围 +（16~18）cm；

袖长 = 全臂长 +（3~6）cm。

不同身高幼儿绱袖罩衣各部位规格尺寸如表 3-8 所示。

表 3-8　幼儿绱袖罩衣各部位规格尺寸　　单位：cm

身高	衣长	胸围	袖长	肩宽	袖口宽	领宽	前领深	后领深
80	37	66	29	28	13	5.5	5.5	2.5
90	41	70	32	30	14	5.5	6	2.5
100	45	74	35	32	15	5.5	6.5	2.5

4.结构制图

身高 90cm 幼儿绱袖罩衣结构设计图如图 3-97 所示。

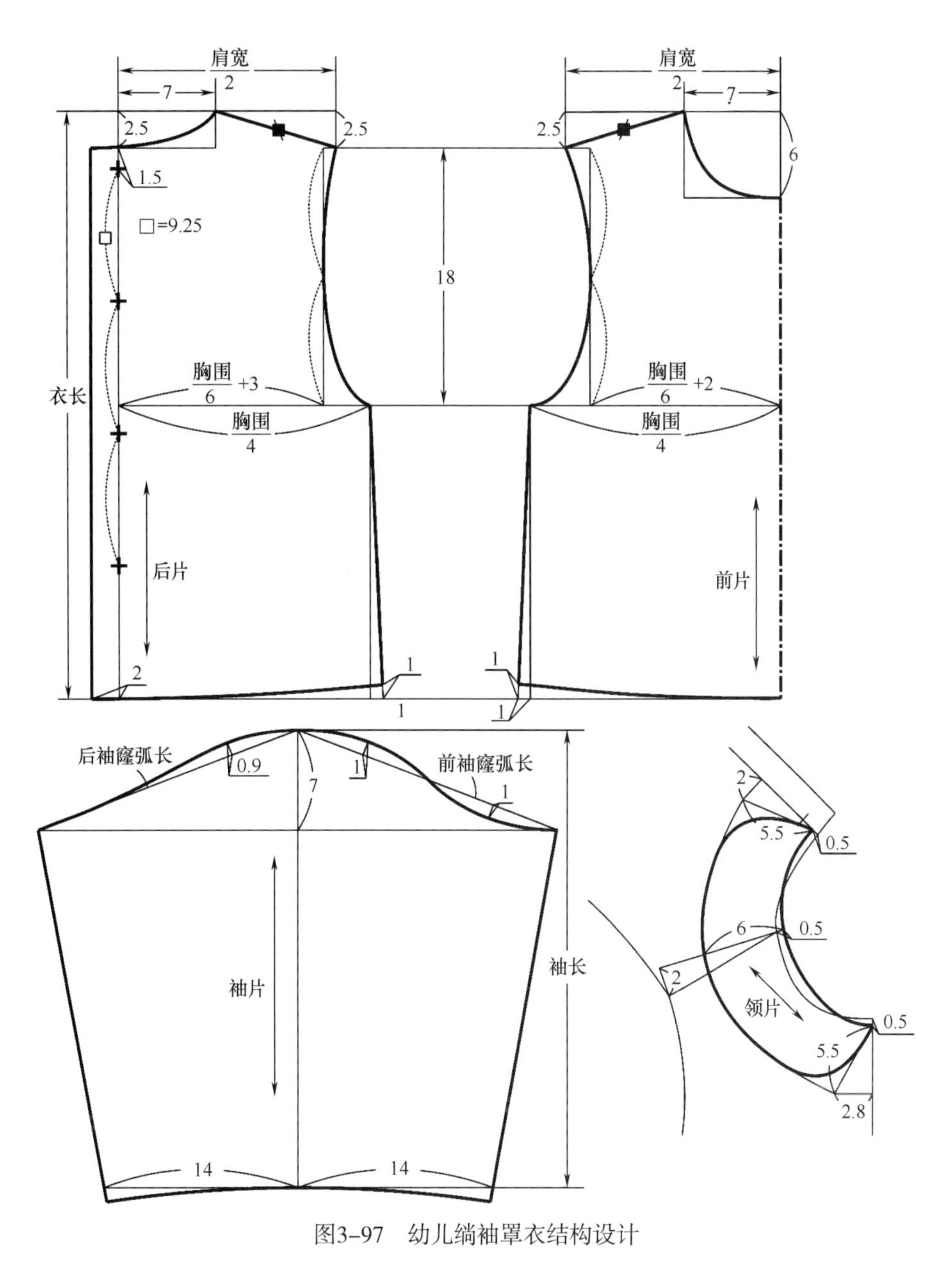

图3-97 幼儿绱袖罩衣结构设计

5.制图说明

本款采用比例法制图，衣身加放松量18cm，保持宽松的状态。

（1）后片制图说明如下。

① 后片胸围尺寸为$\frac{胸围}{4}$，后背宽尺寸为$\frac{胸围}{6}$+3cm，大于前胸宽尺寸，以保证儿童充分的背部活动量。

② 后领口宽为7cm，后领口深为2.5cm，落肩2.5cm，袖窿深18cm。

③ 搭门量2cm，在后中心线上设4粒扣，自后领深点向下1.5cm确定第一粒扣位置，其他扣间距尺寸相等，为9.25cm。

④ 自上基础线向下取衣长尺寸做下摆弧线，侧缝下摆展开 1cm，侧缝处起弧 1cm。

（2）前片制图说明如下。

① 前片胸围尺寸为$\frac{胸围}{4}$，前胸宽尺寸为$\frac{胸围}{6}$+2cm。

② 前领口深为 6cm，领宽、落肩和袖窿深与后片相等。

③ 侧缝下摆展开 1cm，侧缝处起弧 1cm。

（3）袖子制图说明如下。

① 袖子为普通一片袖结构，袖山高 7cm，前袖山斜线等于前袖窿弧长，后袖山斜线等于后袖窿弧长，袖山斜线四等分点的垂直抬升量见图。

② 袖口宽为 14cm。

（4）领子制图说明，采用在衣身基础上制图的方法。

① 前、后片肩部重叠量为 2cm，前、后中心点分别沿中心线下移 0.5cm，侧缝点移出 0.5cm，重新绘制装领弧线。

② 前、后中心处的领宽均为 5.5cm，侧缝处领宽为 6cm，前领开度为$\frac{领宽}{2}$（为 2.8cm），后领开度为 2cm，绘制领外轮廓线，领角为圆角。

6.缝份加板

幼儿绱袖罩衣衣身面板缝份加放：侧缝线、肩缝线等部位缝份加放 1~1.2cm；前后领圈、前后袖窿缝份加放 0.8~1cm；下摆缝份加放 2~2.2cm；后中线贴边宽 4cm。

袖子面板缝份加放：袖缝线缝份加放 1~1.2cm；袖山曲线缝份加放 0.8~1cm；袖口线缝份加放 2~2.2cm。

领子面板缝份加放：领外轮廓线缝份加放 1~1.2cm；装领线缝份加放 0.8~1cm。

本款幼儿绱袖罩衣面板缝份的加放见图 3-98，毛缝板如图 3-99 所示。

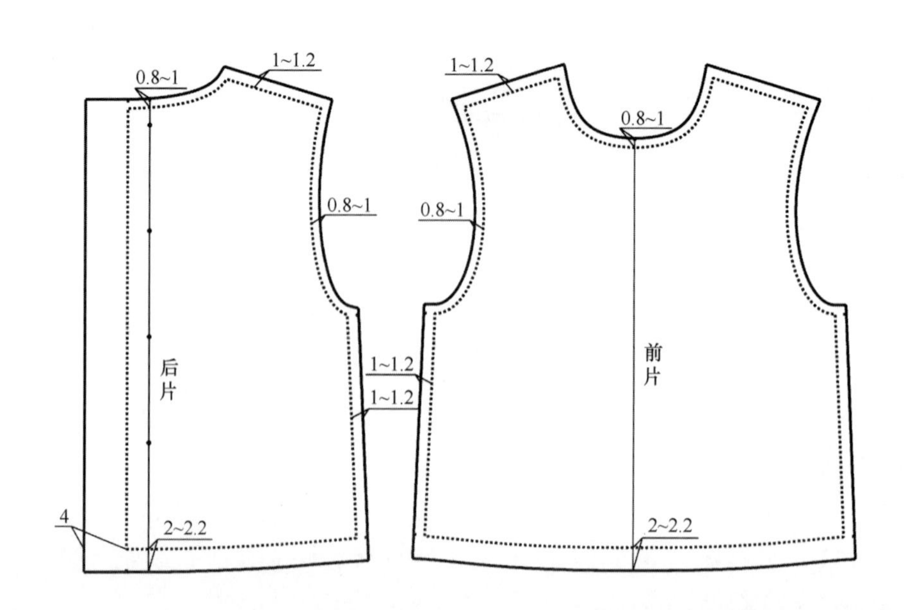

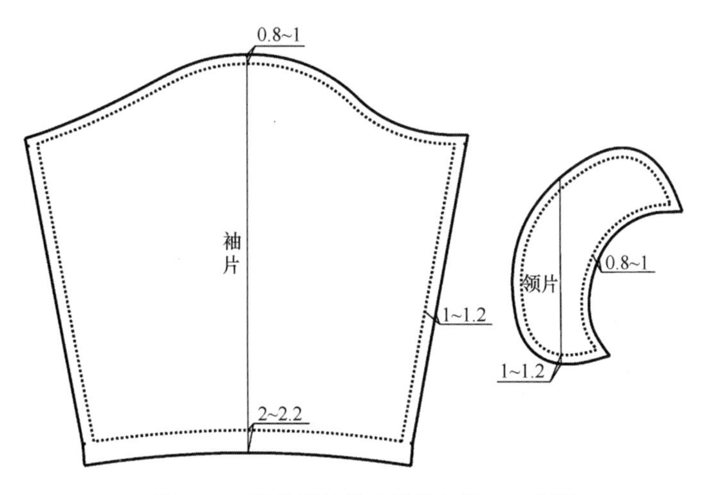

图3-98　幼儿绱袖罩衣缝份加放——面板

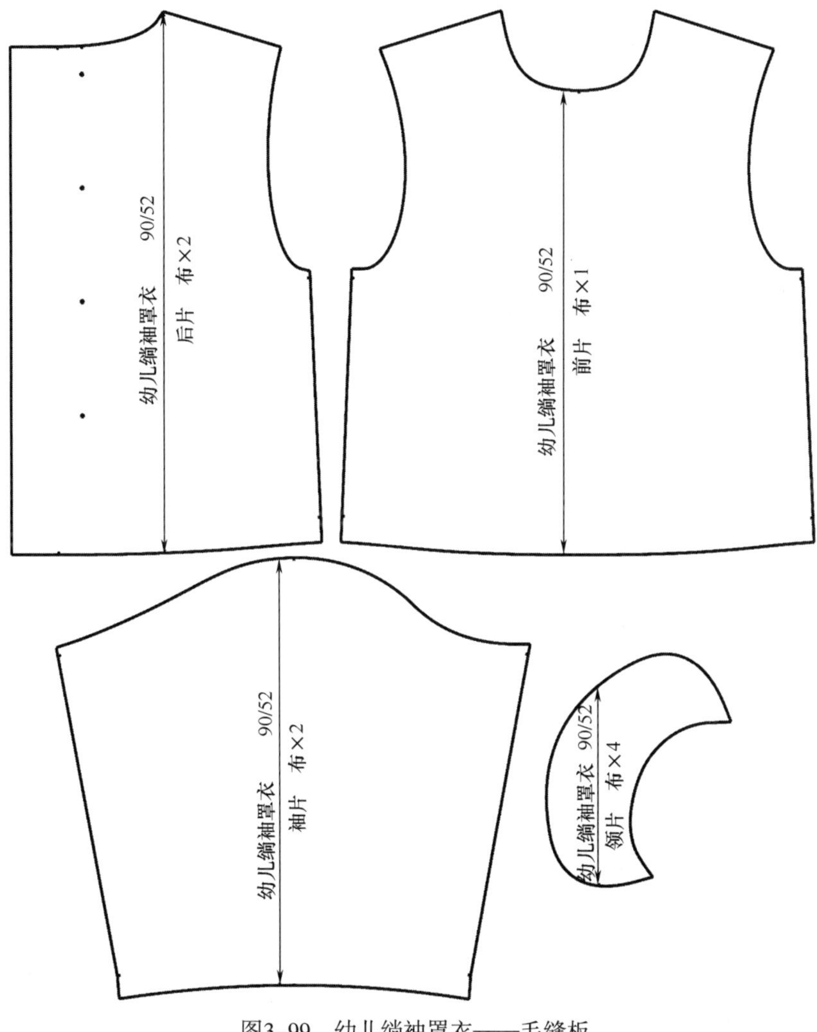

图3-99　幼儿绱袖罩衣——毛缝板

四、马甲

“马甲”，在古代指“用于保护战马的专用装具，又称马铠”，可分为两类，一类用于保护驾战车的辕马，另一类用于保护骑兵的乘马，主要是皮质的，面上髹漆，并常画有精美图案，因此马甲最初可谓之是“马的衣服”。后经世之演变，渐渐演变为人类服用的一种服装形式，即背心，指的是不带袖子和领子的上衣。马甲既可用来调节冷暖，又可用来装饰打扮，因其穿脱方便，适宜活动，所以在童装中有非常广泛的应用。

马甲设计随其长度、宽松量、领子或束带等附属物的变化而有很大的变化。在面料选取上也比较广泛，可以是机织面料和针织面料，也可以是编织成品，线的成分多采用羊毛、棉及合成纤维纯纺线或混纺线。

（一）男童马甲

1.款式说明

较合体时尚马甲，V字领，前下摆呈三角状设计，前片设断肩线，前、后片有刀背缝，各部位双明线装饰，适合用牛仔布、灯芯绒等具有一定质感的面料制作。男童马甲款式设计如图3-100所示。

图3-100　男童马甲款式

2.适合范围

本款适合身高110~130cm、年龄为6~8岁的男童。

3.规格设计

衣长＝身高 ×0.3+（2~5）cm；

胸围＝净胸围 +14cm。

不同身高男童马甲各部位规格尺寸如表 3-9 所示。

表 3-9 男童马甲各部位规格尺寸 单位：cm

身高	衣长	胸围
110	35	70
120	38	74
130	41	78

4.结构制图

身高 120cm 的男童马甲结构设计图如图 3-101 所示。

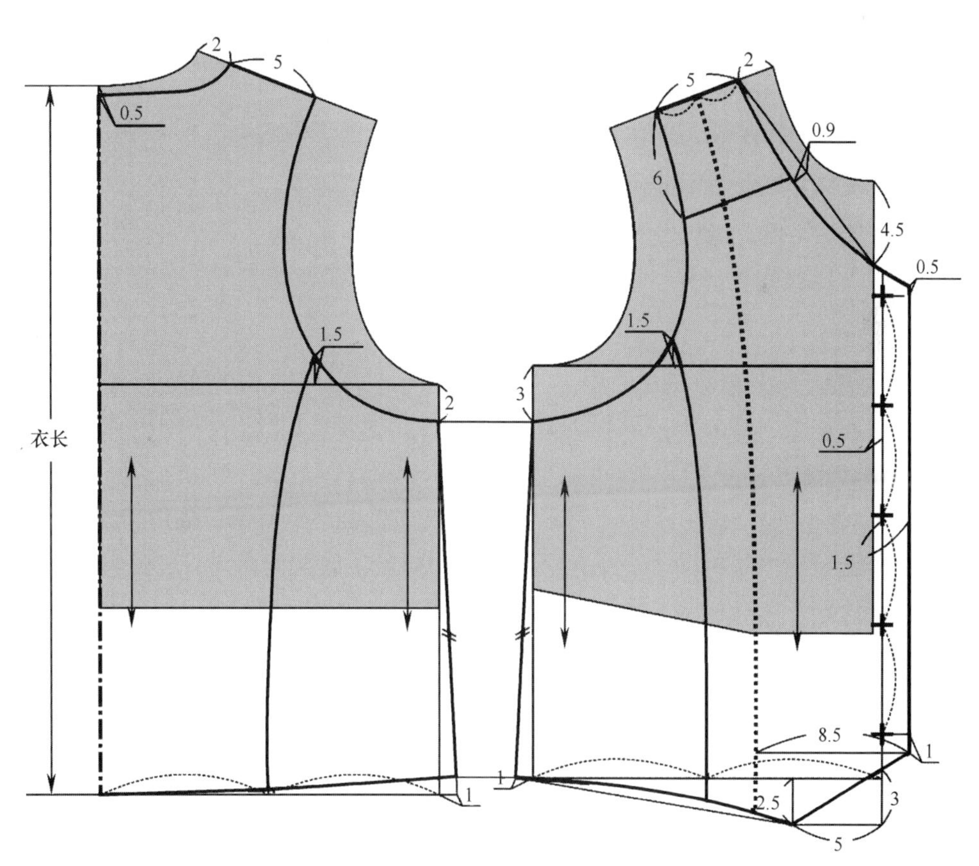

图3-101 男童马甲结构设计

5.制图说明

采用原型法制图，衣身加放松量 14cm，保持舒适的状态。

（1）后片制图说明如下。

① 后领宽增加 2cm，后领深增加 0.5cm，肩宽 5cm。

② 袖窿深增加 2cm，以适应马甲外穿的特性。

③ 自后领中心点向下取衣长尺寸做下摆弧线，侧缝下摆展开 1cm。

④ 袖窿处刀背缝起弧点在原型胸围线上 1.5cm 处，刀背线与下摆交点见图示。

（2）前片制图说明如下。

① 前领宽增加 2cm，领深下落 4.5cm；前领口弧线做微弧处理；肩宽 5cm，与后片相等。

② 前袖窿深增加 3cm，大于后袖窿深的加深量，以适应儿童腹凸的需要。

③ 自前中线向上追加 0.5cm 作为面料厚度预留量，搭门宽 1.5cm。

④ 侧缝下摆展开 1cm，和后片相等，过侧缝点做衣摆辅助线。

⑤ 自衣摆辅助线向下量取 2.5cm，前衣摆三角点距前中线为 5cm，衣摆侧缝点和三角点弧线连接。

⑥ 袖窿处刀背缝起弧点在原型胸围线以上 1.5cm 处，刀背线与下摆交于下摆宽$\frac{1}{2}$处。

⑦ 在袖窿线上距肩点 6cm 做前片断肩线。

⑧ 前中心 5 粒扣，扣间距相等。

（3）前片过面制图说明：肩部过面宽度为 2.5cm，下摆处宽度为 8.5cm。

6.缝份加放

男童马甲衣身面板缝份加放：前中线、侧缝线、刀背线、前片断肩线等部位缝份加放 1~1.5cm；前后领圈、前后袖窿缝份加放 0.8~1cm；和过面勾缝处底摆缝份加放 1~1.5cm，和里料勾缝处底摆缝份加放 3~3.5cm。

里板与面板不同，应减少分割，肩缝、侧缝、与过面勾缝处等部位缝份加放 1.5~1.8cm；领圈、袖窿等部位加放 1.2~1.5cm；为适应面料的伸展，底摆应留出一定的量，因此在净板基础上上移 1cm，但和过面勾缝处的里料应略长于其他部位。

过面缝份加放：前中线、肩缝、底摆缝份加放 1~1.5cm；与里料勾缝处缝份加放 1.5~1.8cm；领圈缝份加放 0.8~1cm。

本款男童马甲面板缝份的加放见图 3-102，里板缝份加放见图 3-103，面板毛缝板如图 3-104 所示，里板毛缝板如图 3-105 所示。

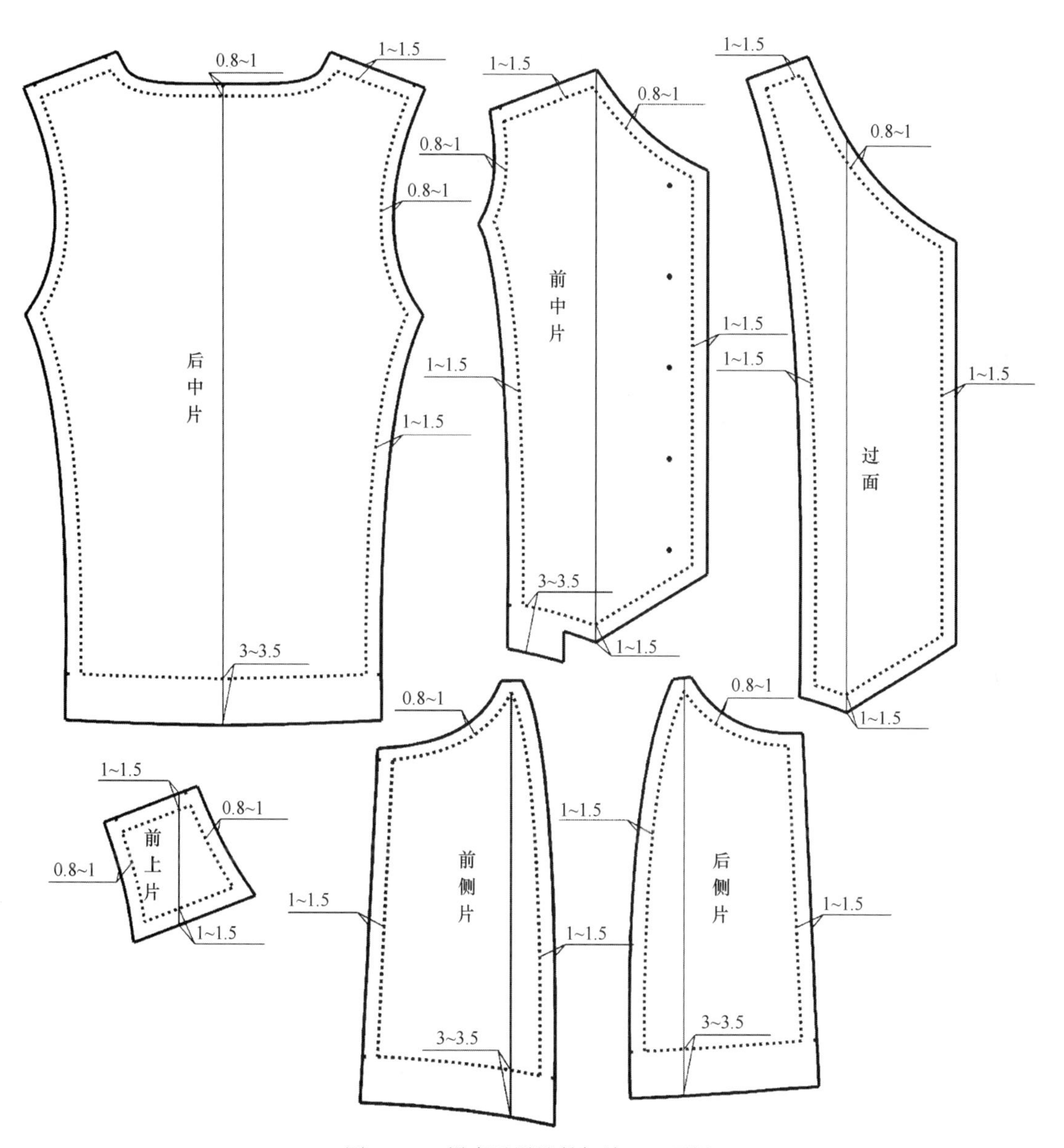

图3-102　男童马甲缝份加放——面板

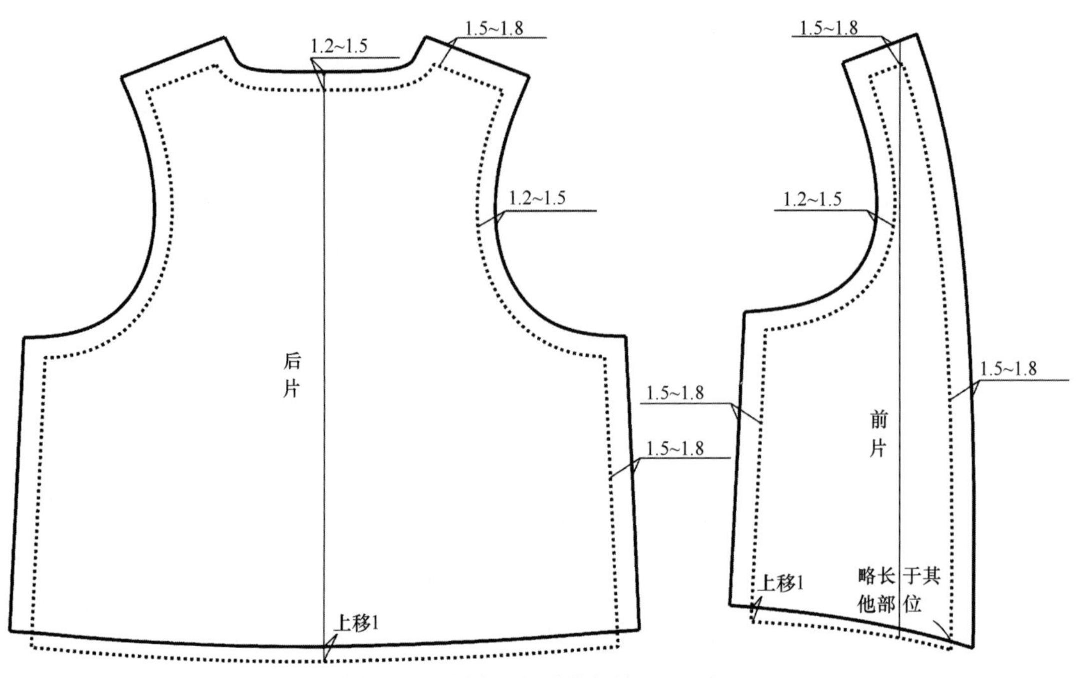

图3-103 男童马甲缝份加放——里板

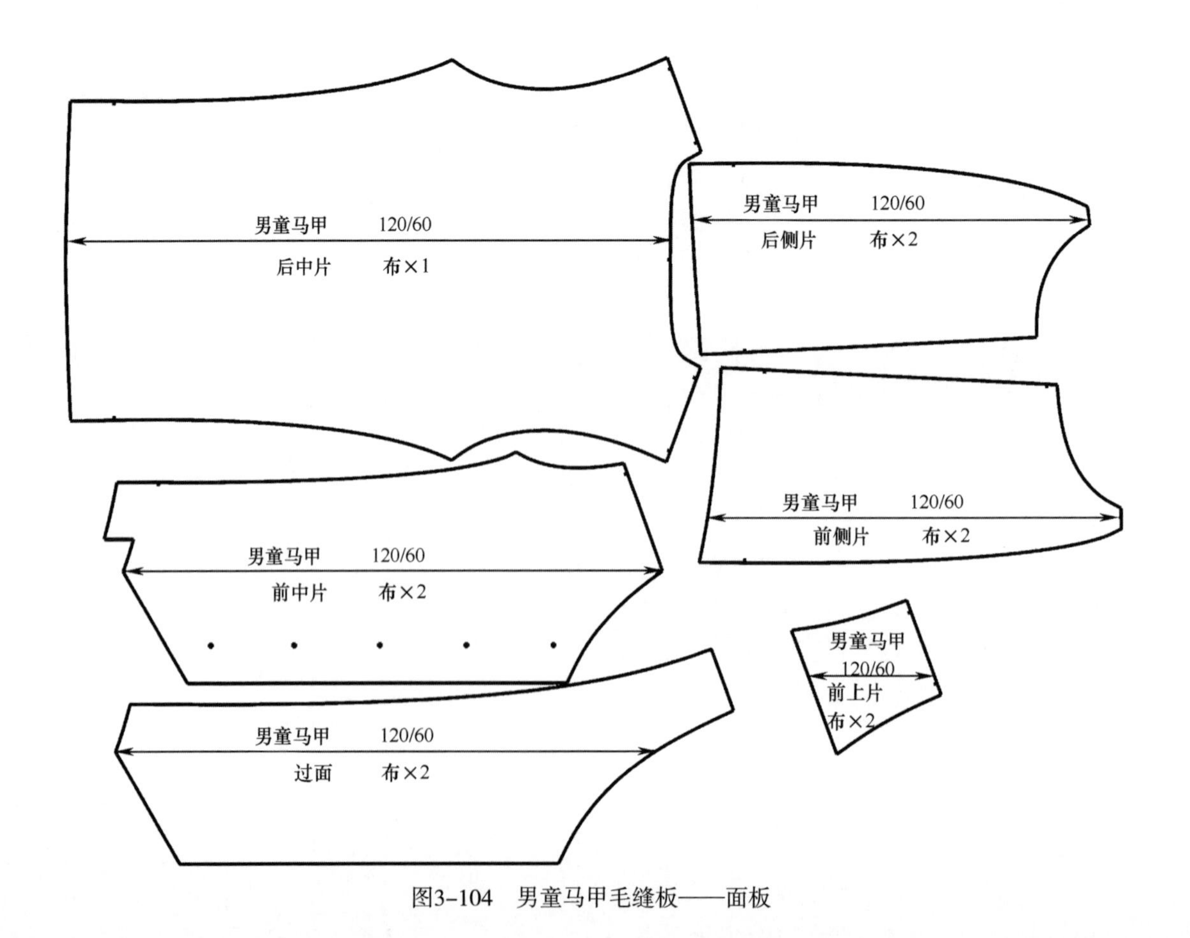

图3-104 男童马甲毛缝板——面板

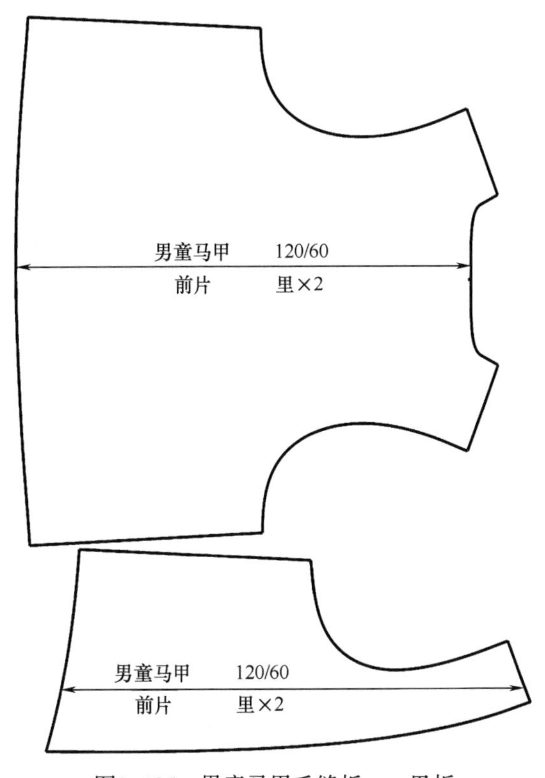

图3-105　男童马甲毛缝板——里板

（二）女童马甲

1.款式说明

较合体时尚马甲，V 字领，前下摆呈三角状设计，前片有拼接领型、装饰袋盖，前门襟两粒扣，后片领部、背部连接，各部位明线装饰。女童马甲款式设计如图 3-106 所示。

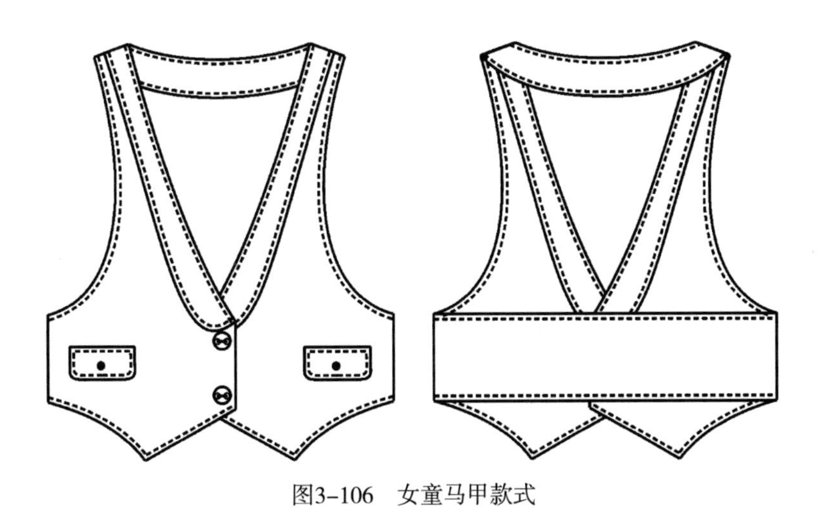

图3-106　女童马甲款式

2.适合范围

本款适合身高 140~160cm、年龄为 12~15 岁的少女。

3.规格设计

衣长 = 背长 +（3~6）cm；

胸围 = 净胸围 +14cm 放松量。

不同身高女童马甲各部位规格尺寸如表 3-10 所示。

表 3-10　女童马甲各部位规格尺寸　　单位：cm

身高	前衣长	胸围	背长
140	36	74	32
150	38	82	34
160	40	90	36

4.结构制图

身高 150cm 女童马甲结构设计图如图 3-107 所示。

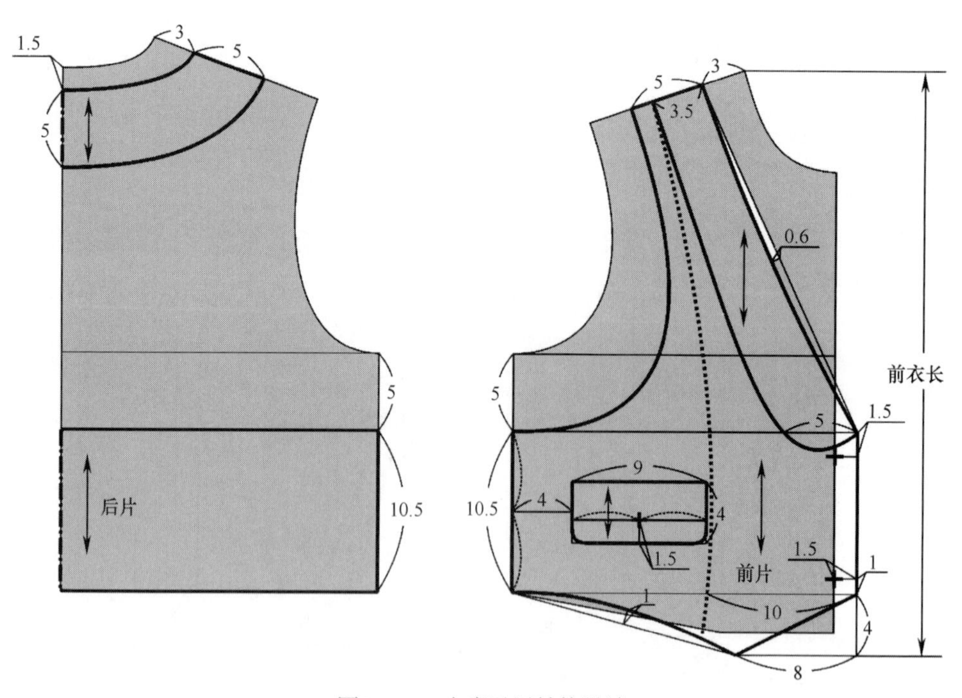

图3-107　女童马甲结构设计

5.制图说明

采用少女原型制图，衣身加放松量 14cm，保持较合体状态。

（1）后片制图说明如下。

① 后领宽加宽 3cm，后领深加深 1.5cm。

② 肩宽 5cm，后连领宽 5cm。

③ 袖窿深加深 5cm，与款式设计相符。

④ 后片长 10.5cm。

（2）前片制图说明如下。

① 前领宽加宽 3cm，前领深点为窿深线与搭门线的交点，前领口弧线做微弧处理。

② 肩宽 5cm，袖窿深加深 5cm，与后片相同。

③ 前中心搭门宽 1.5cm。

④ 侧缝长和后片相等，过侧缝点做衣摆辅助线。

⑤ 自衣摆辅助线沿搭门线向下量取 4cm，向侧缝方向量取 8cm，此点为衣摆三角点，三角点和衣摆侧缝点以弧线连接，和衣摆搭门点以直线连接。

⑥ 前片领拼接片在肩部宽度 3.5cm，在窿深线上宽度 5cm，外轮廓线和款式相符。

⑦ 前中心 2 粒扣，第一粒扣距袖窿深线 1.5cm，第二粒扣距衣摆辅助线 1cm。

（3）前片过面制图说明：肩部过面宽度 3.5cm，下摆处宽度 10cm。

6.缝份加放

女童马甲衣身面板缝份加放：前中心线、侧缝线、领拼接片轮廓线等部位缝份加放 1~1.5cm；前后领圈、前袖窿缝份加放 0.8~1cm；和过面勾缝处底摆缝份加放 1~1.5cm，和里料勾缝处底摆缝份加放 3~3.5cm；袋盖各部位缝份加放 1~1.5cm。

里板与面板不同，应减少分割，肩缝、侧缝、与过面勾缝处等部位缝份加放 1.5~1.8cm；领圈、袖窿等部位加放 1.2~1.5cm；为适应面料的伸展，底摆应留出一定的量，因此在净板基础上上移 1cm，但和过面勾缝处里料应略长于其他部位；袋盖里料缝份加放略小于面料缝份，为 0.8~1.3cm。

过面缝份加放：前中心、肩缝、底摆缝份加放 1~1.5cm；与里料勾缝处缝份加放 1.5~1.8cm；领圈缝份加放 1.2~1.5cm。

本款女童马甲面板缝份的加放如图 3-108，里板缝份加放如图 3-109，面板毛缝板如图 3-110 所示，里板毛缝板如图 3-111 所示。

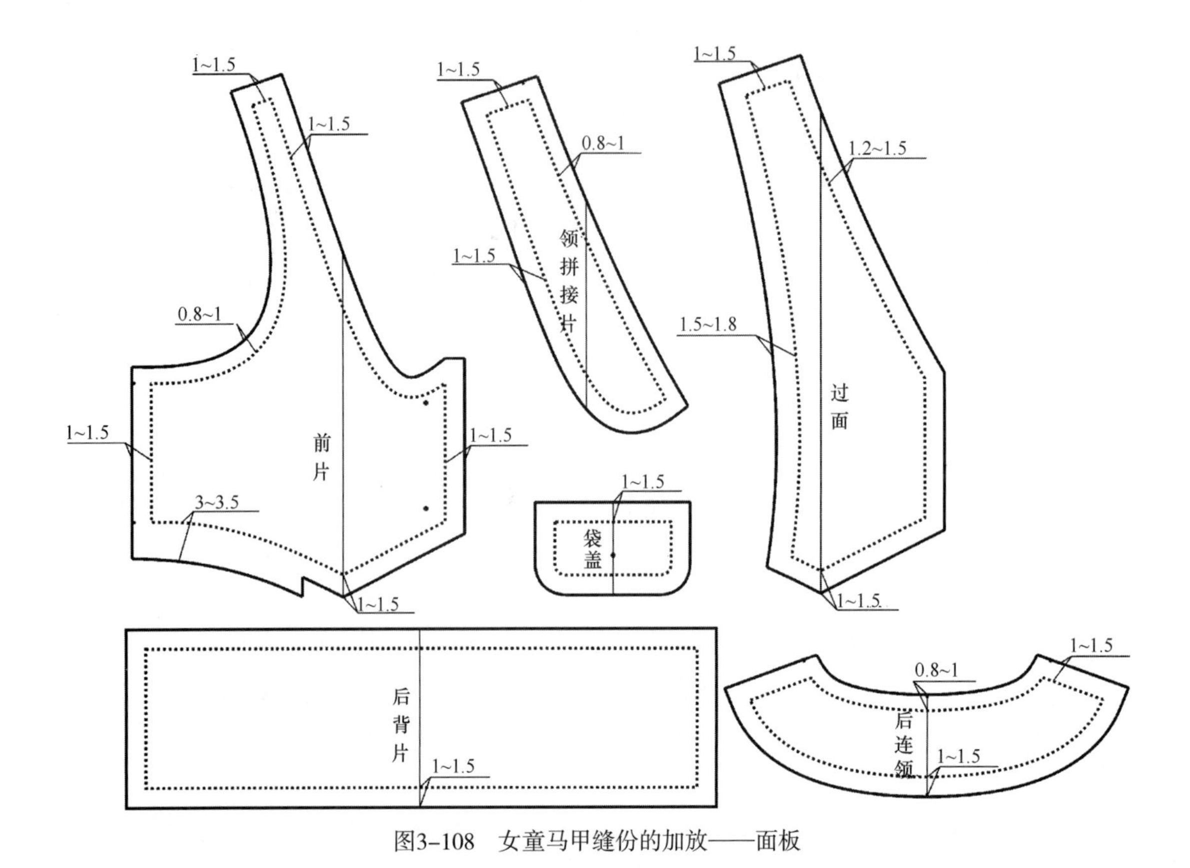

图3-108 女童马甲缝份的加放——面板

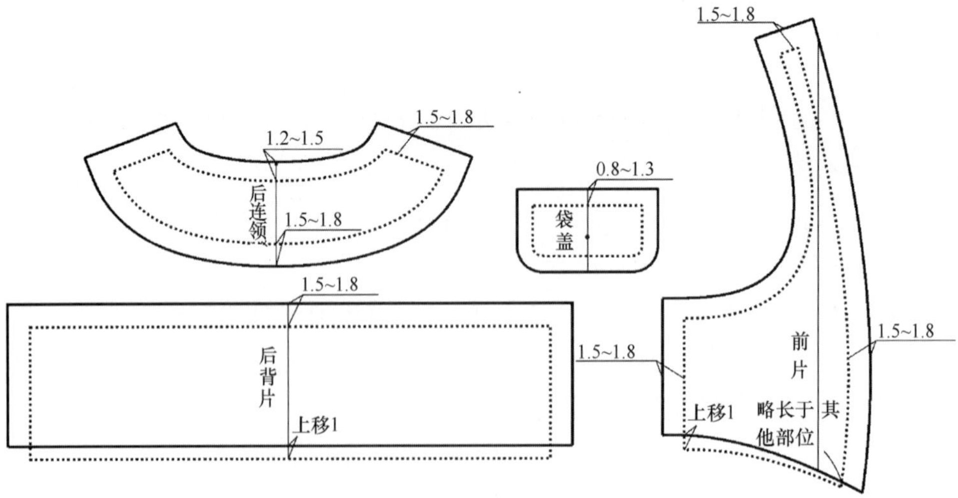

1.5~1.8
1.5~1.8
1.2~1.5
后连领
1.5~1.8
0.8~1.3
袋盖
1.5~1.8
后背片
上移1
1.5~1.8
1.5~1.8
前片
上移1
略长于其他部位

图3-109 女童马甲缝份的加放——里板

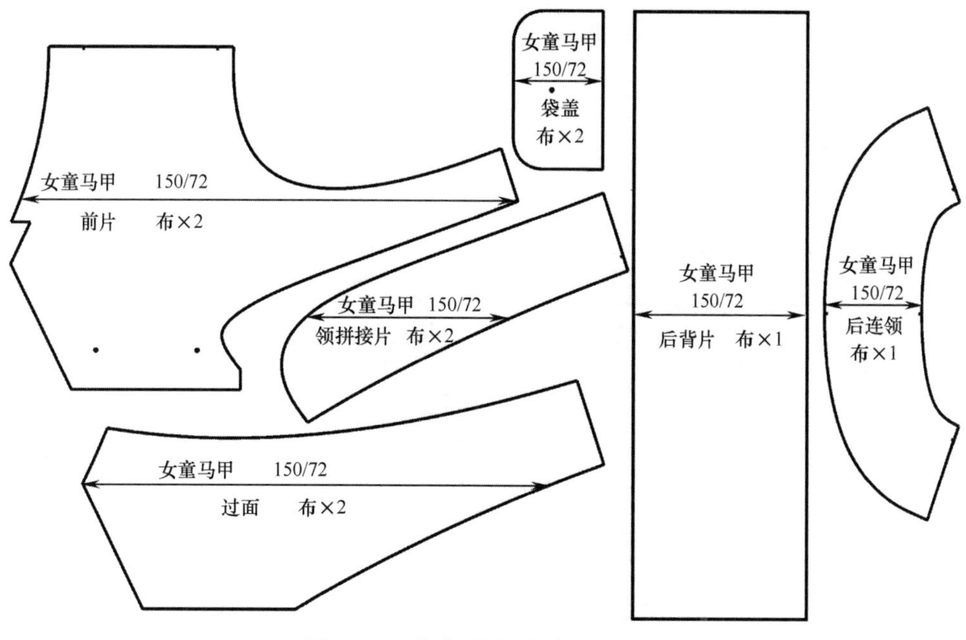

图3-110　女童马甲毛缝板——面板

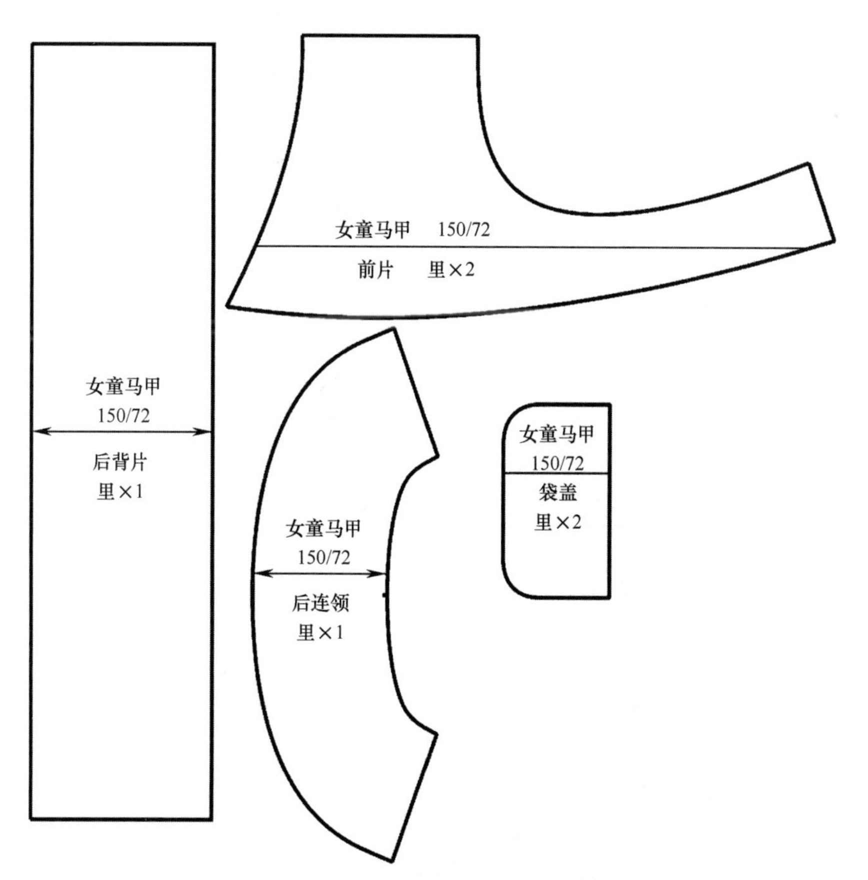

图3-111　女童马甲毛缝板——里板

（三）背帽棉马甲

1.款式说明

宽松绗缝面料马甲，宽松兜帽设计，门襟、帽口、袖窿、袋口绱窄罗纹边，侧缝处插袋，前门襟 4 粒扣，款式简洁大方，适合男、女儿童。背帽棉马甲款式设计如图 3-112 所示。

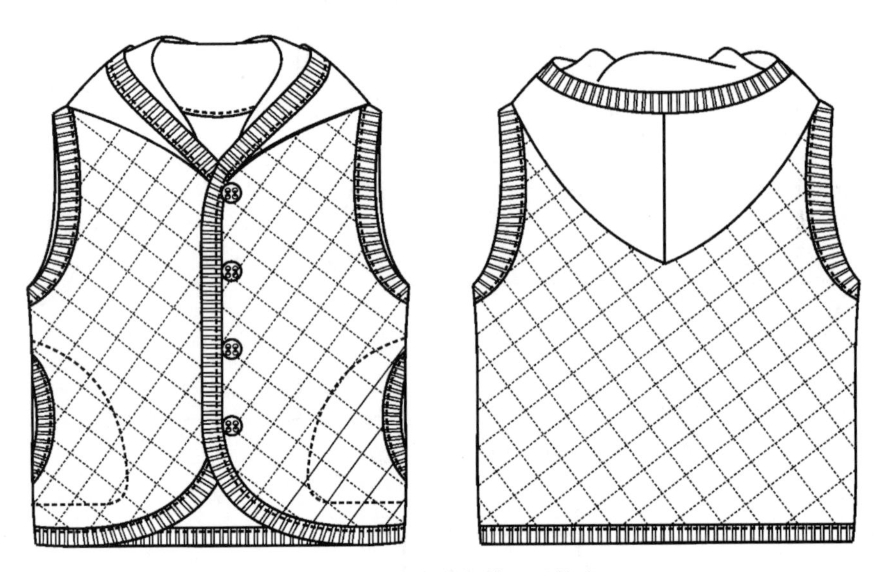

图3-112 儿童背帽棉马甲款式

2.适合范围

本款适合身高 90~110cm、年龄为 2~4 岁的幼儿穿着。

3.规格设计

衣长 = 身高 ×0.4-4cm；

胸围 = 净胸围 +20cm 放松量。

不同身高儿童背帽棉马甲各部位规格尺寸如表 3-11 所示。

表 3-11 儿童背帽棉马甲各部位规格尺寸　　单位：cm

身高	衣长	胸围	袋口	头围
90	32	68	9.5	49
100	36	72	10	50
110	40	76	10.5	51

4.结构制图

身高 100cm 儿童背帽棉马甲结构设计如图 3-113 所示。

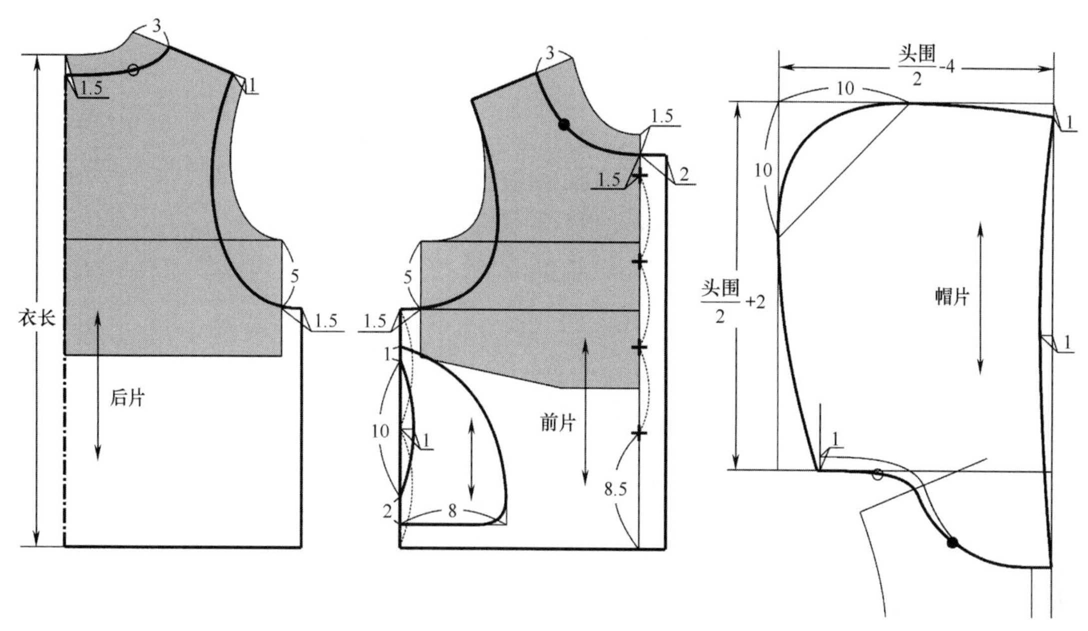

图3-113 儿童背帽棉马甲结构设计

5.制图说明

本款采用儿童原型制图，衣身加放松量20cm，以保持宽松状态。

（1）后片制图说明如下。

① 后片胸围尺寸在原型基础上加大1.5cm，保持20cm的胸围放松量。

② 后领宽加宽3cm，后领深加深1.5cm。

③ 自后肩点沿肩线收进1cm。

④ 袖窿深加深5cm，产生宽松的袖窿。

（2）前片制图说明如下。

① 前片胸围尺寸在原型基础上加大1.5cm。

② 前领宽加宽3cm，前领深加深1.5cm。

③ 肩宽与后片相同。

④ 袖窿深加深5cm，与后片相同。

⑤ 袋口中点位于侧缝线中点，袋口尺寸10cm，袋布上端距袋口上口1cm，袋布下端距袋口下口2cm，袋布宽8cm。

⑥ 前中线搭门宽2cm，共4粒扣，第一粒扣距领深点1.5cm，最后一粒扣距衣摆8.5cm，扣间距相等。

（3）背帽制图说明如下。

① 拼合前、后衣片，以侧颈点为对位点，将后衣身在前衣身的肩线延长线上拼合。

② 做帽下口线，在后颈点下部取帽座量1cm，画顺帽下口线，使之与领口线等长。

③ 以$\frac{1}{2}$头围 -4cm为帽宽，$\frac{1}{2}$头围 +2cm为高做长方形，长方形上边线为帽顶辅助线，

下边线为帽口辅助线，左边线为后中辅助线。

④ 做帽顶、后中弧线及帽口线。

6.缝份加放

儿童背帽棉马甲衣身面板缝份加放：前中线、底摆、袖窿等绱缝罗纹边的部位保持净板尺寸；肩缝、侧缝缝份加放 1~1.5cm；前后领圈缝份加放 1~1.2cm；袋口保持净板尺寸；袋布各部位缝份加放 1~1.5cm。风帽帽口线保持净板尺寸，帽下口线缝份加放 1~1.2cm，其他各部位缝份加放 1~1.5cm。

里板肩缝、侧缝部位缝份加放 1.5~1.8cm；前、后领圈缝份加放 1.2~1.5cm；前中线、底摆、袖窿、帽口等绱缝罗纹边的部位缝份加放 0.5cm。

风帽里板帽口线缝份加放 0.5cm，帽下口线缝份 1.2~1.5cm，其他各部位缝份加放 1.5~1.8cm。

本款儿童背帽棉马甲面板缝份的加放如图 3–114，里板缝份加放如图 3–115，面板毛缝板如图 3–116 所示，里板毛缝板如图 3–117 所示。

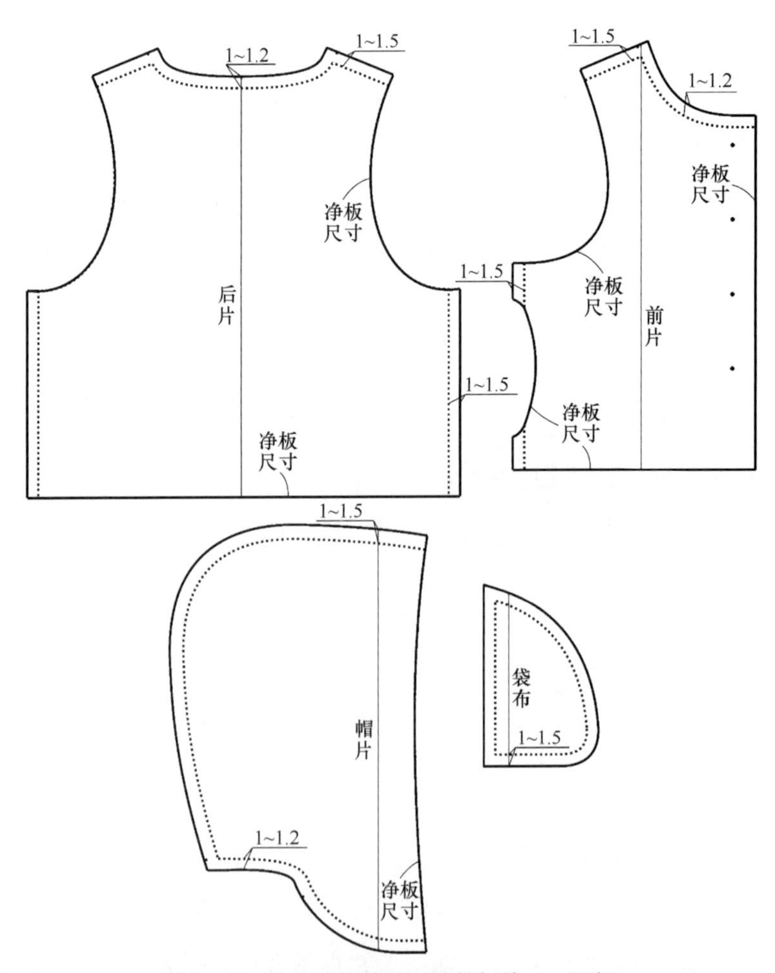

图3–114 儿童背帽棉马甲缝份加放——面板

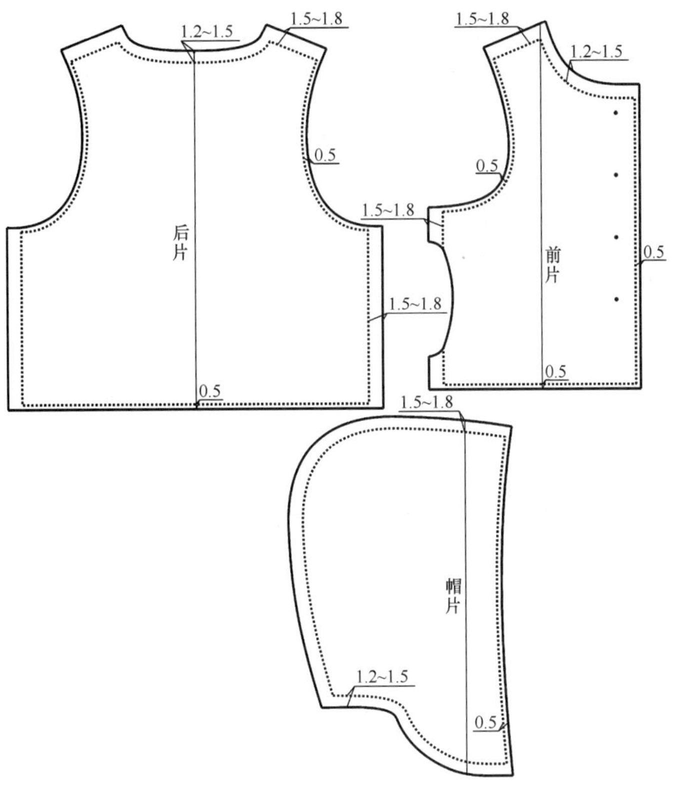

图3-115 儿童背帽棉马甲缝份加放——里板

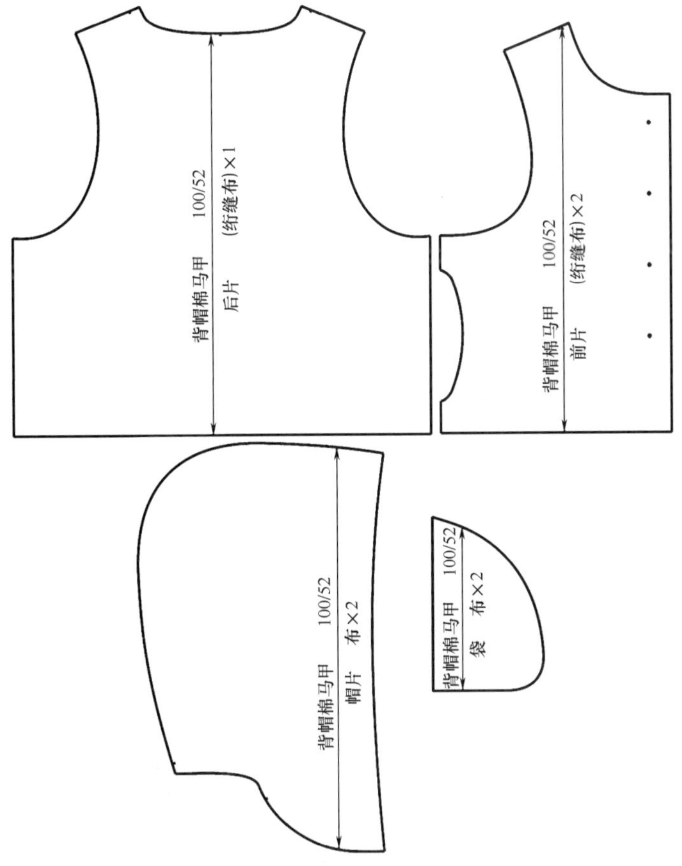

图3-116 儿童背帽棉马甲毛缝板——面板

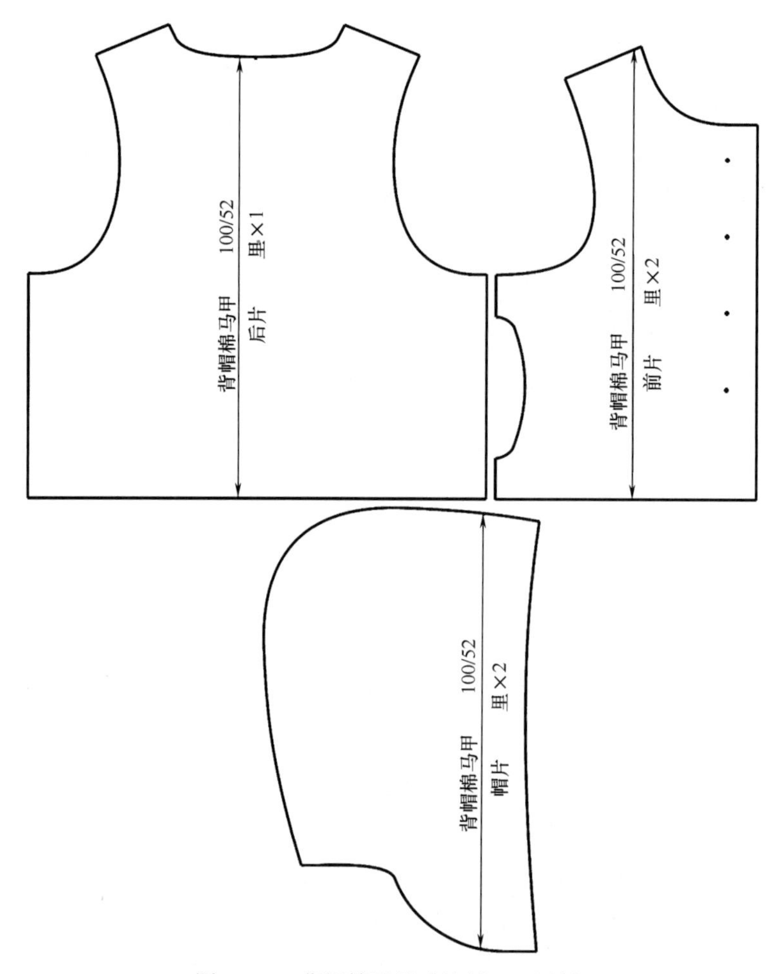

图3-117 背帽棉马甲毛缝板——里板

五、夹克

夹克又称茄克，指衣长较短、宽胸围、紧袖口、紧下摆式样的上装，具有较强的实用性、舒适性和运动性，既可作为人们日常生活穿用的服装，也可作为旅游、社交活动穿用的服装。

儿童夹克细节部位设计变化多样，领的形式有立领、翻领、驳领、罗纹领、背帽等；袖子有绱袖、插肩袖和各种变化形式的插肩袖，如肩章袖、半插肩袖等；袖口有普通散袖口、衬衫袖口、罗纹袖口等。

根据季节的不同，夹克有单衣、夹衣和棉衣。根据穿用目的的不同，夹克所使用的面料也不相同。

1.款式说明

适合男童的宽松夹克，绱袖、带帽，袖口和下摆处绱罗纹口，有较好的防风效果；前片有育克和断缝设计，断缝处有罗纹口插袋，插袋上方有字母刺绣装饰。幼儿夹克款式设计如图 3-118 所示。

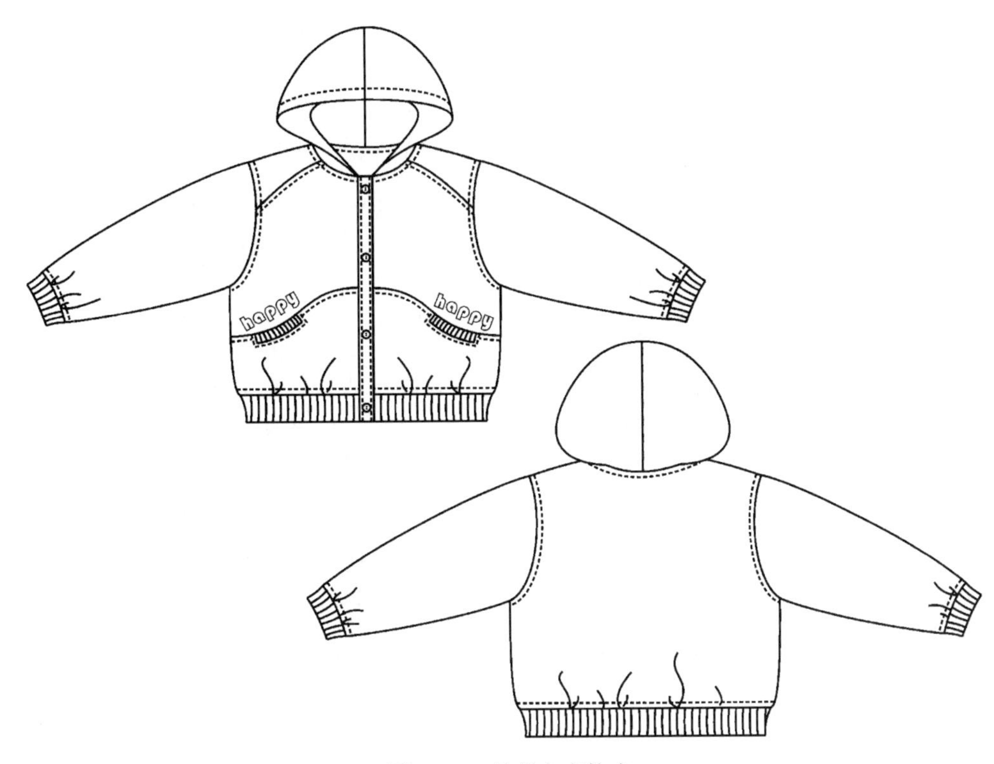

图3-118 幼儿夹克款式

2.适合范围

本款适合身高 90~110cm、年龄为 2~4 岁的幼儿。

3.规格设计

衣长 = 身高 ×0.4±（1~3）cm；

胸围 = 净胸围 +20cm 放松量；

袖长 = 全臂长 +3cm。

不同身高幼儿夹克各部位规格尺寸如表 3-12 所示。

表 3-12 幼儿夹克各部位规格尺寸 单位：cm

身高	衣长	胸围	袖长	头围	罗纹宽
90	33	72	31	49	3
100	37	76	34	50	3
110	41	80	37	51	3

4.结构制图

身高 90cm 的幼儿夹克结构设计如图 3-119 所示。

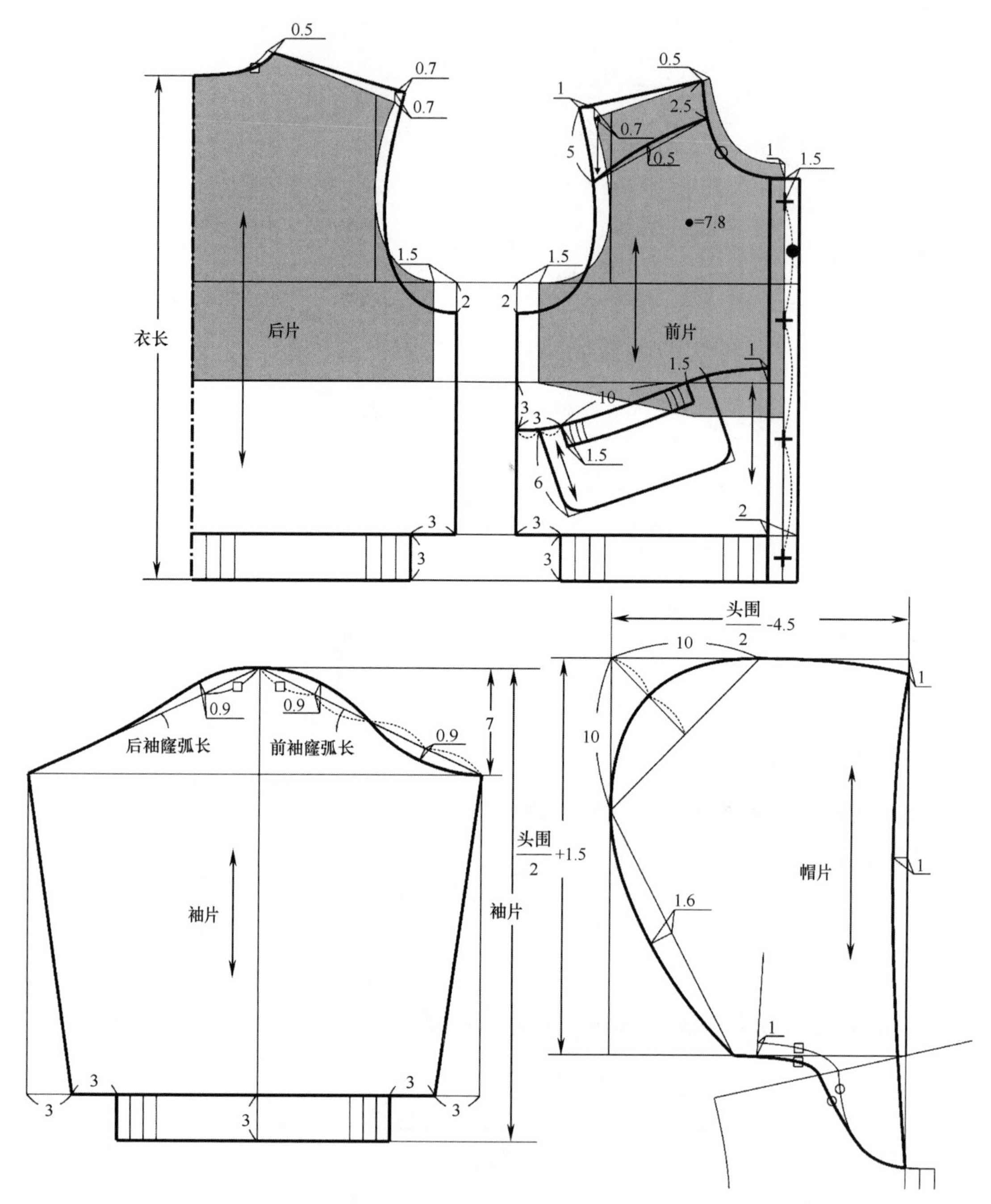

图3-119 幼儿夹克结构设计

5.制图说明

本款采用儿童原型制图，衣身加放松量20cm，保持宽松状态。

（1）后片制图说明如下。

① 后片胸围尺寸在原型基础上加大1.5cm，以保持20cm的胸围放松量。

② 后领宽加宽0.5cm，后领深不变。

③ 肩点抬高 0.7cm、外移 0.7cm，以使肩部适应衣身的宽松状态。

④ 袖窿深加深 2cm，产生宽松的袖窿。

⑤ 自后领中心点向下取衣长尺寸，其中罗纹宽 3cm。侧缝线向内 3cm 为罗纹尺寸线。

（2）前片制图说明如下。

① 前片胸围尺寸在原型基础上加大 1.5cm。

② 前领宽加宽 0.5cm，前领深加深 1cm。

③ 肩点抬高 0.7cm，外移 1cm。前肩宽比后肩宽尺寸略小，后肩长出的尺寸作为工艺缝缩量。

④ 袖窿深加深 2cm，与后片相同。

⑤ 衣摆及罗纹与后片相同。

⑥ 前片领口处的育克尺寸为 2.5cm，袖窿处为 5cm，育克线做微弧处理。

⑦ 在前片腰围线附近设置弧形分割线，分割线上设置插袋，插袋尺寸见图示。口袋布宽 6cm，长 13cm。

⑧ 前中线门襟贴边 2cm，共 4 粒扣，第一粒扣距领深点 1.5cm，最下一粒扣在衣摆罗纹的中点处，扣间距相等。

（3）袖子制图说明如下。

① 袖子为普通一片袖结构，袖山高 7cm，前袖山斜线等于前袖窿弧长，后袖山斜线等于后袖窿弧长，袖山斜线四等分点的垂直抬升量见图示。

② 袖口制图尺寸在袖肥基础上减小 6cm，罗纹袖口宽在袖口制图基础上减小 6m。

（4）背帽制图说明如下。

① 拼合前、后衣片，以侧颈点为对位点，使后衣身在前衣身的肩线延长线上拼合。

② 做帽下口线，在后颈点下部取帽座量 1cm，画顺帽下口线，使之与领口线等长。

③ 以$\frac{1}{2}$头围 −4.5cm 为宽、$\frac{1}{2}$头围 +1.5cm 为高做长方形，长方形上边线为帽顶辅助线，下边线为帽口辅助线，左边线为后中辅助线。

④ 做帽顶、后中弧线及帽口线。

6.缝份加放

幼儿夹克衣身面板缝份加放：前中线、肩缝、侧缝、下摆、育克、分割线等部位缝份加放 1~1.5cm；前后领圈、袖窿缝份加放 0.8~1cm；门襟贴边领圈处缝份加放 0.8~1cm，与衣身缝合部位和下摆缝份加放 1~1.5cm，双折边缝份加放 3~3.5cm。

衣袖缝份加放：袖缝和袖口缝份加放 1~1.5cm，袖山缝份加放 0.8~1cm。

帽子缝份加放：帽中缝、帽口线缝份加放 1~1.5cm，帽下口线缝份加放 0.8~1cm。

下摆与袖口罗纹边双折，各边缝份加放 1~1.5cm。

衣身里板的前中线、肩缝、侧缝、下摆等部位缝份加放 1.5~1.8cm，前后领圈缝份加放 1.2~1.5cm；前片里板保持完整，不分割。

衣袖里板的袖缝和袖口缝份加放 1.5~1.8cm，袖山缝份加放 1.2~1.5cm。

帽子里板的帽中缝、帽口线缝份加放 1.5~1.8cm，帽下口线缝份加放 1.2~1.5cm。

口袋布各边缝份加放 1~1.5cm。

本款幼儿夹克面板缝份的加放见图 3-120，里板缝份加放见图 3-121，面板毛缝板如图 3-122 所示，里板毛缝板如图 3-123 所示。

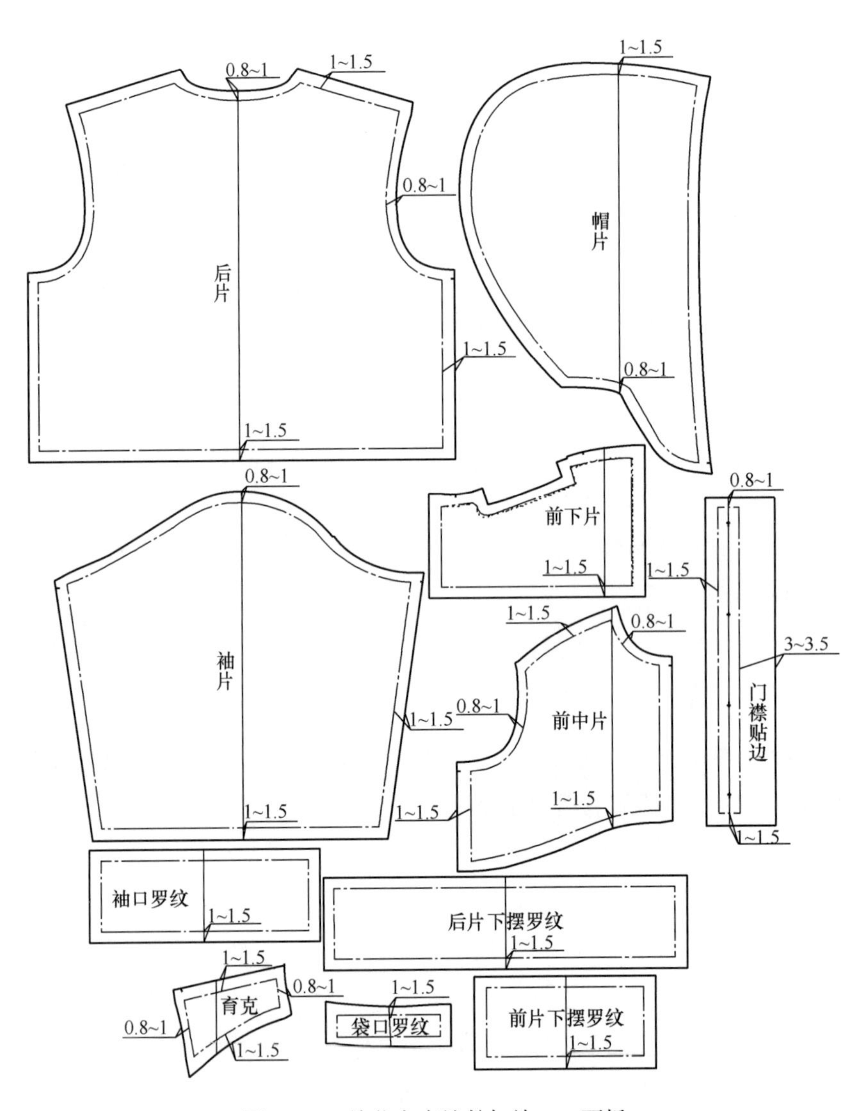

图3-120　幼儿夹克缝份加放——面板

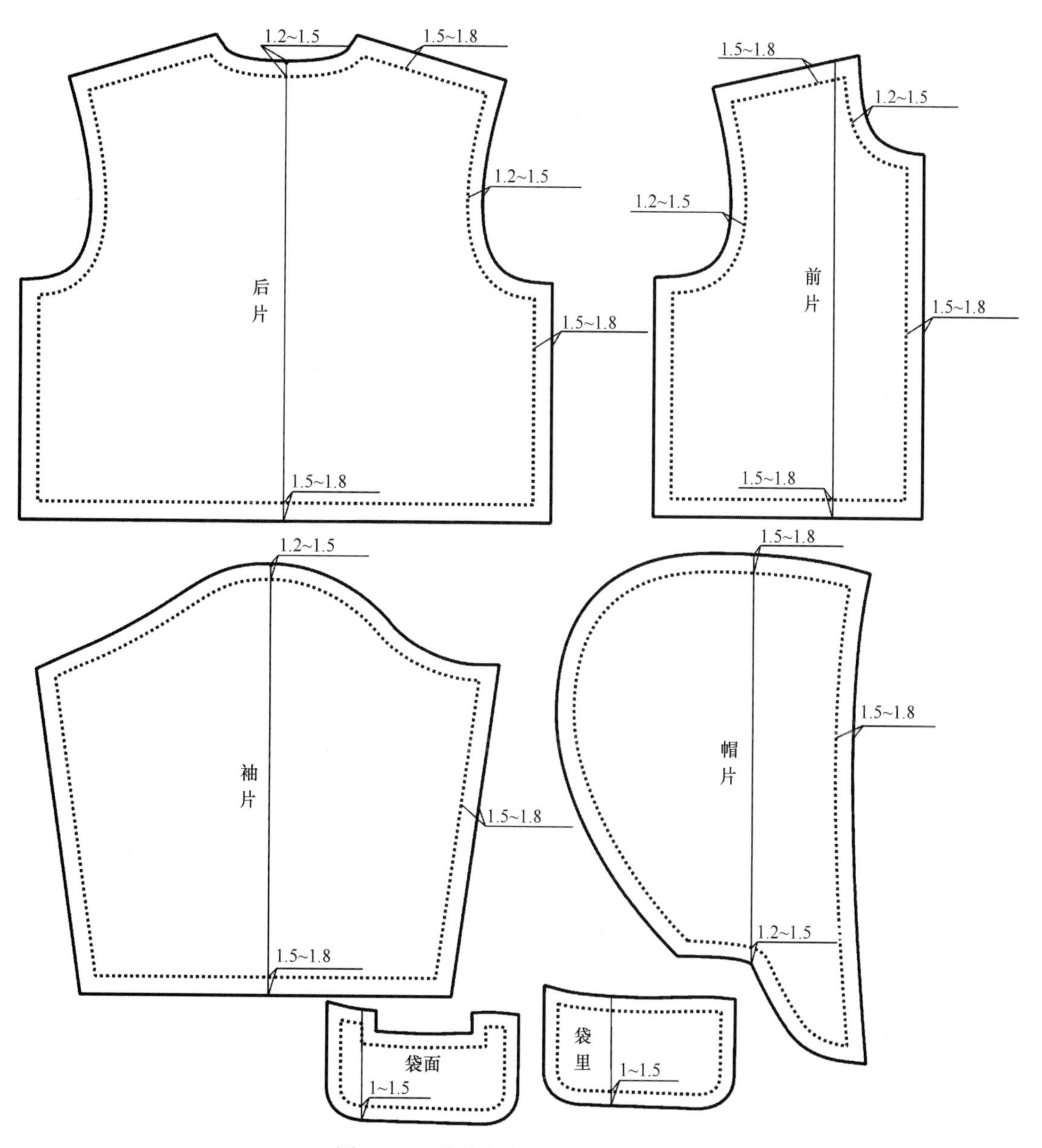

图3-121 幼儿夹克缝份加放——里板

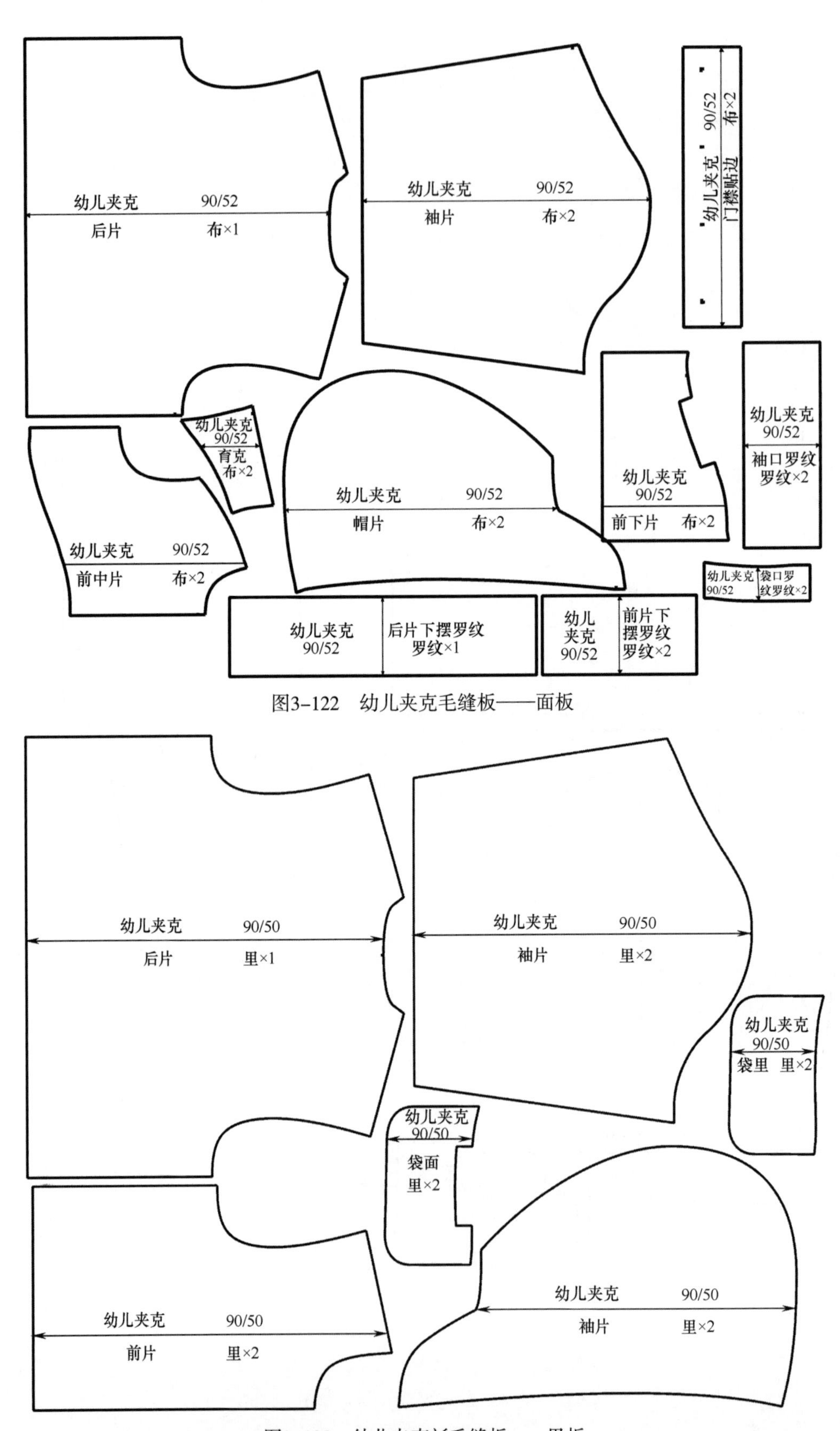

图3-122 幼儿夹克毛缝板——面板

图3-123 幼儿夹克衫毛缝板——里板

六、大衣

大衣指衣长过臀的外穿上衣，具有防寒的作用，童装大衣的消费需求已由过去以防寒为主要目的的实用型开始转向追求美观的时尚型，在设计中充分考虑儿童的心理需要，把时尚、休闲与舒适充分结合，在细节设计中体现对儿童的关爱与呵护。

儿童大衣在面料选取上应遵循天然、环保的原则，应选择轻薄、保暖、结实的面料。但不同穿着目的的大衣，面料的选用也不相同。防寒大衣应选用挡风、保暖的纯毛、纯棉或混纺面料。使用经过防水和拒水处理的棉及其混纺织物或化纤织物制成的羽绒大衣轻快、保暖又具有时尚感，很受欢迎。

儿童大衣在结构造型上以实用功能为基础，因此，男、女童大衣廓型以较宽松的结构为主，如H型、A型，但在较大女童中也常采用小收腰的X型。长度根据年龄而不同，一般以膝关节上下的长度作为大衣的基本长度。

（一）儿童大衣分类

儿童大衣的分类有多种，但主要有以下几种。

1.按形态进行分类

（1）直身合体大衣：显示体型，廓型为H型的直身线条大衣。

（2）筒形大衣：衣身肥大呈筒形，廓型为H型的宽松型大衣。

（3）公主线大衣：装饰有公主线的收腰、散摆型大衣，廓型呈X型。

（4）斗篷形大衣：肩部合体、下摆宽松肥大的大衣，廓型呈A型。

（5）披肩大衣：带有披肩的大衣的总称。

（6）连帽大衣：带有帽子，帽子可以连衣，也可以分体。

（7）衬衫式大衣：领、袖口及前开口部位都有衬衫造型要素的大衣。

（8）束带式大衣：不用扣或其他部件固定，只用带子将衣片系裹的大衣。

2.按长度进行分类

（1）短大衣：衣长到臀围线的大衣，一般是和长大衣相比而言的。

（2）半长大衣：衣长至臀围线与膝盖之间的大衣。

（3）中长大衣：衣长至膝盖上下的大衣。

（4）长大衣：衣长在膝盖以下，可以长至脚踝的大衣。

3.按季节进行分类

（1）冬季大衣：冬季防寒用大衣。

（2）三季大衣：除夏季外，其他三季都可穿着的大衣，一般带有可拆卸的衬里，轻便，具有防寒、防尘的性能。

4.按面料进行分类

（1）毯绒大衣：材料像毛毯一样厚重的大衣，一般造型比较简洁，外形风格粗犷。

（2）针织大衣：一般指针织物做的大衣，不同的针织物产生不同的风格。

（3）羽绒大衣：面料选用棉或化纤面料，中间填充羽绒加工而成的大衣。

（4）皮大衣：皮革制成，具有防寒、挡风等特点，结实、耐穿。可以用动物皮，也可以用人造皮革。

（5）裘皮大衣：带裘毛的皮衣，极具防寒性，极其高贵、华丽，在童装中多采用人造毛皮制作而成。

5.按裁剪方法进行分类

（1）两面穿大衣：一件大衣两面都可以穿用。

（2）毛里大衣：大衣内侧的里料为短毛材质。

（3）活衬里大衣：用纽扣或拉链将衬里固定并且可随时摘取的大衣。

（二）女童大衣款式示例

1.款式说明

A 型宽松女童大衣，衣长适中，坦领，插肩袖（有袖中线），前、后片分割设计，分割线处缉明线装饰，前中线上装单排扣，活动方便、舒适。款式设计如图 3-124 所示。

图3-124 A型女童大衣款式

2.适合范围

本款适合身高 140~150cm、年龄为 10~12 岁的女童。

3.规格设计

衣长 = 身高 ×0.5+（5~6）cm；

胸围 = 净胸围 +22cm；

袖长（肩点处测量）= 手臂长 +1cm.

不同身高女童大衣各部位规格尺寸见表 3-13 所示。

表 3-13　女童大衣各部位规格尺寸　　单位：cm

身高	衣长	胸围	袖长	袖口宽
140	76	86	45.5	14
145	78	90	47	14.5
150	80	94	48.5	15

4.结构制图

身高 140cm 的女童大衣结构设计如图 3-125 所示。

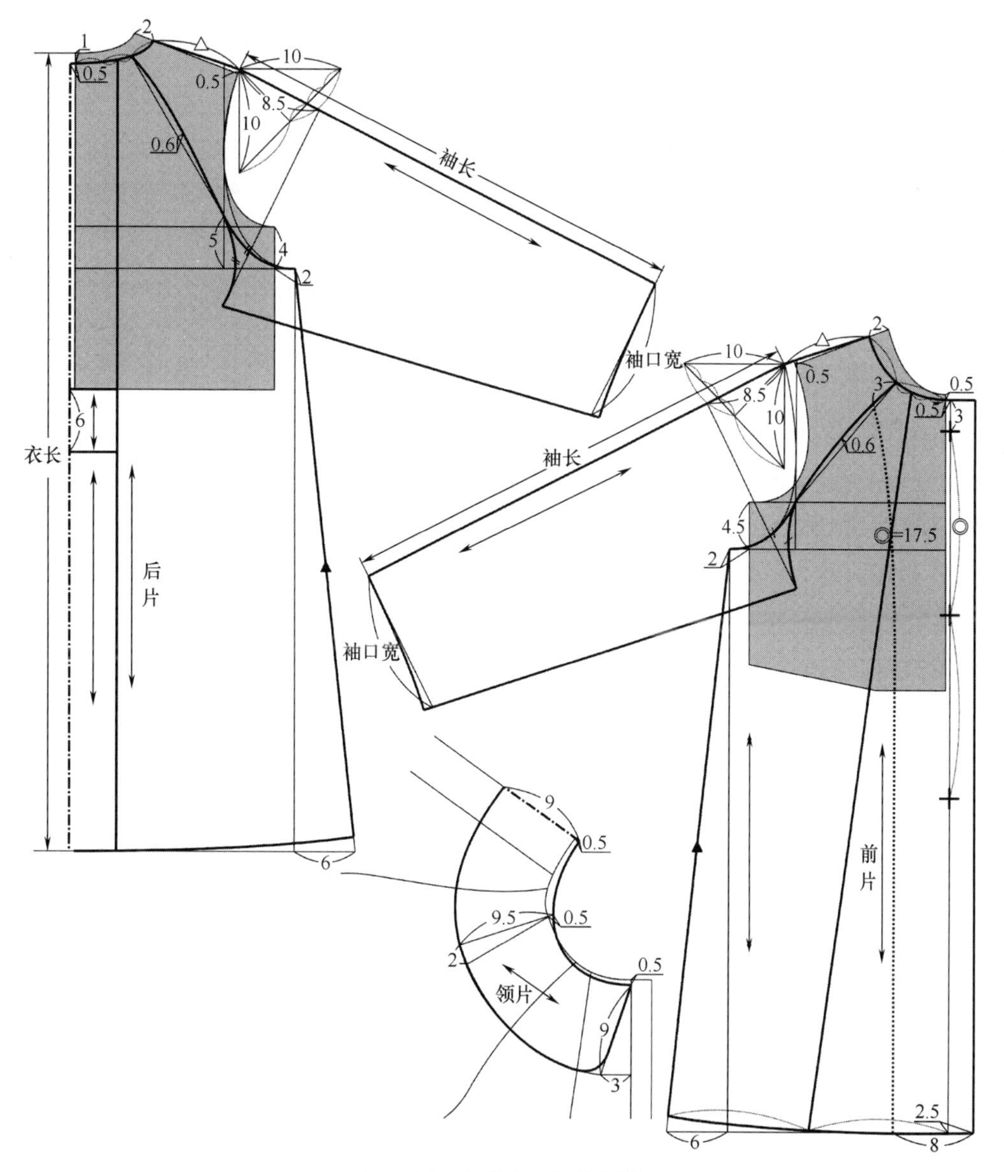

图3-125　女童大衣结构设计

5.制图说明

本款采用儿童原型制图，衣身加放松量 22cm，保持宽松状态。

（1）后片身、袖制图说明如下。

① 自后中线向外平行加放 0.5cm 作为面料厚度预留量，做平行线，确定新的后中线。

② 后领宽在原型基础上加宽 2cm，后领深加深 1cm，重新绘制后领窝弧线。

③ 在后中线上经后颈点向下取衣长尺寸，确定下摆辅助线。

④ 后片胸围加放 2cm，后袖窿深点向下开深 4cm，以产生宽松舒适的袖型。

⑤ 后肩点抬升 0.5cm。

⑥ 后插肩点在后领口三分之一处，后身、袖交叉点在背宽线与袖窿深线交点以上 5cm 的位置，袖斜保持宽松设计，袖山高取 8.5cm，后袖口尺寸等于袖口宽。

⑦ 侧缝展放量为 6cm，保持 A 字造型状态，将底摆与侧缝修成直角。

（2）前片身、袖制图说明如下。

① 自前中线向外平行加放 0.5cm 作为面料厚度预留量，做平行线，确定新的前中线，并向外取搭门量 2.5cm，做前止口线。

② 前领宽在原型基础上加宽 2cm，前领深加深 0.5cm，重新绘制前领窝弧线。

③ 前片胸围加放 2cm，和后片相同；前袖窿深向下开深 4.5cm，形成 0.5cm 的袖窿浮余。前后侧缝尺寸相同。

④ 前肩点抬升 0.5cm，前后肩宽尺寸相同。

⑤ 前插肩点在原型前领口二分之一处，前身袖交叉点在胸宽线与窿深线交点以上 4.5cm 的位置，袖斜保持宽松设计，袖山高取 8.5cm，前后袖的中缝、袖缝和袖口宽尺寸相等。

⑥ 侧缝展放量为 6cm，将底摆与侧缝修成直角。

⑦ 前中线上装 3 粒扣，第一粒扣位距前领深点 3cm，扣间距 17.5cm。

（3）衣领制图说明如下。

衣领制图采用在衣身基础上制图的方法。

① 画出前片，做肩部重叠量。前、后片在侧颈点对齐，前、后片肩部重叠 2cm，画出后片。

② 绘制装领线：后领中点、颈侧点均自衣身外移 0.5cm，前领中点下移 0.5cm，连线并绘制圆顺，即为装领线。

③ 确定领宽，绘制外领口弧线。前、后领宽尺寸相同，均为 9cm，肩部加宽 0.5cm 为 9.5cm，绘制外领口弧线。

6.缝份加放

受到面料厚度的影响，做女童大衣面板缝份加放时，侧缝、前后分割线、前中止口线、袖缝等近似直线的轮廓线缝份加放 1~1.5cm；领圈等弧度较大的轮廓线缝份加放 0.8~1cm；底摆、袖摆分别和里料勾缝，缝份加放 3~3.5cm；过面处缝份为 1~1.5cm。

里板与面板不同，应减少分割，肩缝、侧缝、袖缝等部位加放 1.5~1.8cm，领圈等部位加放 1.2~1.5cm，底摆、袖摆在净板基础上上移 1cm。

本款为较大儿童大衣，在前片、贴边、袖摆、衣领等部位应加黏合衬制作，为防止黏合衬渗漏，衬料缝份应比面板缝份小 0.2~0.3cm，若衬的层数较多，需进行阶梯式处理。

本款女童大衣面板缝份加放如图 3-126 所示，里板缝份加放如图 3-127 所示，衬板缝份加放如图 3-128 所示。

本款女童大衣面板毛缝板如图 3-129 所示，里板毛缝板如图 3-130 所示，衬板毛缝板如图 3-131 所示。

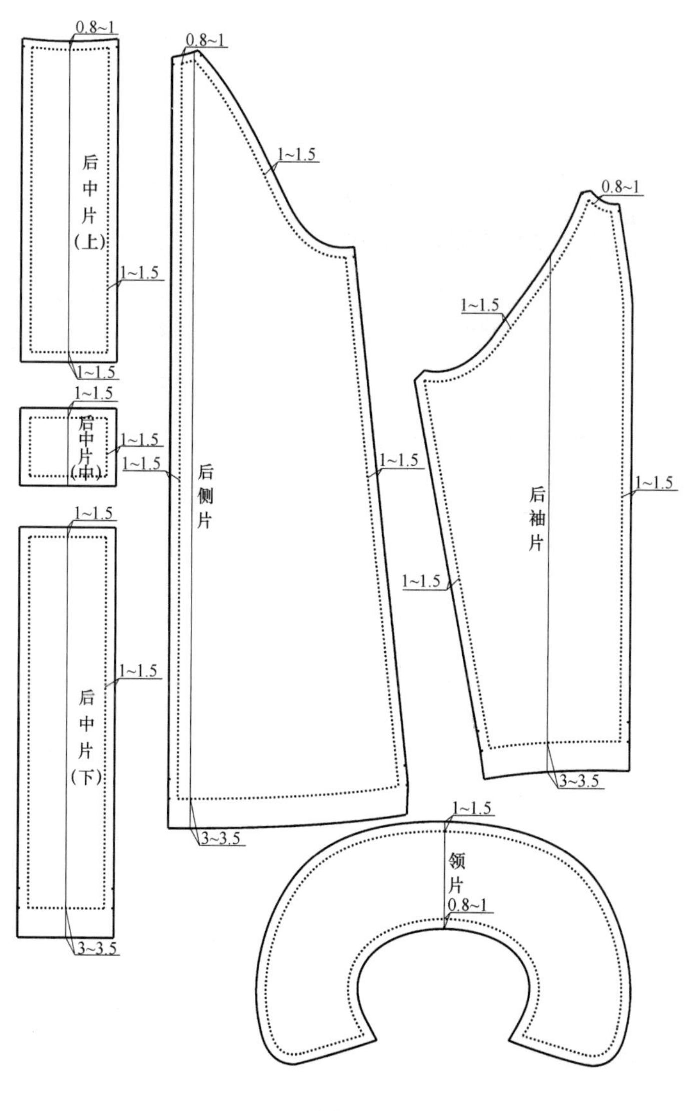

图3-126

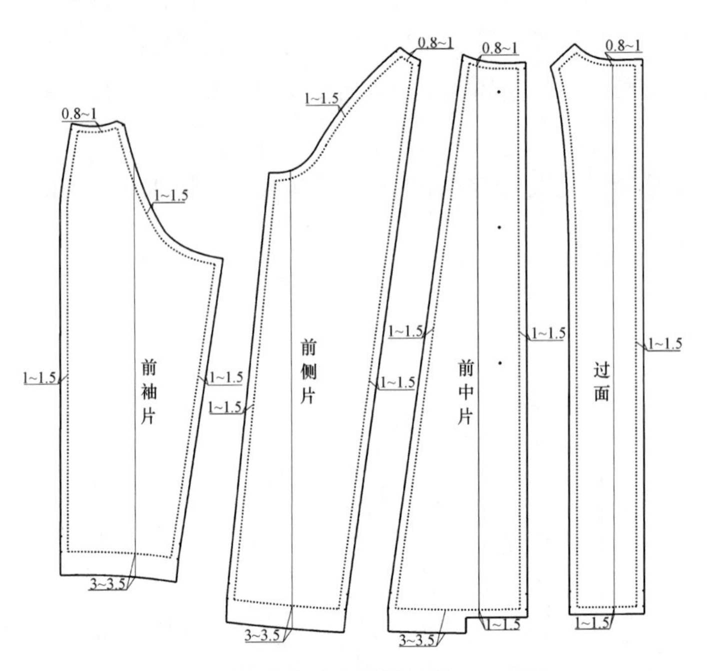

图3-126 女童大衣缝份加放——面板

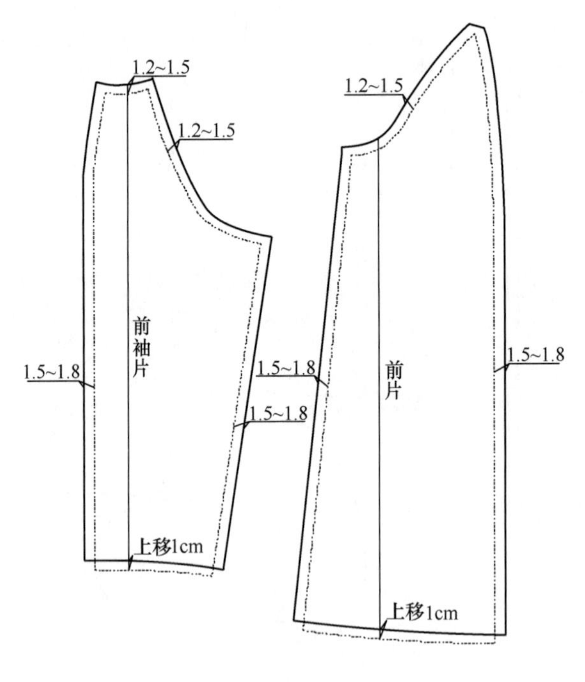

(a)

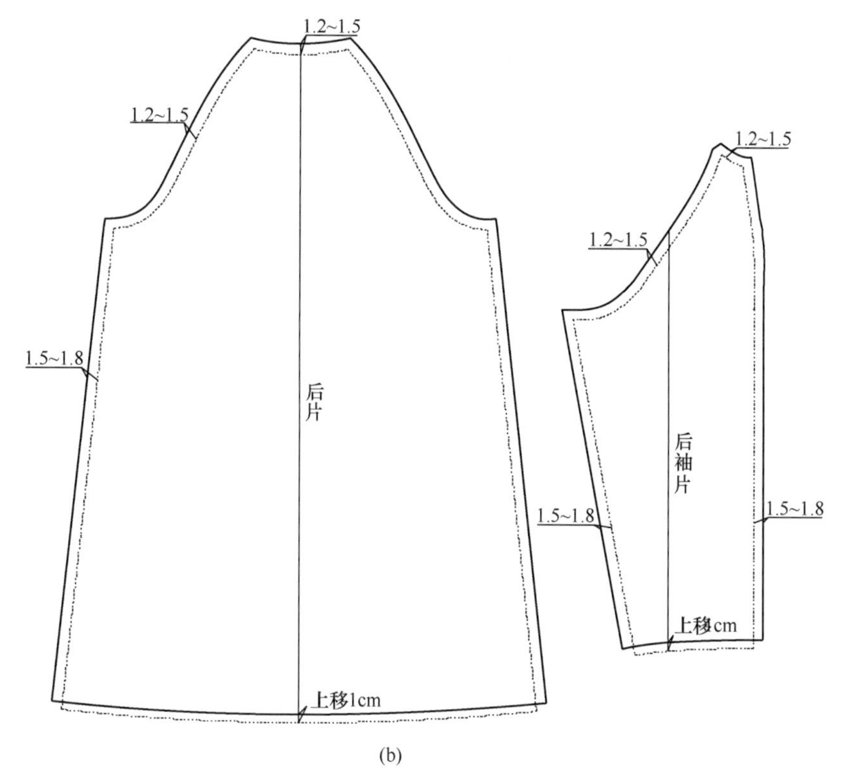

(b)

图3-127　女童大衣缝份加放——里板

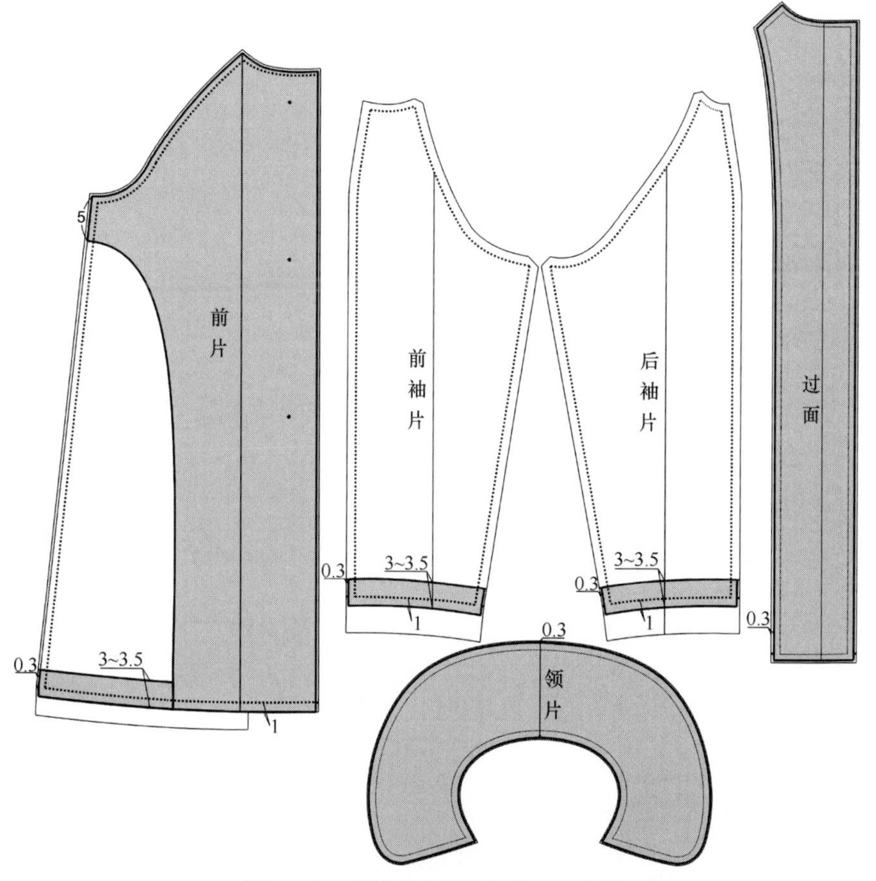

图3-128　女童大衣缝份加放——衬板

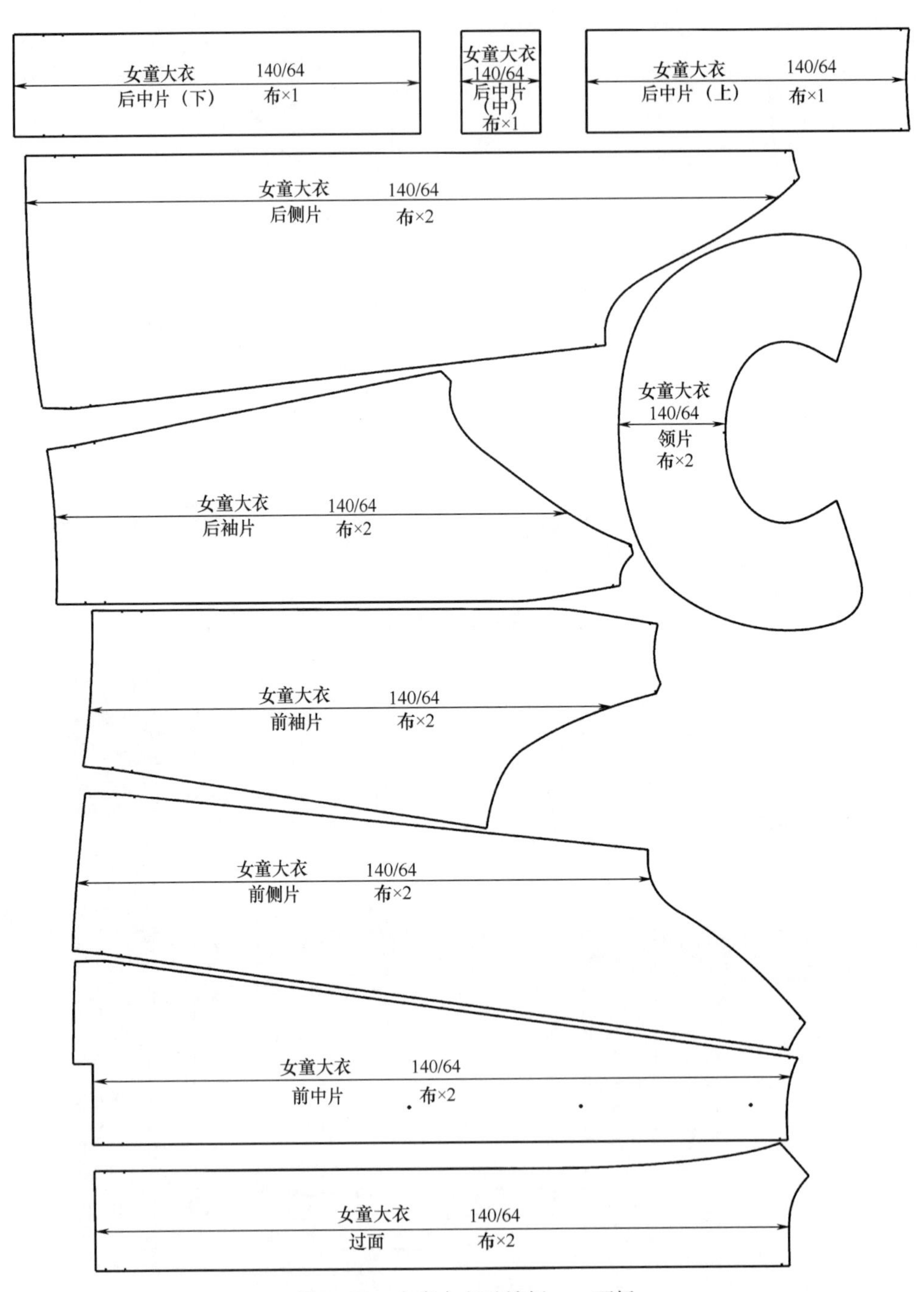

图3-129 女童大衣毛缝板——面板

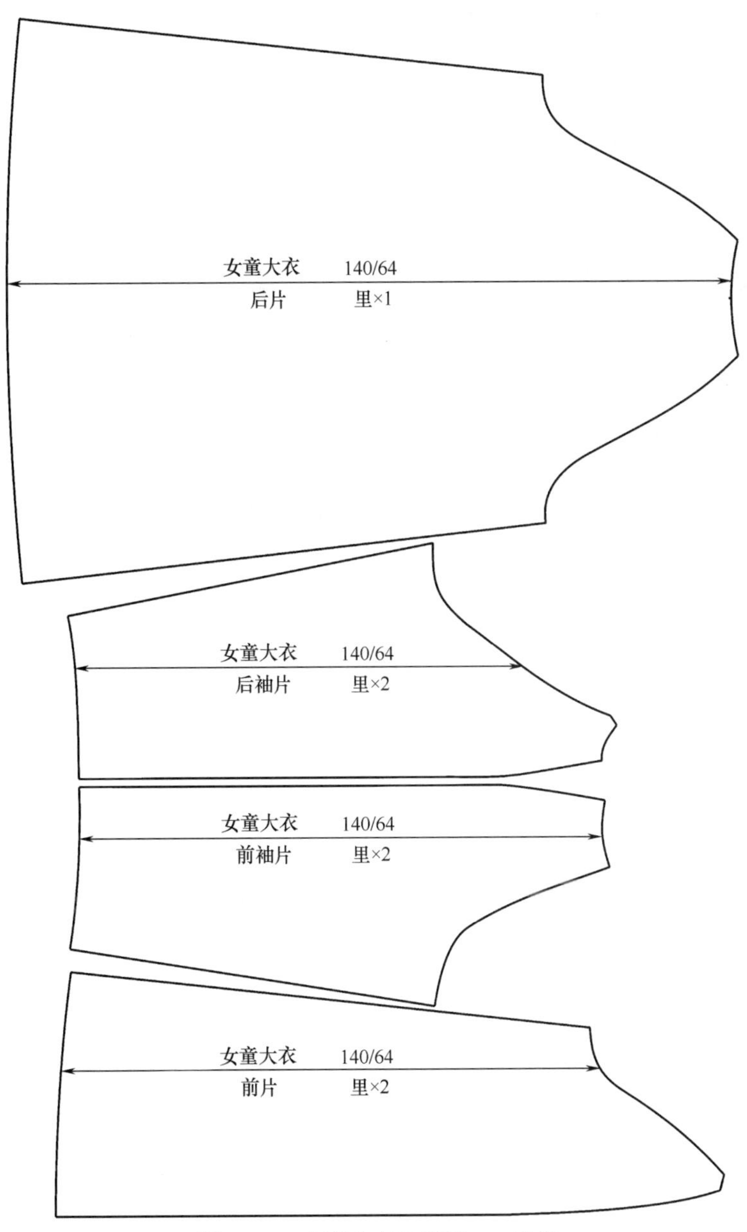

图3-130　女童大衣毛缝板——里板

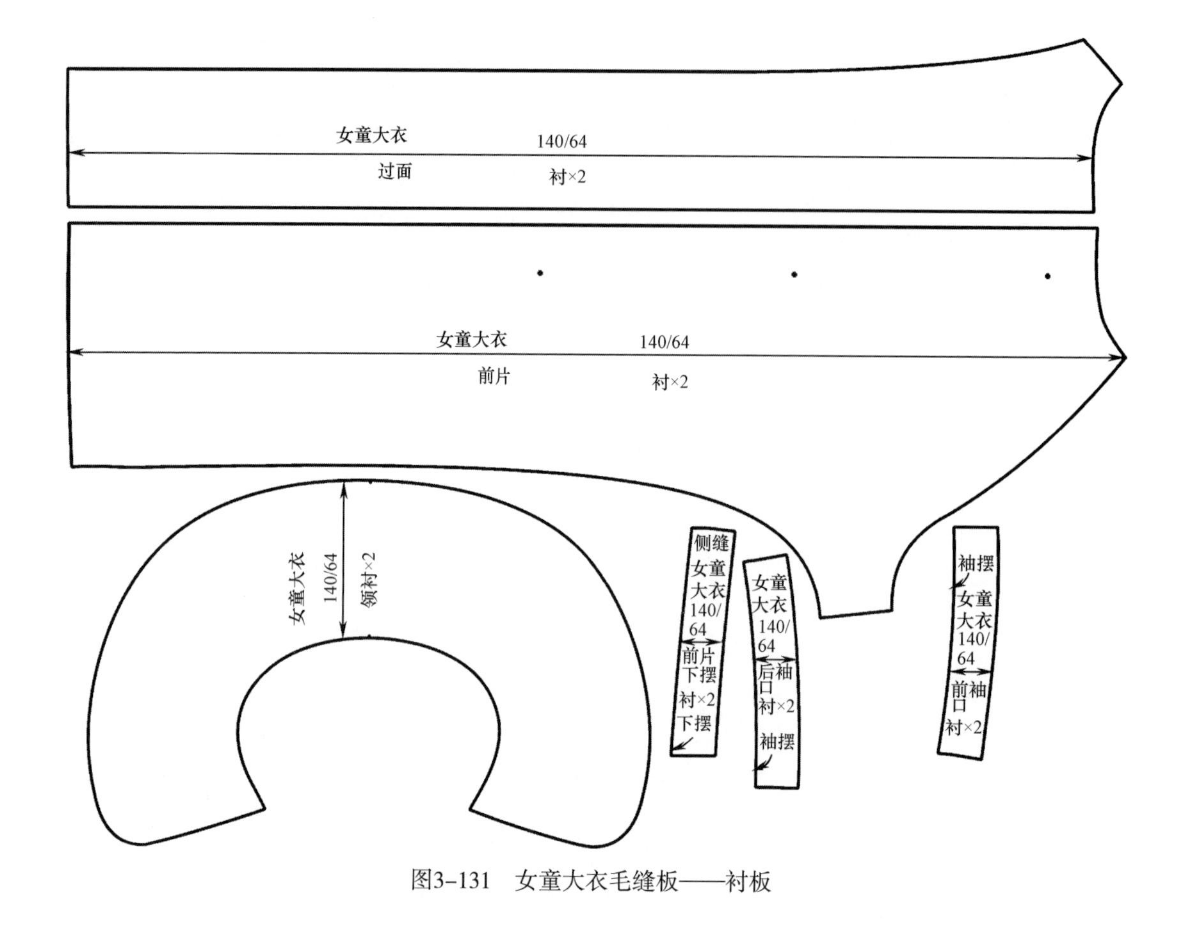

图3-131 女童大衣毛缝板——衬板

七、棉上衣

棉上衣的主要功能是防寒保暖，但同时要考虑保暖性和活动性的统一，因此需选择合适的服装结构。

棉上衣款式各异，如宽松的长棉衣、短小合身的棉夹克等。人体关键部位的保暖要求对结构有很大的制约，棉上衣要做到背部、上臂、腹部等关键部位的充分保暖，这些部位尽量避免暴露或通风透气的设计，开口部位应相应地设计在前部，比如设计为前拉链形式。领口、袖口、下摆处可设计抽绳，能在冷时抽紧，出汗情况下打开散热，保持衣内微气候的最佳状态。连帽棉上衣是童装棉服中常见的设计款式，可在风、雪天气中维持头部和颈部的保暖。领型设计，可选用较高的领型或翻领，但领座不宜太高。棉上衣应避免无领设计。袖型设计要考虑到活动方便。

棉上衣内层面料应选用柔软细腻的纯棉布，外层面料可选用棉、毛、羊绒及起绒、蓬松的面料，质地以紧密厚实为主。

（一）女童棉上衣

1.款式说明

宽松女童棉上衣，带帽，高领，普通单嵌线袋，前中线以拉链闭合，门襟左搭右扣合，后衣身长于前衣身，衣身、衣袖有多处明线设计，款式活泼，穿着方便。女童棉上衣款式设计如图 3–132 所示。

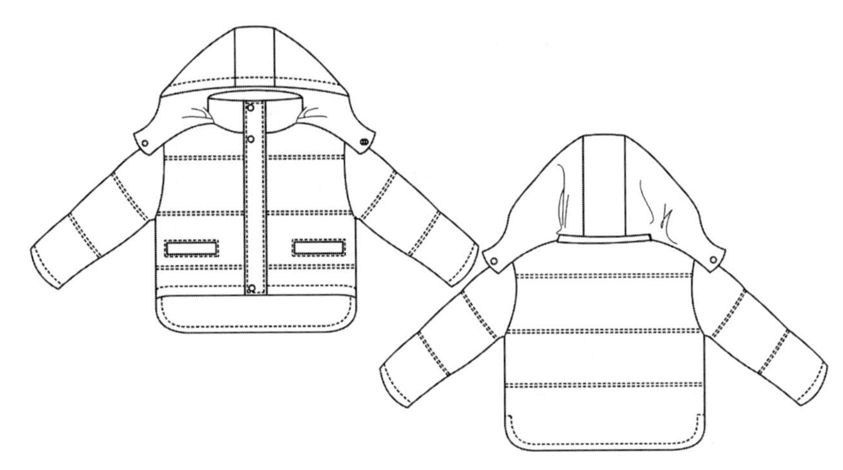

图3–132 女童棉上衣款式

2.适合范围

本款适合身高 90~110cm、年龄为 2~4 岁的女童。

3.规格设计

后衣长 = 身高 ×0.4+（2~4）cm；

胸围 = 净胸围 +24cm；

袖长 = 手臂长 +2cm。

不同身高女童棉上衣各部位规格尺寸见表 3–14 所示。

表 3–14 女童棉上衣各部位规格尺寸 单位：cm

身高	衣长	胸围	袖长	袖口宽	头围
90	38	72	30	13.5	49
100	42	76	33	14	50
110	46	80	36	14.5	51

4.结构制图

身高 100cm 的女童棉上衣结构设计如图 3–133 所示。

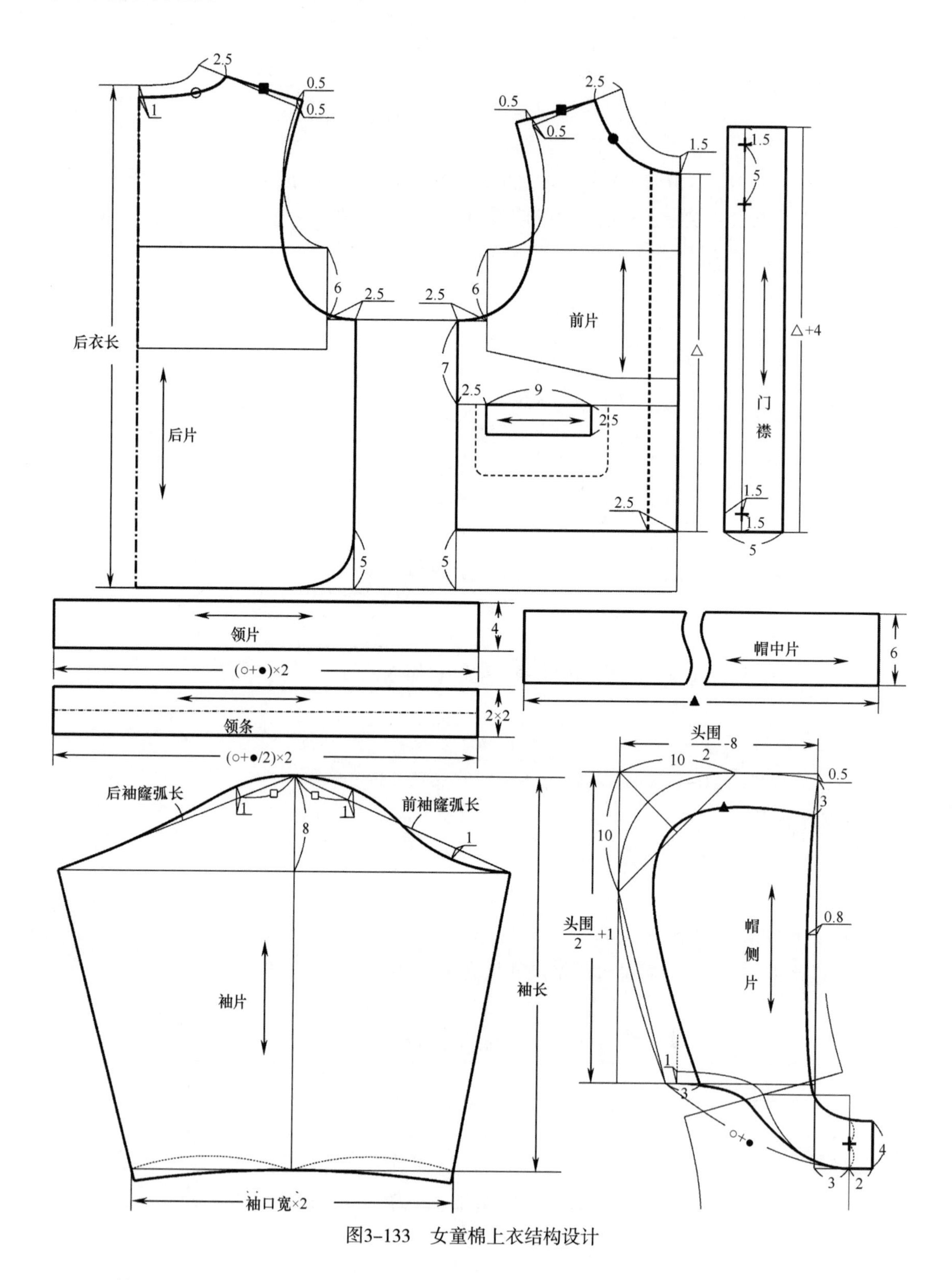

图3-133　女童棉上衣结构设计

5.制图说明

采用儿童原型制图，衣身加放松量 24cm，保持宽松状态。

（1）后片制图说明如下。

① 后片胸围尺寸在原型基础上加大 2.5cm。

② 后领宽加宽 2.5cm，后领深加深 1cm，重新绘制后领窝弧线。

③ 肩点抬高 0.5cm，外移 0.5cm，以使肩部适应衣身的宽松状态。

④ 袖窿深加深 6cm，产生宽松的袖窿。

⑤ 自后领中心点向下取后衣长尺寸做下摆线，侧缝底部 5cm 处做圆角处理。

（2）前片制图说明如下。

① 前片胸围尺寸在原型基础上加大 2.5cm。

② 前领宽加宽 2.5cm，前领深加深 1.5cm。

③ 肩点抬高 0.5cm，延长前肩线，使前、后肩宽尺寸相等。

④ 袖窿深加深 6cm，与后片相同。

⑤ 前衣摆在后衣摆基础上缩短 5cm，前衣摆线根据款式设计为直线。

⑥ 口袋上端位置在窿深线以下 7cm，袋口长 9cm，宽 2.5cm。

⑦ 前中线门襟宽 5cm，长度为在前中线长度基础上增加 4cm 领宽，纽扣位置在距门襟止口 1.5cm 处，第一粒扣距前门襟上端 1.5cm，第二粒扣距第一粒扣 5cm，最后一粒扣距门襟下端 1.5cm。绱门襟位置距前中心线 2.5cm。

（3）袖子制图说明如下。

① 袖子为普通一片袖结构，袖山高 8cm，前袖山斜线等于前袖窿弧长，后袖山斜线等于后袖窿弧长，袖山斜线四等分点的垂直抬升量均为 1cm。

② 袖口尺寸为袖口宽的 2 倍。

（4）背帽制图说明如下。

① 拼合前、后衣片，以侧颈点为对位点，使后衣身在前衣身的肩线延长线上拼合。

② 做帽下口线，在后颈点下部取帽座量 1cm，画顺帽下口线，使之与领窝线等长。

③ 以$\frac{1}{2}$头围 −8cm 为宽、$\frac{1}{2}$头围 +1cm 为高做长方形，长方形上边线为帽顶辅助线，下边线为帽口辅助线，左边线为后中辅助线，右边线为帽口辅助线，帽口辅助线距前中线 3cm。

④ 做帽顶、后中弧线及帽口线，前中搭接量 2cm，帽掩襟宽度 4cm。

⑤ 分割帽中片，帽中片宽 6cm，长与分割处尺寸相同。

（5）领子制图说明：领子为直立型立领，宽 4cm。

（6）领条制图说明：领条宽 2cm，双折设计，绱缝位置至前领窝$\frac{1}{2}$处。

6.缝份加放

女童棉上衣衣身面板缝份加放：前中线、肩缝、侧缝、下摆等部位缝份加放 1~1.5cm；前后领圈、袖窿缝份加放 1~1.2cm；门襟各部位缝份加放 1~1.5cm。

衣袖缝份加放：袖缝和袖口缝份加放 1~1.5cm，袖山缝份加放 1~1.2cm。

帽子缝份加放：帽口线、帽分割线帽口部位缝份加放 1~1.5cm，帽分割线、帽下口线缝份加放 1~1.2cm。

领子和领条各部位缝份加放 1~1.5cm。

衣身里板前中心线、肩缝、侧缝、下摆等部位缝份加放 1.5~1.8cm，前后领圈、袖窿缝份加放 1.2~1.5cm。

衣袖里板袖缝和袖口缝份加放 1.5~1.8cm，袖山缝份加放 1.2~1.5cm。

帽子里板保持两片式结构，中间不分割，帽口线缝份加放 1.5~1.8cm，后中线和帽下口线缝份加放 1.2~1.5cm。

后袋布尺寸长为 13cm，宽为 10.5cm；前袋布尺寸长为 13cm，宽为 8cm。单嵌线口袋开线布尺寸长为 13cm，宽为 9cm。垫底布长为 13cm，宽为 6cm。

本款女童棉上衣面板缝份加放见图 3–134，里板缝份加放见图 3–135，衬板缝份加放见图 3–136，面板毛缝板见图 3–137，里板毛缝板见图 3–138，衬板毛缝板见图 3–139。

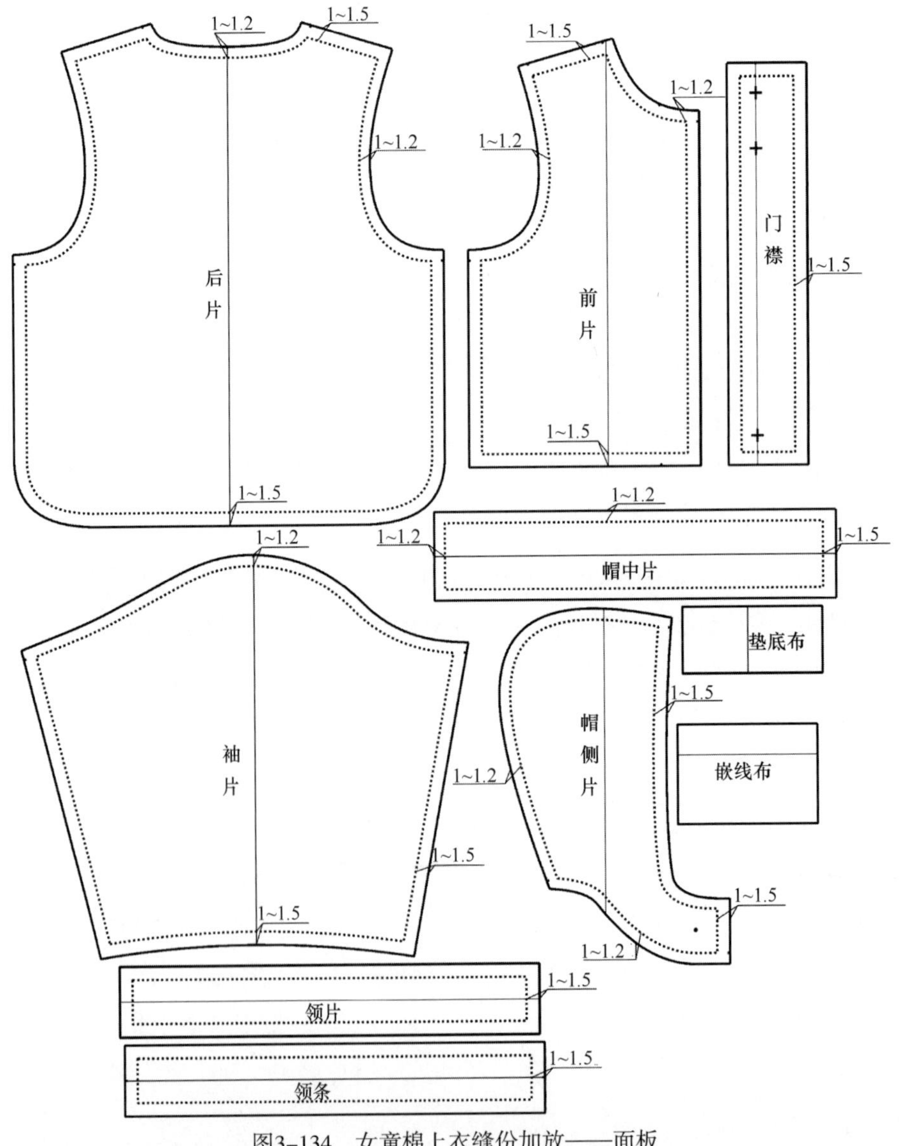

图3–134 女童棉上衣缝份加放——面板

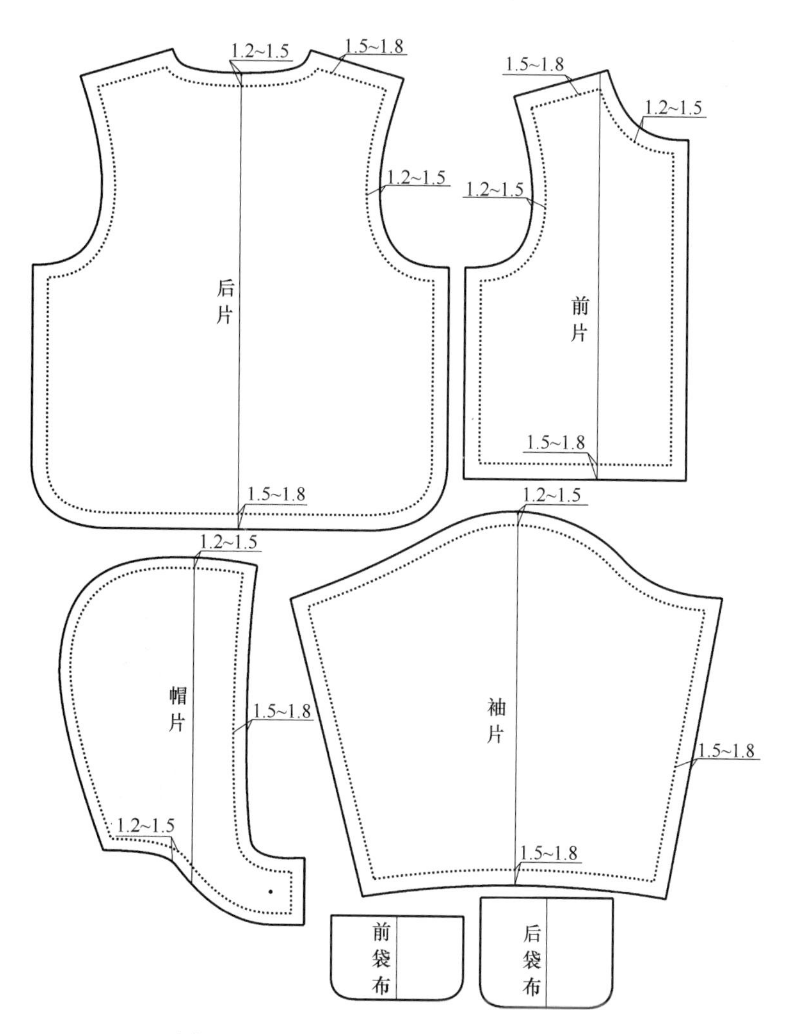

图3-135　女童棉上衣缝份的加放——里板

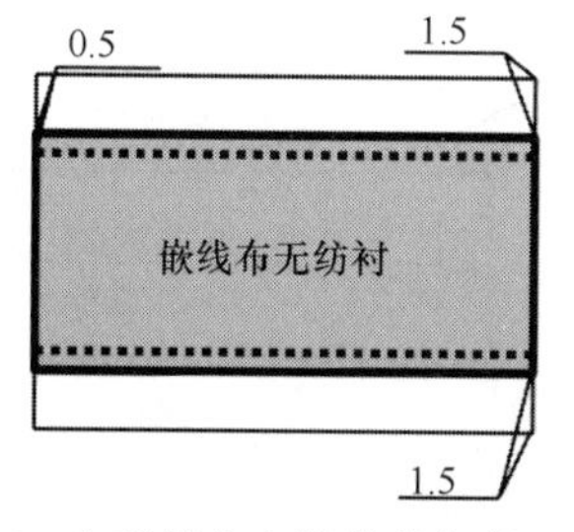

图3-136　女童棉上衣缝份的加放——衬板

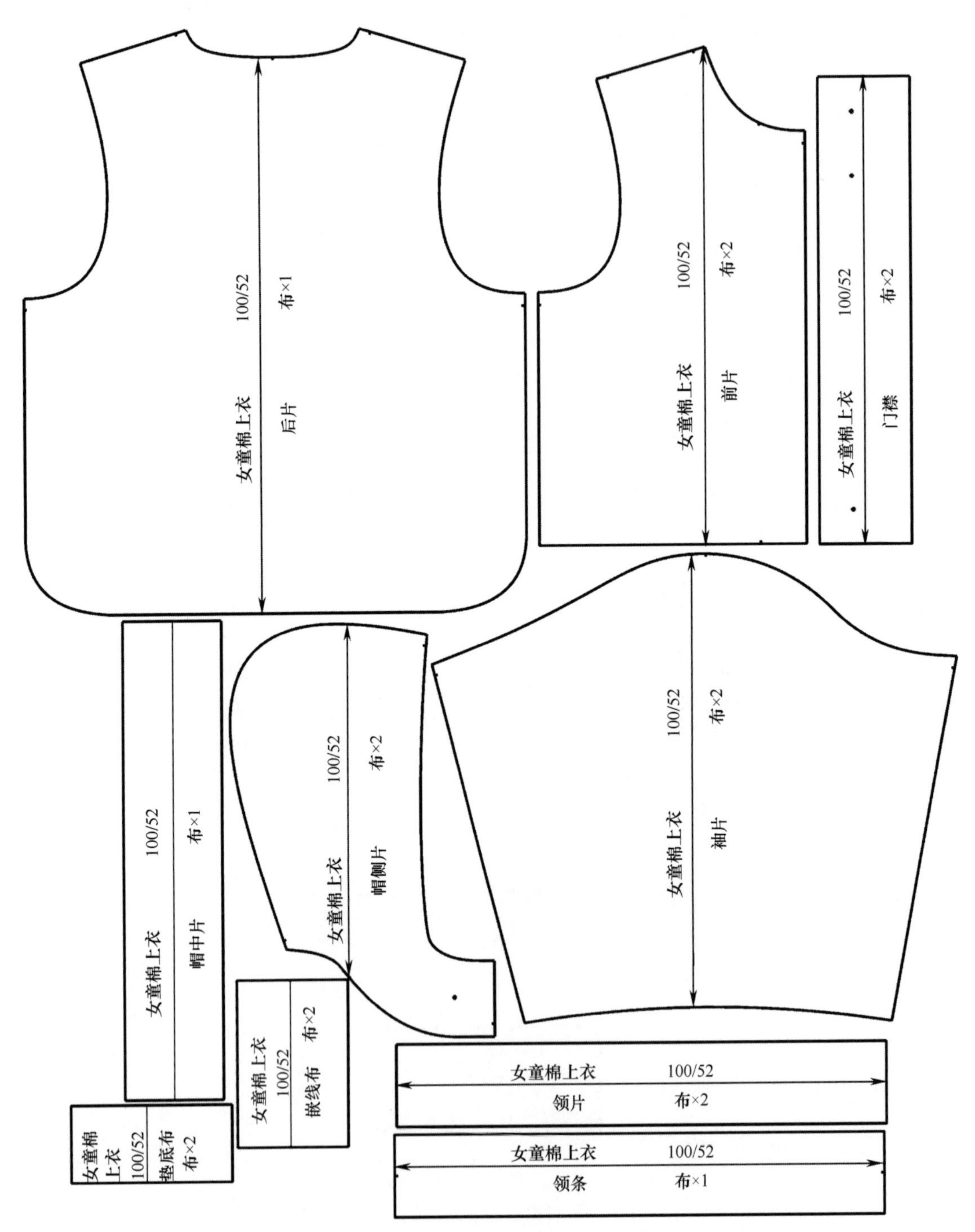

图3-137　女童棉上衣毛缝板——面板

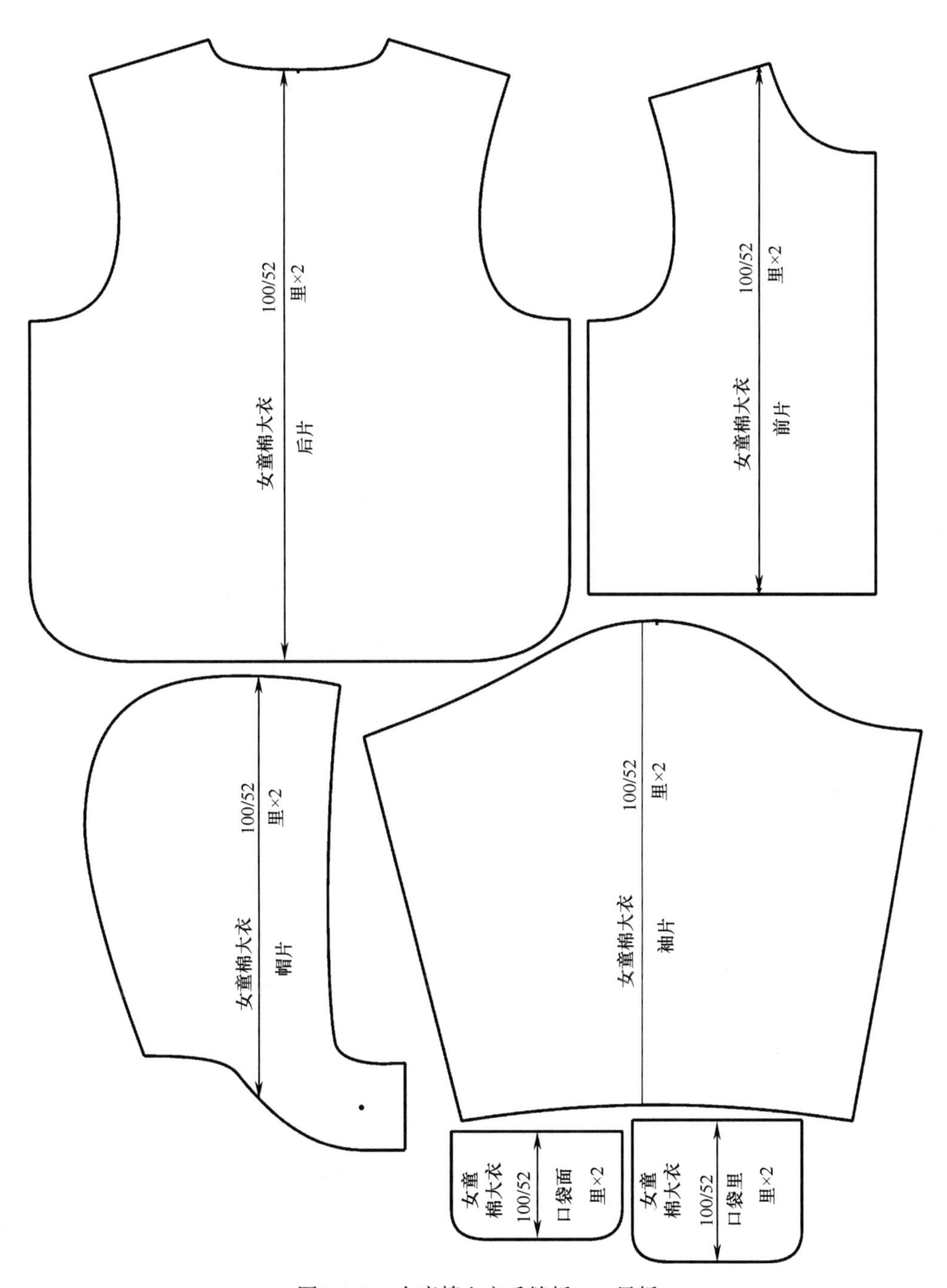

图3-138　女童棉上衣毛缝板——里板

嵌线布无纺衬

图3-139　女童棉上衣毛缝板——衬板

（二）男童短棉服

1.款式说明

男童短款棉服，明拉链设计，领口、底摆、袖口处绱罗纹边，右前胸有明线装饰的双嵌线口袋，左、右下方各有带盖的明贴袋；两袖各有两行嵌细绳的装饰线；帽子用子母扣与衣身连接。款式设计如图 3–140 所示。

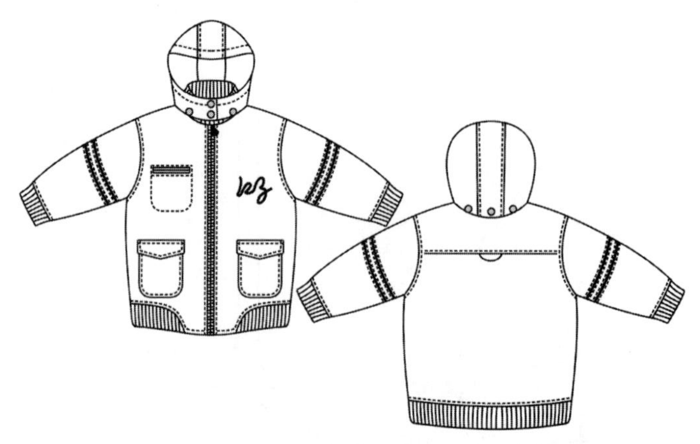

图3–140　男童短棉服款式

2.适合范围

本款适合身高 110~130cm、年龄为 6~8 岁的男童。

3.规格设计

后衣长 = 身高 ×0.5–（8~10）cm；

胸围 = 净胸围 +（28~30）cm；

肩宽 = 净肩宽 +（3~6）cm；

袖长 = 全臂长 +（6~7）cm。

不同身高男童短棉服各部位规格尺寸如表 3–15 所示。

表 3–15　男童短棉服各部位规格尺寸　　单位：cm

身高	衣长	胸围	肩宽	袖长	袖口宽	头围	领罗纹宽	底摆罗纹宽
110	45	84	31	41	13	50	5	5
120	50	88	33	44	14	51	5	5
130	55	92	35	47	15	52	5	5

4.结构制图

身高 120cm 的男童短棉服结构设计如图 3–141 所示。

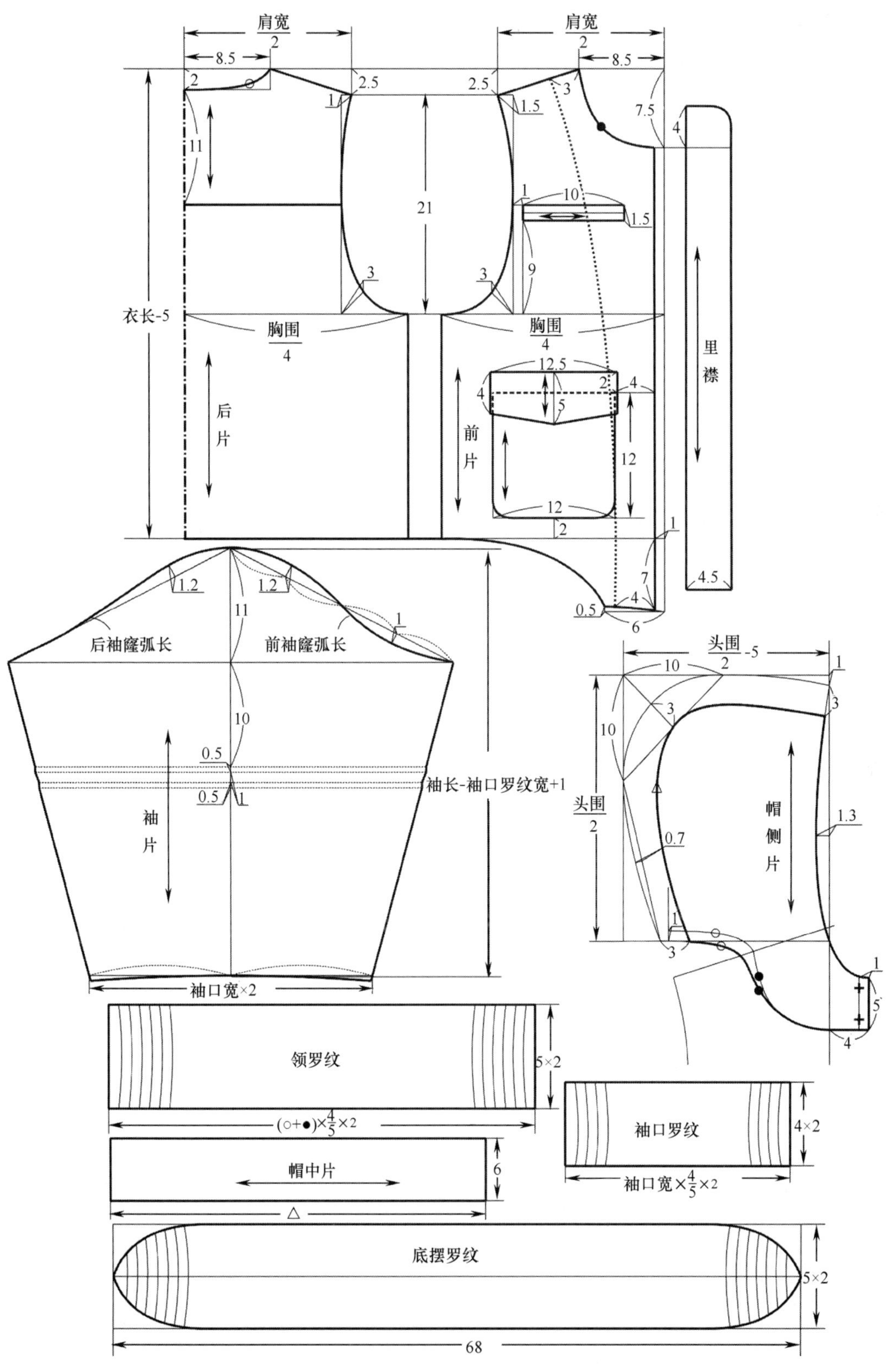

图3-141 男童短棉服结构设计

5.制图说明

本款采用比例法制图。

（1）衣身制图说明如下。

① 先确定上、下基础线，其距离为后衣片的长度，即衣长－底摆罗纹宽。

② 前、后胸围尺寸分别为$\frac{胸围}{4}$，因前中的明拉链提供了一部分量，所以衣片的前中边缘向里缩 1cm，从而保持胸围尺寸不变。

③ 前、后领宽均从中线往侧面取 8.5cm，因是冬季棉服，前、后领深可设计得较浅以增加保暖性，自上基础线向下取后领深 2cm，从侧颈点往下取前领深 7.5cm。

④ 由前、后中线向肩端方向取$\frac{1}{2}$肩宽，落肩 2.5cm，分别连接侧颈点和肩端点为前、后肩线。

⑤ 前、后袖窿深相等，均取经验值 21cm。

⑥ 从后肩点向后中线方向取 1cm 做胸围线的垂线以确定后背宽线，从前肩点向前中线方向取 1.5cm 做垂线以确定前胸宽线，根据肩点、前胸宽线、后背宽线和袖窿底点绘制袖窿线。

⑦ 侧缝线为从袖窿底点往下的竖直线；后片底摆线为水平线，与下基础线重合；前片底摆线下弧，前中底摆处比下基础线长出 7cm。

⑧ 从后颈点往下 11cm 设计后片分割线。

⑨ 在前片上设计口袋位置：胸部的双嵌线口袋长 10cm、宽 1.5cm，距前胸宽线 1cm，距胸围线 9cm；下部的大袋长 12cm、袋宽 12cm，袋盖宽 4cm、长 12.5cm，贴袋上口与袋盖上口之间的距离是 2cm，贴袋距前中止口 4cm。

⑩ 过面肩部尺寸 3cm，底摆处尺寸 4cm。

（2）背帽制图说明如下。

① 拼合前后衣片，以侧颈点为对位点，使后衣身在前衣身的肩线延长线上拼合。

② 做帽下口线，在颈后点下部取帽座量 1cm，画顺帽下口线，使之与领口线等长。

③ 以$\frac{头围}{2}$－5cm 为宽、$\frac{头围}{2}$为长做长方形，长方形上边线为帽顶辅助线，右边线为帽口辅助线，左边线为后中辅助线。

④ 做帽顶及后中弧线；做前脸线。

⑤ 从帽顶和后中弧线往里取 3cm 划平行的弧线为帽分割片轮廓线。

⑥ 做帽中片，宽 6cm，长度为帽分割片轮廓线长度。

（3）袖子制图说明如下。

① 袖子为普通一片袖结构，为使手臂活动方便、舒适，袖山高取 11cm，前袖山斜线取前袖窿弧长，后袖山斜线取后袖窿弧长，袖山斜线四等分点的垂直抬升量见图。

② 袖口尺寸为袖口宽 ×2，前、后袖口尺寸相等，修正袖口线为弧线，以保证袖缝处的袖口圆顺。

（4）其他部件制图说明如下。

① 领、袖口、底摆均为针织罗纹，领罗纹和袖罗纹为长条形，底摆罗纹的两侧为弧线型，弧度与前衣身下摆弧线对应，均双折应用。

② 里襟为双层，装于拉链下方，设计宽度 4.5cm，长度比前中止口长出 4cm，上边缘外侧设计为小圆角。

6.缝份加放

男童棉服衣身面板缝份加放：前中线、肩缝、侧缝、下摆等部位缝份加放 1~1.5cm；前后领圈、袖窿缝份加放 1~1.2cm；里襟各部位缝份加放 1~1.5cm。

过面前中线、局部与里子缝合处缝份加放 1~1.5cm，领圈缝份加放 1~1.2cm。

衣袖缝份加放：袖缝和袖口缝份加放 1~1.5cm，袖山缝份加放 1~1.2cm。

帽子缝份加放：帽口线、帽中片帽口部位缝份加放 1~1.5cm，帽分割线、帽下口线缝份加放 1~1.2cm。

罗纹领、罗纹袖口和罗纹底摆各部位缝份加放 1~1.5cm。

双嵌线口袋上嵌线布尺寸：长为 14cm（袋口尺寸 +4cm），宽为 4.5cm（嵌线宽 +3cm）；下嵌线布尺寸：长为 14cm（袋口尺寸 +4cm），宽为 5.5cm（嵌线宽 +4cm）；垫袋布尺寸：长为 14cm（袋口尺寸 +4cm），宽为 6cm；袋布尺寸：长为 14cm（袋口尺寸 +4cm），高为 14cm。

大贴袋袋口折净，缝份加放 2cm，其他各部位缝份加放 1~1.5cm。

袋盖各部位缝份加放 1~1.5cm。

衣身里板和过面缝份处、肩缝、侧缝、下摆等部位缝份加放 1.5~1.8cm，领圈、袖窿缝份加放 1.2~1.5cm。

衣袖里板袖缝和袖口缝份加放 1.5~1.8cm，袖山缝份加放 1.2~1.5cm。

帽子里板保持两片式结构，中间不分割，帽口线缝份加放 1.5~1.8cm，后中线和帽下口线缝份加放 1.2~1.5cm。

本款男童棉服面板缝份加放见图 3-142，里板缝份加放见图 3-143，衬板缝份加放见图 3-144，面板毛缝板如图 3-145 所示，里板毛缝板如图 3-146 所示，衬板毛缝板如图 3-147 所示。

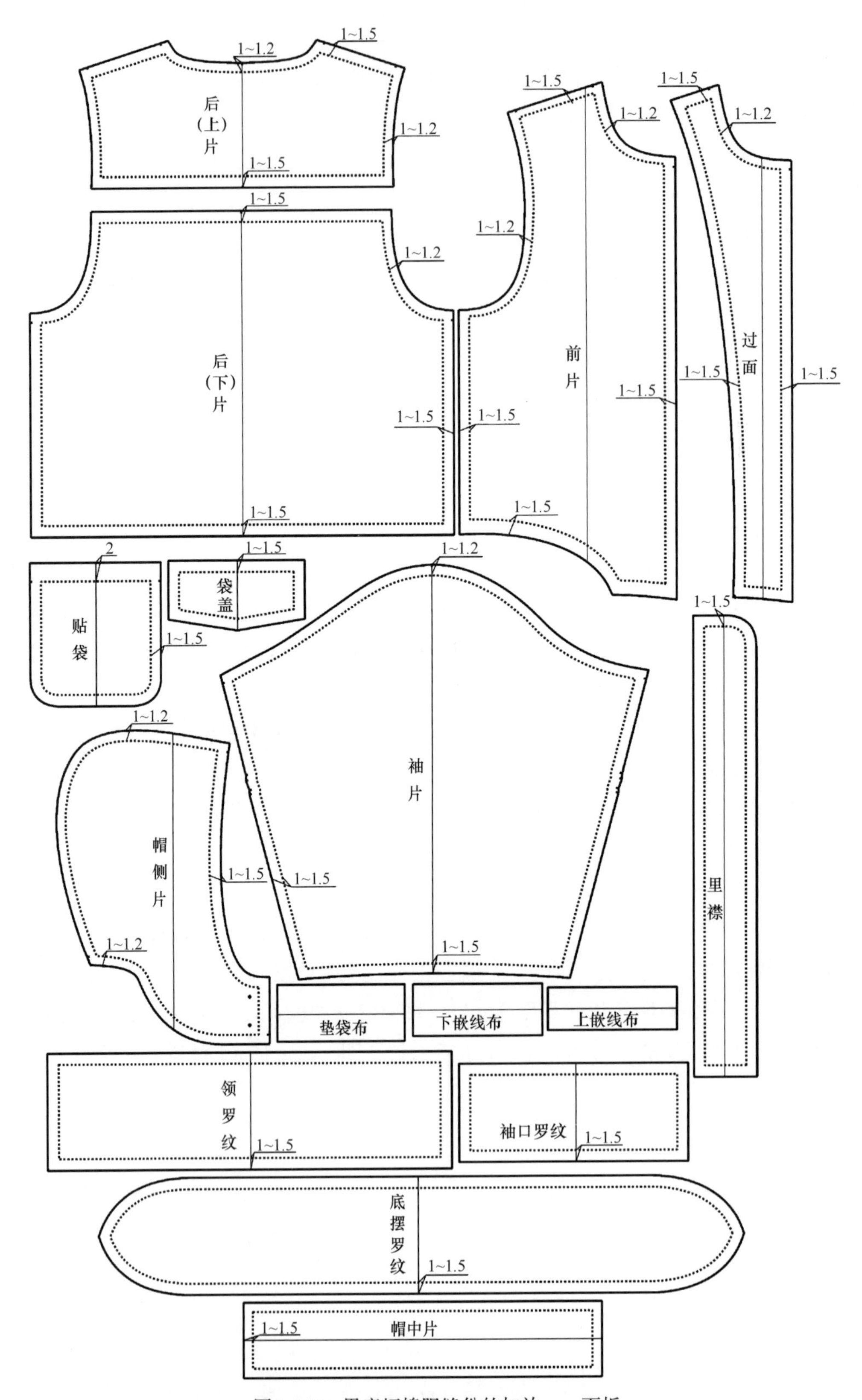

图3-142 男童短棉服缝份的加放——面板

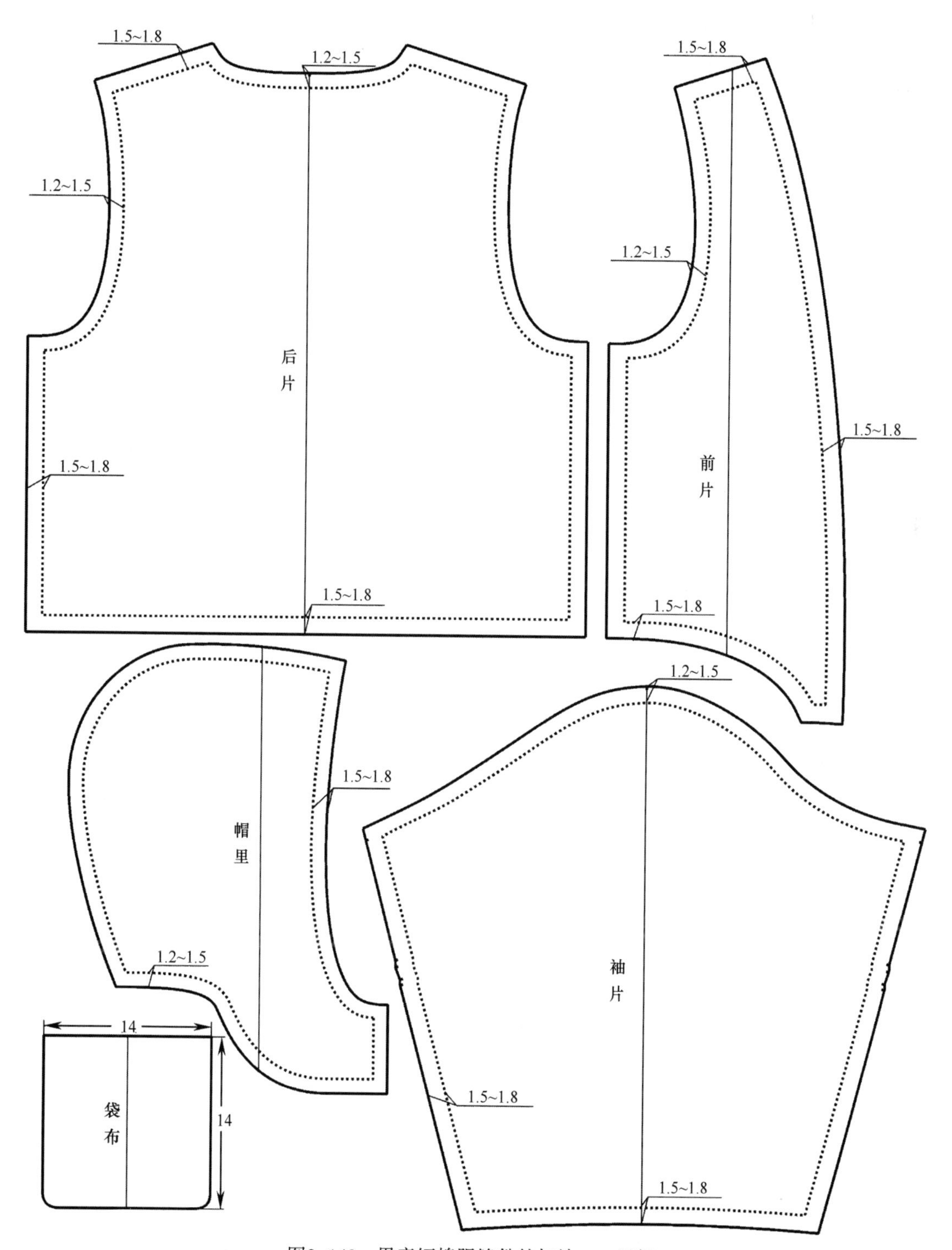

图3-143　男童短棉服缝份的加放——里板

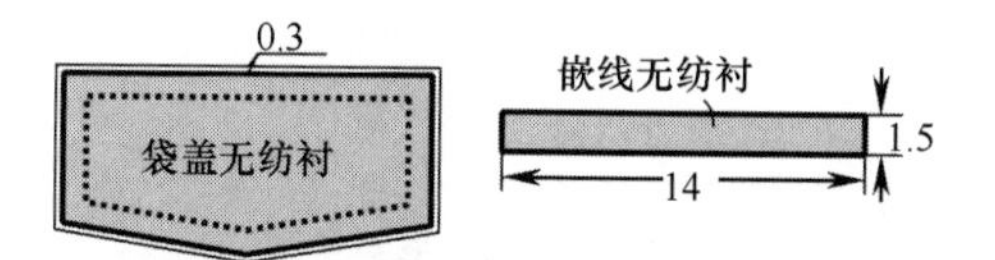

图3-144　男童短棉服缝份的加放——衬板

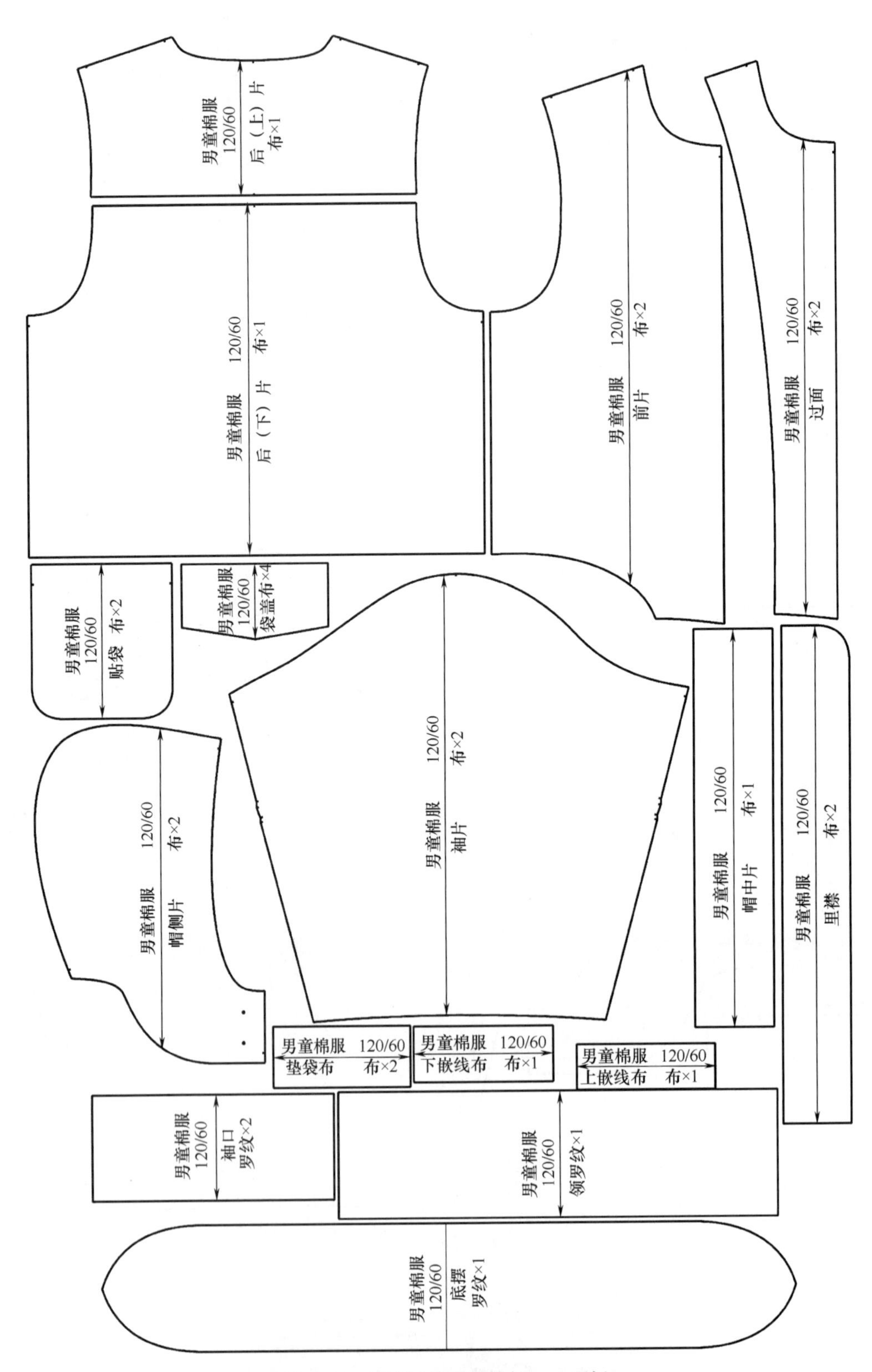

图3-145 男童短棉服毛缝板——面板

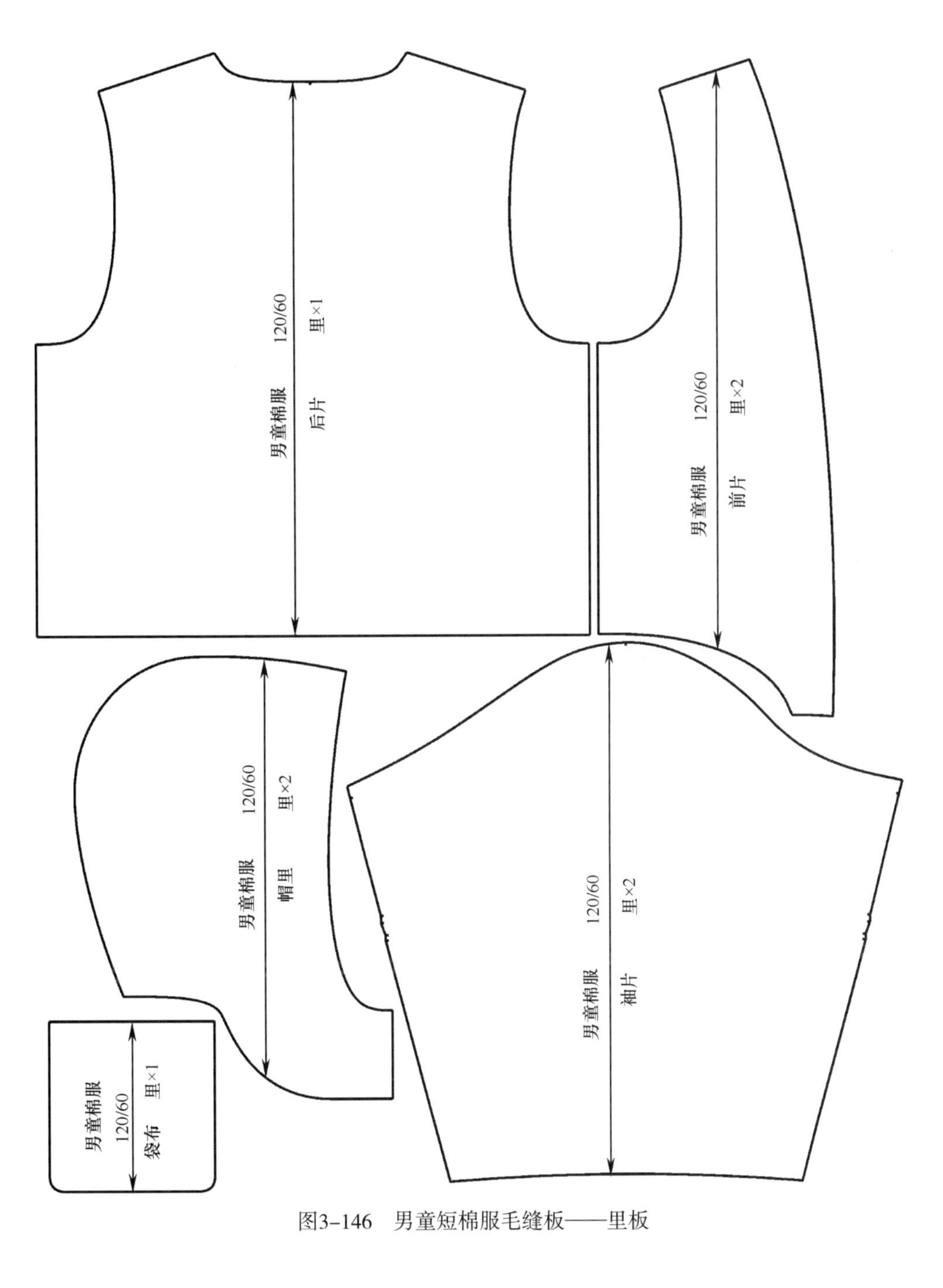

图3-146 男童短棉服毛缝板——里板

袋盖无纺衬

嵌线无纺衬

图3-147 男童短棉服毛缝板——衬板

思考与练习

1.结合各年龄段儿童体型特点进行领型款式设计，区分与成人设计的差异。

2.结合各年龄段儿童体型特点进行袖型款式设计，区分与成人设计的差异。

3.说明儿童前身下垂量的处理方法。

4.针对儿童体型特点，分别设计幼儿期、学童期和少年期儿童夏季衬衫各一件，绘制结构图并加放缝份。

5.针对儿童体型特点，分别设计幼儿期、学童期和少年期儿童冬季棉上装各一件，绘制结构图并加放缝份。

绘图要求：构图严谨、规范，线条圆顺，标识准确，尺寸绘制准确，特殊符号使用正确，结构图与款式图相吻合，缝份加放正确，比例1：5。

综合实训——

女童裙装结构设计与制板

章节名称：女童裙装结构设计与制板

章节内容：裙装结构原理
半截裙结构设计与制板
连衣裙结构设计与制板

章节课时：8课时

教学要求：使学生了解儿童不同时期适合的裙装种类；掌握不同款式裙装规格尺寸及设计的方法与规律；掌握不同类型、不同款式裙装结构设计的方法和工业样板的制作，能做到整体结构与人体规律相符，局部结构与整体结构相称。

第四章　女童裙装结构设计与制板

裙装有着丰富的款式变化，是人们日常生活中广泛穿着的衣物。

第一节　裙装结构原理

裙装结构设计包括：裙装的功能性设计、裙省的设计、裙装廓型的变化等。童裙与成人裙装设计既有相似之处，也有不同，在设计时，应考虑儿童不同成长阶段和运动量的影响，成人服装流行趋势对童装的影响及季节的影响等因素。

裙装的功能性设计在童裙设计中占有举足轻重的作用，裙装结构功能设计以不妨碍下肢运动为依据。日常生活中，下肢运动主要分为两个方面：①并起双腿的运动，包括蹲下、坐下等；②打开双腿的动作：走、跑、上下台阶等。动作幅度的变化、儿童年龄的差异等都会对裙装腰围、臀围和下摆围的变化产生一定的影响，不同动作产生的人体腰围、臀围、下摆尺寸的变化，是进行裙子功能性设计必须考虑的问题。为了使儿童在行走、跑步、蹲、坐、上下楼梯等动作时其活动不受到阻碍，腰围、臀围、下摆围等关键部位必须设计出一定的松量。

一、裙装的分类及其名称

（一）按裙长分类

按裙长长度进行分类，裙装分为以下几种。

（1）超短迷你裙：长度刚刚超过横裆。

（2）迷你裙：把膝围线到横裆线的长度三等分，在最高的等分点之上的裙长。由于儿童运动比成人剧烈，在应用超短迷你裙和迷你裙时应慎重。

（3）短裙：膝盖以上至迷你裙长的位置。短裙在童装中应用比较普及，它可以形成视错，造成下肢增长的感觉。

（4）及膝裙：裙长至膝盖附近，具有轻松、活泼、便于活动的特点，在童装中应用比较普及。

（5）半长裙：平分膝围线到脚踝的距离，半长裙底摆在其二分之一附近的位置，约在小腿中部。

（6）及脚踝裙：裙长的底摆至脚踝，这个长度的裙子可以有效地掩饰腿部缺陷。

（7）超长裙：裙长拖地，主要应用在隆重的庆典场合，不适合日常装穿着。

裙长分类如图 4–1 所示。

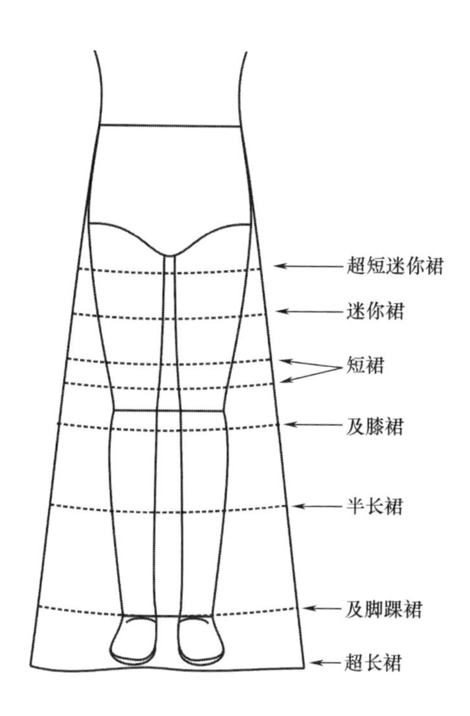

图4–1　裙长分类

（二）按腰位高低分类

按腰位高低分类，裙装分为以下几种。

（1）高腰裙：裙腰线高于人体正常腰线。我国唐代曾经流行过这种位置的腰线，朝鲜少数民族服装一直采用这种腰线的裙子。童装中高腰线裙子比较常见，它可以有效地掩饰儿童凸出的腹部。

（2）标准腰线裙：裙腰线在人体正常腰位线处，是裙装设计中常见的款式，自然大方，具有实用性强的特点，并且便于在腰部以下增加变化。

（3）低腰裙：裙腰线低于人体正常腰位线。在连衣裙设计中，裙腰线接合位置应视裙装用途、流行趋势而定，应注意裙长和上衣长的比例。低腰裙能引导人的视线下移，因此可以有效地掩饰腹部凸出的体型，但易造成人身材矮小的视错，因此，年龄较小的儿童不宜采用低腰设计。

裙腰位高低分类如图 4–2 所示。

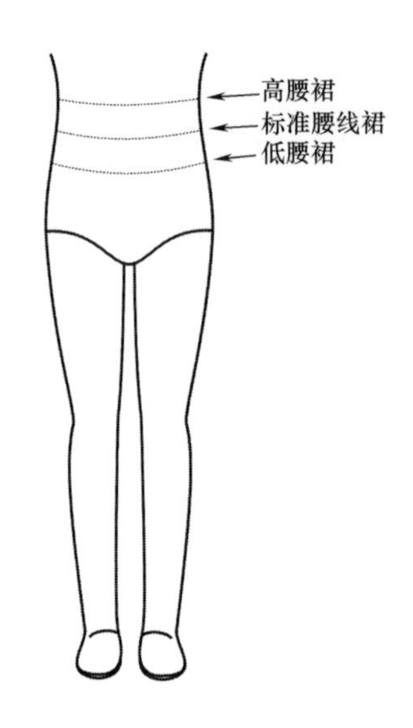

图4-2　裙腰位高低分类

（三）按裙装形态进行分类

按形态分类，裙装分为以下几种。

（1）直筒裙：裙子臀围尺寸和裙摆尺寸相等，裙子呈直筒形。直筒裙包括合体型直筒裙和宽松型直筒裙两种，合体型直筒裙在人体两腿并拢时外观造型较好，但当人体两腿分开时会影响活动，因此，为了活动方便，膝下短裙常在后中线、前中线或侧缝的位置设计开衩或褶裥。宽松型直筒裙在腰部设计有碎褶或褶裥，总体宽松，活动方便。图 4-3 所示是适合于较大女童穿着的合体直筒裙。

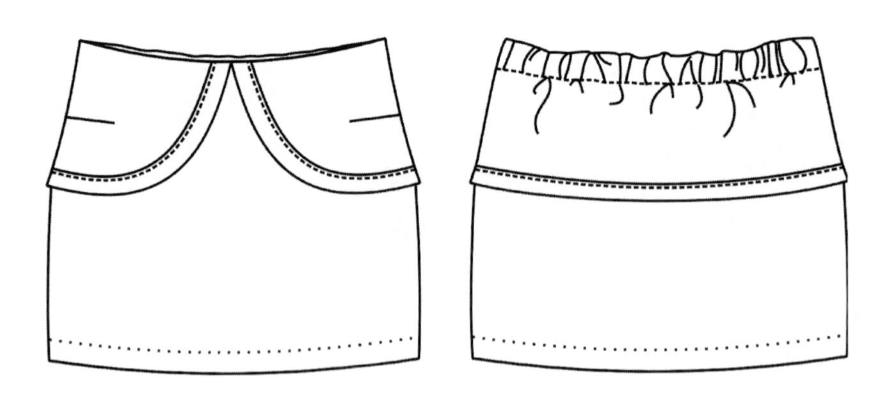

图4-3　合体直筒裙

（2）锥型裙：裙摆尺寸小于臀围尺寸，裙子呈倒锥形，活动机能较差。为方便活动，这种裙子常见在后中线或侧缝的位置开衩，因此常应用在较大儿童裙装中。图 4-4 所示是适合于较大女童穿着的后中线留有开衩的锥型裙。

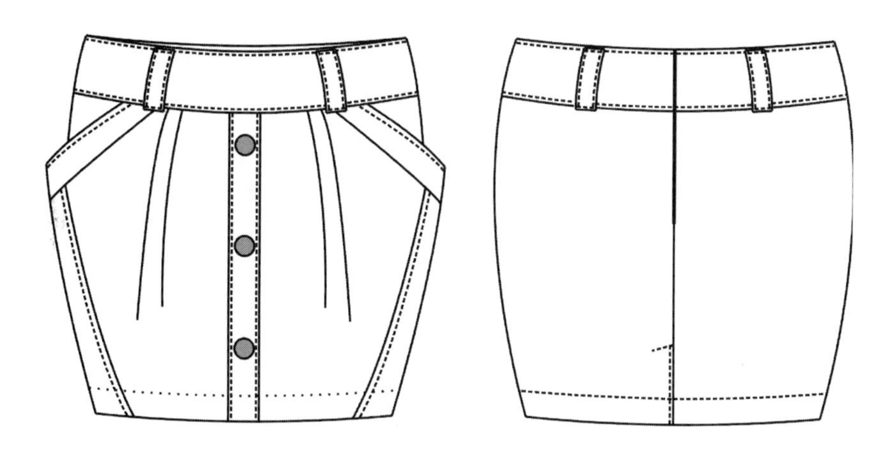

图4–4　锥型裙

（3）梯型裙：裙摆尺寸大于臀围尺寸，裙子呈梯形。这种裙子可以有多种设计形式，并且活动机能较好，因此在儿童各个年龄段的裙装中应用非常广泛，如图 4–5 所示。

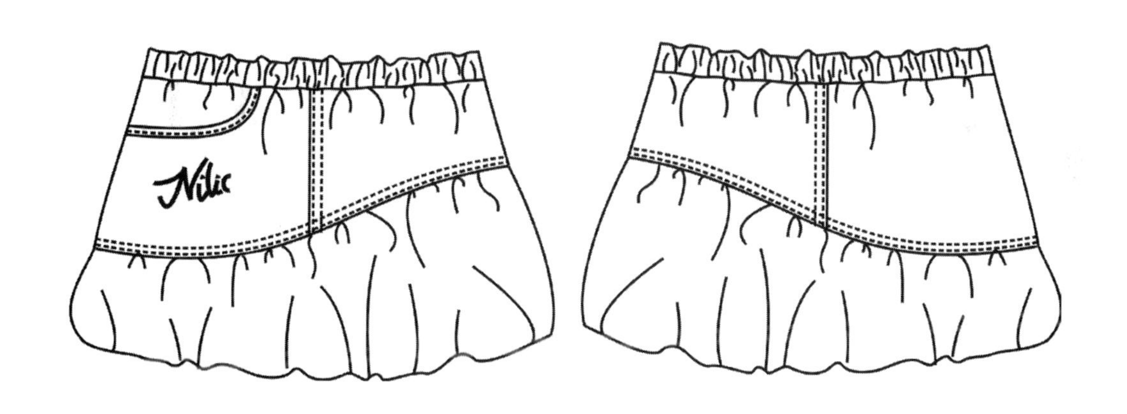

图4–5　梯型裙

（四）按裙装片数进行分类

裙子按片数进行分类，可以分为一片裙、二片裙、三片裙、四片裙、多片裙、节裙等。

（五）按裙褶的类别进行分类

裙子按裙褶的类别进行分类，可以分为单向褶裙、对褶裙、活褶裙、碎褶裙和立体褶裙等。

二、影响裙装结构设计的因素

(一)腰围

腰围是在腰部最细处水平围量一周的尺寸，该尺寸是人体在直立、自然呼吸状态时的净尺寸。人在进餐前、后或蹲下、坐下时，随人体动作，腰围会产生相应的变化。当人坐在椅子上时，腰围约增加 1.5cm；当人坐在地上时，腰围约增加 2cm；呼吸前、后会有 1.5cm 的腰围差异；较小儿童进餐前、后会有 4cm 的腰围变化。因此，婴幼儿腰围放松量最小为 4cm，在款式结构上可采用橡筋带收缩或直接给以放松量的方式调整，并通过吊带穿着。较大儿童裙子腰围放松量约为 2~2.5cm。在连衣裙款式中，需考虑腰部的活动量。

(二)臀围

臀围是在臀部最丰满处水平围量一周的净尺寸。当人坐、蹲时，皮肤随动作发生横向变形使围度尺寸增加。实验证明，当人坐在椅子上时，臀围平均增加 2.5cm；坐在地上时，臀围围度约增加 4cm。从人体不同姿态的臀部变化可以看出，臀部最小放松量应为 4cm。

(三)裙摆围

裙摆围是裙子下摆处的围度，是裙装下摆的成品尺寸。

人体在日常活动中，下肢的运动包括：走、跑、上下跳跃和两腿并拢的站立、弯腰、坐下等动作。裙子需要适应下肢的运动和由此对应的围度变化，因此在裙装设计时必须充分考虑到裙下摆的宽松量。

(四)开口设计

为了使裙装穿脱方便，必须在腰口处设计开口，其位置可在腰前、后侧或其他位置，长度至臀围线附近。

(五)裙长

裙长是根据流行、年龄、用途等来确定的，由于儿童运动比成年人剧烈，所以过短和过长的裙子都不宜采用。因此，在进行裙长设计时，必须充分考虑裙装的宽松度在人体运动时对裙长产生的影响，只有这样，才能设计出既美观又舒适的裙装。

第二节　半截裙结构设计与制板

半截裙在童装中具有广泛的应用。

一、喇叭裙结构设计与制板

喇叭裙从腰到下摆似盛开的喇叭花，有自然的波浪，其裙摆量可稍微展开刚刚适合行走，也可展开呈圆台形。裙摆廓型不同，使用的面料也不相同。

（一）A 型裙

A 型裙指从腰部到臀部紧贴身体而下摆稍微展开、刚好适合行走的裙子。因腰臀部贴体，所以适合选择结实有弹性的面料，且围度方向缝份应适当增大。儿童 A 型裙常见材料如法兰绒、灯芯绒、牛仔布、粗斜纹布等。

1.款式说明

长度至膝盖以上的牛仔短裙，绱腰，前片有平插袋，后片有贴袋，前片左、右裙片有弧形分割，门襟绱拉链，腰头内装橡筋带，后片中心分割，有育克设计，各部位以明线装饰。A 型牛仔裙款式设计如图 4–6 所示。

图4–6　A型牛仔裙款式

2.适合范围

本款适合身高约 135~145cm、年龄为 8~10 岁的女童。

3.规格设计

裙长为设计量，长度在膝盖以上 10~15cm 的位置；

腰围 = 净腰围 +6cm；

臀围 = 净臀围 +6cm。

不同身高 A 型牛仔裙各部位规格尺寸如表 4–1 所示。

表 4–1 A 型牛仔裙各部位规格尺寸

单位：cm

身高	裙长	腰围	臀围	臀高
135	32	58	72	14
140	34	61	76.5	15
145	36	64	81	16

4.结构制图

身高 140cm 的女童 A 型牛仔裙结构设计如图 4–7 所示。

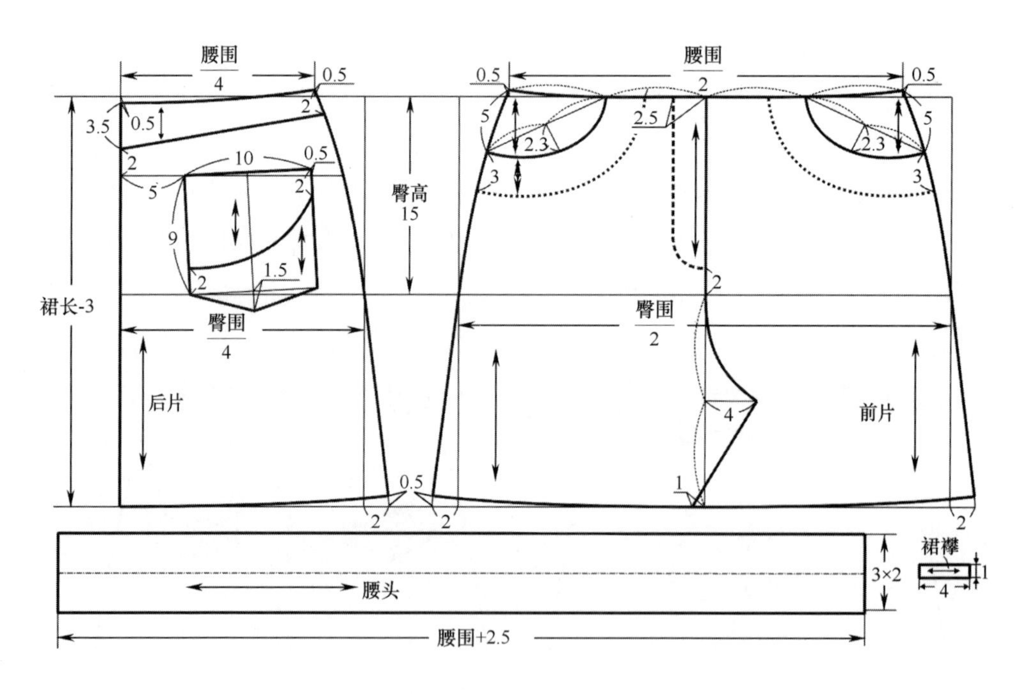

图4–7 A型牛仔裙结构设计

5.制图说明

采用比例法制图，腰围和臀围加放松量均为 6cm，臀围合体，腰围松量较大，采用腰头内装橡筋带进行调节。

（1）后片制图说明如下。

①后片腰围尺寸为$\frac{腰围}{4}$，臀围尺寸为$\frac{臀围}{4}$。

② 自后中心点向下取裙长 -3cm（腰头宽）做水平线，为裙摆基础线。

③ 自后中心点向下取臀高 15cm 做水平线，为臀高线。

④ 后中心点下落 0.5cm，侧缝起翘 0.5cm，底摆展开 2cm。

⑤ 侧缝处育克宽 2cm，后中线处育克宽 3.5cm。

⑥ 后贴袋口尺寸 10cm，袋口距后中心线 5cm。

（2）前片制图说明如下。

① 前片腰围尺寸为$\frac{腰围}{2}$，臀围尺寸为$\frac{臀围}{2}$。

② 前片裙摆基础线和臀高线与后片位置相同。

③ 前片侧缝起翘 0.5cm，底摆展开 2cm。

④ 前片开口位置在前中线上。门襟宽 2.5cm，开口止点在臀高线以上 2cm 处，左、右片分割线见图。

⑤ 平插袋口宽度至腰围线的四等分点上，侧缝处袋口线至腰围线以下 5cm。

⑥ 平插袋贴边宽 3cm。

（3）腰头制图说明：腰头长为腰围 +2.5cm（过腰量），宽为 3cm，里、面连裁。

（4）裙襻制图说明：裙襻长 4cm，宽 1cm。

6.缝份加放

A 型牛仔裙面板缝份加放：侧缝线、后中线、前门襟、前片弧形分割线、后片育克线缝份加放 1.5~1.8cm；前平插袋袋口、腰口各部位缝份加放 1.2~1.5cm；裙摆折净，明线宽 2cm，缝份加放 3.5~3.8cm。

前里襟腰口处缝份 1.2~1.5cm，其他部位 1.5~1.8cm。

平插袋袋口贴边宽 3cm，腰口和袋口绱缝处缝份 1.2~1.5cm，侧缝处缝份 1.5~1.8cm。

腰口处垫袋缝份 1.2~1.5cm，侧缝处垫袋缝份 1.5~1.8cm，垫袋和衣片的袋口互搭 3cm。

后贴袋袋口明线宽 2cm，后贴袋卷边加放 3.2~3.5cm，后贴袋其他部位缝份加放 1.2~1.5cm，贴袋分割弧线缝份加放 1.2~1.5cm。

腰头各部位加放 1.2~1.5cm。

裙襻长度方向缝份加放 1.2~1.5cm，宽度缝份各加放 0.8cm。

平插袋后袋布宽为在袋口宽基础上加放 3cm，深为在袋口深基础上加放 8cm。

本款 A 型牛仔裙面板缝份的加放见图 4-8，里板缝份加放见图 4-9，面板毛缝板如图 4-10 所示，里板毛缝板见图 4-11。

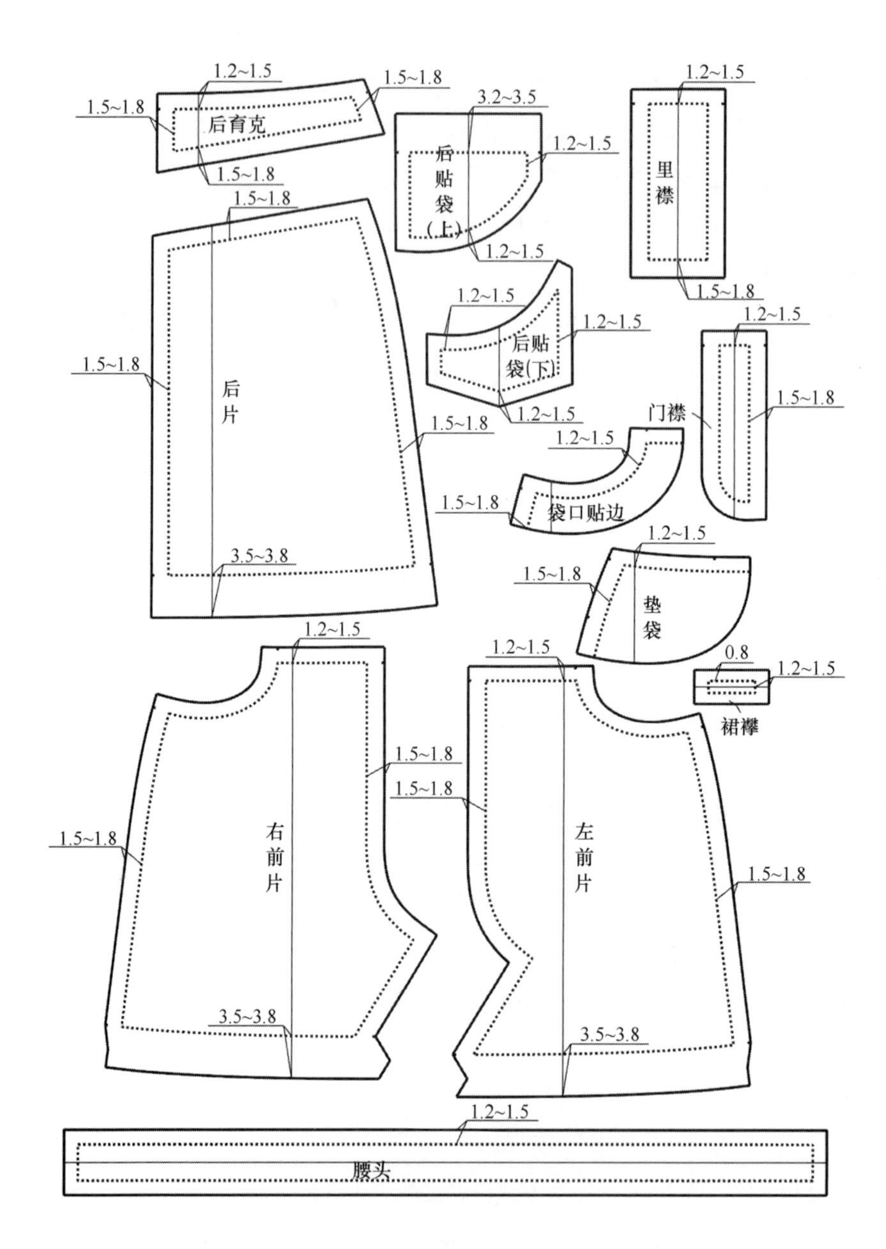

图4-8 A型牛仔裙缝份加放——面板

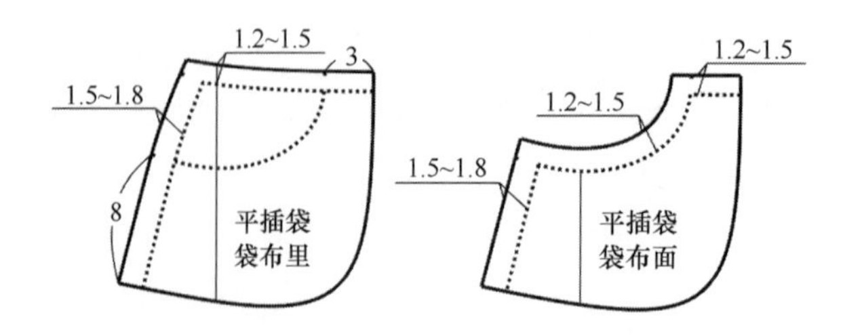

图4-9 A型牛仔裙缝份加放——里板

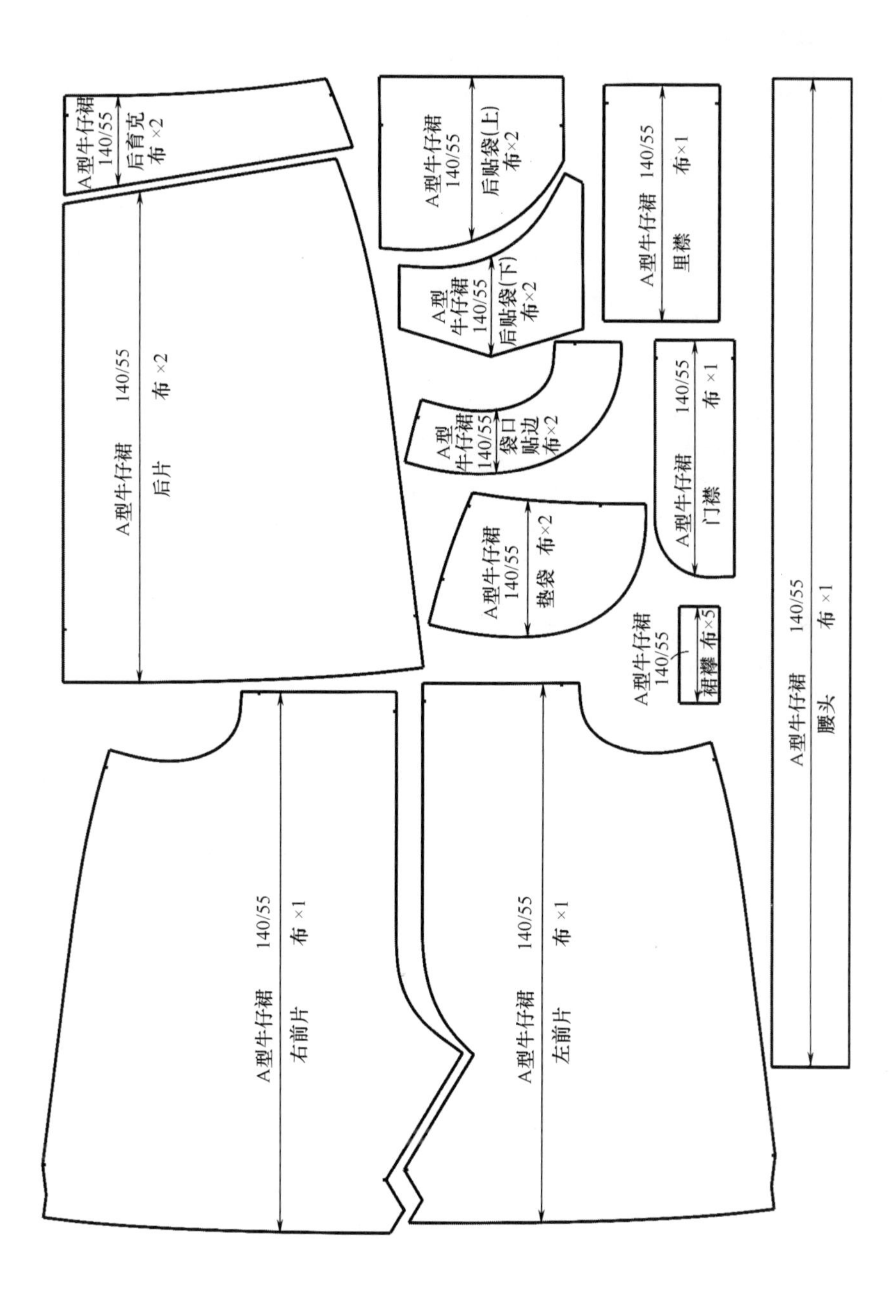

图4-10　A型牛仔裙毛缝板——面板

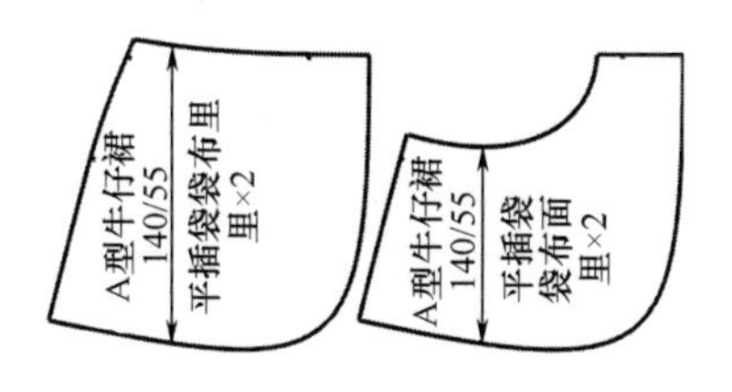

图4-11　A型牛仔裙毛缝板——里板

（二）绱腰圆摆裙

圆摆裙指腰部紧身合体、裙摆展开呈圆弧形的裙子。圆摆裙的结构去掉了省，在保持腰围长度不变的情况下，通过直接改变腰线的曲度来增加裙摆。腰曲线越圆顺，裙摆波形褶的分配越均匀，造型就越好。圆摆裙宜采用经纬向的弹性、质感均相同的面料，织造比较紧密的面料悬垂效果较差，不宜采用。儿童圆摆裙常用面料有法兰绒、乔其纱、各种薄型纯棉平纹布等。

1.款式说明

本款为膝盖以上短裙，裙摆较大，前片有平插袋，袋口绲边，袋口下捏褶，后中线处绱拉链。款式活泼可爱，穿着实用方便。绱腰圆摆裙款式设计如图 4–12 所示。

图4–12　绱腰圆摆裙款式

2.适合范围

本款适合身高 140~150cm、年龄为 10~12 岁的女童。

3.规格设计

裙长为设计量，长度在膝盖以上 10~15cm 的位置；

腰围 = 净腰围 +2cm；

基础臀围 = 净臀围 +6cm。

不同身高绱腰圆摆裙各部位规格尺寸如表 4–2 所示。

表 4–2　绱腰圆摆裙各部位规格尺寸　　单位：cm

身高	裙长	腰围	臀围	臀高
140	32	57	76.5	15
145	34	60	81	16
150	36	60	85.5	17

4.结构制图

身高 145cm 的儿童绱腰圆摆裙结构设计如图 4–13 所示。

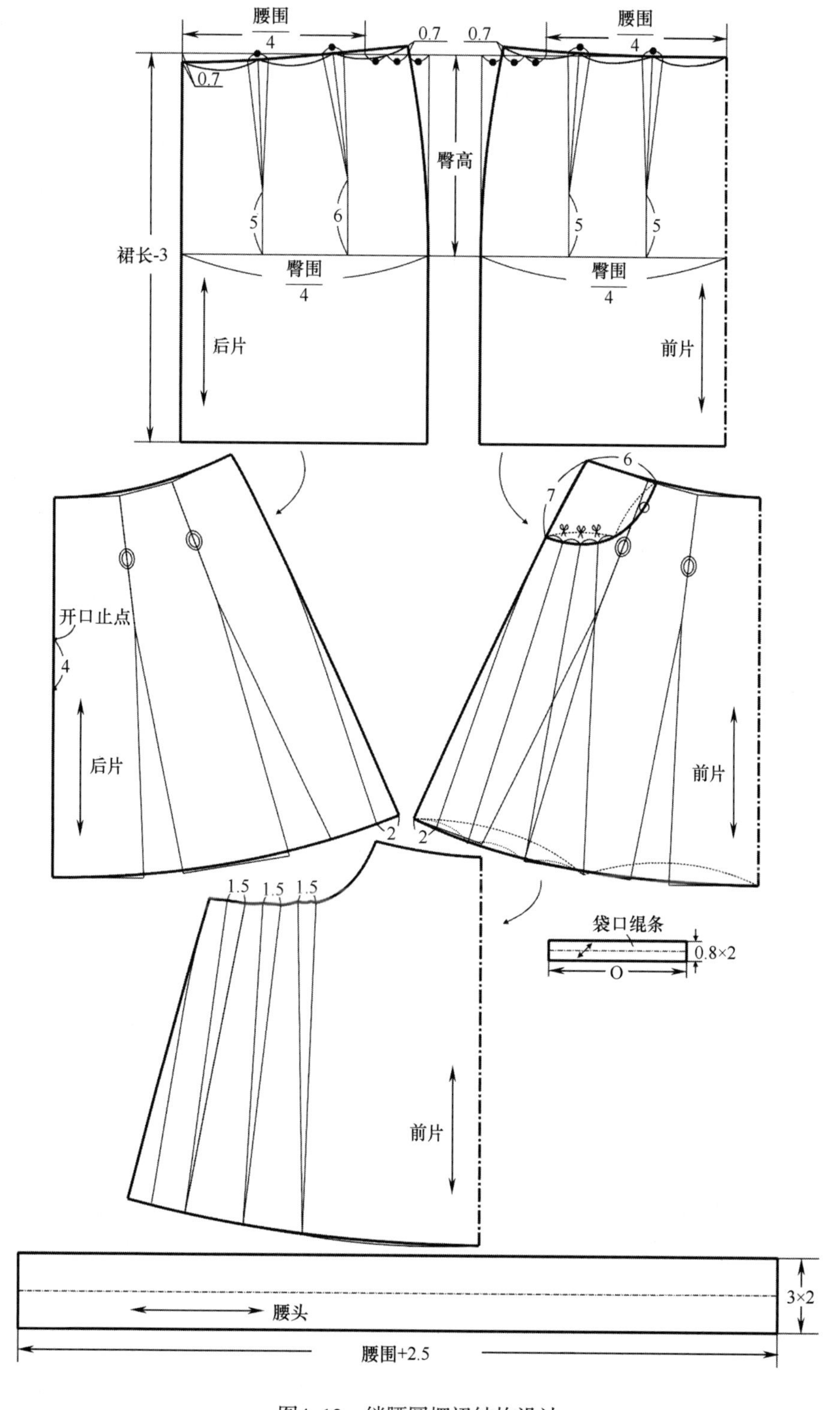

图4–13　绱腰圆摆裙结构设计

5.制图说明

本款采用比例法制图，腰围加放松量 2cm，基础臀围加放松量 6cm，在此基础上进行转省和剪切加量处理，形成腰围以下的宽松飘逸的圆摆裙。

（1）后片制图说明如下。

① 做基础后裙片。基础裙片为直身裙，后臀围为$\frac{臀围}{4}$，后腰围为$\frac{腰围}{4}$，将$\frac{2}{3}$臀腰差作为片内省，将$\frac{1}{3}$臀腰差作为侧缝省，后中心点下落 0.7cm，侧缝处起翘 0.7cm。

② 剪切、旋转、合并腰省。在基础裙片的基础上，通过省尖点做裙摆线垂线，沿此线剪开；逆时针旋转剪开的裙片，使省的两边合并，这时裙摆沿剪开线展开一定的量。两个省依次剪开旋转。

③ 修正腰围线，使之呈圆顺弧线。

④ 裙摆在剪切加量的基础上，在侧缝处加宽 2cm，以圆顺弧线连接腰围侧缝点和裙摆侧缝点。

⑤ 裙后中线开口位置在臀高线以上 4cm 处。

⑥ 修正裙摆弧线。

（2）前片制图说明如下。

① 做基础前裙片。基础裙片为直身裙，前臀围为$\frac{臀围}{4}$，前腰围为$\frac{腰围}{4}$，将$\frac{2}{3}$臀腰差作为片内省，将$\frac{1}{3}$臀腰差作为侧缝省，侧缝处起翘 0.7cm。

② 剪切、旋转、合并腰省，裙摆线的处理和后裙片处理方法相同。

③ 平插袋口宽度为 6cm，侧缝处袋口尺寸为 7cm，袋口绲条宽 0.8cm。

④ 剪切加量形成袋口处的省量。按款式图设计剪切位置，自袋口剪切至裙摆处，所加褶量为 1.5cm。

（3）腰头制图说明：腰头长为腰围 +2.5cm（过腰量），宽为 3cm，里、面连裁。

6.缝份加放

绱腰圆摆裙面板缝份加放：后中线、侧缝线缝份加放 1~1.5cm；前平插袋袋口、腰口各部位缝份加放 0.8~1cm；裙摆折净，双明线宽分别为 2cm、2.2cm，缝份加放 3~3.2cm。

腰口处垫袋缝份 0.8~1cm，侧缝处垫袋缝份 1~1.5cm，垫袋和衣片的袋口互搭 3cm。

腰头各部位缝份加放 0.8~1cm。

袋口绲条各部位缝份加放 0.8~1cm。

平插袋后袋布宽为在袋口宽基础上加放 3cm，深为在袋口深基础上加放 6cm。

本款绱腰圆摆裙面板缝份的加放见图 4–14，里板缝份加放见图 4–15，面板毛缝板如图 4–16 所示，里板毛缝板见图 4–17。

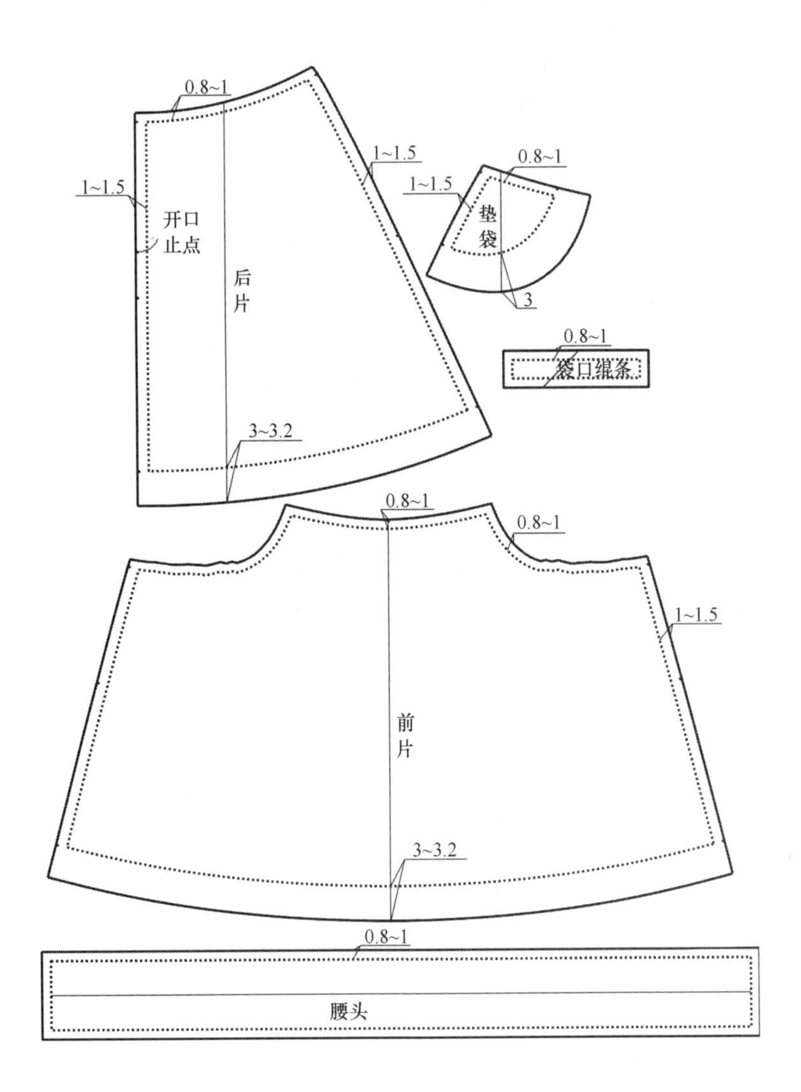

图4-14　绱腰圆摆裙缝份加放——面板

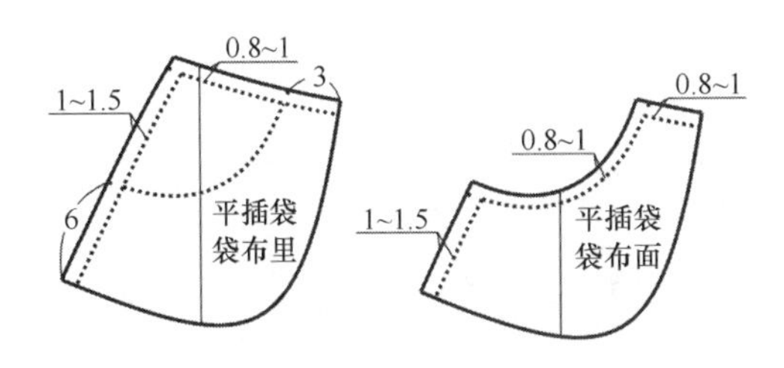

图4-15　绱腰圆摆裙缝份加放——里板

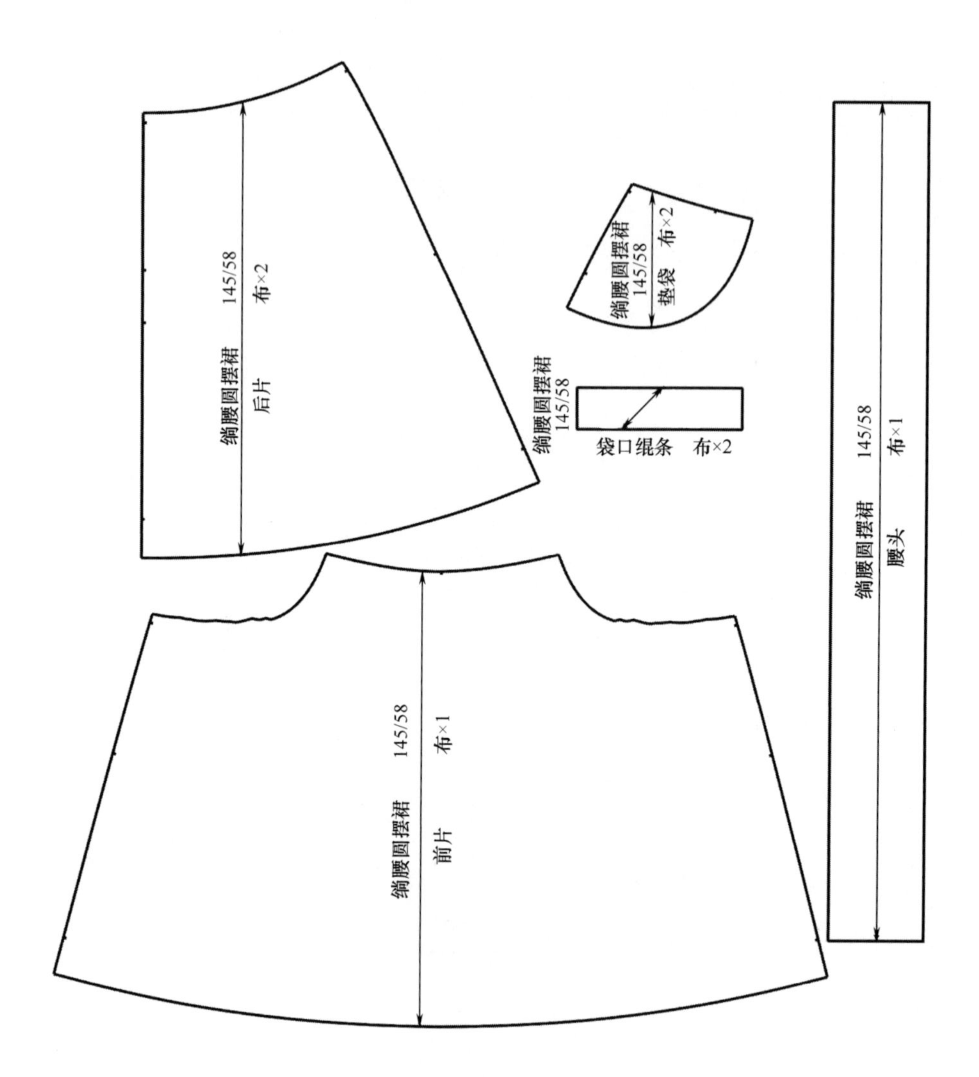

图4-16 绱腰圆摆裙毛缝板——面板

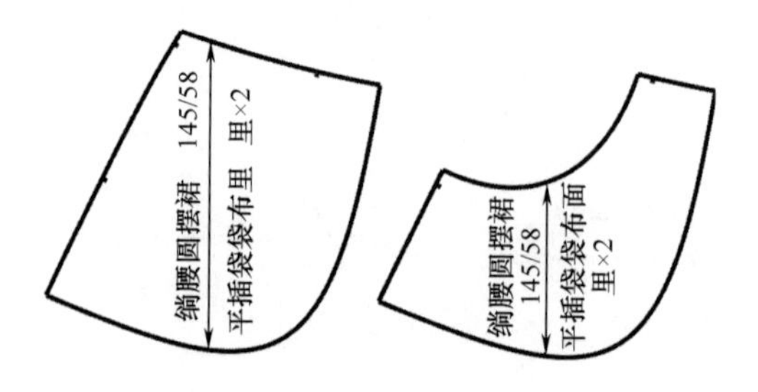

图4-17 绱腰圆摆裙毛缝板——里板

（三）幼童圆台裙

圆台裙是圆摆裙的一种，当圆摆裙腰曲线达到 360° 时，裙摆达到最大，形成圆台裙。

1.款式说明

本款为长至膝盖以上的圆台裙，腰围曲线呈 360° ，腰部装有罗纹口并穿入橡筋带，款式简洁大方，穿着活泼可爱。幼童圆台裙款式设计如图 4–18 所示。

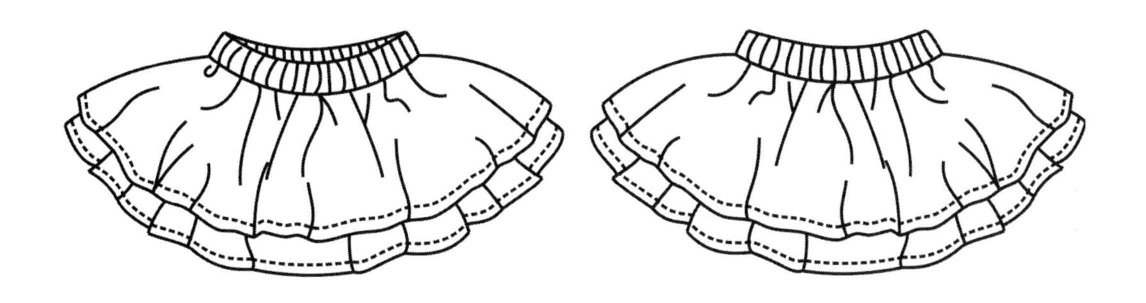

图4–18 幼童圆台裙款式

2.适合范围

本款适合身高 80~100cm、年龄为 1~3 岁的女幼童。

3.规格设计

裙长为设计量，长度在膝盖以上 3~5cm 的位置；

穿入橡筋带后腰围 = 净腰围 –3cm；

拉展后腰围 = 净腰围 +16cm。

不同身高女幼童圆台裙各部位规格尺寸如表 4–3 所示。

表 4–3 幼童圆台裙各部位规格尺寸 单位：cm

身高	裙长	穿入橡筋带后的腰围	拉展后的腰围
80	22	44	63
90	26	47	66
100	30	50	69

4.结构设计图

身高 90cm 的幼童圆台裙结构设计如图 4–19 所示。

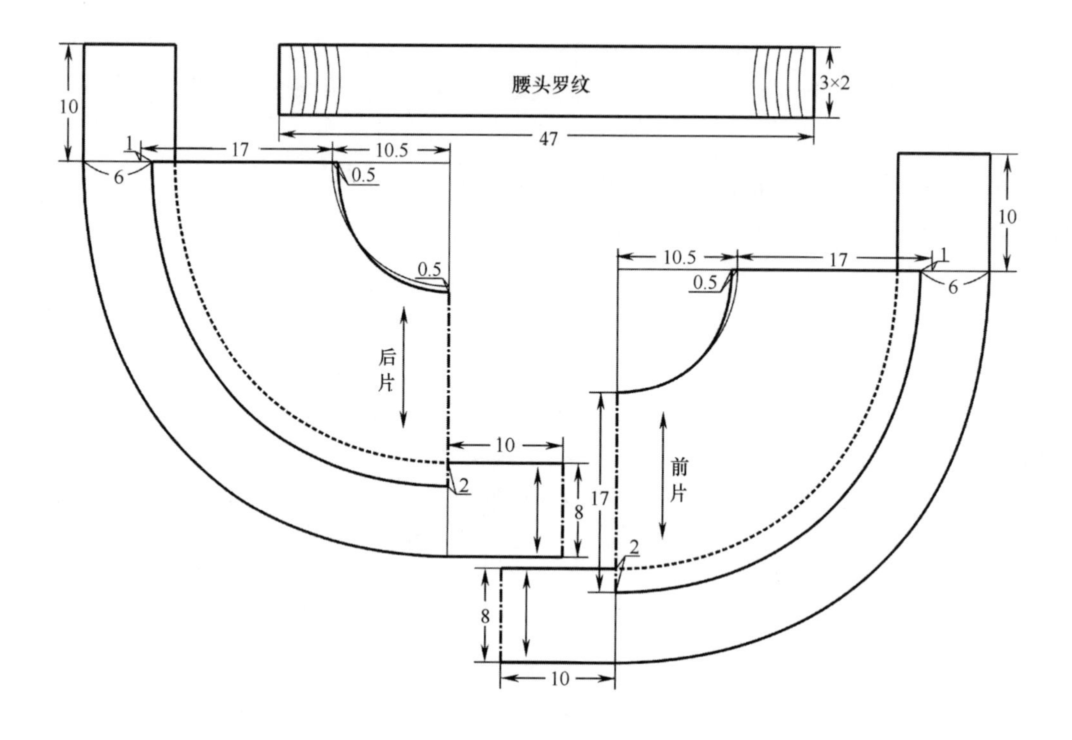

图4-19 幼童圆台裙结构设计

5.**制图说明**

本款采用几何法制图，裙片为360° 整圆裙。

（1）裙片制图说明如下。

① 做腰围辅助线。圆周长的计算公式为：周长 =2πr，若把腰围看做整圆的周长，则腰围的成圆半径为：$\frac{腰围}{2\pi}$，以该尺寸为半径画圆，完成腰围辅助线的绘制。以 90cm 的儿童为例，腰围的成圆半径为 10.5cm。

② 做腰围线。在后中线上，自腰围半径点向下量取 0.5cm 为后中心点，在侧缝线上向圆心方向量取 0.5cm 为后侧缝点，过后中心点和后侧缝点做后腰围线。在前中线上，腰围半径点为前中心点，以和后片同样方法确定前侧缝点，过前中心点和前侧缝点做前腰围线。

③ 上段裙长 17cm，侧缝处裙长为上段裙长 –1cm，以消除纱向、缝制等对侧缝长度的影响。

④ 下段裙长 8cm，和上段裙长互搭 2cm，后中线和侧缝部位各增加 10cm 褶量。

（2）腰头制图说明：腰头采用罗纹设计，宽为 3cm，在罗纹腰头中抽橡筋带，橡筋带长度为穿入橡筋带后的腰围尺寸。

6.缝份加放

幼童圆台裙面板缝份加放：侧缝线、裙片搭接处、腰口缝份加放 1~1.5cm；裙摆折净，明线宽 1cm，缝份加放 2cm。

腰头罗纹各部位缝份加放 1~1.5cm。

后下片拼接的里布各部位缝份加放 1~1.5cm。

本款幼童圆台裙面板缝份的加放见图 4–20，里板缝份加放见图 4–21，面板毛缝板如图 4–22 所示，里板毛缝板见图 4–23。

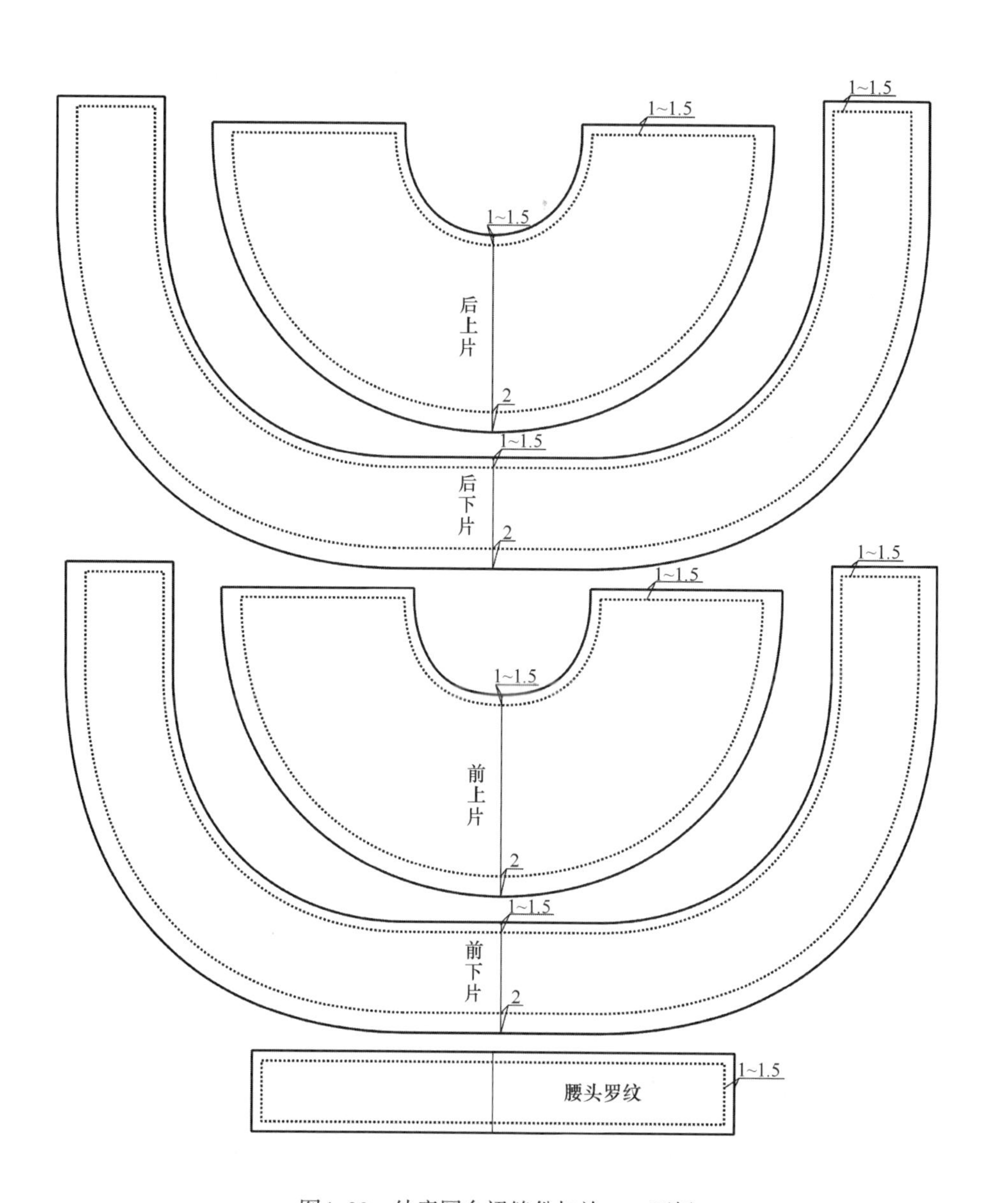

图4–20　幼童圆台裙缝份加放——面板

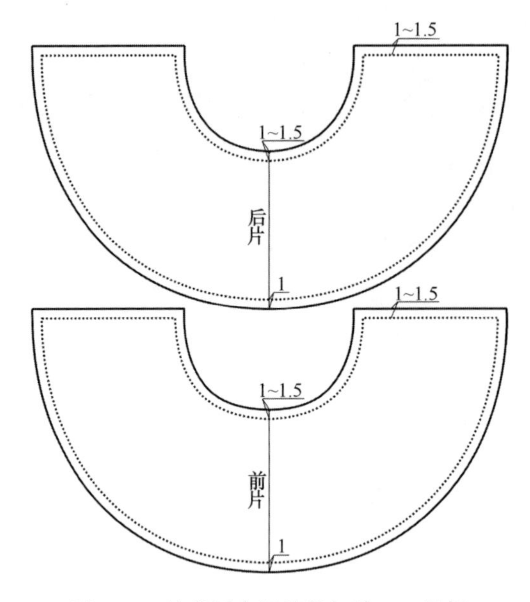

图4-21　幼童圆台裙缝份加放——里板

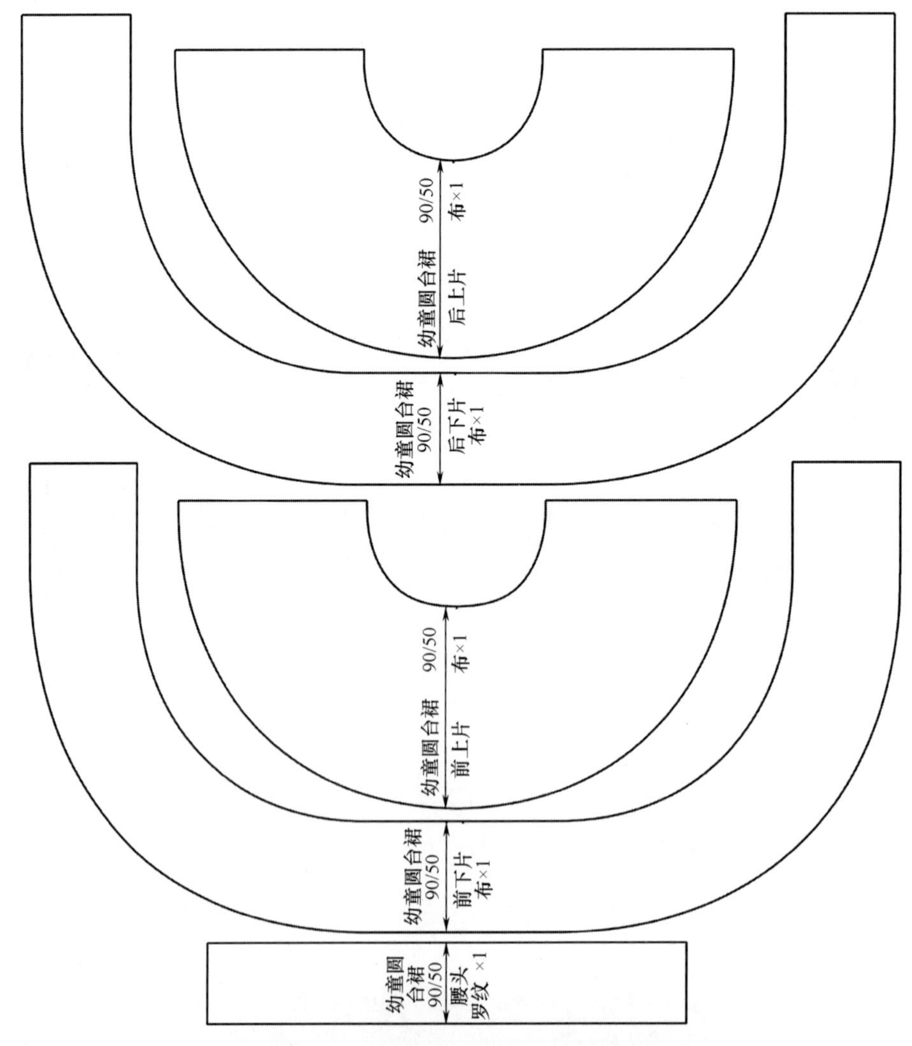

图4-22　幼童圆台裙毛缝板——面板

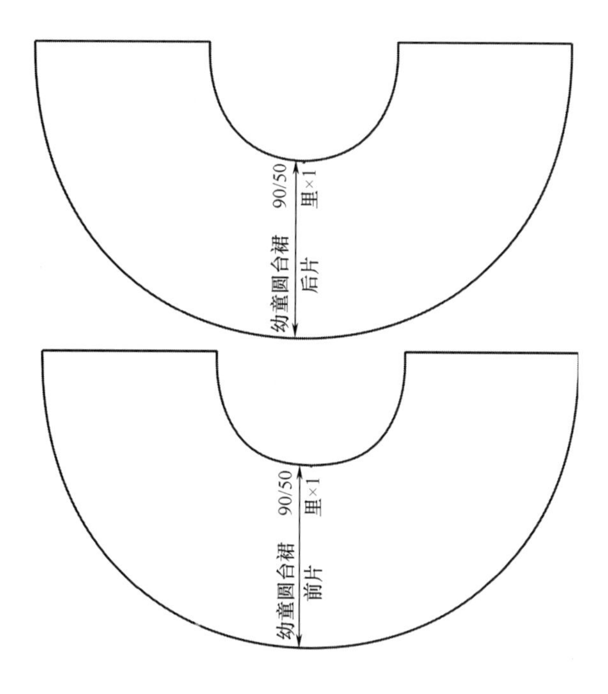

图4-23　幼童圆台裙毛缝板——里板

二、褶裥裙结构设计与制板

（一）褶裥种类

褶裥是服装中常见的一种结构形式，它通过将面料折叠、缝制，形成多种线条形式。褶裥具有立体感，富有秩序的变换给人以飘逸之感，装饰性较强。

儿童由于胸廓较短而阔，腹部浑圆而凸出，抽褶、打裥的形式既可增大服装的宽松量，便于儿童活动，又可使儿童体型轮廓更可爱。

褶裥种类有以下两种。

1.自然褶

自然褶是将面料抽缩，或根据面料悬垂的特性通过结构设计使裙装形成自然的褶皱，自然褶的褶纹线条比较自然、柔软，因此自然褶具有随意性、活泼性、多变性的特点。自然褶分为以下两种。

（1）抽褶：抽褶就是通过抽缩的方法使面料形成褶纹，用针沿抽褶的方向缝制面料并抽缩成碎褶，将面料处理成不规则、细腻或粗犷的褶纹效果。抽褶工艺形式既可以使服装有运动的宽裕量，又可以起造型、装饰作用，因此，在童装中应用非常广泛。

面料的抽缩量受服装款式、面料性能和儿童年龄的影响，一般来说，挺括或刚性的面料，其抽褶量比较小，轻薄、柔软的面料需要较大的抽褶量才能形成褶纹。通常面料收缩前的长度为抽缩后长度的 1.5 倍时为最佳，抽缩量也可以为 2 倍、3 倍，甚至更多。但抽裥会造成服装的不平整，因此，婴儿期服装应注意抽缩量和抽褶的位置。

（2）波形褶：波形褶是通过结构处理使面料成型后产生自然均匀的下垂波浪造型。其结构设计的方法是进行衣片的切展处理，依靠面料柔软和悬垂的特性，使服装某一边自然下垂产生高低起伏的波浪，展开量越大，其波浪造型就越大。

2.规律褶

规律褶是为适合体型及服装造型的需要，有规律地将部分衣料折叠或熨烫而成。一个规律褶一般由三层结构组成，外层称为裥面，中间层和内层进行结构处理。规律褶的形态既有规律又有变化，它的规律体现在褶纹的形成线型、形态结构有规律，它的变化体现在褶纹的宽窄、长短、刚柔、方向等。

（1）规律褶按其外观形成线型分为以下几种。

直线褶：直线褶的两端折叠量相同，其外观呈一条条平行线，裥型有秩序感。

曲线褶：曲线褶一般出现在合体服装设计的曲面部位，折叠进去的处理量中含有省量。同一褶裥所折叠的量不断变化，在外观上形成一条条连续变化的弧线，从而适应服装的曲面结构。

斜线褶：斜线褶的两端折叠量不同，呈均匀变化，外观为一条条互不平行的斜线，整个褶饰造型呈放射状的装饰效果。图 4–24 所示为按外观形成线型分类的规律褶。

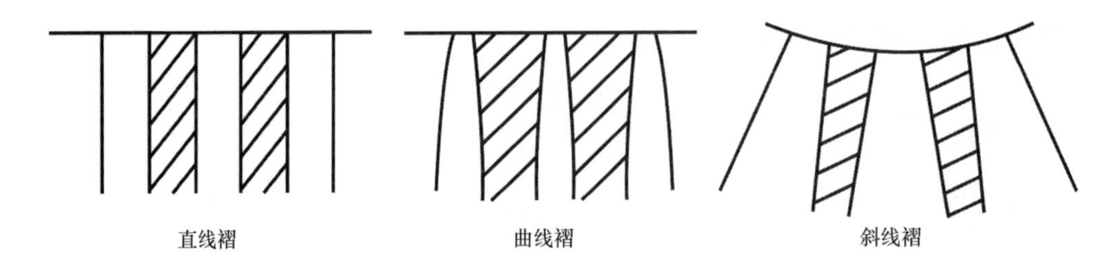

图4–24　按外观形成线型划分的规律褶

（2）规律褶按形成褶裥的形态分为以下几种。

顺褶：是指向同一方向打褶裥，向左或向右折褶都可以，如典型的百褶裙裙褶。

阴褶：两个褶裥的两条明折边相对而折叠的褶，褶裥的处理量缉压在面料的正面称为阴褶。

阳褶：两个褶裥的两条明折边相背而折叠的褶，褶裥的处理量缉压在面料的背面称为阳褶。图 4–25 所示为按褶裥的形态分类的规律褶。

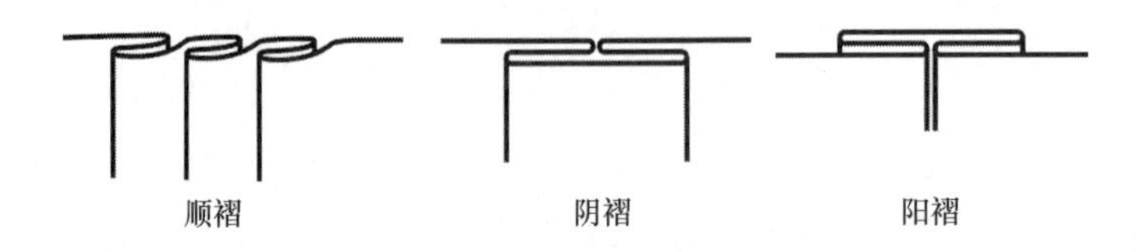

图4–25　按褶裥的形态划分的规律褶

各种褶裥裙示例如下。

（二）碎褶塔裙

1.款式说明

本款为长度在膝盖以上的三层塔裙，腰部抽橡筋带，款式简洁大方，穿着活泼可爱。碎褶塔裙款式设计如图 4–26 所示。

图4–26　碎褶塔裙款式

2.适合范围

本款适合身高 80~100cm、年龄为 1~3 岁的女童。

3.规格设计

裙长为设计量，长度在膝盖以上 3~5cm 的位置；

穿入橡筋带后腰围 = 净腰围 –3cm；

拉展后腰围 = 净腰围 +16cm。

不同身高女童碎褶塔裙各部位规格尺寸如表 4–4 所示。

表 4–4　女童碎褶塔裙各部位规格尺寸　　单位：cm

身高	裙长	穿入橡筋带后的腰围	拉展后的腰围
80	22	44	63
90	26	47	66
100	30	50	69

4.结构设计图

身高 90cm 的女童碎褶塔裙结构设计如图 4–27 所示。

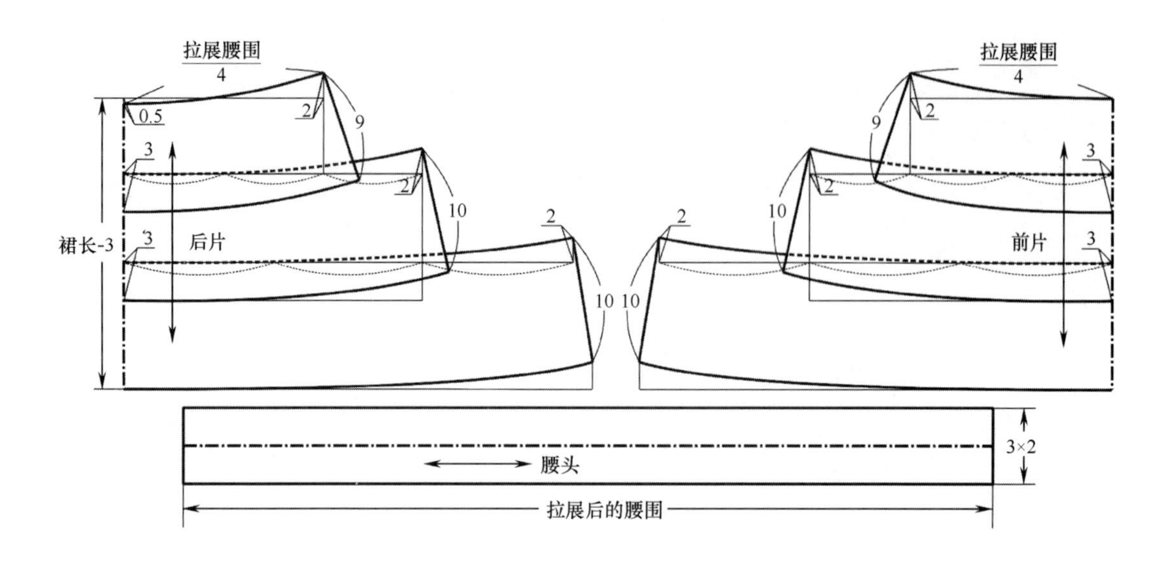

图4–27 碎褶塔裙结构设计

5.制图说明

本款采用比例法制图，前、后片的腰围、裙摆、裙长等对应部位尺寸相等。

（1）裙片制图说明如下。

① 第一层裙片宽度为 9cm，第二、第三层裙片宽度为 10cm，各层裙片的搭接量为 3cm。

② 做腰围线。前、后腰围尺寸各为$\frac{\text{拉展腰围}}{4}$，侧缝处起翘 2cm，后中心点下落 0.5cm。

③ 各层裙片的抽褶量约为上层裙片长度的$\frac{1}{2}$，各层裙片侧缝处起翘 2cm。

（2）腰头制图说明：腰头宽为 3cm，里、面连裁，腰头内部抽橡筋带，橡筋带长度为穿入橡筋带后的腰围尺寸。

6.缝份加放

碎褶塔裙面板缝份加放：侧缝线、裙片搭接处、腰口缝份加放 1~1.5cm；各层裙摆折净，明线宽 1cm，缝份加放 2cm。

腰头各部位缝份加放 1~1.5cm。

第二、第三层裙片拼接的里布各部位缝份加放 1~1.5cm。

本款碎褶塔裙面板缝份的加放见图 4–28，里板缝份加放见图 4–29，面板毛缝板如图 4–30 所示，里板毛缝板见图 4–31。

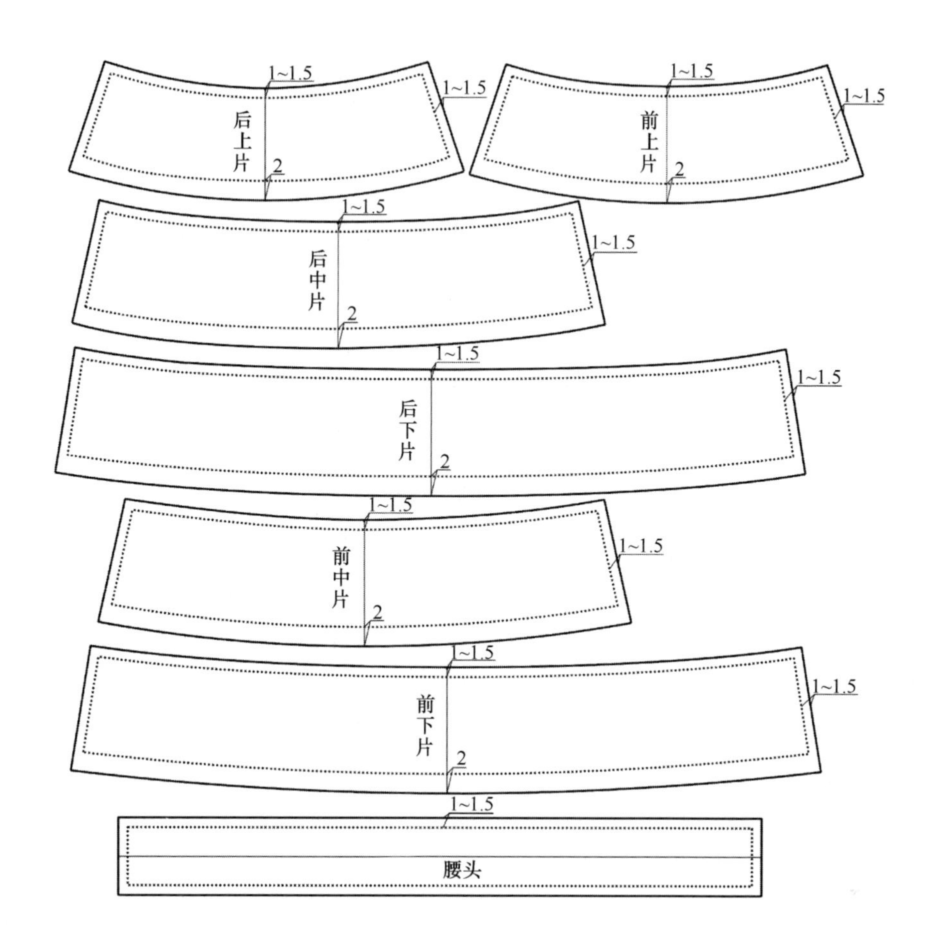

图4-28　碎褶塔裙缝份加放——面板

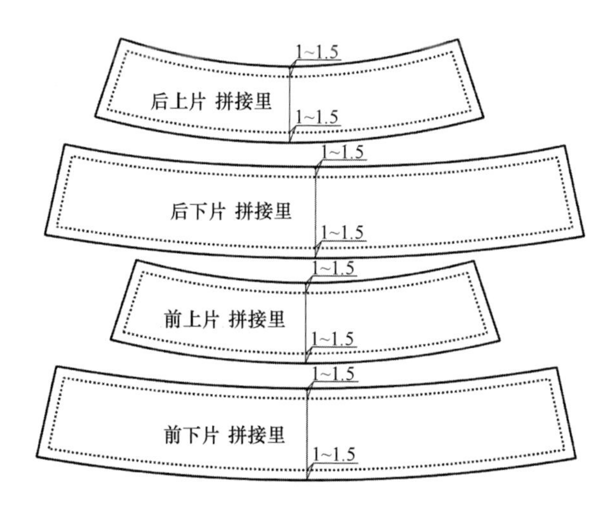

图4-29　碎褶塔裙缝份加放——里板

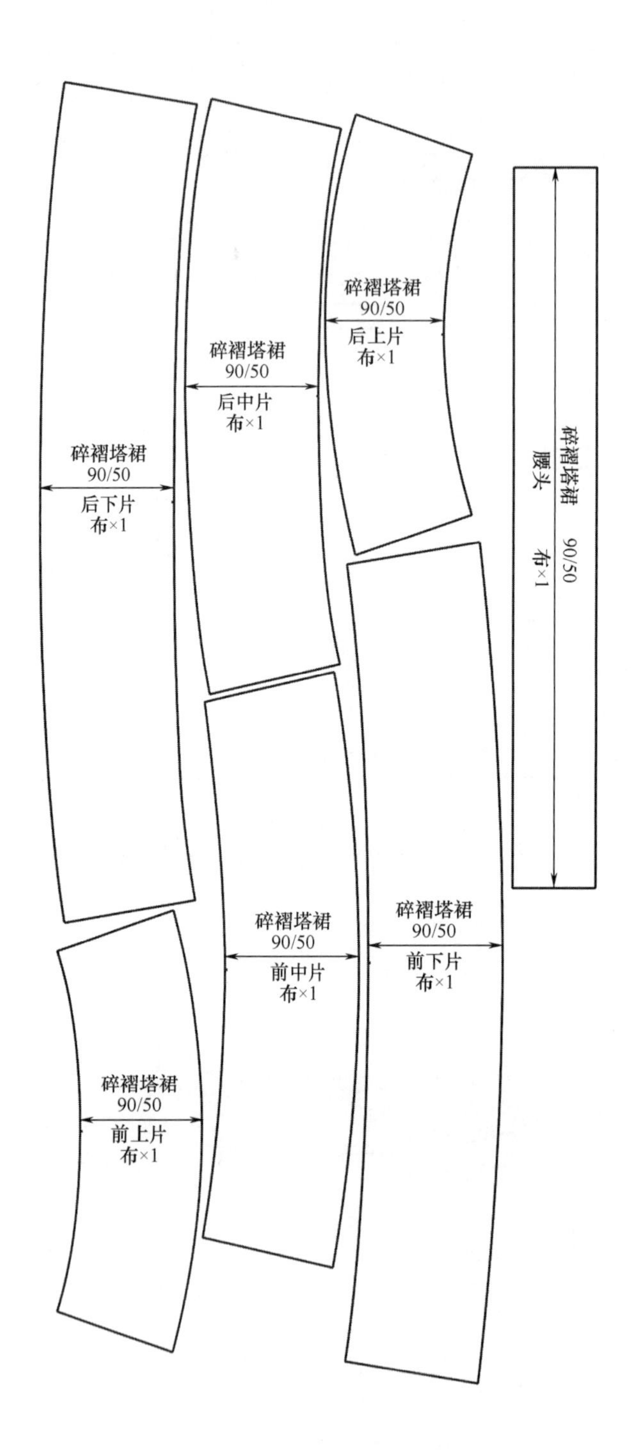

图4-30 碎褶塔裙毛缝版——面板

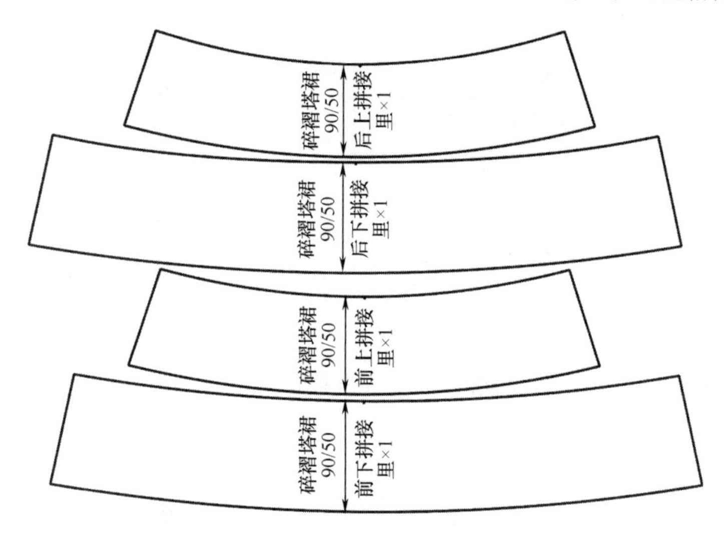

图4-31　碎褶塔裙毛缝版——里板

（三）单向褶裥裙

单向褶裥裙又称做百褶裙，在静止状态下呈平面效果，运动中会呈现出立体感和流动的美感，随着褶裥数量的改变，会形成或时尚或运动的感觉。

1.款式说明

本款为长度至膝盖以上的短裙，前、后片分割设计，分割线下有褶裥设计，褶裥笔直有序，平顺整齐，款式简洁大方，穿着活泼可爱。单向褶裥裙款式设计如图 4-32 所示。

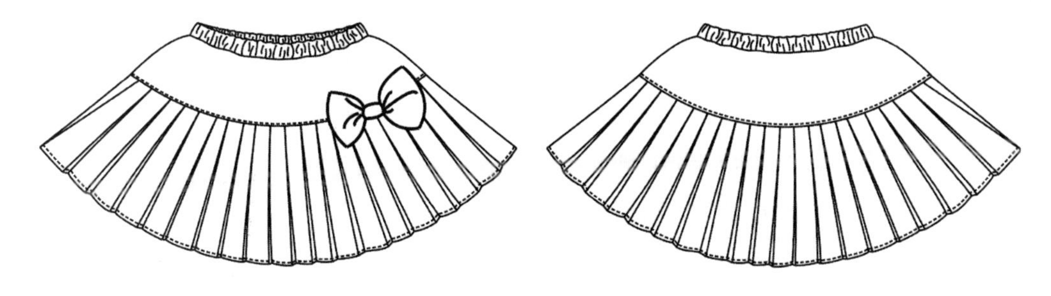

图4-32　单向褶裥裙款式

2.适合范围

本款适合身高 110~130cm、年龄为 6~8 岁的女童。

3.规格设计

裙长为设计量，长度在膝盖以上 6~10cm 的位置；

穿入橡筋带后腰围 = 净腰围 −5cm；

拉展后腰围 = 净腰围 +12cm；

基础臀围 = 净臀围 +12cm。

不同身高的单向褶裥裙各部位规格尺寸如表 4-5 所示。

表 4-5 单向褶裥裙各部位规格尺寸 单位：cm

身高	裙长	穿入橡筋带后的腰围	拉展后的腰围	基础臀围	臀高
110	30	48	65	71	13
120	34	51	68	76	14
130	38	54	71	81	15

4.结构设计图

身高 120cm 的单向褶裥裙结构设计如图 4-33 所示。

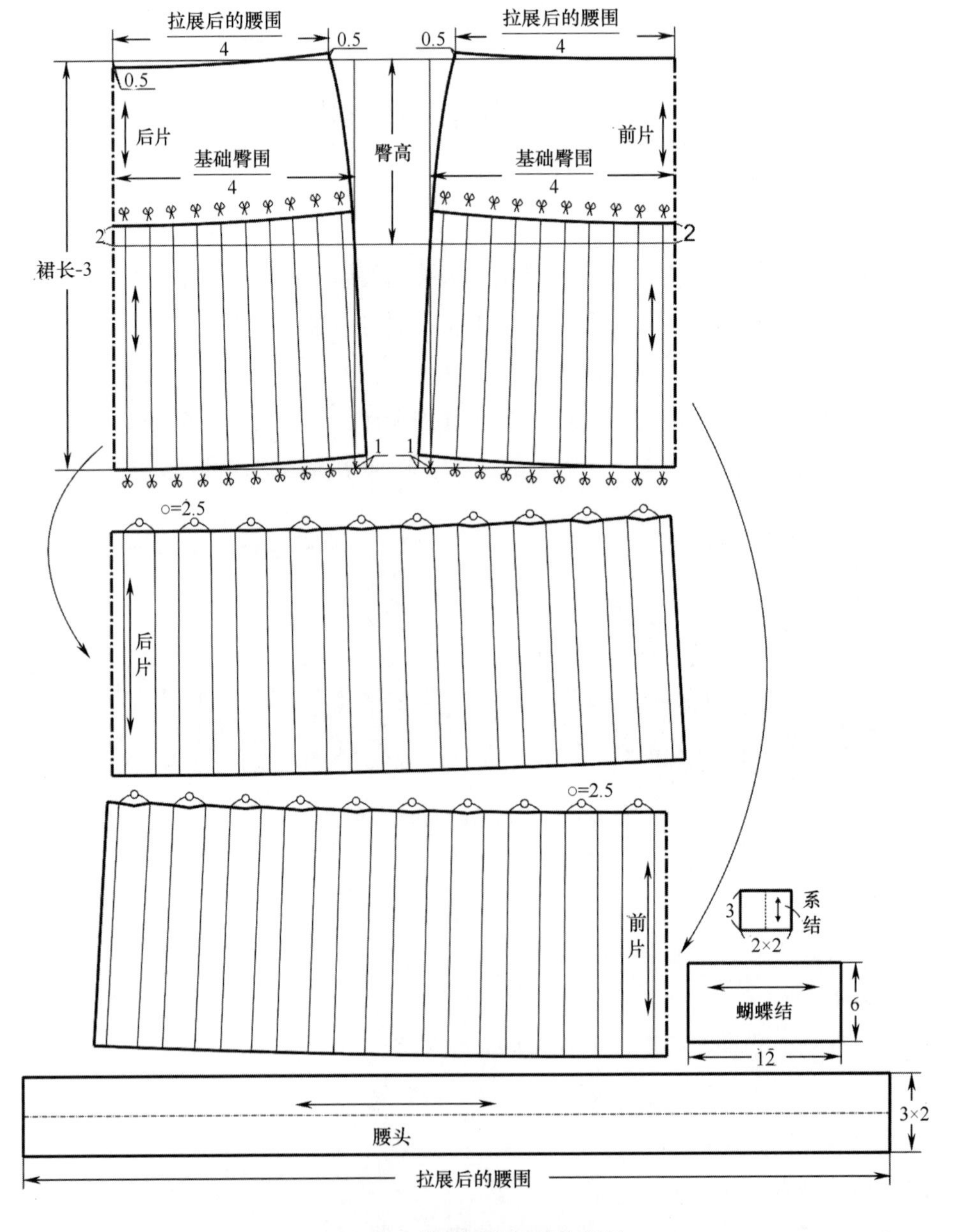

图4-33 单向褶裥裙结构设计

5.制图说明

本款采用比例法制图，前、后片的腰围、裙摆、裙长等对应部位尺寸相等。

（1）裙片制图说明如下。

① 前、后片腰围均等于$\frac{\text{拉展后的腰围}}{4}$，侧缝处起翘 0.5cm，后中心点下落 0.5cm。

② 前、后片臀围均等于$\frac{\text{基础臀围}}{4}$。

③ 裙片长为裙长 –3cm（腰头宽），底摆展开 1cm，与臀围线和腰围线以弧线顺接。

④ 前、后裙片分割线位置在臀围线以上 2cm。

⑤ 分隔线下的裙片按款式图所示的褶裥数量进行剪切加量，每个暗褶量为 2.5cm。

（2）腰头制图说明：腰头宽为 3cm，里、面连裁，腰头内部抽橡筋带，橡筋带长度为穿入橡筋带后的腰围尺寸。

（3）蝴蝶结制图说明：蝴蝶结布长 12cm、宽 6cm。系结布长 3cm、宽 2cm。

6.缝份加放

单向褶裥裙面板缝份加放：侧缝线、裙片分割处、腰口缝份加放 1~1.5cm；裙摆折净，明线宽 1cm，缝份加放 2cm。

腰头各部位缝份加放 1~1.5cm。

蝴蝶结、系结布各部位缝份加放 1~1.5cm。

本款单向褶裥裙面板缝份的加放见图 4–34，面板毛缝板如图 4–35 所示。

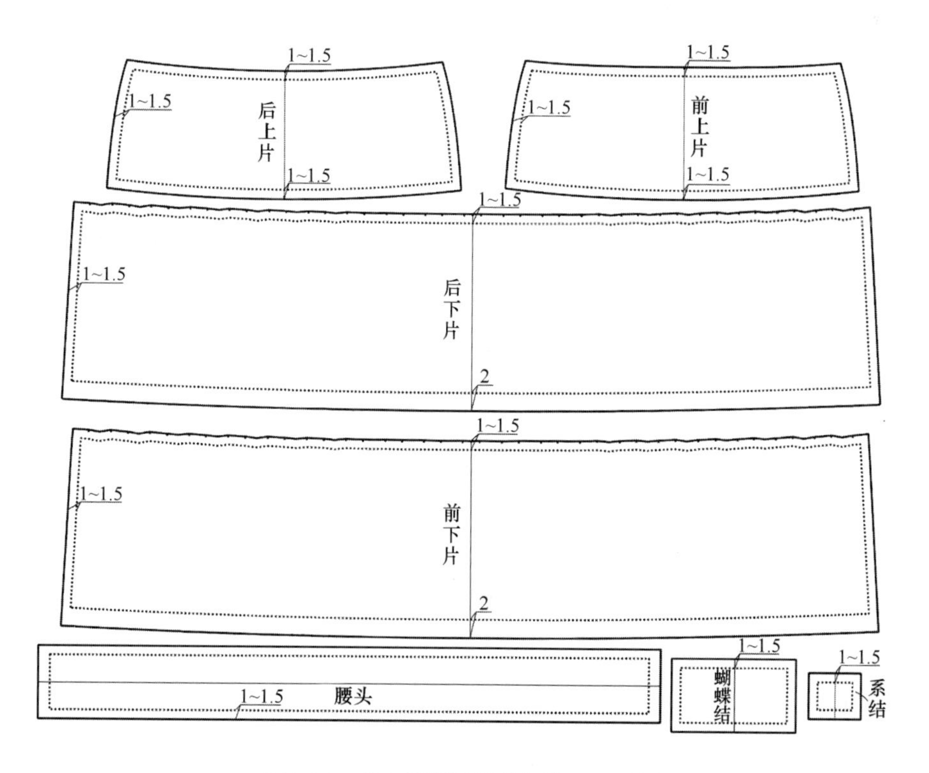

图4–34　单向褶裥裙缝份加放——面板

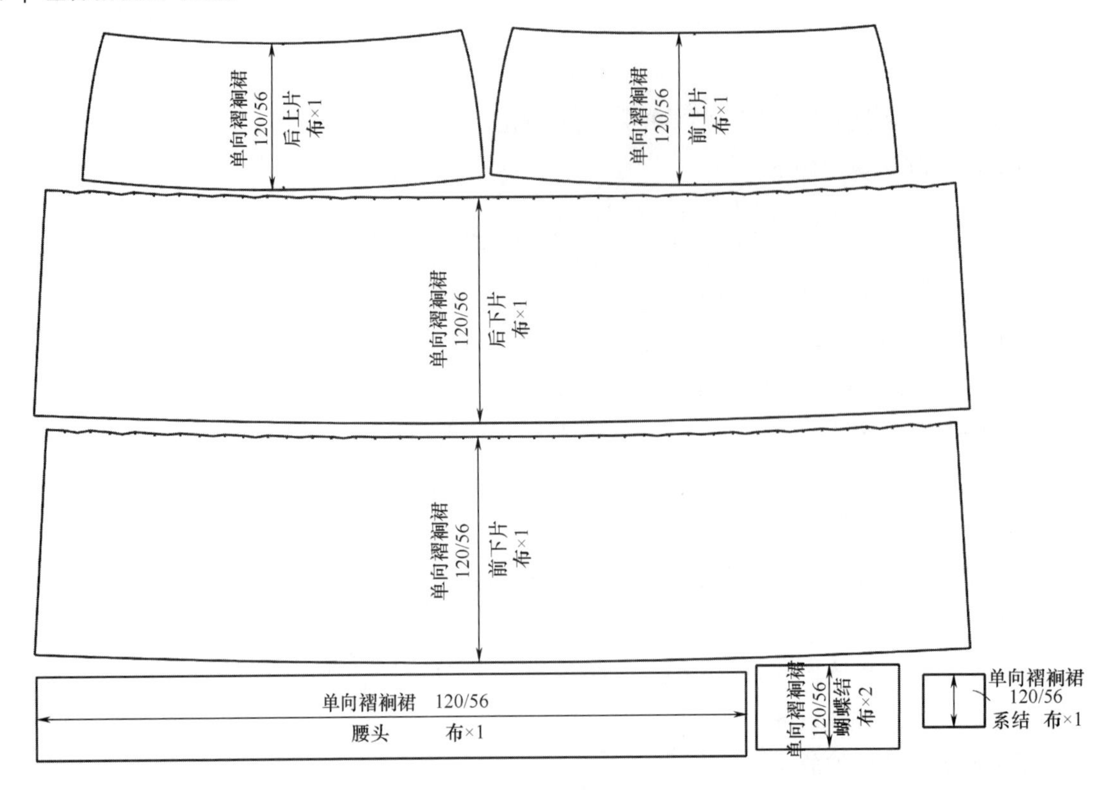

图4-35 单向褶裥裙毛缝板——面板

（四）运动褶裥裙

1.款式说明

本款为长度至膝盖以上的短裙，前、后片均有箱式褶裥设计，臀部以上褶裥以明线固定，前片有插袋，后片有育克，罗纹腰头，腰头内部抽绳。裙身为纯棉针织面料，方便运动，实用、舒适。运动褶裥裙款式设计如图 4-36 所示。

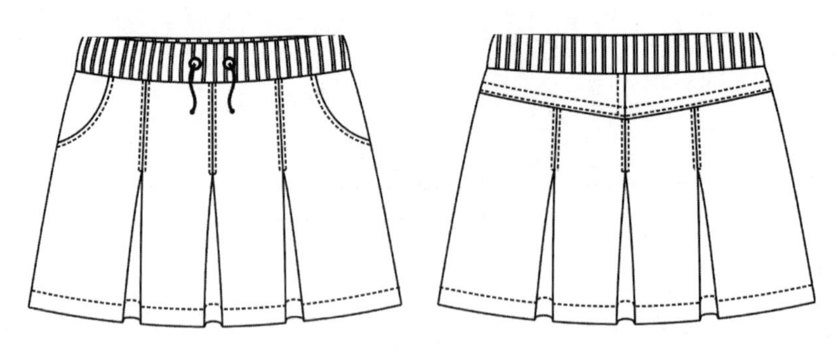

图4-36 运动褶裥裙款式

2.适合范围

本款适合身高 140~160cm、年龄为 12~15 岁的少女穿着。

3.规格设计

裙长为设计量，长度在膝盖以上 10~12cm 的位置；

罗纹腰围 = 净腰围 +5cm；

基础臀围 = 净臀围 +（8~10）cm。

不同身高运动褶裥裙各部位规格尺寸如表 4-6 所示。

表 4-6　运动褶裥裙各部位规格尺寸　单位：cm

身高	裙长	罗纹腰围	基础臀围	臀高
140	38	60	80	16
150	42	66	89	17
160	46	72	98	18

4. 结构设计图

身高 150cm 的运动褶裥裙结构设计如图 4-37 所示。

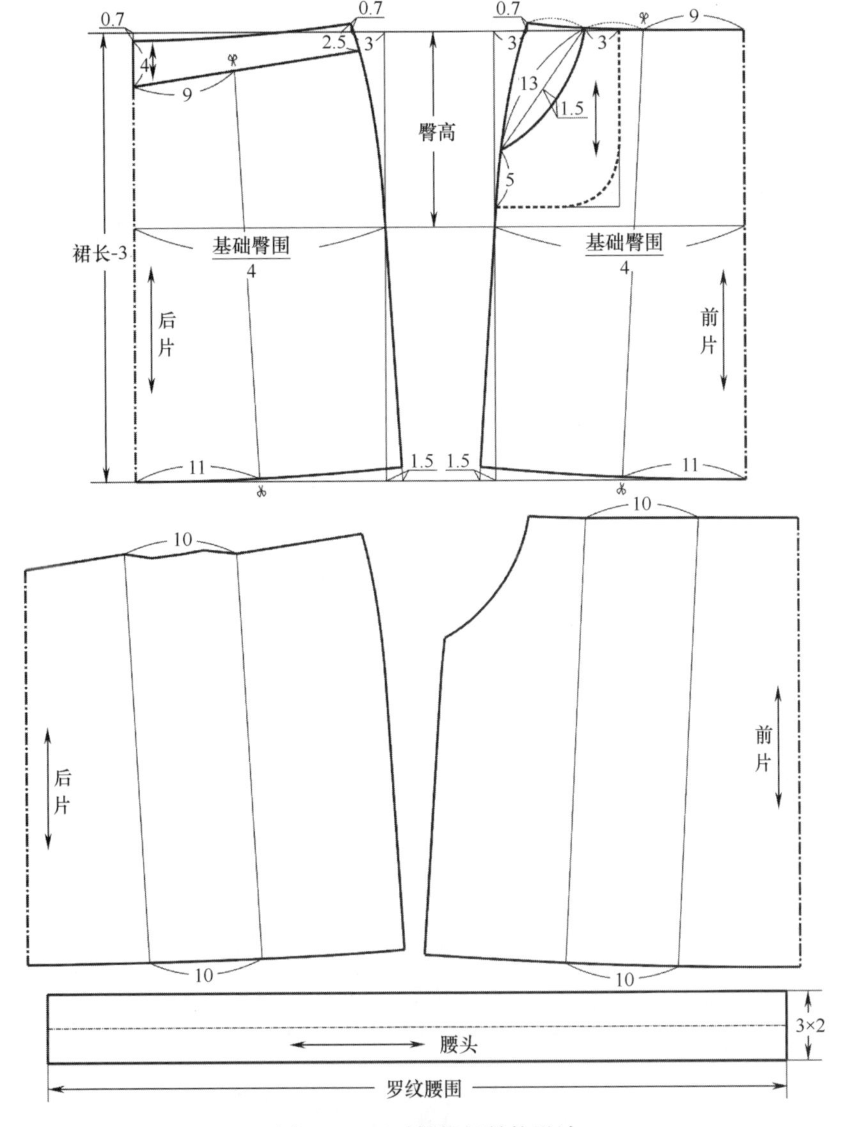

图4-37　运动褶裥裙结构设计

5.制图说明

本款采用比例法制图，前、后片的腰围、裙摆、裙长等对应部位尺寸相等。

（1）后片制图说明如下。

① 后臀围尺寸为$\frac{基础臀围}{4}$，后腰围在后臀围基础上减 3cm，侧缝起翘 0.7cm，后中心点下落 0.7cm。

② 裙片长为裙长 –3cm（腰头宽），底摆展开 1.5cm，与臀围线和腰围线以弧线顺接。

③ 育克后中线宽度为 4cm，侧缝处宽度为 2.5cm。

④ 育克分割线和底摆线上的剪切线位置分别距后中心线 9cm 和 11cm，展宽 10cm，褶宽 5cm。

（2）前片制图说明如下。

① 前腰围、臀围、底摆尺寸分别和后片对应部位相等，侧缝起翘 0.7cm。

② 腰围和底摆线上的剪切线位置分别距前中心线 9cm 和 11cm，展宽 10cm，褶宽 5cm。

③ 插袋宽为腰围线上的剪切线至侧缝线距离的$\frac{1}{2}$，袋口斜线尺寸为 13cm。

④ 袋布宽线距袋口 3cm，深线距袋口 5cm。

（3）腰头制图说明：罗纹腰头宽为 3cm，里、面连裁，腰头内部抽绳。

6.缝份加放

运动褶裥裙面板缝份加放：侧缝线、育克分割线、腰口、袋口、袋布各部位缝份加放 1~1.5cm；裙摆折边包缝，明线宽 2cm，缝份加放 2.2cm。

腰头各部位缝份加放 1~1.5cm。

本款运动褶裥裙面板缝份的加放见图 4–38，面板毛缝板如图 4–39 所示。

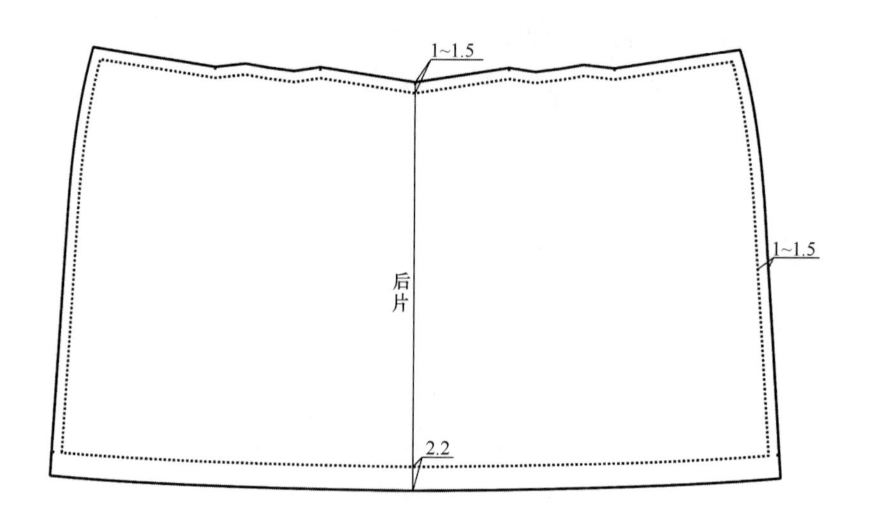

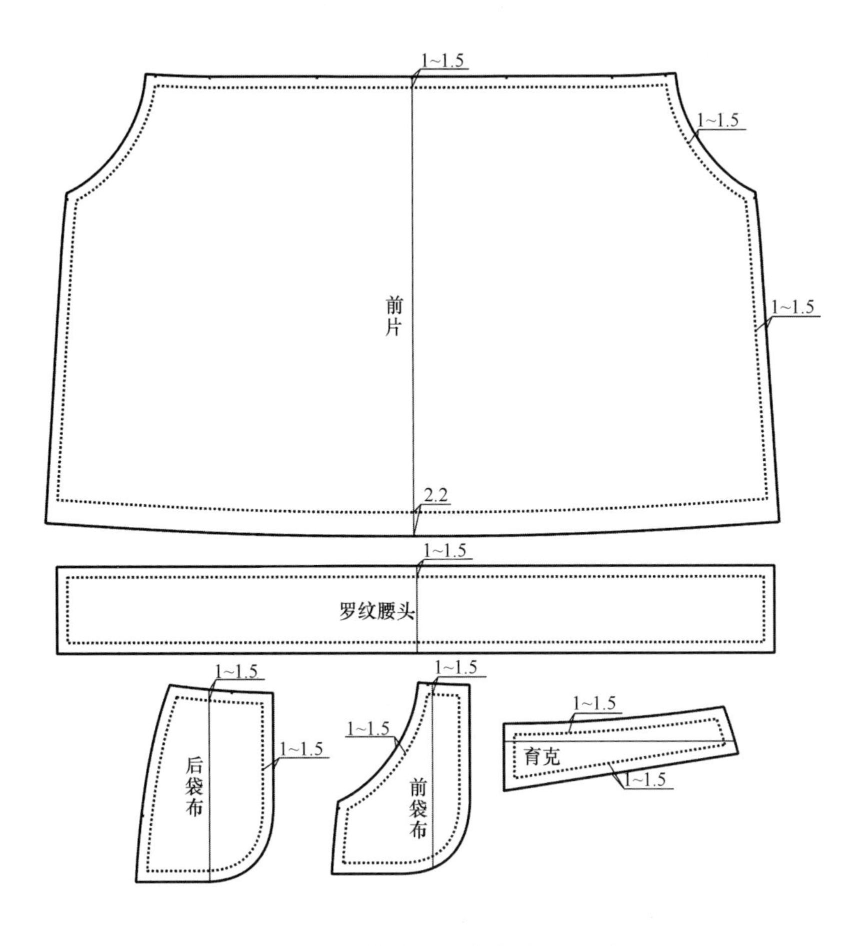

图4-38　运动褶裥裙缝份加放——面板

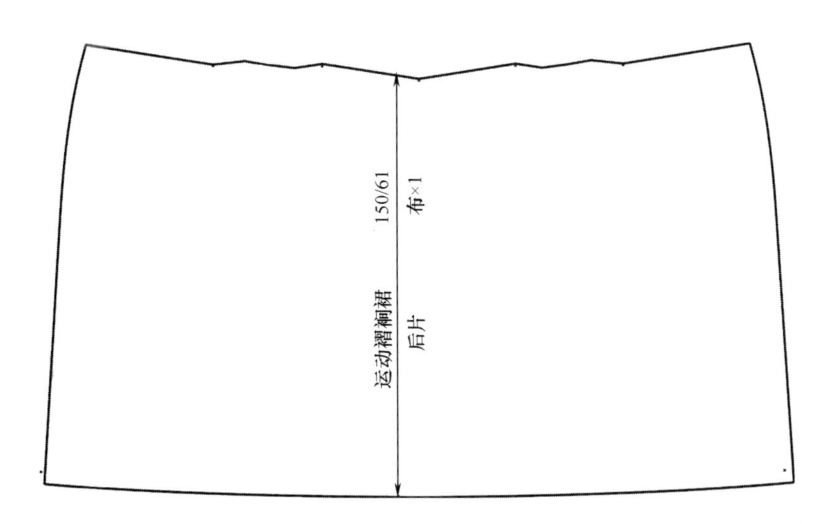

图4-39

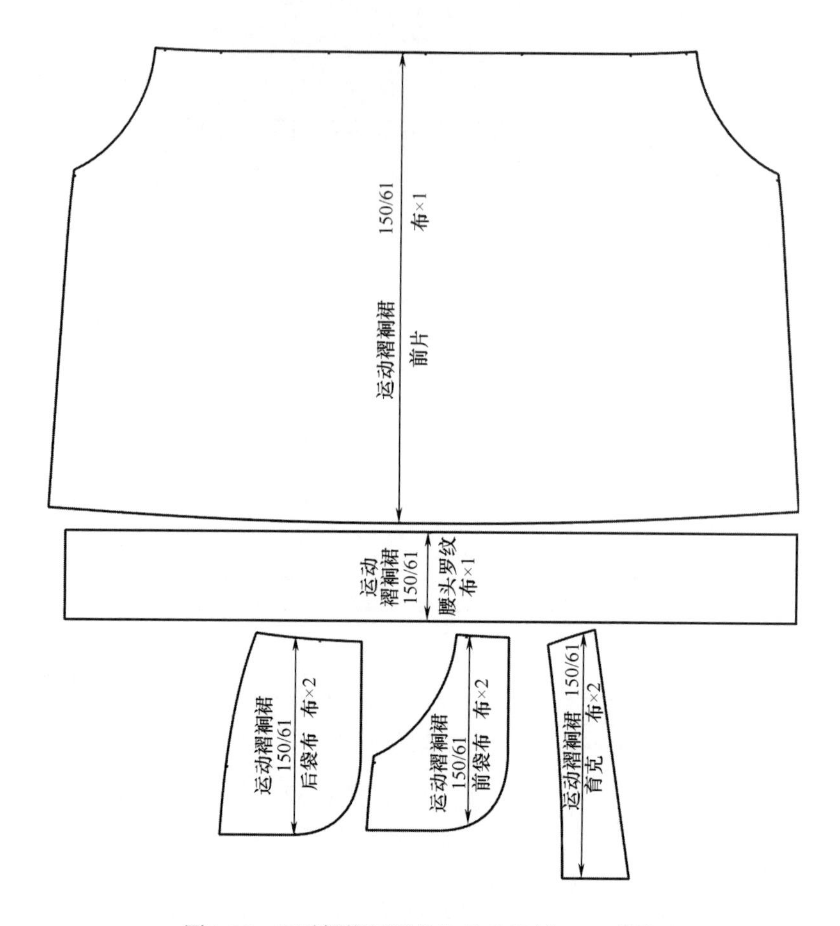

图4-39 运动褶裥裙缝份加放毛缝板——面板

第三节 连衣裙结构设计与制板

连衣裙又称做“连衫裙”,是衣身和裙身拼接在一起的女性服装。连衣裙造型可长可短,丰富多变，既可单穿，又可与毛衫、背心、夹克等配套穿着。不同季节连衣裙有众多款式,其面料也多种多样，如不同厚度的棉织物、薄型毛织物和化纤织物等。

一、连衣裙的分类

儿童连衣裙是女童非常喜爱的服装之一，是女童服装的主要品类，其款式种类繁多,有各种不同的分类方法。

（一）按连衣裙的廓型分类

按连衣裙的廓型进行划分，可将其分为直筒型、合体兼喇叭型、梯型和倒三角型，如图 4-40 所示。

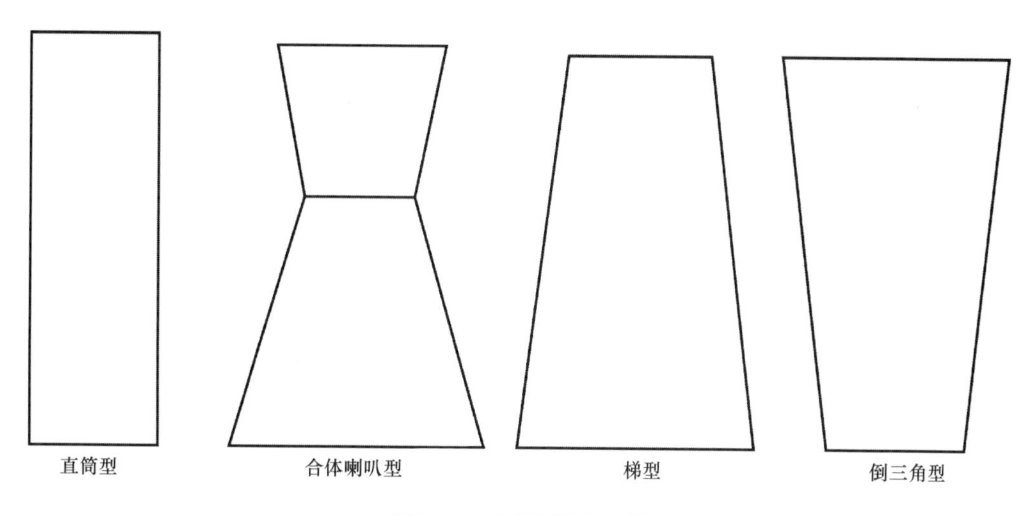

图4-40 连衣裙廓型分类

直筒型连衣裙：外形较为宽松，不强调人体曲线，外轮廓呈直线，是幼童连衣裙的基本廓型。

合体兼喇叭型连衣裙：上身贴合人体，腰线以下散开呈喇叭状，是较大女童连衣裙的基本廓型。

梯型连衣裙：肩宽较窄，从胸部到底摆自然加入喇叭量，底摆展开量较大，整体呈梯形，是整个儿童阶段连衣裙的基本廓型。

倒三角型连衣裙：上半身的肩部较宽，在底摆方向衣身逐渐变窄，整体呈倒立的三角形，在儿童连衣裙中应用较少。

（二）按连衣裙的分割线分类

分割线是连衣裙的设计要点之一，一般有横向分割线和纵向分割线。

1.按连衣裙横向分割线进行分类

横向分割线的位置可设计在衣片从上到下的任何位置，如图 4-41 所示。

肩部有育克连衣裙：肩部育克位置不受流行影响，常在育克分割线下设计褶量以掩饰儿童挺胸凸腹的体型特点，在幼童连衣裙中应用非常广泛。

高腰连衣裙：在正常腰围线和胸围线之间进行分割，分割线下设计的褶量同样可以掩饰儿童凸出的腹部。

标准腰连衣裙：连衣裙在正常腰位进行分割，是最基本的分割方式，应注意上、下身的设计比例。

低腰连衣裙：在正常腰围线以下进行分割。低腰连衣裙可使人的视线下移，会有显得人体下肢短小的视错，对于下肢比例小于成人的儿童，设计时应慎重。

下摆有分割线连衣裙：在下摆附近进行分割，一般是进行下摆褶饰或配色等装饰性处理。

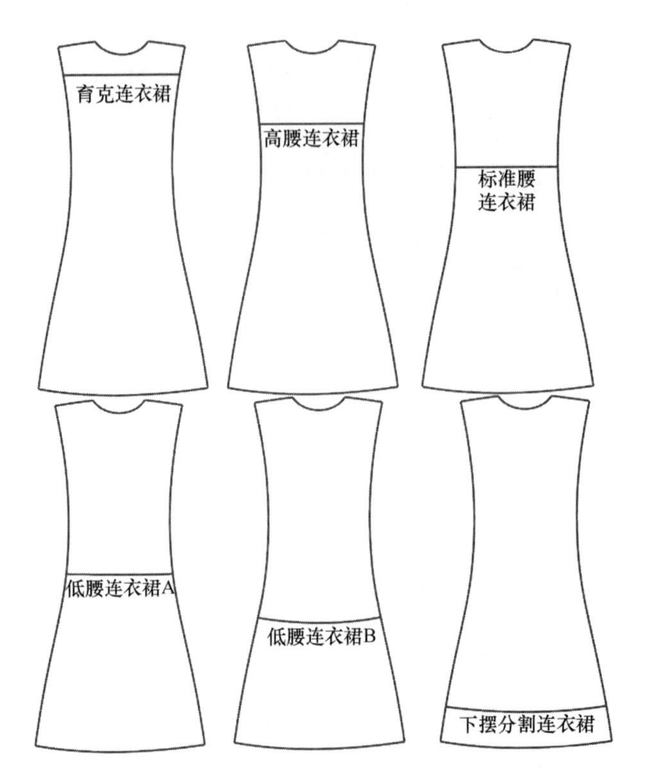

图4-41 连衣裙按横向分割线分类

2.按连衣裙纵向分割线进行分类

纵向分割线包括前中线处有一条分割线或前衣片有两条公主线的情况。利用公主线可以塑造身体曲线，并满足收腰的设计要求。同时也可将两条纵向分割线延伸至袖窿形成刀背缝造型。另外，还可以将前、后中线与公主线组合起来进行分割，如图 4-42 所示。需要注意的是，儿童胸腰差较小，腰部省量比成人小。

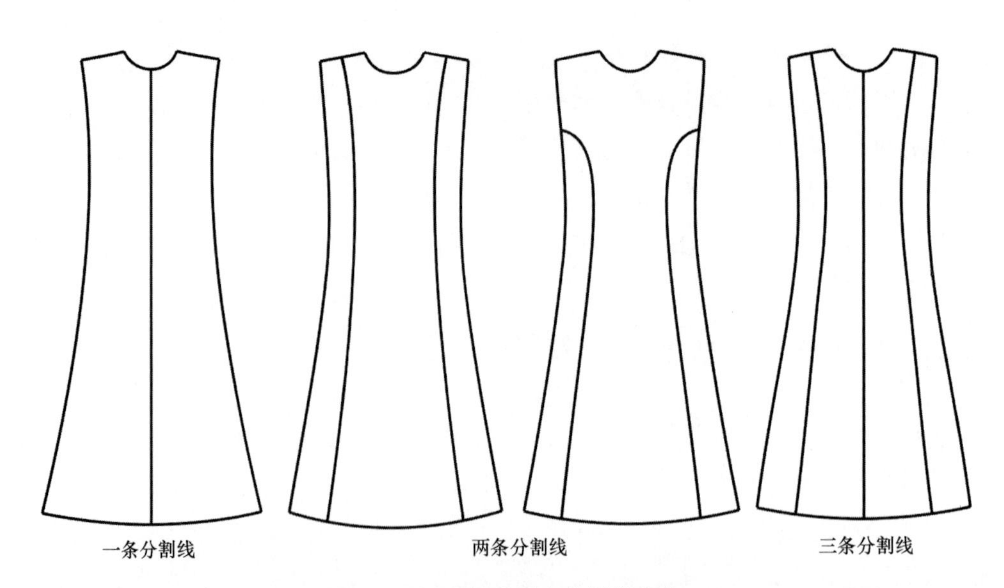

图4-42 连衣裙按纵向分割线分类

二、连衣裙结构设计与制板

（一）牛仔背带裙

1.款式说明

本款为女幼童薄牛仔布背带连衣裙，接腰位置在标准腰位略向下，腰部合体，前衣片设计细小褶裥，中心开口并系扣，衣片与裙片之间设计腰带，裙片上有弧形斜插袋设计，裙侧缝开口并系扣，方便穿脱。牛仔背带连衣裙款式设计如图 4–43 所示。

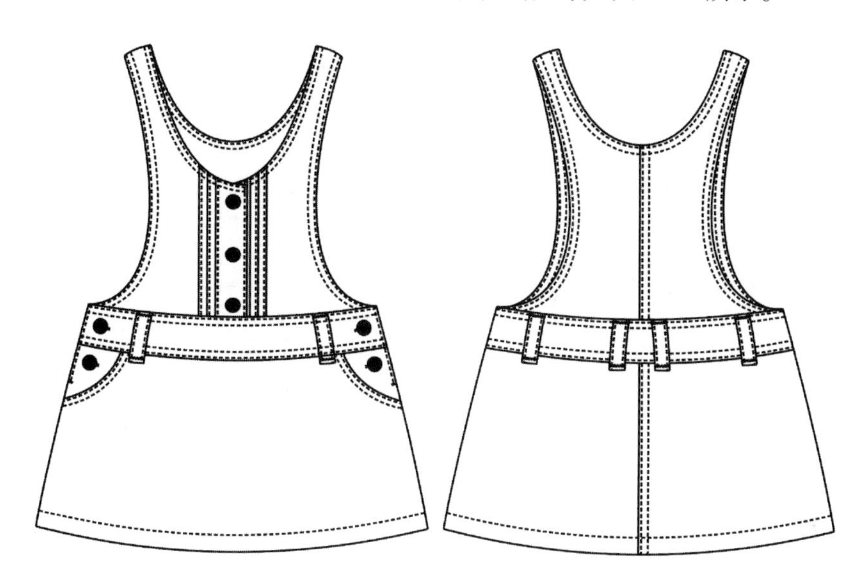

图4–43　牛仔背带连衣裙款式

2.适合范围

本款适合身高 90~110cm、年龄为 2~5 岁的女童穿着。

3.规格设计

裙长 = 身高 ×0.5+（2~5）cm；

腰围 = 净腰围 +10cm；

臀围 = 净臀围 +14cm。

不同身高的女童牛仔背带裙各部位规格尺寸如表 4–7 所示。

表 4–7　牛仔背带裙各部位规格尺寸　单位：cm

身高	总长	裙长	腰围	臀围	臀高
90	48	22	60	68	12
100	53	24	63	73	12.5
110	58	26	66	78	13

4.结构设计图

身高 100cm 的牛仔背带裙结构设计如图 4-44 所示。

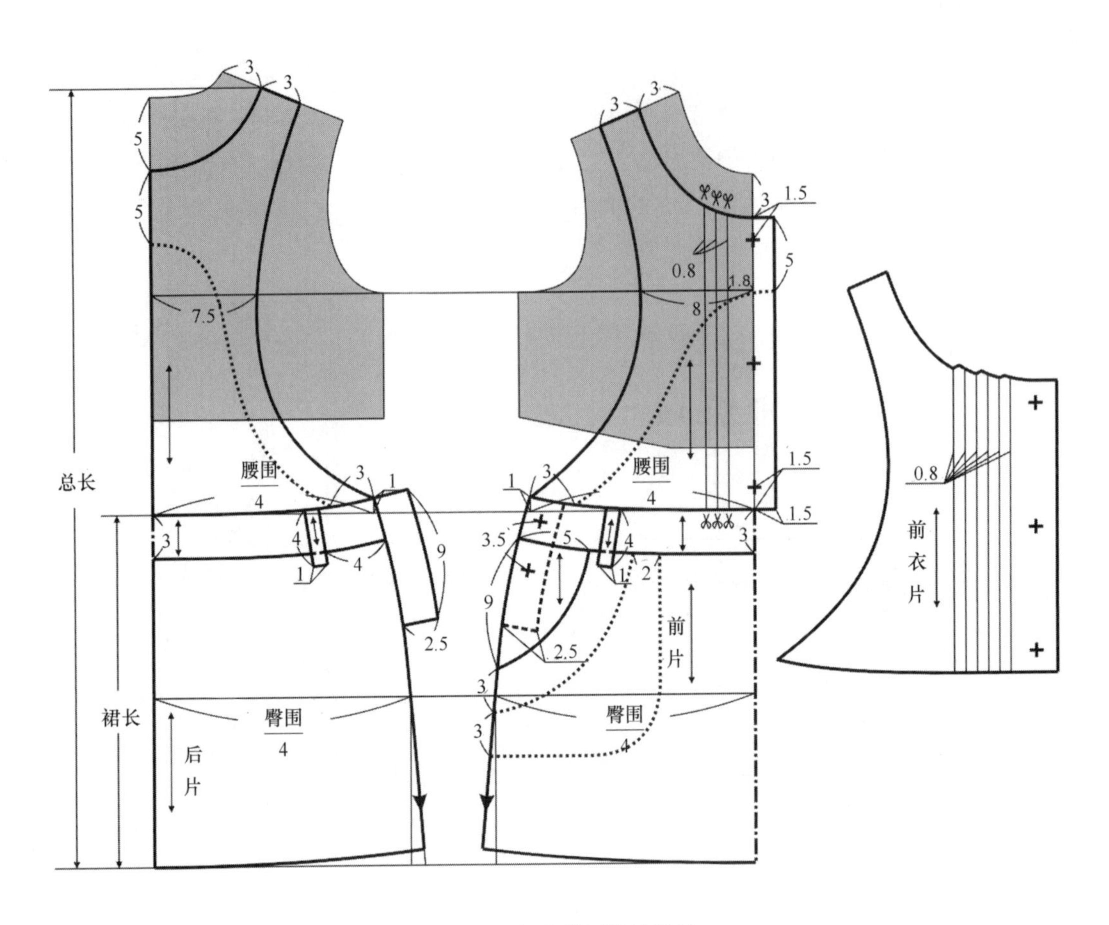

图4-44　牛仔背带裙结构设计

5.制图说明

本款采用原型法和比例法相结合的方法制图，前、后片的腰围、裙摆、总长等对应部位尺寸相等。

（1）后片制图说明如下。

① 以身高 100cm 的儿童原型作为基础，后领宽加宽 3cm，后领深加深 5cm，肩带宽 3cm。

② 自领宽点向下取总长尺寸做水平线，该线为底摆辅助线。

③ 自底摆辅助线向上取裙长尺寸做水平线，该线为腰围辅助线。

④ 自腰围辅助线向下取臀高尺寸做水平线，该线为臀围线。

⑤ 后臀围尺寸为$\frac{臀围}{4}$，后腰围尺寸为$\frac{腰围}{4}$，侧缝处起翘 1cm。

⑥ 以弧线连接腰围侧缝点和臀围侧缝点，并延长至底摆。

⑦ 裙片侧开口的里襟宽 2.5cm、长 9cm。

⑧ 腰带宽 3cm，带襻宽 1cm、长 4cm。

⑨ 在后领中点处的贴边宽 5cm，在腰围处的贴边宽 3cm。

（2）前片制图说明如下。

① 前领宽、背带宽、腰围、臀围、底摆、侧缝尺寸分别和后片对应部位相等，腰围侧缝起翘 1cm。

② 前领深加深 3cm，胸宽大于背宽 0.5cm，搭门量 1.5cm。

③ 褶裥距前中线 1.8cm，间距 0.8cm，剪切展开量 0.8cm。

④ 插袋袋口距侧缝线 5cm，侧缝处的袋口长 9cm，弧形袋口。垫袋与袋口互搭 3cm。

⑤ 裙片侧开口的门襟宽 2.5cm、长 9cm。侧开口有两粒扣，间距 3.5cm。

⑥ 在前领中点处的贴边宽 5cm，在腰围处的贴边宽 3cm。

6.缝份加放

牛仔背带裙面板缝份加放：后中线、前搭门线、侧缝线、肩线、腰口线缝份加放 1.5~1.8cm；领窝弧线、袖窿弧线、袋口弧线缝份加放 1.2~1.5cm；裙摆折净，明线宽 2cm，缝份加放 3.5~3.8cm。

前门襟贴边宽 4cm，与衣片缝合处的缝份加放 1.5~1.8cm，领口处的缝份加放 1.2~1.5cm。

垫袋在腰口处的缝份加放 1.2~1.5cm，垫袋在侧缝处的缝份加放 1.5~1.8cm，垫袋和衣片袋口互搭 3cm。

前、后片贴边缝份加放：领口和袖窿弧线缝份加放 1.2~1.5cm，肩线和底边缝份加放 1.5~1.8cm。

侧开口门襟、里襟缝份加放：侧缝处缝份加放 1.5~1.8cm，腰口处缝份加放 1.2~1.5cm。

腰头各部位加放 1.5~1.8cm。

裙襻缝份加放：长度方向缝份加放 1.2~1.5cm，宽度方向缝份加放 0.8cm。

插袋后袋布宽为在袋口宽基础上加放 5cm，深为在袋口深基础上加放 6cm。

本款牛仔背带裙面板缝份的加放见图 4-45，里板缝份加放见图 4-46，面板毛缝板如图 4-47 所示，里板毛缝板见图 4-48。

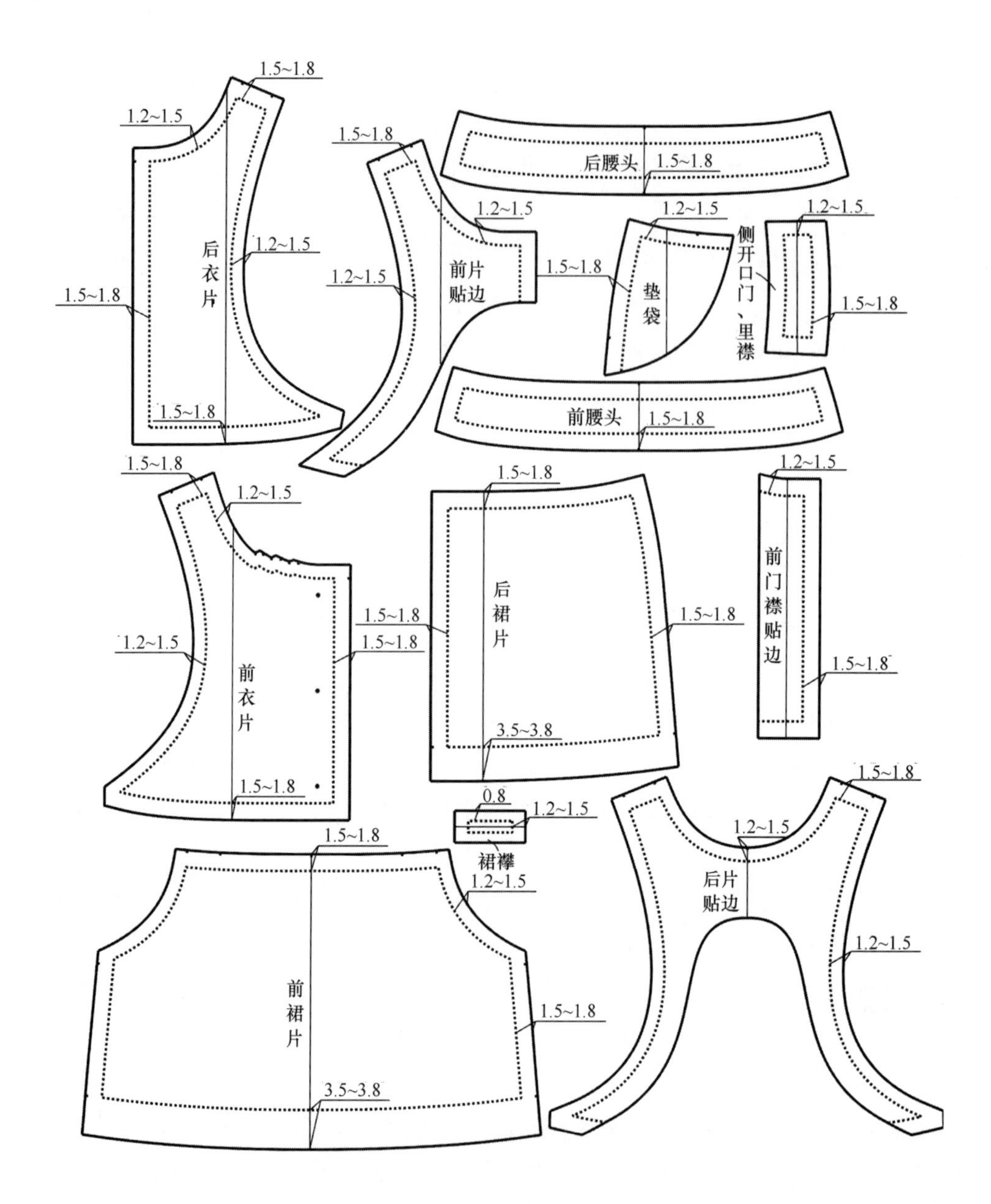

图4-45 牛仔背带裙缝份加放——面板

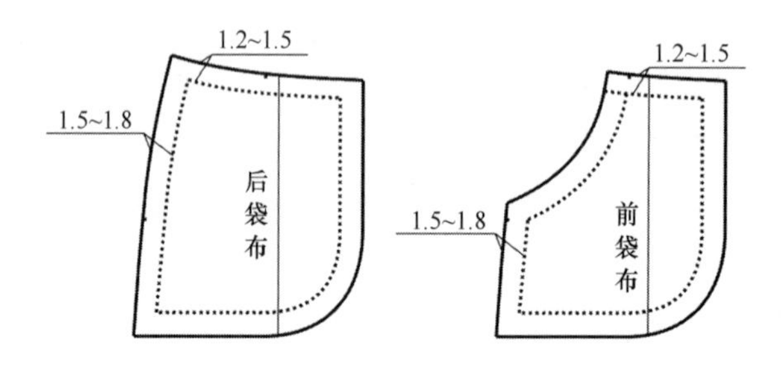

图4-46 牛仔背带裙缝份加放——里板

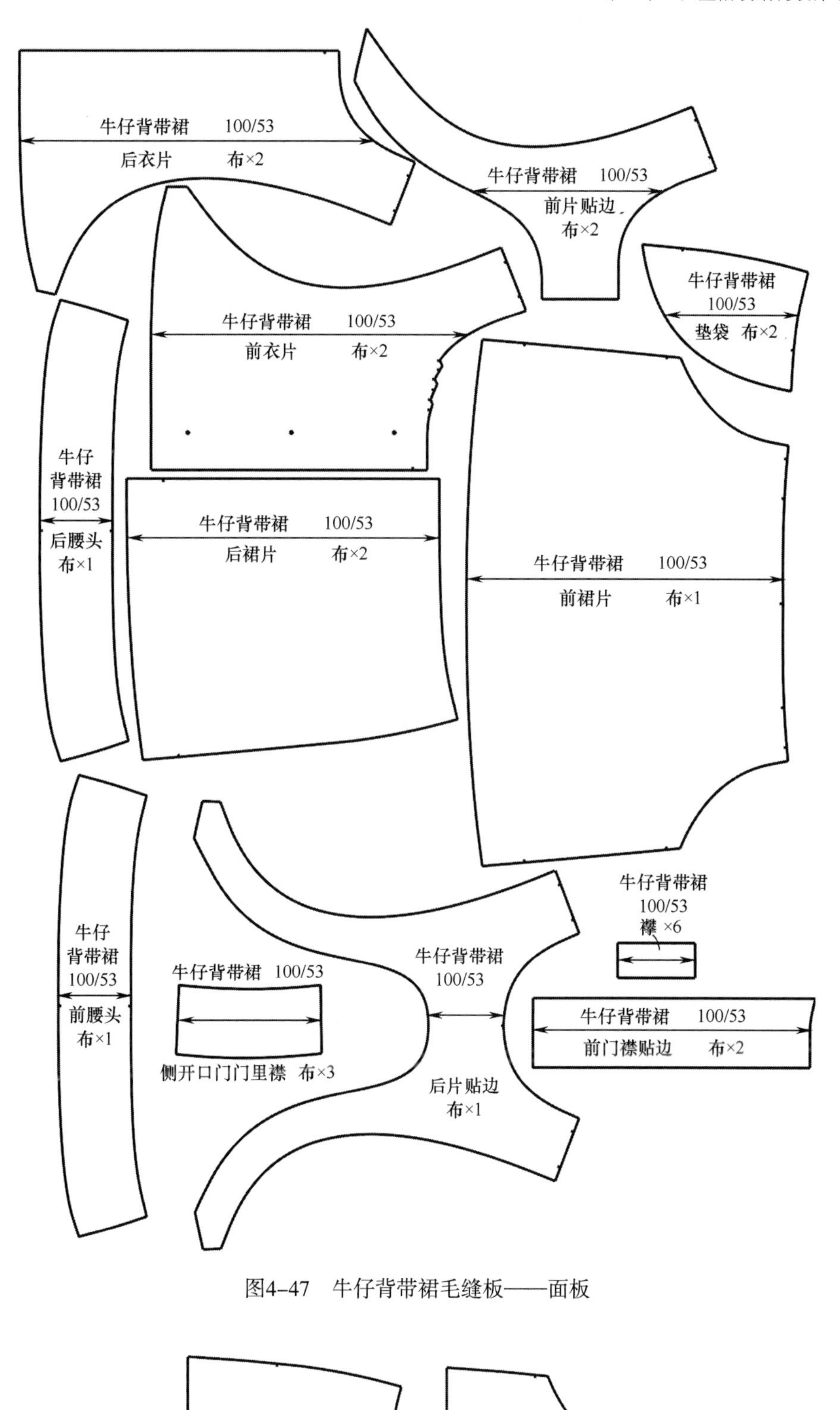

图4-47　牛仔背带裙毛缝板——面板

牛仔背带裙 100/53
后袋布 里×2

牛仔背带裙 100/53
前袋布 里×2

图4-48　牛仔背带裙毛缝板——里板

（二）肩袖高腰连衣裙

1.款式说明

本款为幼童高腰连衣裙，后中心开口并绱隐形拉链，胸背部有分割线设计，分割线处抽碎褶并压丝带装饰，两片式坦领，肩袖设计，肩部抽褶。款式活泼可爱，穿着方便实用。款式设计如图 4–49 所示。

图4–49 肩袖连衣裙款式

2.适合范围

本款适合身高 80~100cm、年龄为 1~3 岁的女童穿着。

3.规格设计

裙长 = 身高 ×0.5cm–2cm；

胸围 = 净胸围 +14cm；

袖长为设计量。

不同身高的幼童肩袖高腰连衣裙各部位规格尺寸如表 4–8 所示。

表 4–8 幼童肩袖高腰连衣裙各部位规格尺寸 单位：cm

身高	总长	胸围	袖长	领宽
80	40	62	8	5
90	45	66	8.5	5
100	50	70	9	5

4.结构设计图

身高 90cm 的幼童肩袖高腰连衣裙结构设计如图 4-50 所示。

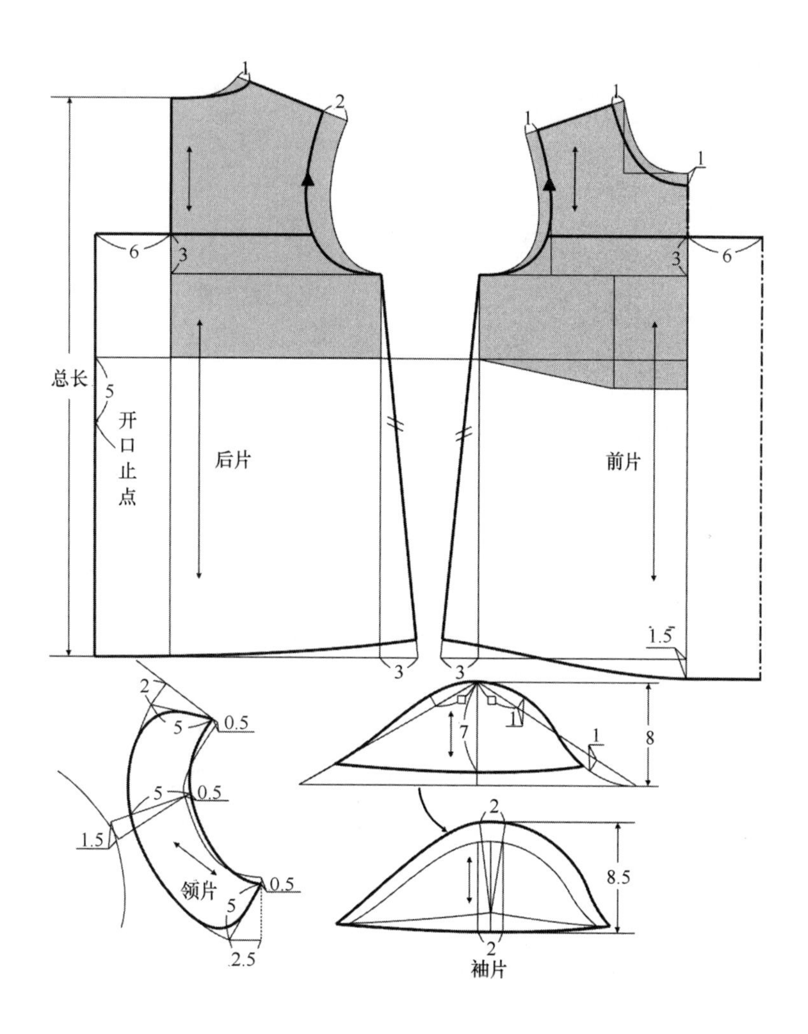

图4-50 肩袖连衣裙结构设计

5.制图说明

本款采用原型法制图，前、后片的腰围、肩宽、裙摆、总长等对应部位尺寸相等。

（1）后片制图说明如下。

① 以身高 90cm 的儿童原型作为基础，后领宽加宽 1cm，后肩宽减小 2cm，以适应泡泡袖的需要。

② 自后领中心点向下取总长尺寸做水平线，该线为底摆辅助线。

③ 后背分割线位置在胸围线以上 3cm，抽褶量 6cm。

④ 底摆展开 3cm。

（2）前片制图说明如下。

① 前领宽、前肩宽、底摆、侧缝尺寸分别和后片对应部位相等。

② 前领深加深 1cm。

③ 前胸分割线位置在胸围线以上 3cm，抽褶量 6cm。

④ 前身下垂量 1.5cm，以适应儿童挺胸凸腹的特征。

⑤ 底摆展开量为 3cm。

（3）领子制图说明如下。

领子采用在衣片基础上制图的方法。

① 画出前、后衣片，做肩部重叠量。前、后片在侧颈点对齐，前、后片肩部重叠量 1.5cm。

② 绘制装领线。前领中心点、后领中心点分别下移 0.5cm，侧颈点自衣片移出 0.5cm，连线并绘制圆顺，即为装领线。

③ 确定领宽，绘制外领口弧线。各部位领宽尺寸相同，均为 5cm。

（4）肩袖制图说明如下。

① 袖子为肩袖结构，基础袖山高取 8cm，前袖山斜线等于前袖窿弧长，后袖山斜线等于后袖窿弧长，袖山斜线四等分点的垂直抬升量均为 1cm。

② 按款式图取合适的位置做肩袖袖口辅助线。

③ 沿袖中线自袖山点至袖口辅助线进行剪切，把肩袖袖山分成左、右两部分，两部分分别逆时针和顺时针旋转形成合适的 V 字形张角，张角量 2cm 为袖山抽褶量。

④ 修顺袖山曲线和袖口弧线。

6.缝份加放

肩袖高腰连衣裙衣身缝份加放：后中线、侧缝线、肩缝线、分割线等部位缝份加放 1~1.2cm；前、后领圈袖窿缝份加放 0.8~1cm；底摆折净，明线宽 1cm，缝份加放 1.8~2cm。

袖子缝份加放：袖山线缝份加放 0.8~1cm；袖摆折净见明线，缝份加放 1.8~2cm。

领子缝份加放：领外轮廓线缝份加放 1~1.2cm；装领线缝份加放 0.8~1cm。

本款肩袖连衣裙面板缝份的加放如图 4–51 所示，毛缝板如图 4–52 所示。

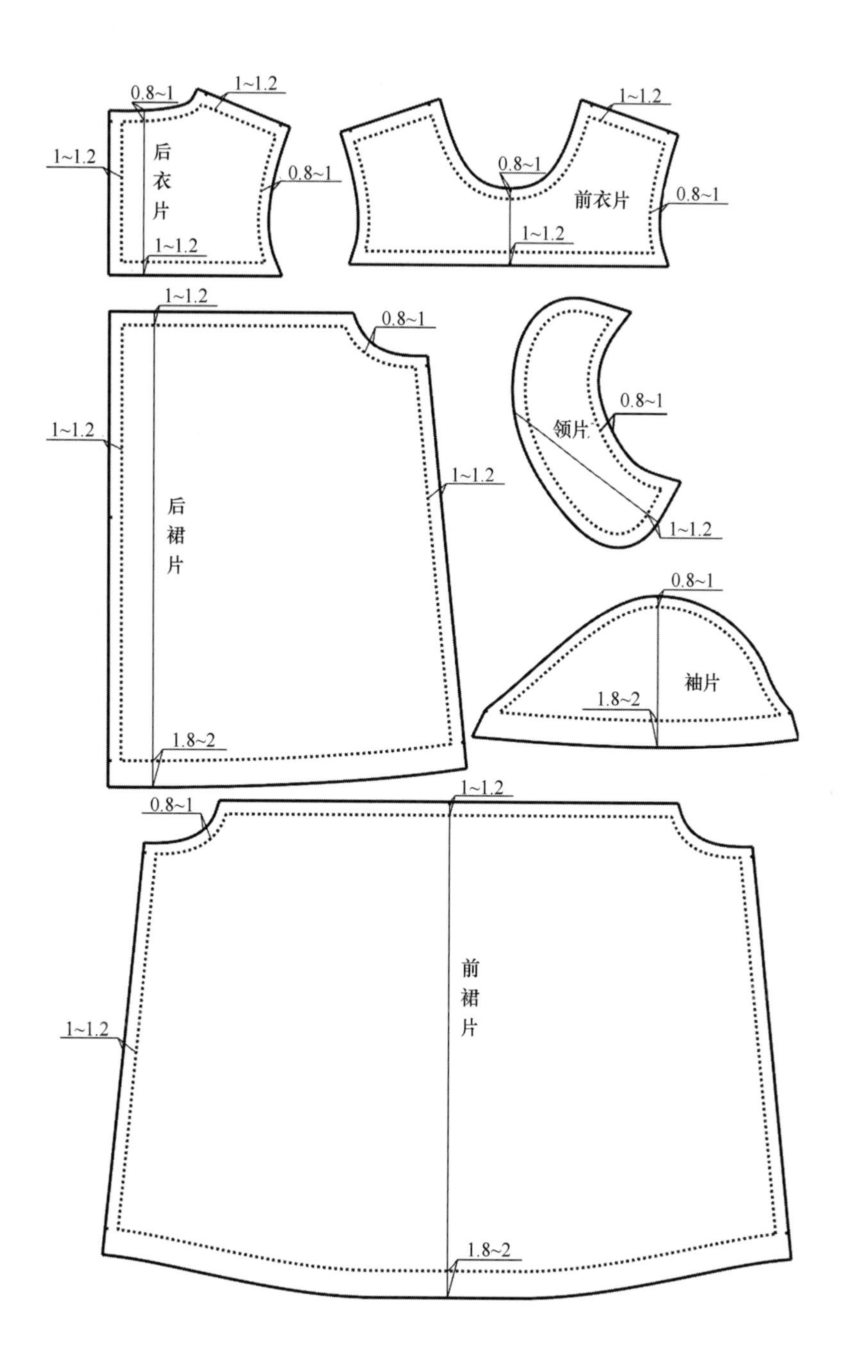

图4-51 肩袖连衣裙缝份加放

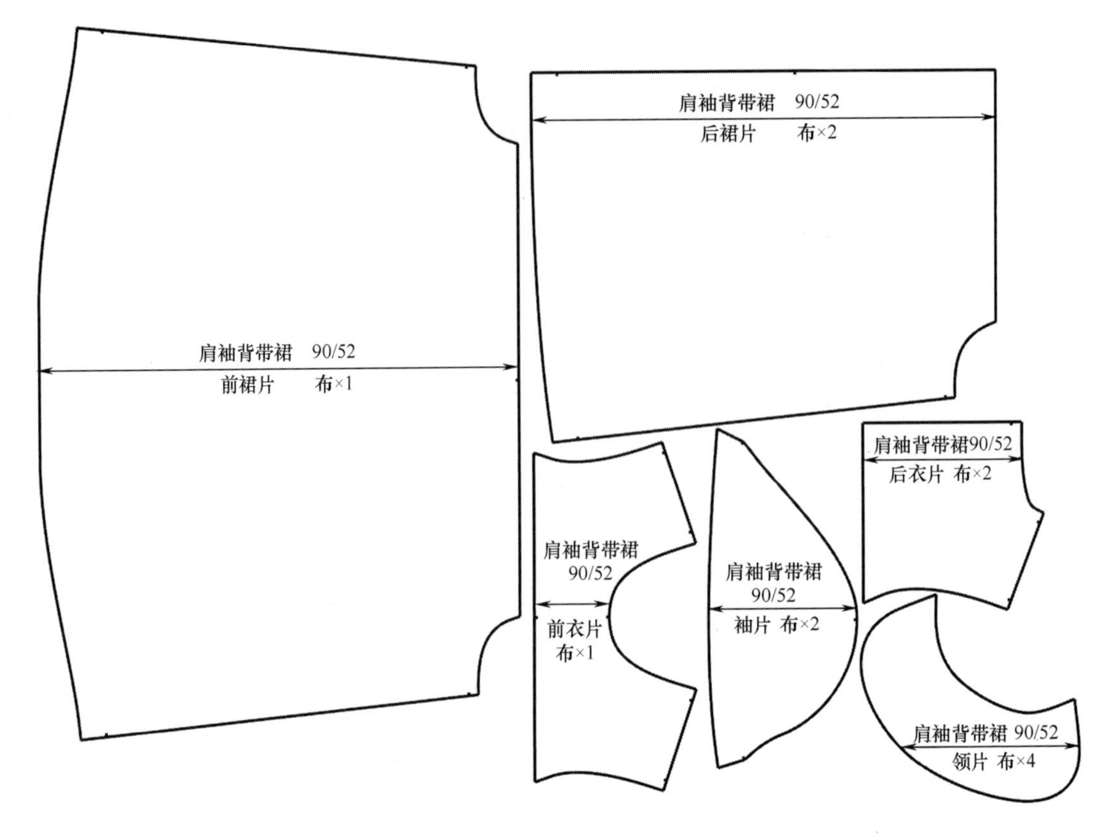

图4-52 肩袖连衣裙毛缝板

（三）短袖连腰连衣裙

1.款式说明

女童短袖连腰针织连衣裙，小连翻领设计，前中心设门襟并以三粒扣系结，门襟两侧有分割线并抽褶，泡泡袖袖口以橡筋带收缩。款式设计如图 4-53 所示。

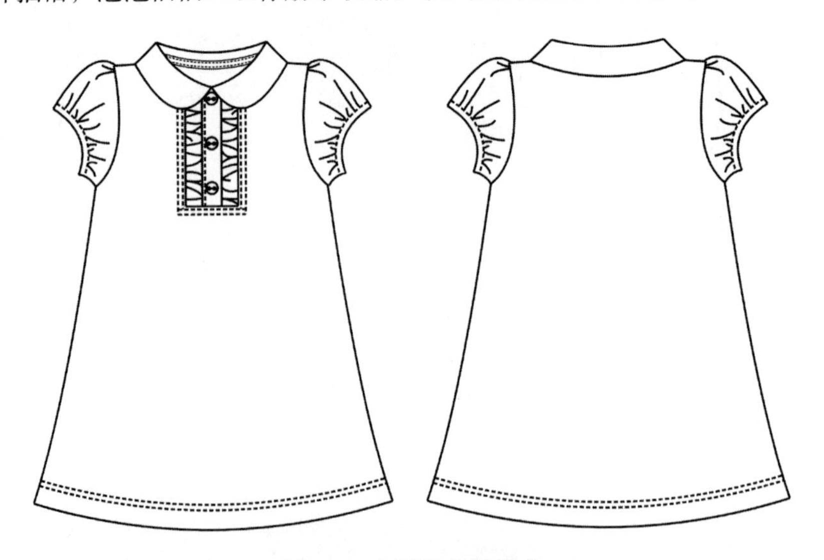

图4-53 短袖连衣裙款式

2.适合范围

本款适合身高 110~130cm、年龄为 6~8 岁的女童穿着。

3.规格设计

裙长 = 身高 ×0.5cm−5cm；

胸围 = 净胸围 +14cm；

袖长为设计量。

不同身高的女童短袖连腰连衣裙各部位规格尺寸如表 4−9 所示。

表 4−9　短袖连腰连衣裙各部位规格尺寸　　单位：cm

身高	总裙长	胸围	袖长	后领宽
110	50	70	11	5
120	55	74	12	5
130	60	78	13	5

4.结构设计图

身高 120cm 的女童短袖连腰连衣裙结构设计如图 4−54 所示。

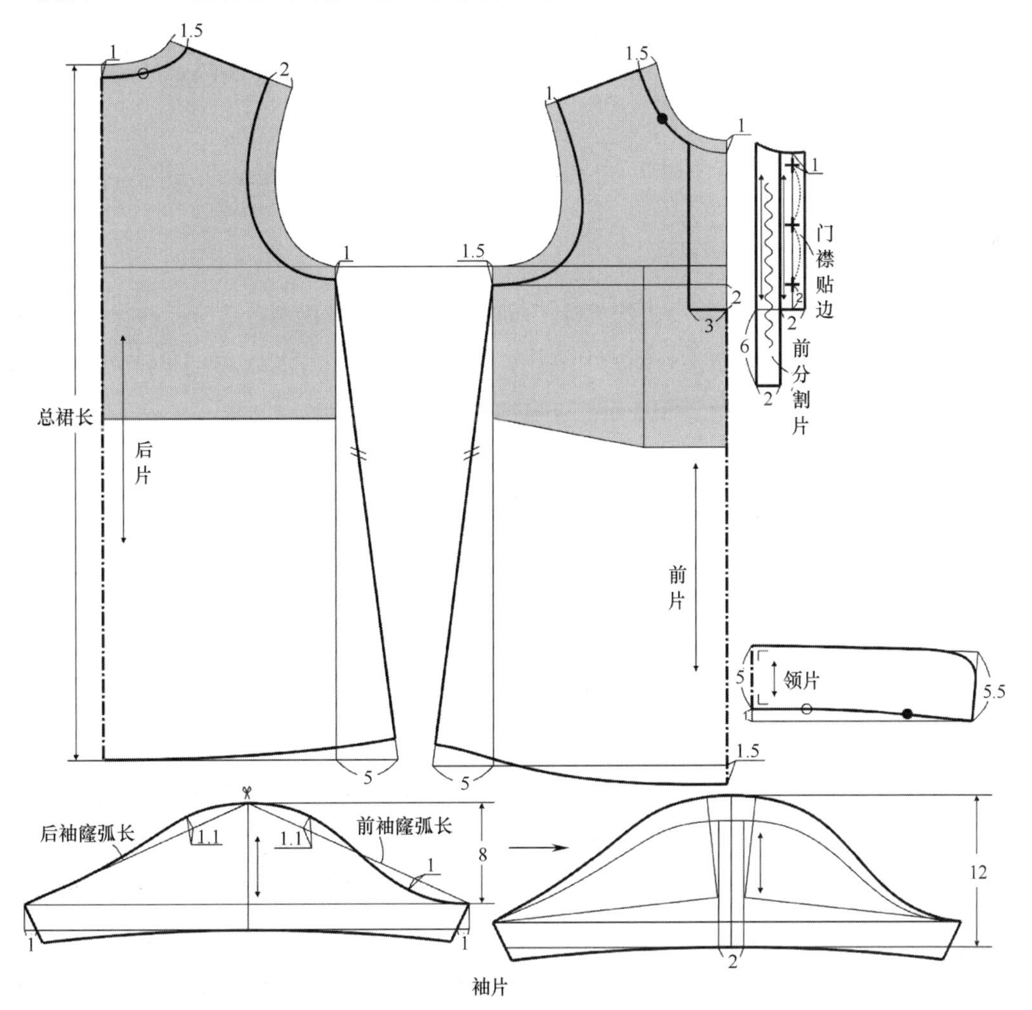

图4−54　短袖连衣裙结构设计

5.制图说明

本款采用原型法制图，衣身加放松量14cm。

（1）后片制图说明如下。

① 后领宽加宽1.5cm，后领深加深1cm，使儿童颈部保持舒适的状态。

② 后肩宽减小2cm，以适应泡泡袖的需要。

③ 后袖窿深加深1cm。

④ 自后领中心点向下取总长做底摆辅助线，下摆展开5cm。

（2）前片制图说明如下。

① 前领宽加宽1.5cm，和后领宽相等，前领深加深1cm。

② 前肩宽减小1cm，为了和后肩宽相等。

③ 前袖窿深加深1.5cm，包含0.5cm的袖窿浮余量。

④ 前中心下垂量为1.5cm，前、后侧缝长度相等。

⑤ 前中分割线距前中线3cm，分割位置在窿深线以下2cm。

（3）门襟贴边制图说明如下。

① 门襟贴边长至窿深线以下2cm，宽2cm。

② 自前领深点向下1cm确定第一粒扣位置，自门襟贴边底部向上2cm确定第三粒扣位置，第二粒扣居中。

（4）门襟两侧分割片制图说明：分割片长度缝合后与门襟贴边长度相等，宽2cm。抽褶量6cm。

（5）袖子制图说明如下。

① 基础袖山高取8cm，前袖山斜线等于前袖窿弧长，后袖山斜线等于后袖窿弧长，袖山斜线四等分点的垂直抬升量依图分别为1.1cm和1cm，袖口尺寸在袖肥基础上两侧各收进1cm。

② 沿袖中线剪切，平行展开2cm，以增加袖口的抽褶量。

③ 沿新的袖中线自袖山点至袖肥线剪切，并剪切前、后袖肥线，把袖山分成左、右两部分，两部分分别逆时针和顺时针旋转，形成合适的V字形张角，张角量为袖山抽褶量，袖长保持12cm。

④ 修顺袖山曲线和袖口弧线。

（6）领子制图说明：采用直角制图法进行领子制图，领子下弯量1cm，后领宽5cm，前领宽5.5cm，与款式相适应，领角为圆角。

6.缝份加放

短袖连腰连衣裙衣身缝份加放：侧缝线、肩缝线、袖窿线、前中分割线缝份加放1~1.2cm；因工艺要求，前后领圈缝份加放0.6~0.8cm；底摆双明线缉缝，缝份加放1.2~1.5cm。

袖子缝份加放：袖山线缝份加放1~1.2cm；袖口抽细橡筋带，缝份加放1.2~1.5cm。

领子缝份加放：领外轮廓线缝份加放1~1.2cm；装领线缝份加放0.6~0.8cm。

门襟贴边缝份加放：门、里襟双折，折边处放缝3~3.2cm，领口处缝份0.6~0.8cm；其他部位缝份加放 1~1.2cm。

本款短袖连腰连衣裙缝份的加放如图 4–55 所示，毛缝板如图 4–56 所示。

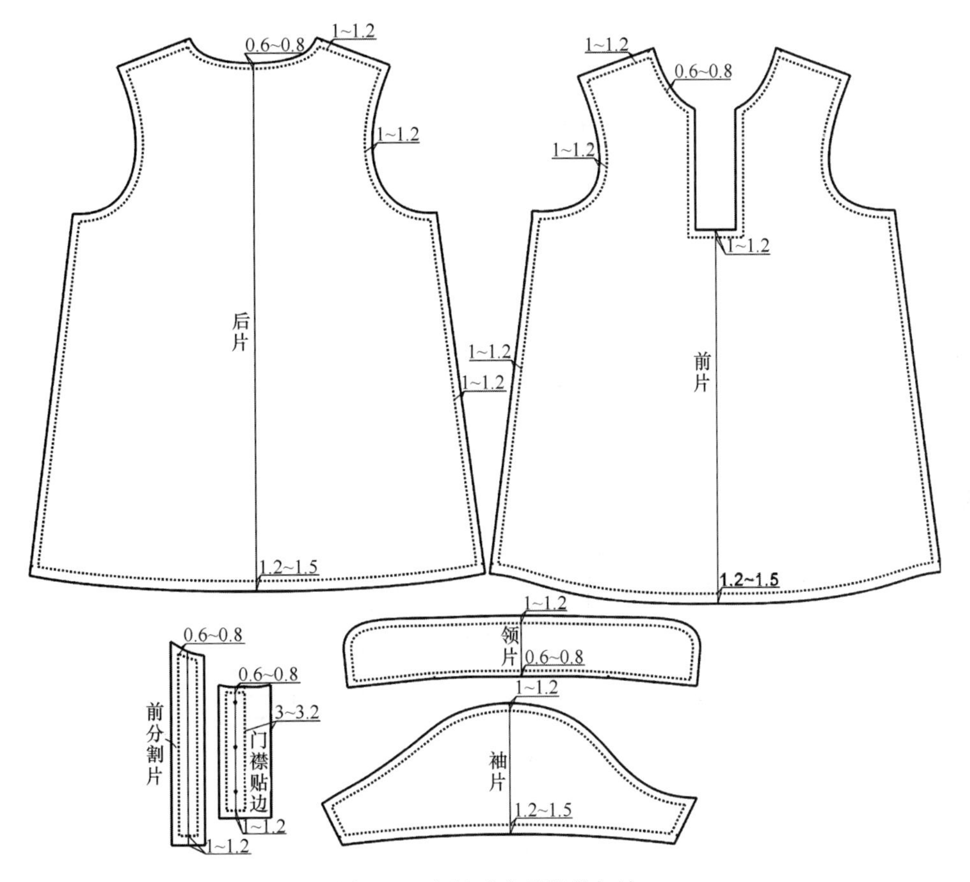

图4–55 短袖连衣裙缝份加放

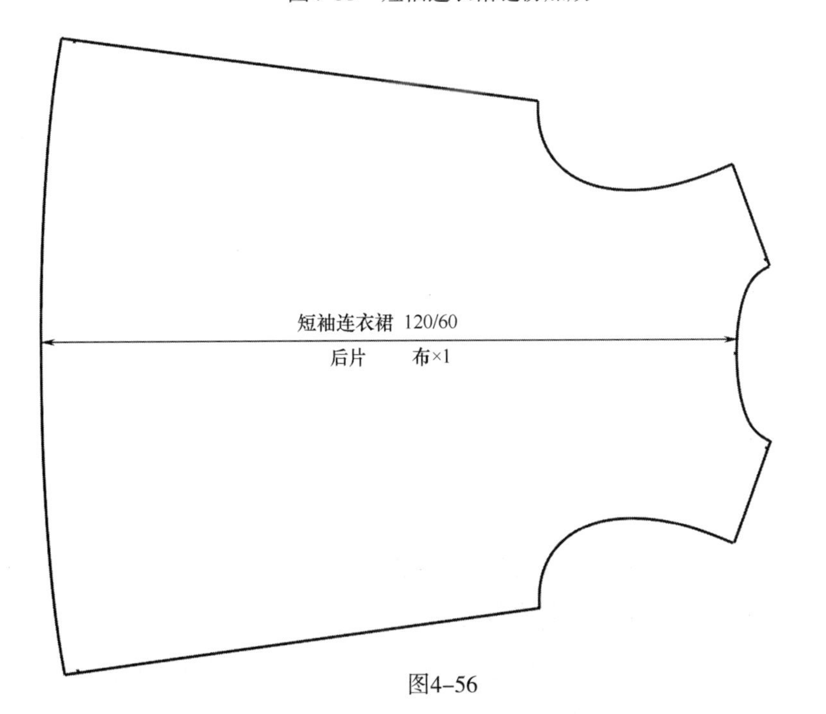

图4–56

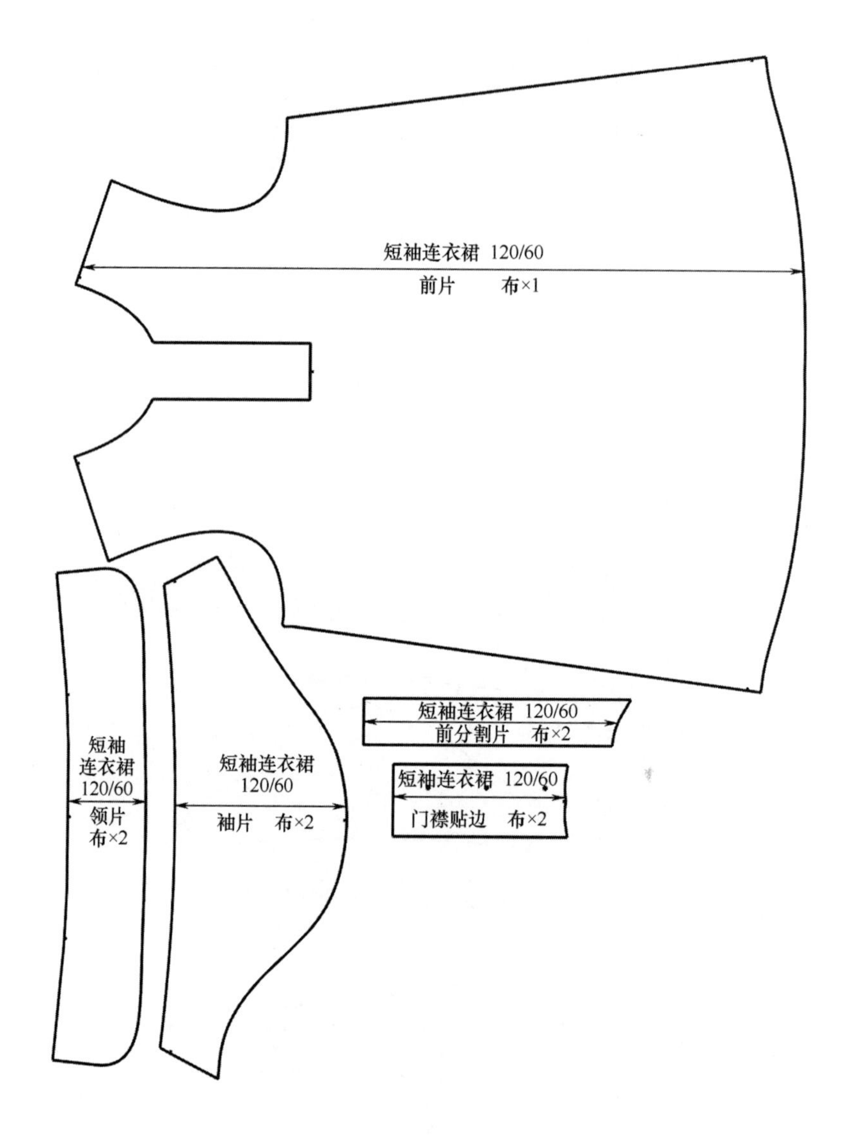

图4-56 短袖连衣裙毛缝板

（四）低腰运动连衣裙

1.款式说明

本款为长至膝盖以上的少女运动连衣裙，低腰，罗纹连翻领，短袖，前胸有两粒扣，裙上有箱式褶裥，款式简单大方，适合儿童运动穿着。款式设计如图 4-57 所示。

图4-57 低腰运动连衣裙款式

2.适合范围

本款适合身高 140~150cm、年龄为 10~12 岁的女孩。

3.规格设计

裙长 = 身高 ×0.5cm+1cm；

胸围 = 净胸围 +12cm；

腰围 = 胸围 –4cm。

不同身高少女低腰运动连衣裙各部位规格尺寸如表 4–10 所示。

表 4–10 低腰运动连衣裙各部位规格尺寸

单位：cm

身高	总长	胸围	腰围	袖长
140	71	76	70	12
145	74	80	74	13
150	77	84	78	14

4.结构设计图

身高 150cm 的少女低腰运动连衣裙结构设计如图 4–58 所示。

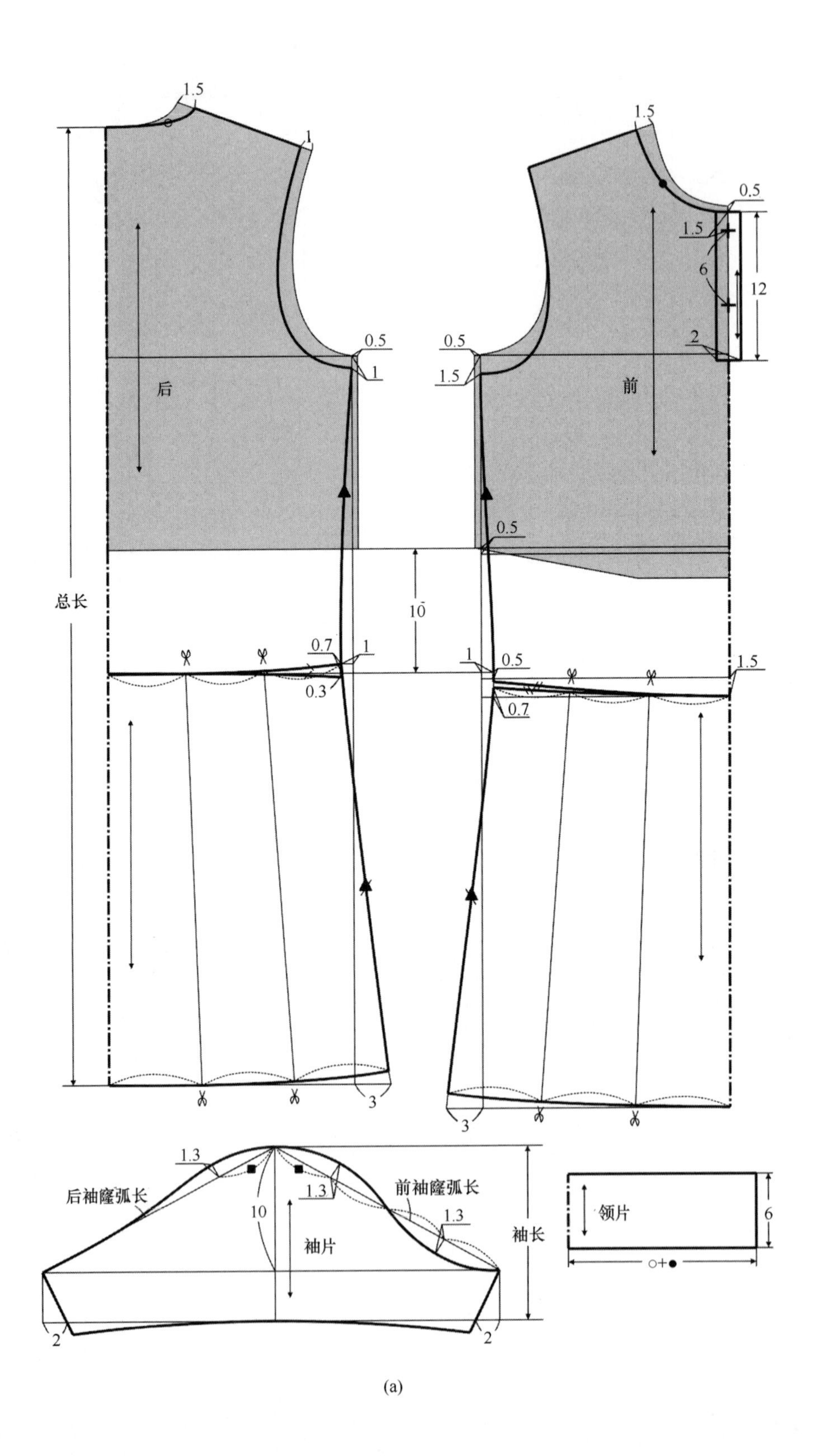
1.5
1
0.5
1
后
总长
10
0.7
1
0.3
3
1.5
0.5
12
1.5
6
2
0.5
1.5
前
0.5
1
0.5
1.5
0.7
3
1.3
后袖窿弧长
10
1.3
前袖窿弧长
1.3
袖片
袖长
2
2
领片
6
○+●

(a)

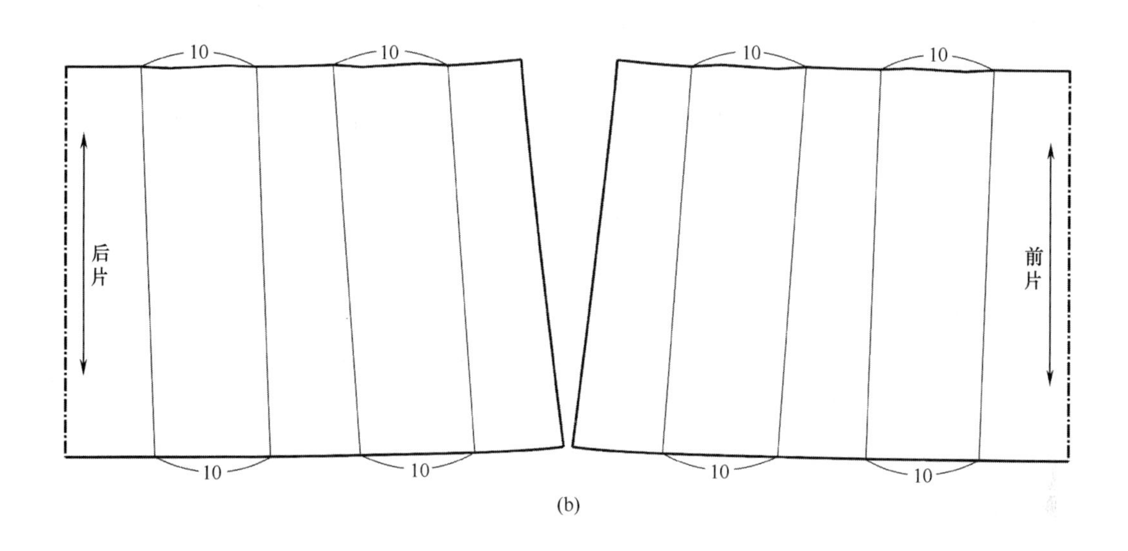

(b)

图4-58 低腰运动连衣裙结构设计

5.制图说明

本款采用少女原型制图，衣身加放松量 12cm。

（1）后片制图说明如下。

① 后片胸围在原型胸围基础上减小 0.5cm，袖窿深加深 1cm。

② 后领宽加宽 1.5cm，后领深不变，后肩宽减小 1cm，使领围、肩宽状态合体。

③ 自后领中心点向下取总长做底摆辅助线，下摆展开 3cm。

④ 自原型腰围线向下取 10cm 确定腰围基础线，在腰围基础线上，侧缝基础线向内收 1cm，连接胸围侧缝点并向下延长 0.3cm（目的是与前腰围线顺接），腰围处起翘 0.7cm。

⑤ 分别三等分腰围线和底摆线，三等分点为剪切展开位置。

（2）前片制图说明如下。

① 前片胸围在原型胸围基础上减小 0.5cm，与后片保持相等。前袖窿深加深 1.5cm，包含 0.5cm 的袖窿浮余量。

② 前领宽加宽 1.5cm，和后领宽相等，前领深加深 0.5cm，肩宽和后片相等。

③ 前片腰围基础线比后片下落 0.5cm，上衣前中线下垂量为 1.5cm，在侧缝线基础上收进 1cm，前、后上衣侧缝长度相等。

④ 下摆展开 3cm，分别三等分腰围线和底摆线，三等分点为剪切展开位置。

（3）门襟贴边制图说明如下。

① 门襟贴边长 12cm、宽 2cm。

② 自前领深点向下 1.5cm 确定第一粒扣位置，两粒扣间距 6cm。

（4）袖子制图说明如下。

①袖山高取 10cm，前袖山斜线等于前袖窿弧长，后袖山斜线等于后袖窿弧长，袖山斜线四等分点的垂直抬升量为 1.3cm。

② 袖口尺寸为在袖肥基础上两侧各收进 2cm，修正袖口弧线。

（5）领子制图说明：长方形罗纹领片宽 6cm。

6.缝份加放

低腰运动连衣裙上衣缝份加放：侧缝线、肩线、袖窿线、腰围线、门襟开口缝份加放 1~1.2cm；前、后领圈缝份加放 0.6~0.8cm。

裙子缝份加放：侧缝线、腰围线缝份加放 1~1.2cm；底摆双明线缉缝，明线宽 2cm，缝份加放 2.2~2.5cm。

门襟贴边缝份加放：门、里襟双折，折边处放缝 3~3.2cm；领口处贴边加放 0.6~0.8cm；其他部位加放 1~1.2cm。

袖子缝份加放：袖口双明线缉缝，明线宽 2cm，缝份加放 2.2~2.5cm；其他部位缝份加放 1~1.2cm。

领子缝份加放：装领线缝份加放 0.6~0.8cm。

本款低腰运动连衣裙缝份加放如图 4–59 所示，毛缝板如图 4–60 所示。

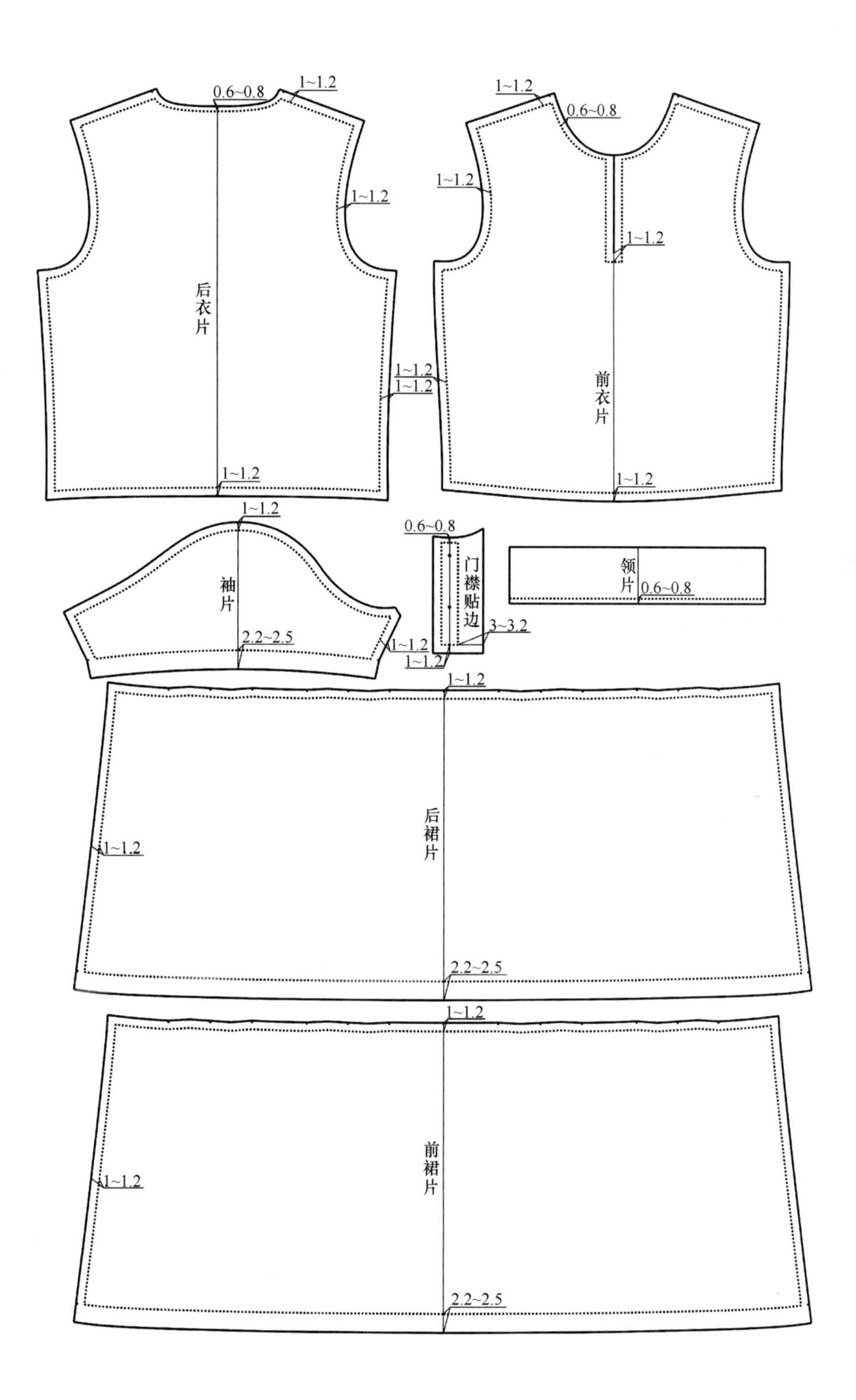

图4-59　低腰运动连衣裙缝份加放

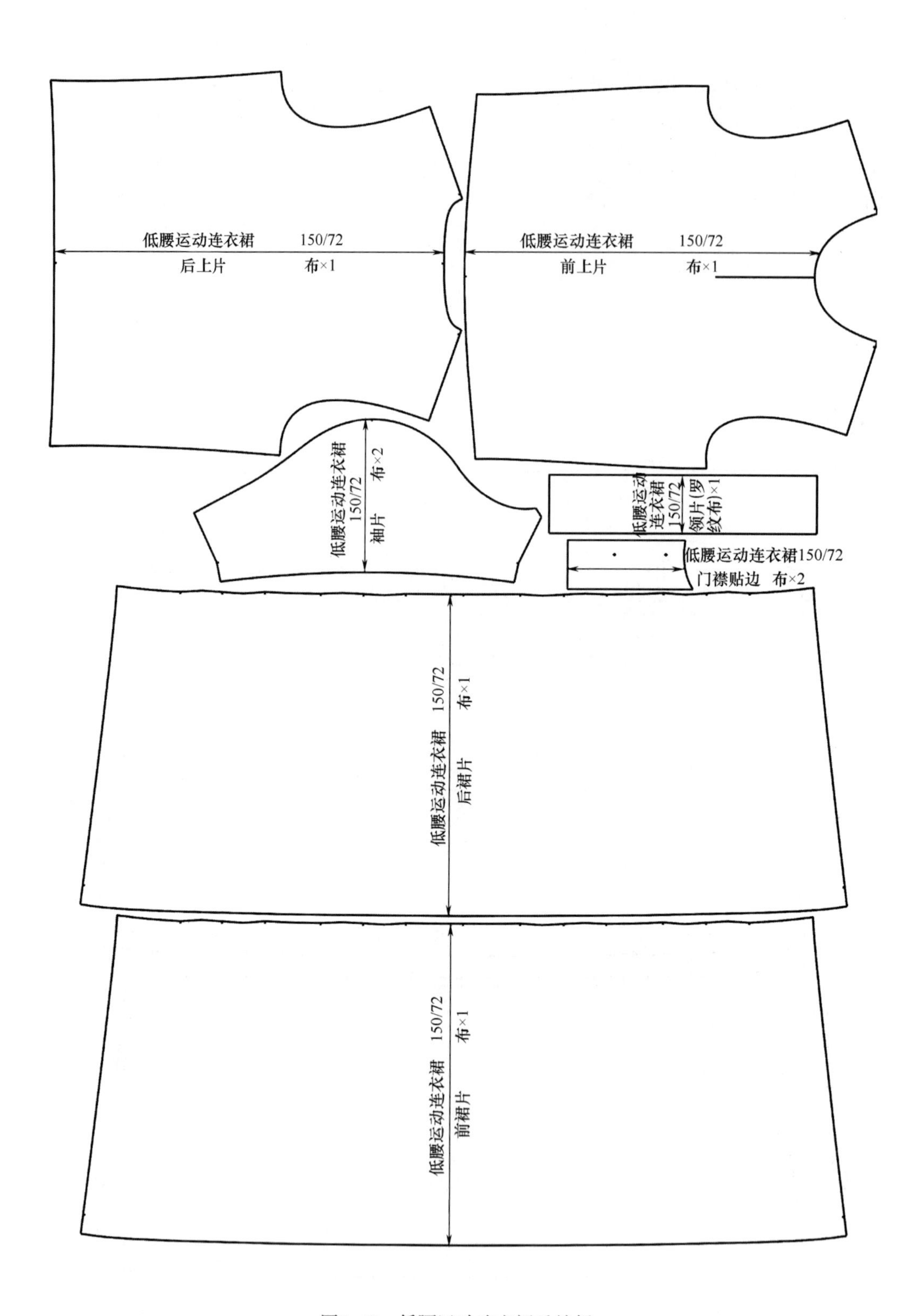

图4-60 低腰运动连衣裙毛缝板

思考与练习

1.分析影响儿童裙装结构设计的因素。

2.针对儿童体型特点，分别设计幼儿期、学童期和少年期儿童短裙各一条，绘制结构图并加放缝份。

3.针对儿童体型特点，分别设计幼儿期、学童期和少年期儿童连衣裙各一条，绘制结构图并加放缝份。

绘图要求：构图严谨、规范，线条圆顺，标识准确，尺寸绘制准确，特殊符号使用正确，结构图与款式图相吻合，缝份加放正确，比例1：5。

综合实训——

儿童裤装结构设计与制板

章节名称： 儿童裤装结构设计与制板

章节内容： 裤装结构原理
直筒裤结构设计与制板
锥型裤结构设计与制板
喇叭裤结构设计与制板
裙裤结构设计与制板
短裤结构设计与制板
连身裤结构设计与制板

章节课时： 10课时

教学要求： 使学生了解儿童不同时期适合的裤装种类；掌握不同款式裤装规格尺寸设计的方法及规律；掌握不同类型、不同款式裤装结构设计的方法和工业样板的制作，能做到整体结构与人体规律相符，局部结构与整体结构相称。

第五章　儿童裤装结构设计与制板

裤装是遮盖和装饰人体腰节线以下、贴合于人体臀部、在髋底部构成裆底的下装。裤装结构与人体下肢结构有着密切的关系，裤装结构的每一根线条、造型皆来源于人体下肢。只有遵循人的体型、活动规律，裤装表现的美才是合理、科学的。此外，裤装造型必须与相适应的结构相配置，使结构的准确性与造型的美观性成为不可分离的整体。

第一节　裤装结构原理

人体是一个复杂的曲面体，其动态变化直接影响着服装的结构。人体主要是通过下肢的运动带动整个人体的运动，下肢的形态及其运动要求是裤装结构设计的根本依据——下肢与人体躯干的连接构成了裤装的外观造型。然而，服装外观造型与其运动功能性不可避免地存在着矛盾——静态美观与动态舒适如何最佳结合成了矛盾的焦点。基于体型特征的裤装结构设计就是要顾及静态美观、动态舒适的需要。

一、裤装的分类及其名称

（一）按裤装臀围的宽松量进行分类

按臀围松量进行分类，裤装可以分为以下几种。

（1）贴体类裤装：臀围的松量为 0~6cm。

（2）较贴体类裤装：臀围的松量为 6~12cm。

（3）较宽松类裤装：臀围的松量为 12~18cm。

（4）宽松类裤装：臀围的松量为 18cm 以上。

（二）按裤长分类

按裤长进行分类，裤装分为以下几种。

（1）短裤：长度约到大腿上$\frac{1}{3}$。

（2）半长裤：长度约在大腿下$\frac{1}{3}$至膝盖以上。

（3）中长裤：长度约在小腿上$\frac{1}{3}$至膝盖以下。

（4）八分裤：脚口约在小腿的下$\frac{1}{3}$。

（5）长裤：长度到踝骨位置。

裤长分类如图 5-1 所示。

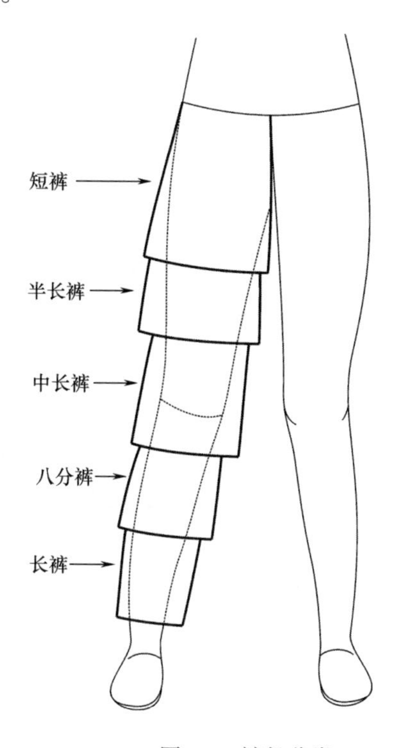

图5-1　裤长分类

（三）按腰位高低分类

裤装按腰位高低分类，分为以下三种，如图 5-2 所示。

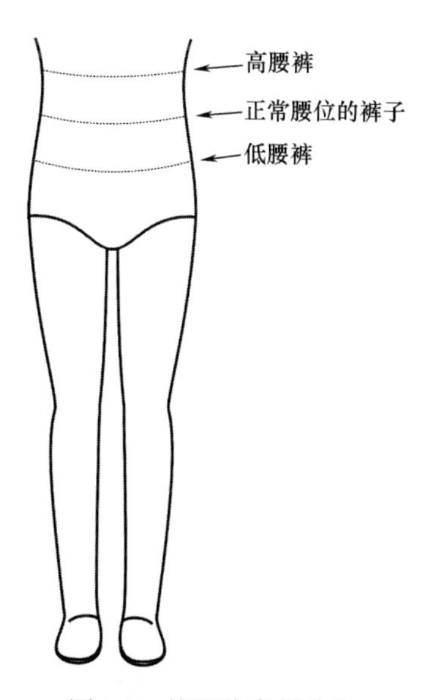

图5-2　按腰位高低分类

（1）正常腰位的裤装：腰线在人体正常腰围位置。

（2）高腰裤：腰线高于人体正常腰围位置。

（3）低腰裤：腰线低于人体正常腰围位置。

裤装腰位线的高低变化可以起到调整人体上、下身比例关系的作用。儿童下肢占身体的比例较小，为了调整下身的比例，可选择高腰位的各式长裤、短裤等。

（四）按裤装廓型分类

裤装按廓型分类，可以分为以下几种。

（1）筒型裤：筒型裤呈长方形造型结构，常作为一般裤造型的基础。筒型裤外形笔直，其设计有多种形式，但其基本的原则是：裤口宽比膝围线两边的宽度要分别窄 1cm，从而保持视觉上的筒型结构。

（2）锥型裤：锥型裤呈倒梯形结构，其臀部宽松、裤口自然变窄。

（3）喇叭裤：喇叭裤呈梯形结构，其膝部以上紧身，膝部以下到裤口逐渐变宽。

（4）裙裤：裙裤呈长方形结构，它在造型上追求裙子的风格，在结构设计上保持了裤子的横裆结构，其裤筒比较肥大。

（5）马裤：马裤呈菱形结构，其腰部收紧，两侧逐渐向下隆起，至膝关节突然收紧，在小腿部位呈贴体造型。裤装廓型分类如图 5-3 所示。

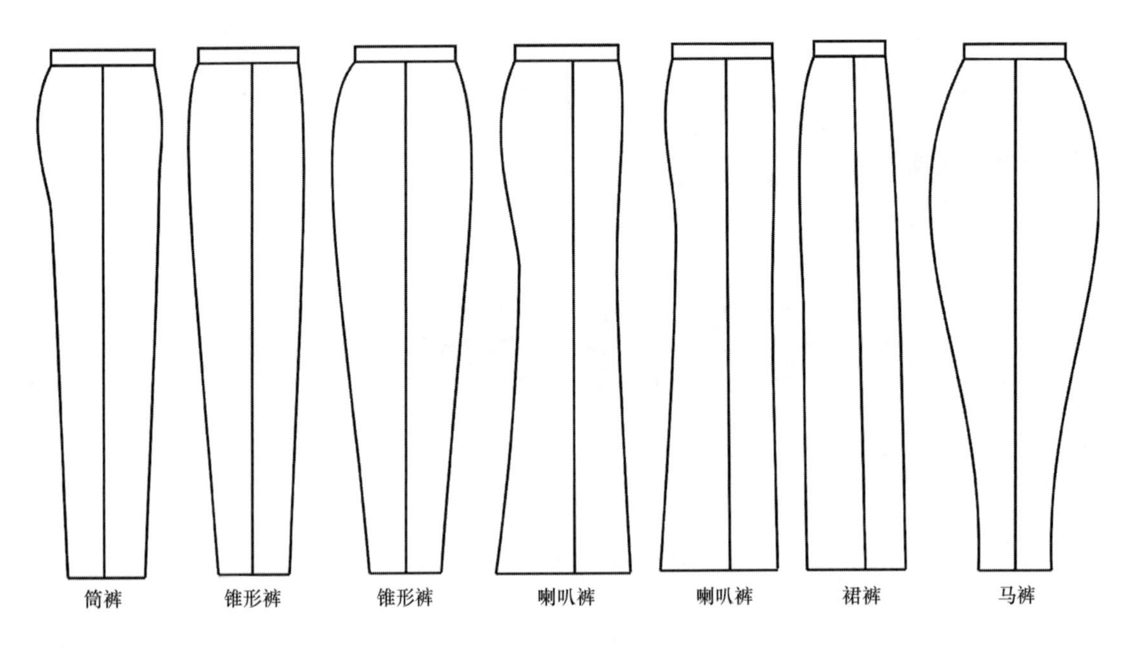

图5-3　裤装廓型分类

（五）按裤脚形式分类

裤装按裤脚形式分类，可以分为以下几类。如图 5-4 所示。

（1）平脚裤：裤脚呈直线状或趋于直线状。

（2）卷脚裤：裤脚部位翻转贴于裤筒上。

（3）异形裤脚：裤脚部位呈各种形式，如斜线形、各种形状的曲线等。

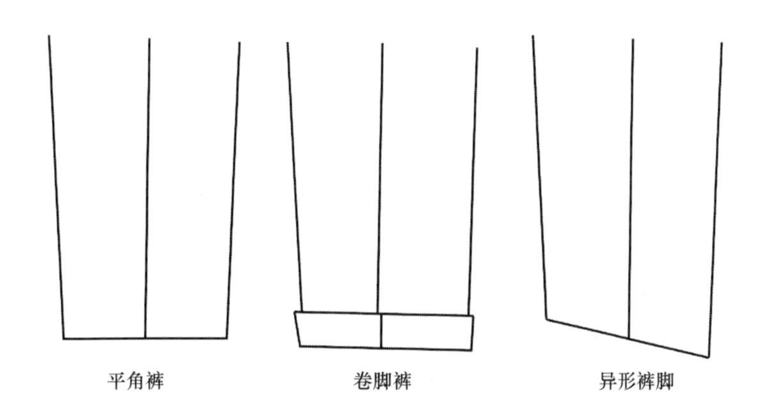

图5-4 按裤脚形式分类

二、影响裤装结构设计的因素

儿童裤装结构最主要的影响部位有腰围、臀围、上裆尺寸和前后裆宽等部位。

（一）腰围

腰围属于相对不变的部位，但儿童裤装腰围的成品尺寸要考虑其呼吸量和活动量，不同的品种需要加放不同的放松量，才能设计出适合的童裤装。不同的放松量会对裤装的造型产生很大影响，也会因具体款式的穿着季节和对象的不同而发生变化。但总地说来，裤装既要表现款式特点，又要穿着舒适，过紧不利于儿童身体发育，过松则同样表现不出儿童活泼的天性。腰围规格的设计规律与裙装的设计规律相同。

在进行前、后片的腰围分配时，较大儿童由于臀围前小、后大以及插袋方便的影响，腰围设计也遵循前小、后大的设计规律，前后差值可以设计成 1cm，即前片减去 1cm，后片加上 1cm。对于较小的儿童，由于腹凸明显，因此可以进行前、后片的等量设计。

（二）臀围

臀部需要加松量和运动量，同时臀部需要平整的造型，在臀部增加太大的运动量不符合造型美观的规律，因此，童装臀部的运动量往往增加在围度和长度两个方面。臀围规格尺寸设计是决定裤装款式造型的重要依据，其放松量设计直接决定裤子的合体程度。同时，臀围又是其他各细部比例分配的依据，它与裤装大部分部位尺寸都存在主从关系。根据儿童臀围尺寸的变化得知，其最小的加放量一般应控制在 8cm，除此之外，还应考虑款式造型的影响和内穿服装所引起围度的增加。

较大儿童的体型接近于成年人，其腹凸小于臀凸，因此在进行前、后片臀围尺寸分配时，一般遵循前小、后大的设计规律，前后差值设计成 1cm，即前片减去 1cm，后片加上 1cm。较小儿童一般进行前、后片等量设计。当前片采用多褶裥宽松设计、后片仍采用贴体设计时，可以进行等量或前大、后小的设计。

（三）上裆

上裆指腰头上口至横裆线之间的部位，在人体上，指腰围线至骶骨之间的垂直距离。上裆的长短直接影响裤子的穿着美观与舒适度。上裆过小，裤子裆部与人体间隙就会过小，裤子下裆到臀部就会出现紧绷状态，且在穿着时后裤片向上提拉，产生“勾裆”现象，造成牵紧不舒适感；上裆过长，裤子裆部与人体的间隙就会过大，裤片就会下沉，裤裆下部就会有松散状态的褶皱，造成跨步不利索。上裆太长或太短都会妨碍儿童运动，给儿童活动带来不便。儿童不但活泼好动，而且动作幅度较大，经常会有下蹲动作，所以上裆一定要有合适的松量，既便于运动，又能保证适体、美观。

上裆尺寸可通过测量、计算和经验等几种方法获得。

1.测量法

（1）人体站立时测量人体下裆长，用裤长减去下裆长，得出上裆尺寸。

（2）人体站立时测量腰部最细部位至臀股沟处长度（臀部与大腿的交接处），得出上裆尺寸。

（3）人坐在椅子上，测量腰部最细部位至椅子表面的长度再加上 2~3cm，得出上裆尺寸。

童体各部位相关尺寸的测量如图 5-5 所示。

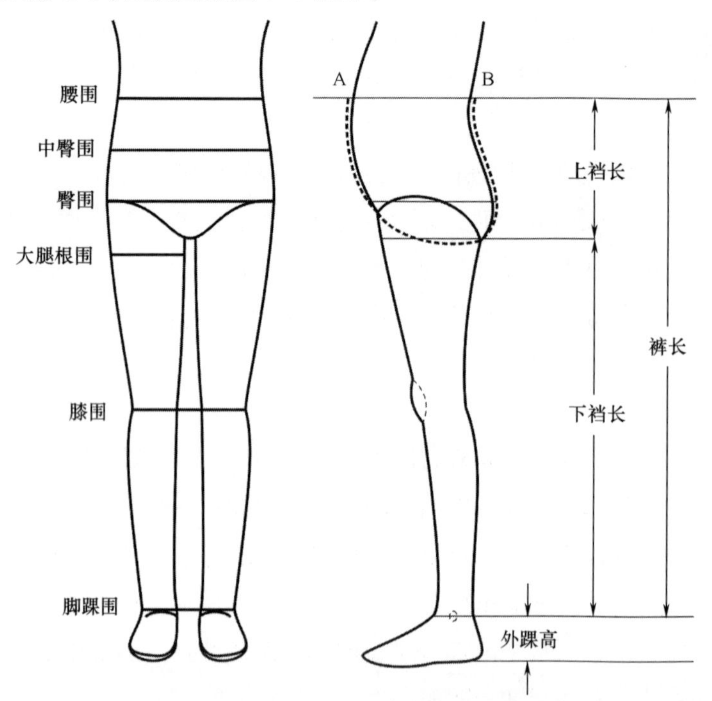

图5-5 童体各部位相关尺寸的测量

2.计算法

（1）根据成品臀围尺寸进行计算。应用公式：$\frac{成品臀围}{4}$+定数（不包括腰头）计算而得。这种方法将上裆尺寸与臀围相联系，忽略了下肢长度对上裆的影响，当人体下肢短而臀围大时，用该方法求得的上裆尺寸偏大。

（2）根据成品臀围和裤长两个尺寸共同计算。应用公式：$\frac{裤长}{10}+\frac{成品殿围}{10}$+6cm（不含腰头）计算而得。这种方法兼顾了裤长和臀围两个因素。

（3）采用通裆尺寸的$\frac{2}{5}$计算。通裆尺寸指前、后裆长与大、小裆宽之和，如图 5–2 中，*A* 点到 *B* 点为通裆测量，儿童裤装制图中通裆尺寸应加 2~3cm 的松量。

3.经验法

对于标准裤装来讲，不同身高的儿童采用不同的上裆长经验数值，当裤型发生变化时，根据款型进行调整。

（四）前、后裆宽

前、后裆宽尺寸的设计与人体臀部及下肢连接处所形成的结构特征密切相关，它反映了人体臀胯部的厚度，可以用来改变臀部和下肢的活动环境，可依据臀围数据计算得到。

前、后裆在耻骨联合点处分开为前小裆弯和后大裆弯，前、后裆弯的设计比例可在结构设计时灵活掌握，一般情况下，前小裆宽约取总裆宽的$\frac{1}{3}$，后大裆宽约取总裆宽的$\frac{2}{3}$。

当所采用的材料有弹性时，横裆量应变小。当增加横裆量时，需要注意以下问题：一是无论横裆量增加的幅度如何，其深度都不改变。因为横裆宽的增加是为了改善臀部和下肢的活动环境，深度的增加不仅不能使下肢活动范围增大，而且恰恰相反。因此裆弯只有宽度增加的可能，而不能增加深度；二是无论横裆量增幅多少，都应保持前小裆宽和后大裆宽的比例关系；三是增加横裆量的同时，也要相应增加臀部的放松量，使造型比例趋于平衡。例如裙裤的横裆很大，臀部的放松量也有所增加。实际上，从裙裤的结构来看，横裆量的增大，还会使一系列的结构发生变化。

（五）后翘、后中线斜度和后裆弯

后翘使后中线和后裆弯的总长增加了，显然这是为上体前屈时裤子后身用量增大而设计的。在样板上，后裆直线的斜度取决于臀大肌的造型，它们的关系是成正比的，即臀大肌越挺起，后裆直线斜度越明显（后裆直线与腰线夹角不变），后翘越大，使后大裆宽自然加宽。因此，无论后翘、后裆直线斜度和后裆宽如何变化，最终影响它们的是臀凸，确切地说就是后裆直线斜度的大小说明臀大肌挺起的程度。其斜度越大，裆弯的宽度也随之增大，同时上体前屈活动所造成后身的用量就多，后翘也就越大。斜度越小，各项用量就自然缩小。由此可见，无论是后翘、后裆直线斜度还是后裆宽，其中任何一个部位发生变化，其他部位都应随之改变。但当横裆增幅到一定量时，后裆直线斜度和后翘的意义就不复存在了。裙裤结构的后裆直线呈垂直线，无后翘，就是这种结构关系的反映。

第二节　直筒裤结构设计与制板

直筒裤的臀部较合体，整体造型呈长方形，总体具有垂直的外形轮廓，即从腰部到臀部随体型有适当的放松量，中裆或中裆偏上部位至裤脚口呈直筒状。裤子的材料以棉、毛、麻、化纤等质地结实的布料为好，但童裤仍以棉织物为主。

直筒裤作为童裤造型设计的标准，在基本纸样方面可以有三种造型，一是腰部用省的筒型裤，二是腰部用褶裥的筒型裤，三是腰部抽褶的筒型裤。第一种利用省量，臀部做合身处理；第二种是在第一种基础上将省量改为活褶制作，增加实用功能；第三种是减小腰腹之差，即增加腰围的尺寸，在幼童中可以忽略腰围尺寸，使腰围与臀围的尺寸相等，以增加活动量。

无论哪一种筒型裤，在造型上，裤口两端点都应比中裆两端点两边分别窄 0.5~1cm，这样穿在身上后，从视觉上让人感觉是裤口和中裆宽度一致。

一、中小女童直筒长裤结构设计与制板

1.款式说明

本款为较宽松女童直筒长裤，绱腰，腰部抽橡筋带，前片有弧形插袋设计，袋口以花边装饰，平行于袋口有弧形分割线；后片臀部有两条弧形分割线；裤脚处有分割线，各分割线以花边装饰。中小女童直筒长裤款式设计如图 5-6 所示。

图5-6　中小女童直筒裤款式

2.适合范围

本款适合身高 100~120cm、年龄为 4~6 岁的中小女童穿着。

3.规格设计

裤长 = 腰围高 –2cm ;

臀围 = 净臀围 +14cm ;

腰围（穿入橡筋带后）= 净腰围 –（5~6）cm。

不同身高的中小女童直筒长裤各部位规格尺寸如表 5–1 所示。

表 5–1 中小女童直筒长裤各部位规格尺寸　　单位：cm

身高	裤长	腰围	臀围	上裆长	腰头宽
100	56	45	68	18.5	3
110	63	48	73	19	3
120	70	51	78	19.5	3

4.结构制图

身高 100cm 的女童直筒长裤结构设计如图 5–7 所示。

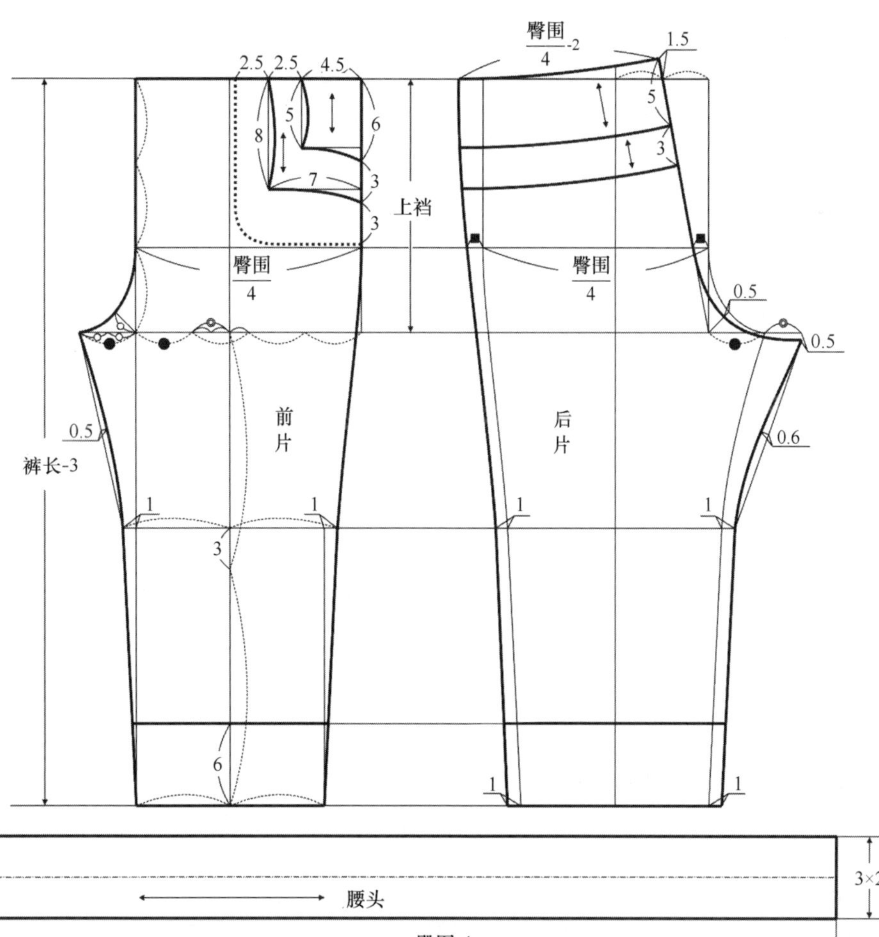

图5–7 中小女童直筒裤结构设计

5.制图说明

本款采用比例法制图，臀围加放松量为 14cm，制图中忽略腰围尺寸。

（1）前片制图说明如下。

① 自上基础线向下，取裤长 –3cm（腰头宽）做直线，该线为裤摆辅助线。

② 自上基础线向下，取上裆尺寸做直线，该线为横裆线。

③ 臀围线位于上基础线至横裆线距离的$\frac{2}{3}$处。

④ 前臀围尺寸为$\frac{臀围}{4}$，前腰围 = 前臀围。

⑤ 把前臀围尺寸四等分，将左侧的第二等分部分三等分后，过第二等分点做垂线为烫迹线（挺缝线）。

⑥ 前小裆宽为$\frac{前臀围}{4}$，小裆弯量为$\frac{前裆宽}{2}$。

⑦ 前裤口宽为$\frac{前臀围}{4}\times 3$，前中裆宽 = 前裤口宽 +2cm，烫迹线平分裤口线和中裆线。

⑧ 袋口宽为 4.5cm，侧缝处袋口尺寸为 6cm。在腰围线上，分割线距袋口 2.5cm；在侧缝线上，分割线距袋口 3cm。垫袋尺寸在腰围处为 7cm，垫袋尺寸在侧缝处为 9cm。

⑨ 裤脚处，分割线距裤口 6cm。

⑩ 腰围处袋布距分割线 2.5cm，侧缝处袋布距分割线 3cm。

（2）后片制图说明如下。

后片在前片基础上进行绘制，后片臀围线、横裆线、中裆线、裤口线和烫迹线对应于前片相应部位。

① 做后裆线。在上基础线上，取后中缝基准线和烫迹线距离的中点；在横裆线上取横裆线和后中缝基准线的交点，连接两点确定裆斜。后腰围线起翘量为 1.5cm，落裆为 0.5cm，大裆宽在小裆宽基础上增加$\frac{2}{3}$小裆宽，大裆凹量在小裆凹量基础上凹进 0.5cm。

② 自后裆线与臀围线交点取$\frac{臀围}{4}$尺寸。

③ 自起翘点向上基础线处做弧线，长为$\frac{臀围}{4}$ –2cm。

④ 后裤口宽 = 前裤口宽 +2cm，后中裆宽 = 前中裆宽 +2cm。

⑤ 后片分割线在腰围线以下 5cm 开始，两条分割线相距 3cm，裤脚处分割线距裤口 6cm。

（3）腰头制图说明：腰头长为臀围 –4cm，与腰口尺寸相同，宽为 3cm，里、面连裁。

6.缝份加放

女童直筒裤面板缝份加放：侧缝线、下裆缝线、前裆线、后裆线、分割线等部位缝份加放 1~1.2cm；腰口线缝份加放 0.8~1cm；裤脚折净，明线宽 2cm，缝份加放 3.5~3.8cm。

腰头各部位缝份加放 0.8~1cm。

插袋口袋布缝份加放：腰口处缝份加放 0.8~1cm，其他部位缝份加放 1~1.2cm。

本款中小女童直筒裤面板缝份的加放见图 5-8，里板缝份加放见图 5-9，面板毛缝板如图 5-10 所示，里板毛缝板见图 5-11。

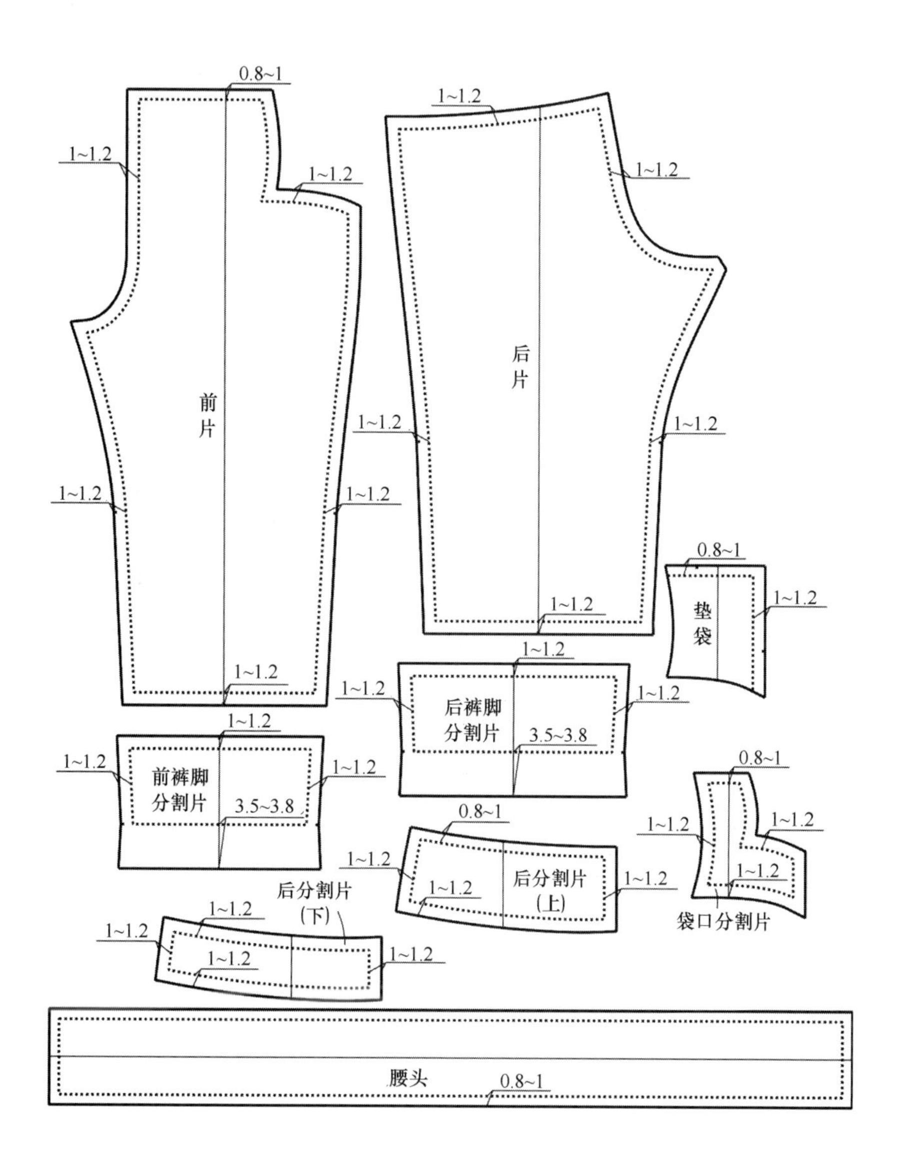

图5-8 中小女童直筒裤缝份加放——面板

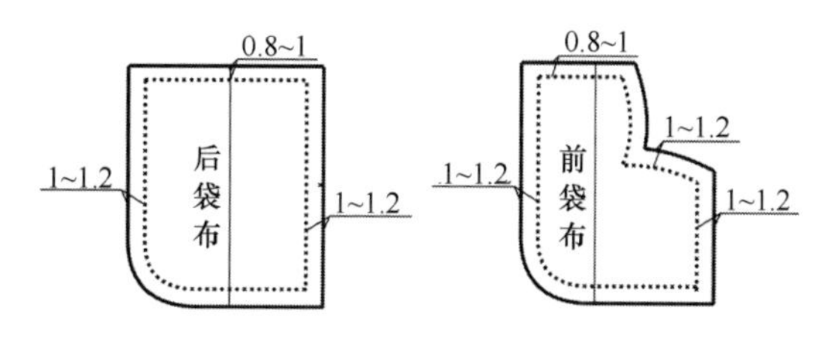

图5-9 中小女童直筒裤缝份加放——里板

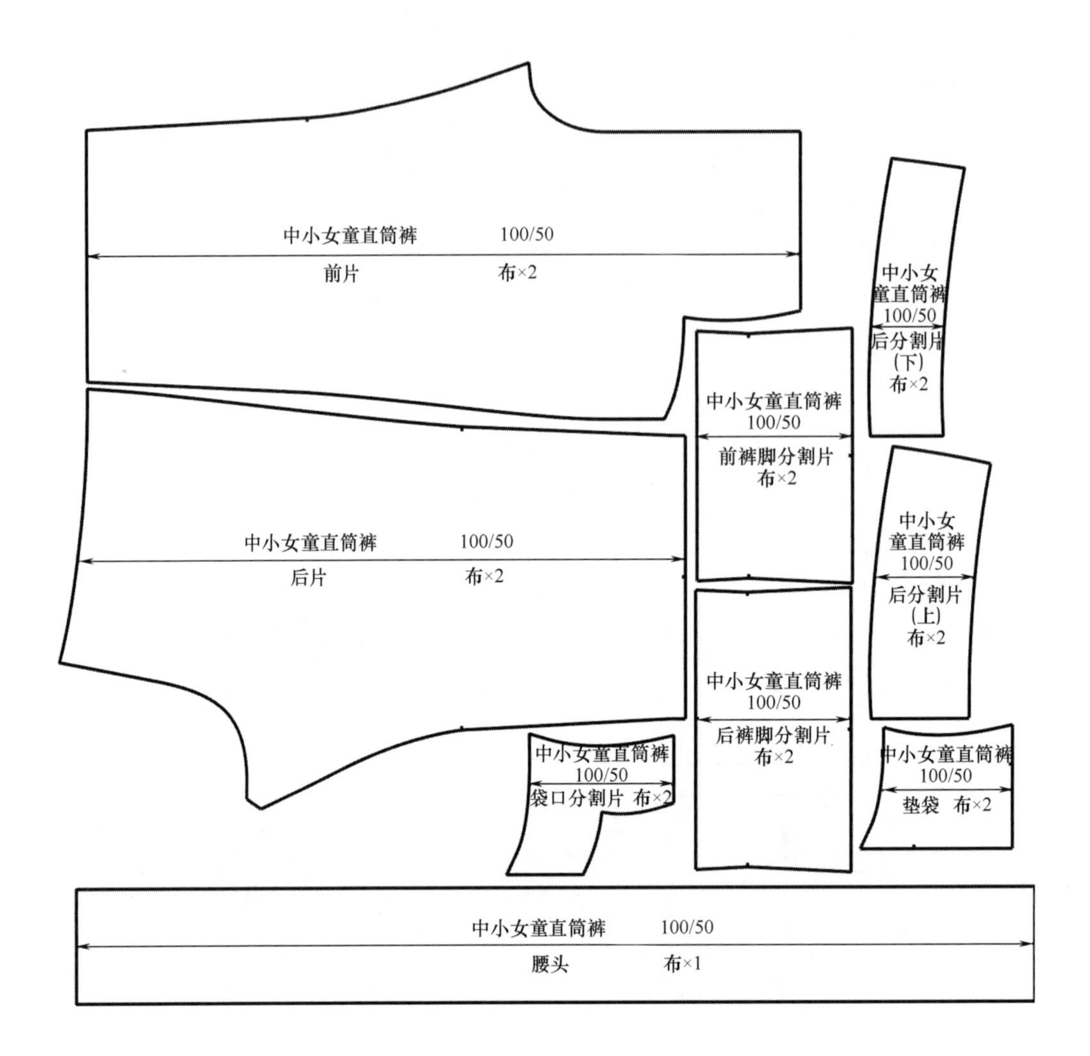

图5-10 中小女童直筒裤毛缝板——面板

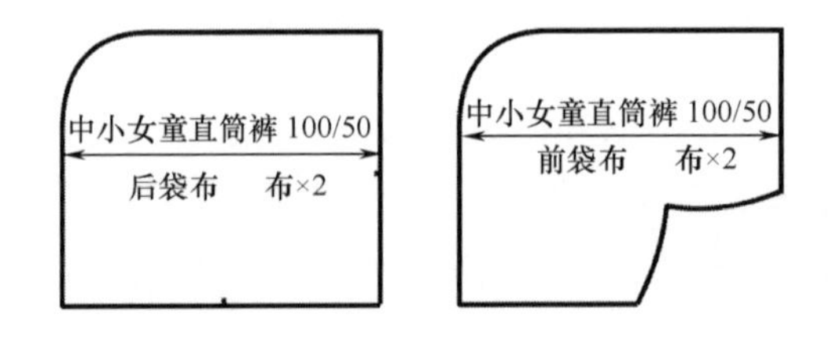

图5-11 中小女童直筒裤毛缝板——里板

二、大童运动长裤结构设计与制板

1.款式说明

本款为大童宽松运动长裤，罗纹绱腰，前片有单嵌线挖袋，袋口有钉扣，后腰部设计弧形分割线，分割线下夹绱装饰袋盖，前门为明门襟，以三粒扣系结。款式简单大方，穿着舒适方便。大童运动长裤款式设计如图 5-12 所示。

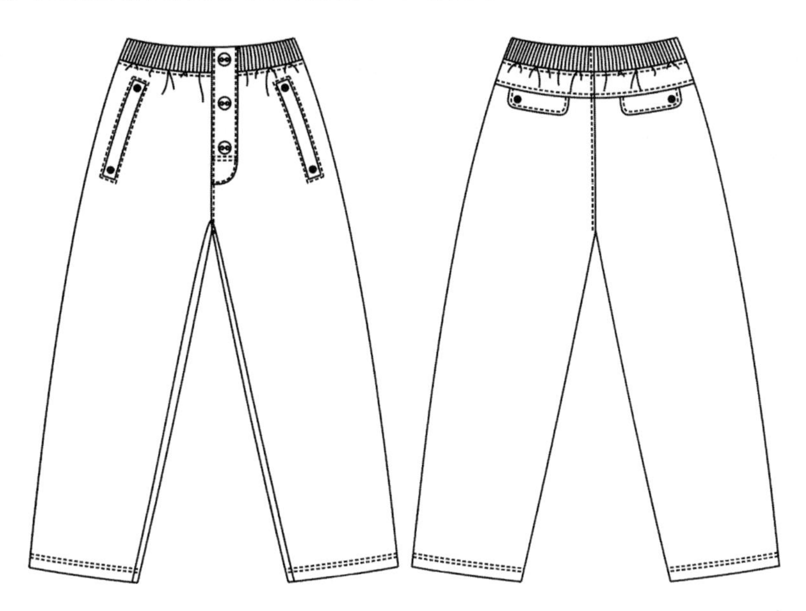

图5-12　大童运动长裤款式

2.适合范围

本款适合身高 150~170cm、年龄为 12~15 岁的中学男生。

3.规格设计

裤长 = 腰围高；

臀围 = 净臀围 +20cm 松量；

腰围（穿入橡筋带后的尺寸）= 净腰围 –5cm。

不同身高的大童运动长裤各部位规格尺寸如表 5-2 所示。

表 5-2　大童运动长裤各部位规格尺寸　　单位：cm

身高	裤长	腰围	臀围	上裆长	裤口宽	腰头宽
150	92	58	97.5	25	20	3
160	98	64	106.5	27	21	3
170	104	70	115.5	29	22	3

4.结构制图

身高 150cm 的大童运动长裤结构设计如图 5-13 所示。

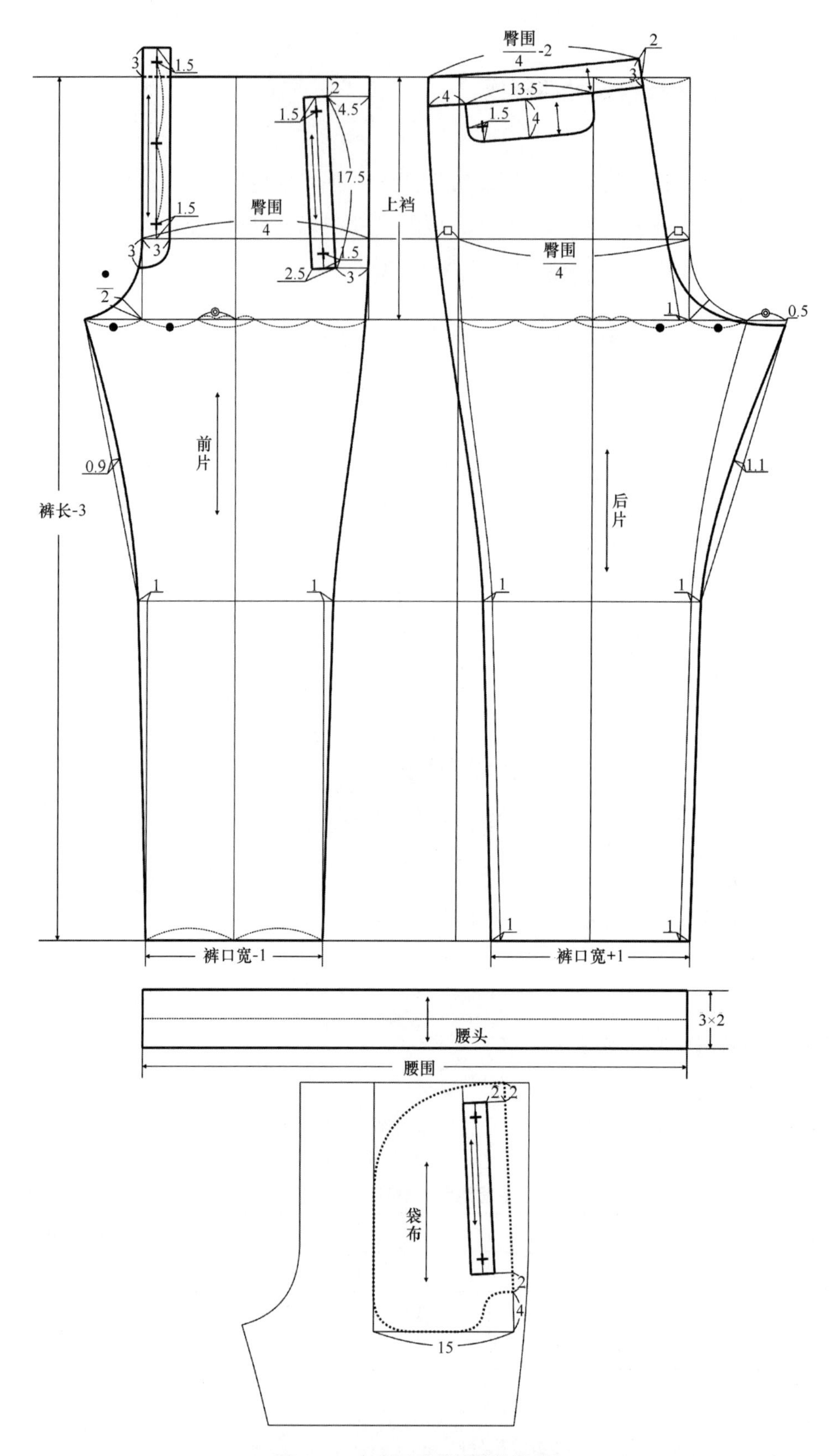

图5-13　大童运动长裤结构设计

5.**制图说明**

本款采用比例法制图，臀围加放松量为 20cm，状态宽松舒适。

（1）前片制图说明如下。

① 自上基础线向下取裤长 –3cm（腰头宽）做直线，该线为裤摆辅助线。

② 自上基础线向下取上裆尺寸做直线，该线为横裆线。

③ 臀围线位于上基础线至横裆线下$\frac{1}{3}$处。

④ 前臀围尺寸为$\frac{臀围}{4}$，前腰围 = 前臀围。

⑤ 把前臀围尺寸四等分，将左侧的第二等分部分三等分后，过第二等分点做垂线为烫迹线。

⑥ 前小裆宽为$\frac{前臀围}{4}$，小裆弯量为$\frac{前裆宽}{2}$。

⑦ 前裤口宽为裤口宽 –1cm,前中裆宽 = 前裤口宽 +2cm,烫迹线平分裤口线和中裆线。

⑧ 单嵌线口袋宽 2.5cm、长 17.5cm，上端距腰口线 2cm，上、下端与侧缝线距离相差 1.5cm。

⑨ 门襟为左片明绱门襟贴边，宽 3cm。

（2）后片制图说明如下。

后片在前片基础上进行绘制，后片的臀围线、横裆线、中裆线、裤口线和烫迹线对应于前片相应部位。

① 做后裆线。在上基础线上，取后中缝基准线和烫迹线距离的中点；在横裆线上取横裆线和后中缝基准线的交点向中心线偏移 1cm，连接两点确定裆斜。后腰起翘量为 2cm，落裆为 0.5cm，大裆宽在小裆宽基础上增加$\frac{2}{3}$小裆宽。

② 自后裆线与臀围线交点取$\frac{臀围}{4}$尺寸。

③ 自起翘点向上基础线处做弧线，长为$\frac{臀围}{4}$ –2cm。

④ 后裤口宽 = 裤口宽 +1cm，后中裆宽 = 前中裆宽 +2cm。

⑤ 分割线在腰围线以下 3cm，装饰袋盖宽 4cm、长 13.5cm，距侧缝线 4cm。

（3）腰头制图说明：腰头为罗纹腰头，长为穿入橡筋带后的腰围尺寸，宽为 3cm。

6.**缝份加放**

大童运动长裤面板缝份加放：侧缝线、下裆缝线、前裆线、后裆线、分割线等部位缝份加放 1~1.2cm;腰口线缝份加放 0.8~1cm;裤脚双明线缉缝，明线宽 2cm，缝份加放 2.2cm。

单嵌线口袋嵌线布尺寸长为 21.5cm（袋口长 +4cm），宽为 9cm（嵌线宽 ×2+4cm）。垫袋布长为 21.5cm，宽为 6cm。

门襟贴边各部位缝份加放 1~1.2cm。

腰头各部位缝份加放 1~1.2cm。

袋布各部位缝份加放 1~1.2cm。

本款为较大儿童裤装，在门襟贴边、嵌线、袋盖等部位加黏合衬制作，为防止黏合衬渗漏，衬料缝份应比面板缝份小 0.2~0.3cm。

本款大童运动长裤面板缝份的加放见图 5-14，里板缝份加放见图 5-15，衬板缝份加放见图 5-16，面板毛缝板如图 5-17 所示，里板毛缝板见图 5-18，衬板毛缝板见图 5-19。

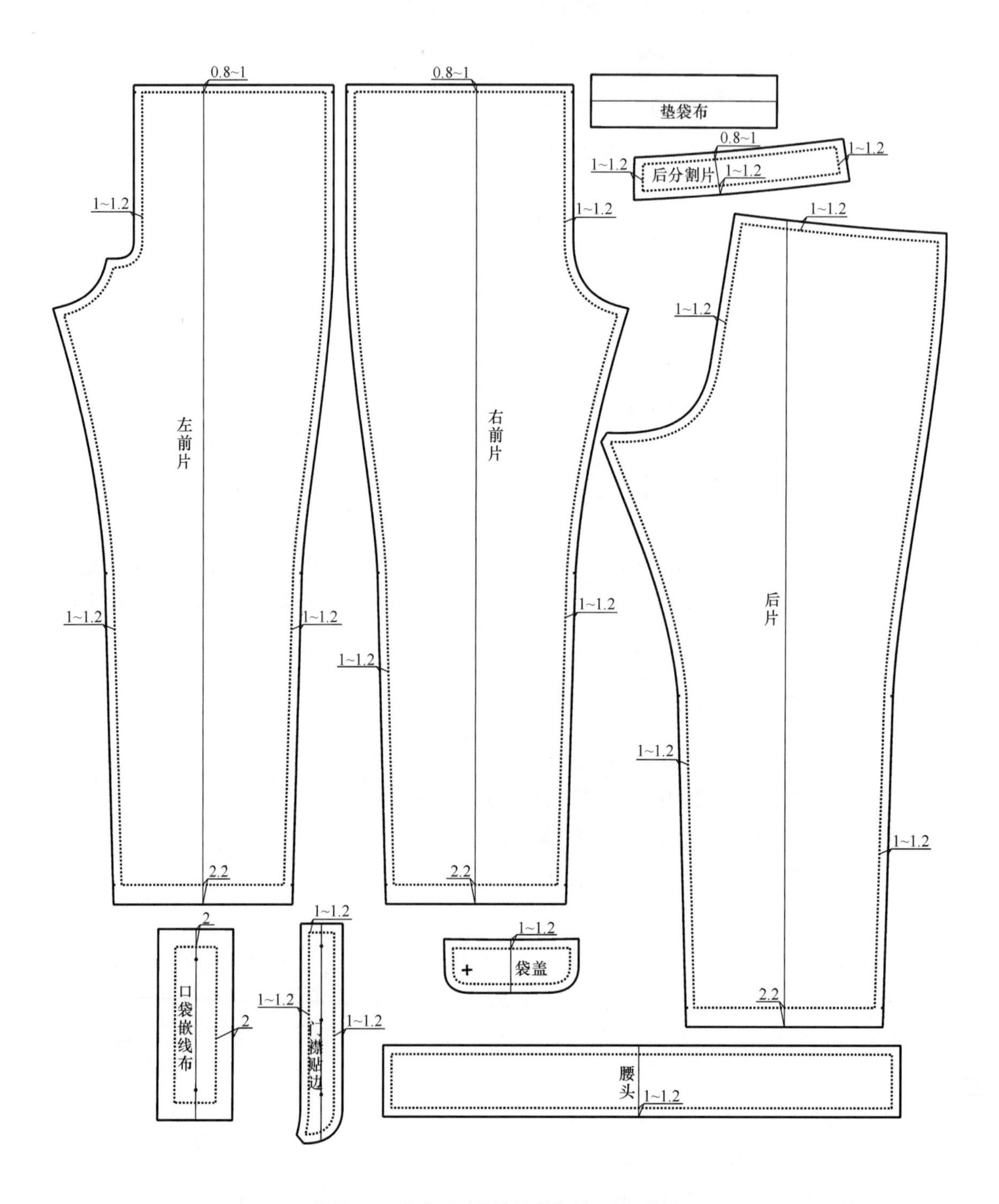

图5-14 大童运动长裤缝份加放——面板

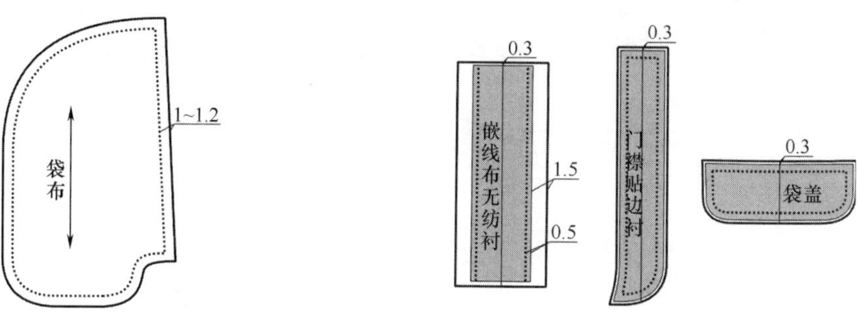

图5-15 大童运动长裤缝份加放——里板

图5-16 大童运动长裤缝份加放——衬板

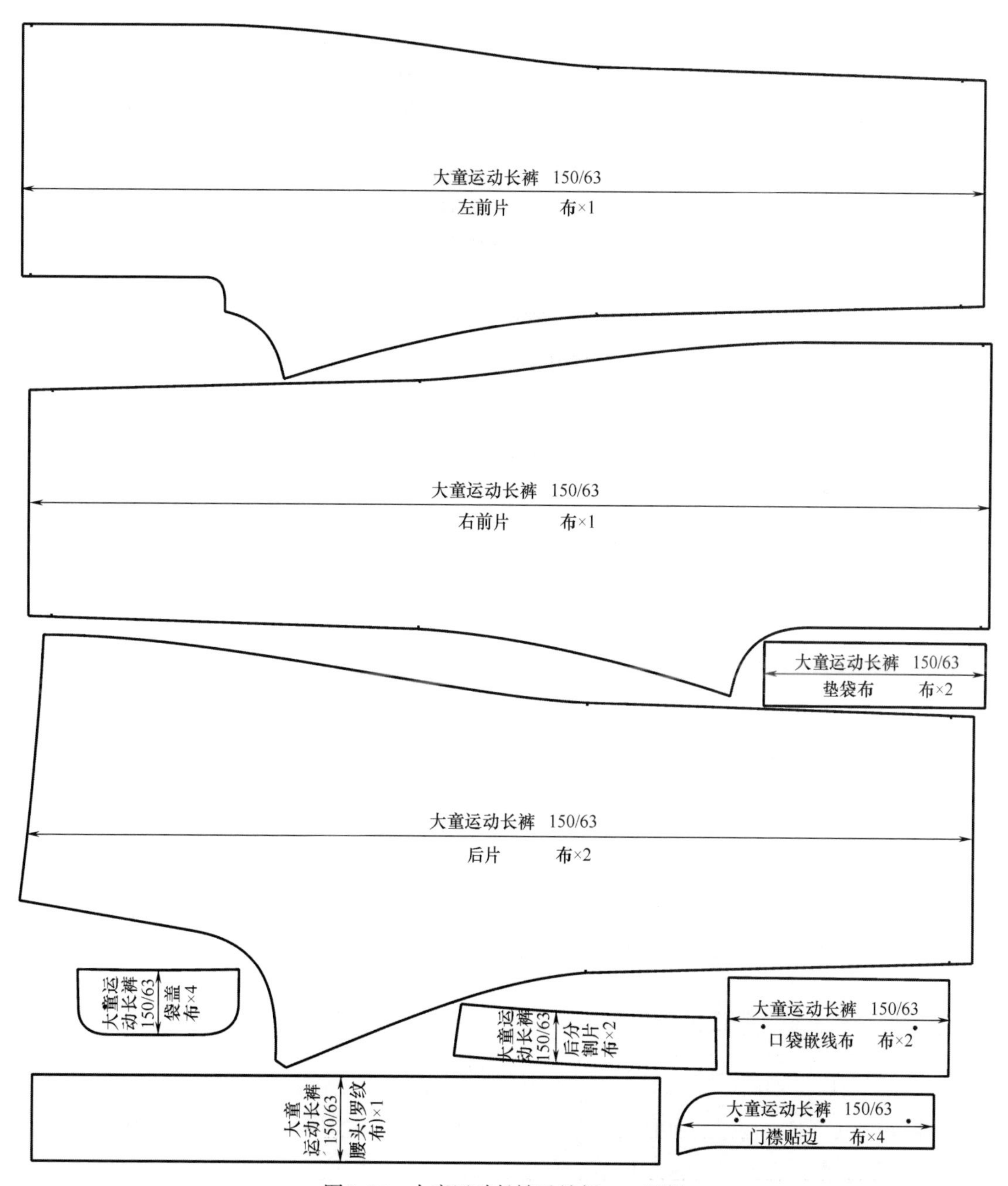

图5-17 大童运动长裤毛缝板——面板

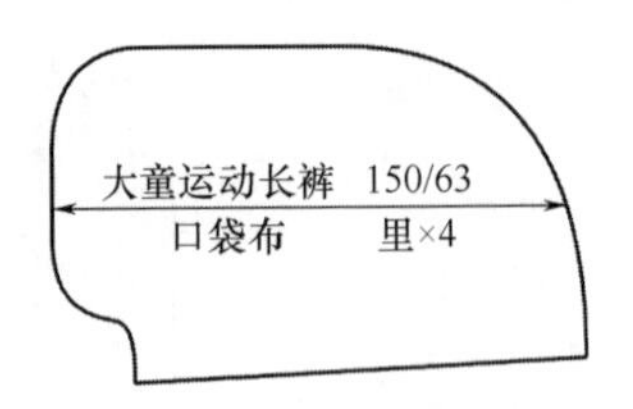

图5-18 大童运动长裤毛缝板——里板

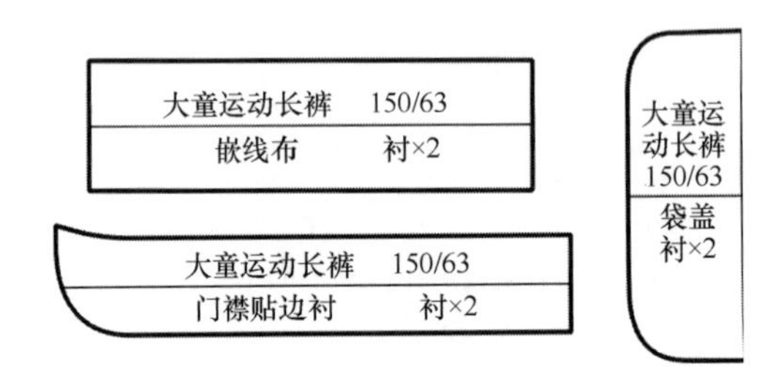

图5-19 大童运动长裤毛缝板——衬板

第三节 锥型裤结构设计与制板

锥型裤为倒梯形造型，在造型上强调臀部，因此臀部放量较大，相应地裤口收紧，裤摆位置提高，在结构上采用腰部打褶及高腰处理，裤长在筒裤的基础上相应减小，不宜超过踝骨，当裤口尺寸减小到小于足围时，裤口应设计开衩。锥型裤具有很好的舒适性和运动性，因此在童装上有非常广泛的用途。

一、锥型裤结构设计原理

合体锥型裤的臀、腰部位比较合体，因此采用直接制图法，其结构设计原理遵循直筒裤的设计，裤口和中裆部位的尺寸进行调整。

童装宽松锥型裤结构设计方法与成人锥型裤设计相同，也是采用在膝围线和裤口线切展的方法，只是适应儿童特点，增加其舒适性，采用在裤口切展的方法较为常见。

（一）膝围线以上增加褶量的锥型裤

在膝围线以上增加褶量，就表示褶量从腰部开始并消失在膝盖位置，这样就要从膝围线侧缝位置切展增加褶量，如图 5-20 所示。膝围线以上增加褶量的锥型裤采用在筒裤基础上进行制图的方法，制图步骤如下。

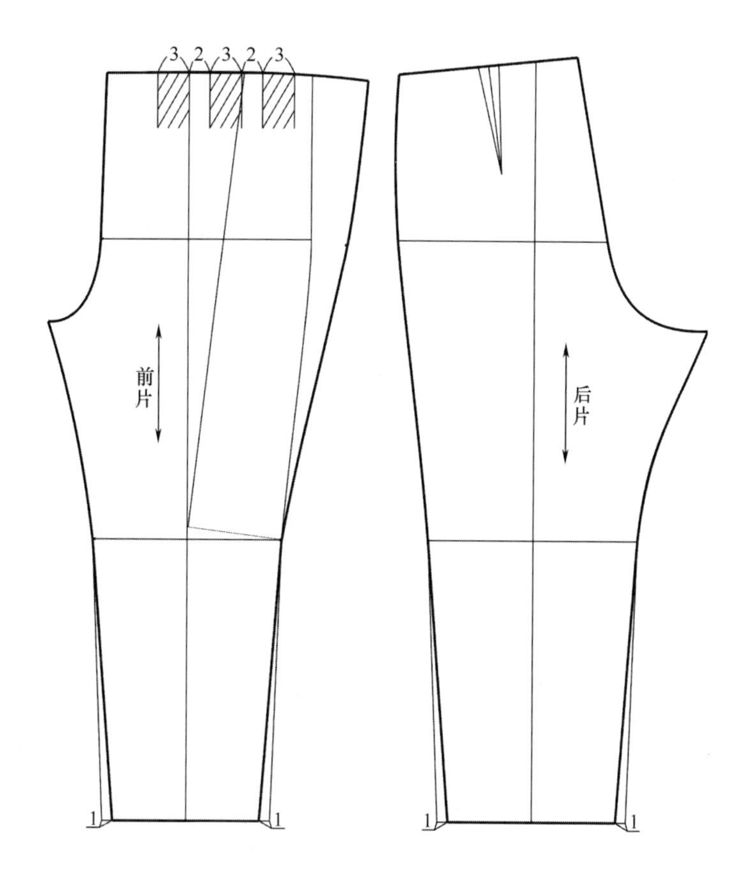

图5-20　膝围线以上增加褶量的锥型裤

① 做膝围线以上增加的褶量。前片自烫迹线和膝围线位置进行切展，并顺时针旋转切展部位，旋转量为设计量，根据造型进行确定。

② 确定前片裤口尺寸。裤口尺寸在筒裤基础上减小 2cm。

③ 修顺前片侧缝线和下裆缝线。

④ 修顺腰口线，并根据造型进行褶裥或抽碎褶处理。

⑤ 确定后片裤口尺寸。和前片相同，后片裤口尺寸在筒裤基础上减小 2cm，中裆尺寸不变，以体现锥型裤的造型。

⑥ 修顺后片侧缝线和下裆缝线。

（二）裤口增加褶量的锥型裤

裤口增加褶量的锥型裤，表示褶量从腰部开始一直消失在裤口，这就要求从裤口位置切展增加褶量，如图 5-21 所示。仍然采用在筒裤基础上进行制图的方法，切展的两部分分别逆时针和顺时针旋转，旋转量为设计量，其他部位的处理与前述图 5-20 相同。

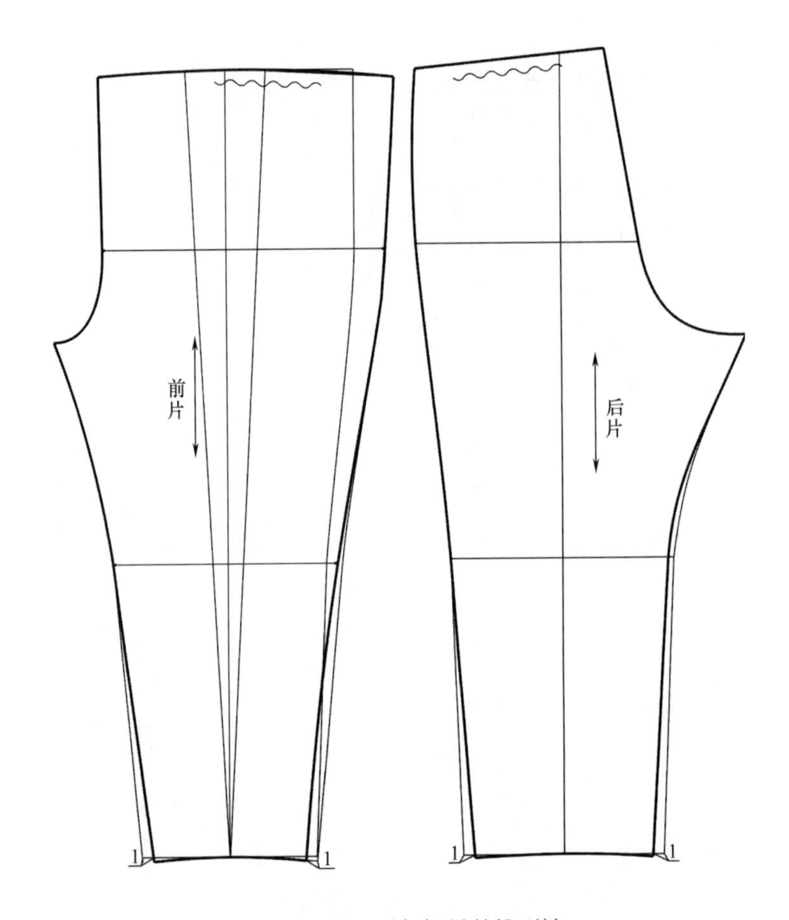

图5-21　裤口增加褶量的锥型裤

二、锥型裤结构设计与制板

（一）中小童分割锥型裤

1.款式说明

中小童宽松锥型裤，罗纹绱腰，前片分割线，分割线处有平插袋设计，后腰部设计弧形分割线，分割线下有单嵌线口袋。款式简单大方，穿着舒适方便。中小童分割锥型裤款式设计如图 5-22 所示。

2.适合范围

本款适合身高 110~130cm、年龄为 6~8 岁的儿童。

3.规格设计

裤长 = 腰围高 − 4cm；

臀围 = 净臀围 +20cm 松量；

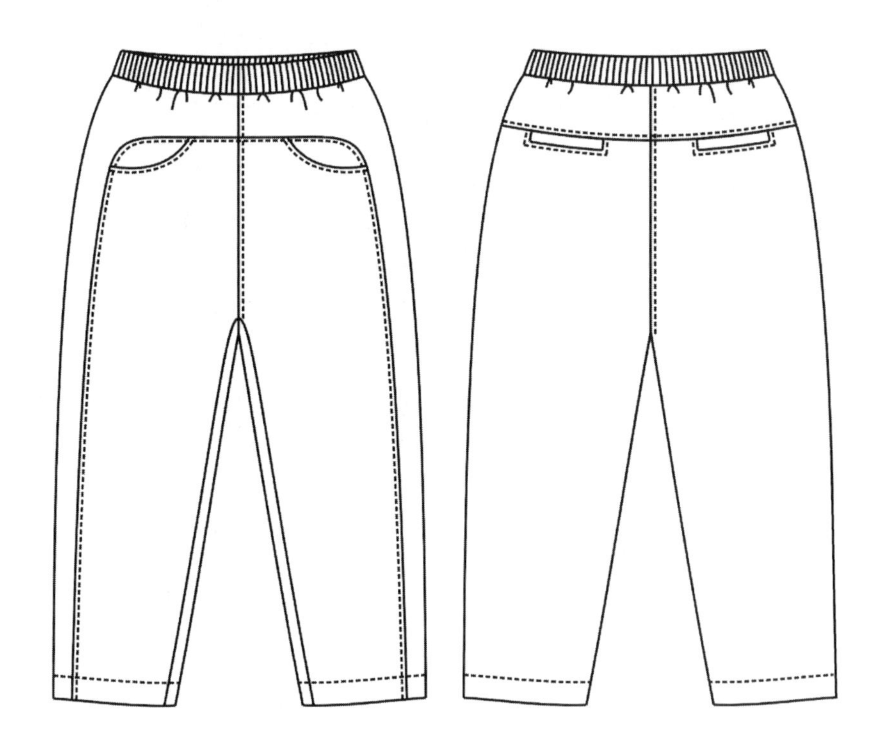

图5-22 中小童分割锥型裤款式

腰围 = 净腰围 -5cm。

不同身高的中小童分割锥型裤各部位规格尺寸如表 5-3 所示。

表 5-3 中小童分割锥型裤各部位规格尺寸 单位：cm

身高	裤长	腰围	臀围	上裆长	裤口宽	腰头宽
110	61	48	79	21	15	3
120	68	51	84	22	16	3
130	75	54	89	23	17	3

4.结构制图

身高 120cm 的中小童分割锥型裤结构设计如图 5-23 所示。

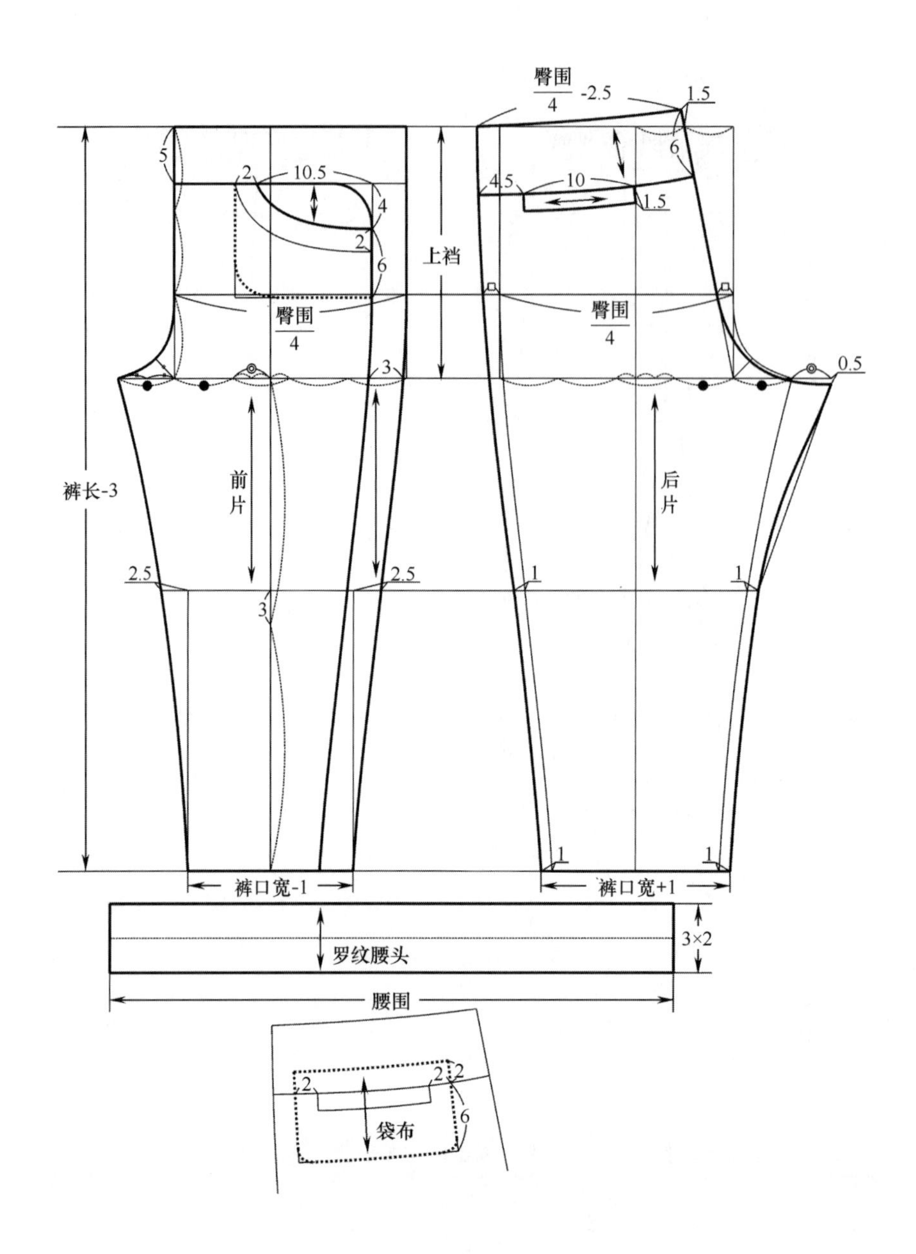

图5-23 中小童分割锥型裤结构设计

5.制图说明

本款采用比例法制图，臀围加放松量为20cm。

（1）前片制图说明如下。

① 自上基础线向下，取裤长 -3cm（腰头宽）做直线，该线为裤口辅助线。

② 自上基础线向下，取上裆尺寸做直线，该线为横裆线。

③ 臀围线位于上基础线至横裆线距离的下$\frac{1}{3}$处。

④ 前臀围尺寸为$\frac{臀围}{4}$，前腰围 = 前臀围。

⑤ 把前臀围尺寸四等分，将左侧的第二等分部分三等分后，过第二等分点做垂线为烫迹线。

⑥ 前小裆宽为$\frac{前臀围}{4}$，小裆弯量为$\frac{前裆宽}{2}$。

⑦ 前裤口宽为裤口宽 –1cm，前中裆宽 = 前裤口宽 +5cm，烫迹线平分裤口线和中裆线。

⑧ 分割线距腰口尺寸 5cm，距侧缝线 3cm，分别与腰口线和侧缝线平行。

⑨ 平插袋在腰口处宽 10.5cm，在侧缝处宽 4cm，垫袋宽至袋口下 2cm。

⑩ 袋布比袋口宽 2cm，袋深 6cm。

（2）后片制图说明如下。

后片在前片基础上进行绘制，后片的臀围线、横裆线、中裆线、裤口线和烫迹线对应于前片相应部位。

① 做后裆线。在上基础线上，取后中缝基准线和烫迹线距离的中点；在横裆线上取横裆线和后中缝基准线的交点，连接两点确定裆斜。后裆起翘量为 1.5cm，落裆为 0.5cm，大裆宽在小裆宽基础上增加$\frac{2}{3}$小裆宽。

② 自后裆线与臀围线交点取$\frac{臀围}{4}$尺寸。

③ 自起翘点向上基础线处做弧线，长为$\frac{臀围}{4}$ –2.5cm。

④ 后裤口宽 = 裤口宽 +1cm，后中裆宽 = 前中裆宽 +2cm。

⑤ 分割线在腰围线以下 6cm，单嵌线袋口宽 1.5cm、长 10cm，距侧缝线 4.5cm。

（3）腰头制图说明：腰头为罗纹腰头，长为腰围尺寸，宽为 3cm，双折使用。

6.缝份加放

中小童分割锥型裤面板缝份加放：侧缝线、下裆缝线、前裆线、后裆线、分割线等部位缝份加放 1~1.2cm；腰口线缝份加放 0.8~1cm；裤口折净，明线宽 2cm，缝份加放 3.5~3.8 cm。

平插袋垫袋各部位缝份 1~1.2cm。袋布各部位缝份加放 1~1.2cm。

单嵌线口袋嵌线布尺寸长为 14cm（袋口长 +4cm），宽为 7cm（嵌线宽 ×2+4cm）。垫袋布长为 14cm，宽为 6cm。

腰头各部位缝份加放 1~1.2cm。

本款中小童分割锥型裤面板缝份的加放见图 5–24，里板缝份加放见图 5–25，面板毛缝板如图 5–26 所示，里板毛缝板如图 5–27。

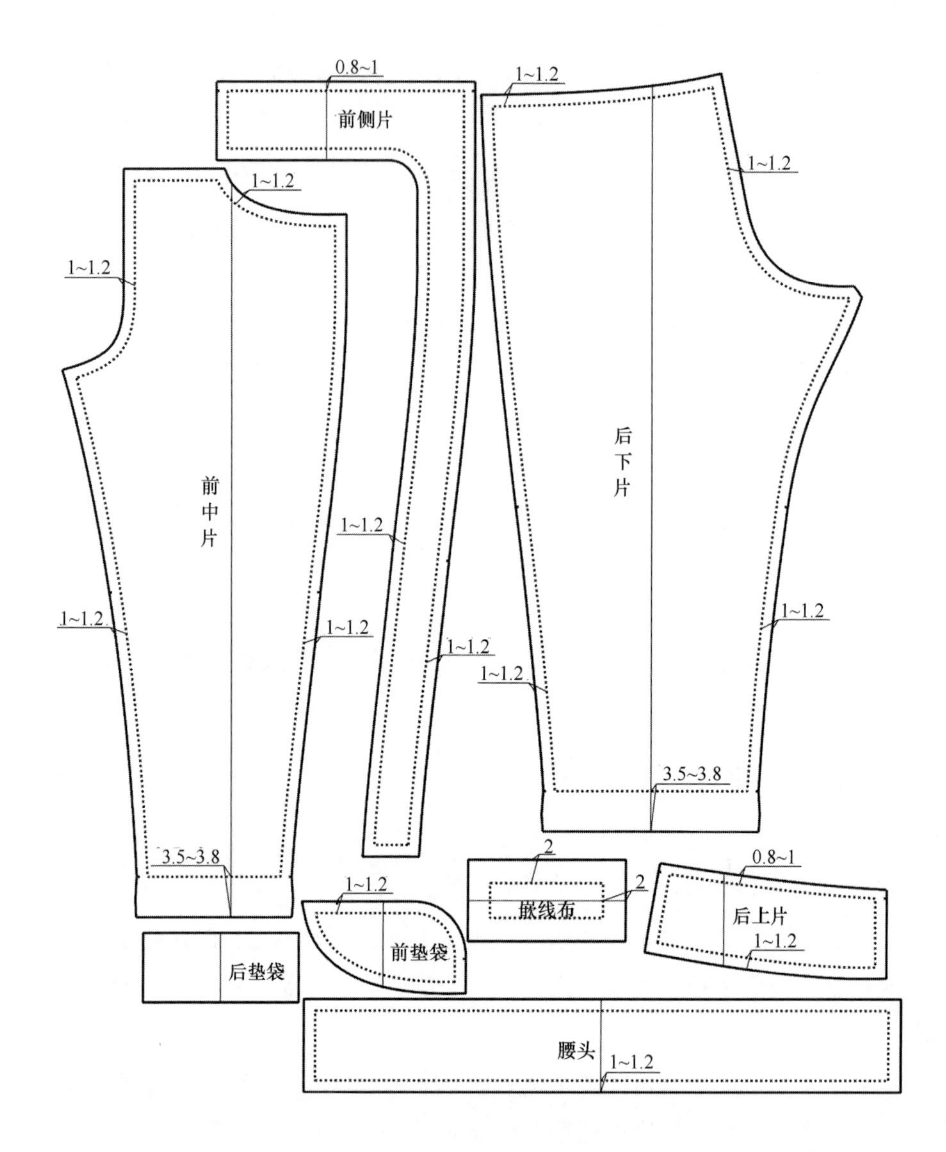

图5-24　中小童分割锥型裤缝份加放——面板

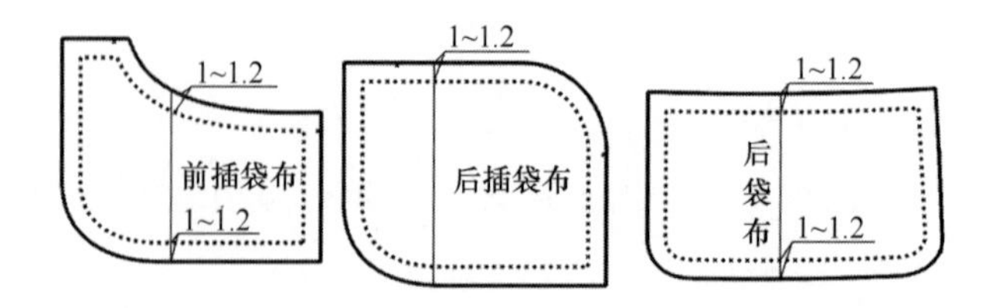

图5-25　中小童分割锥型裤缝份加放——里板

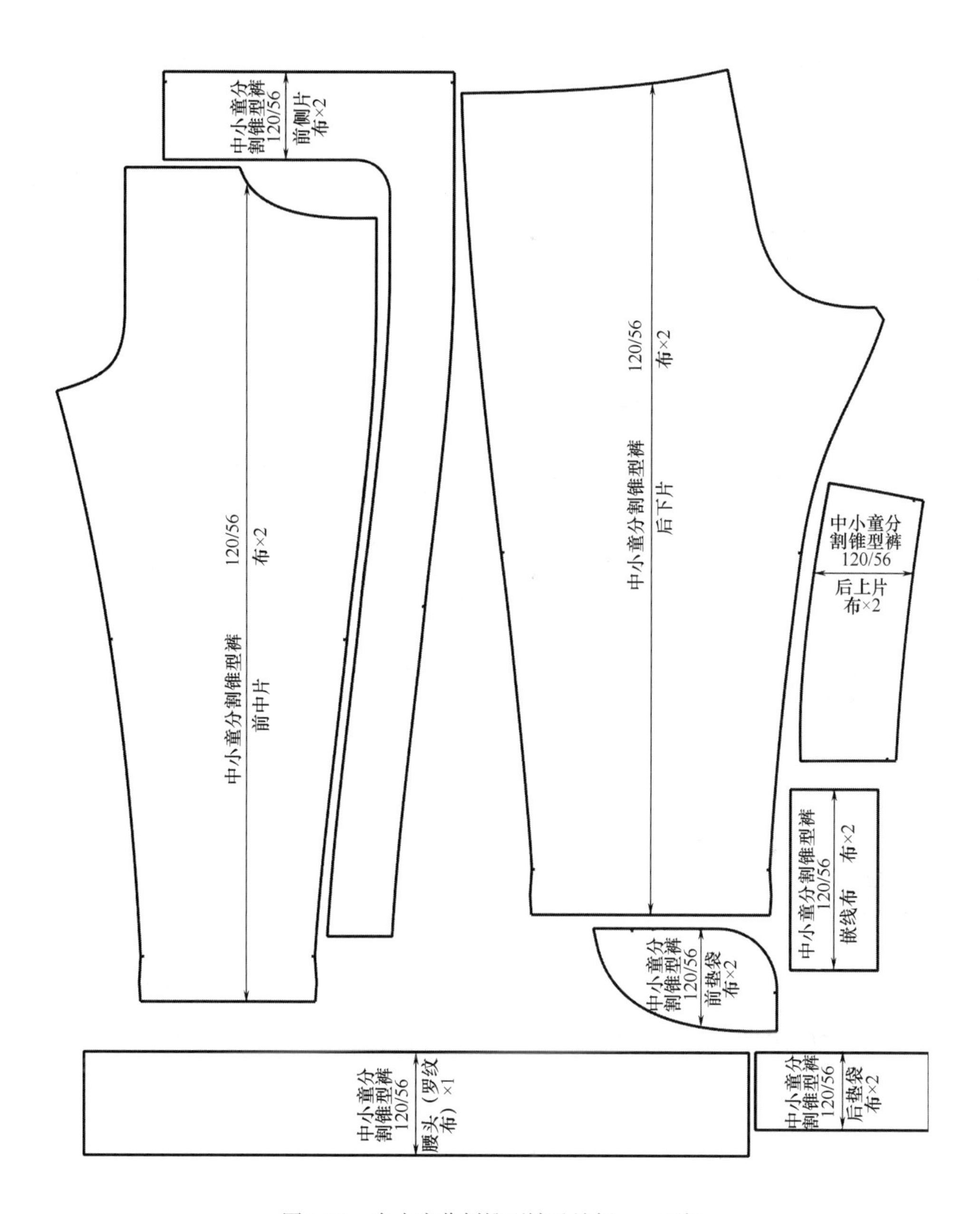

图5-26　中小童分割锥型裤毛缝板——面板

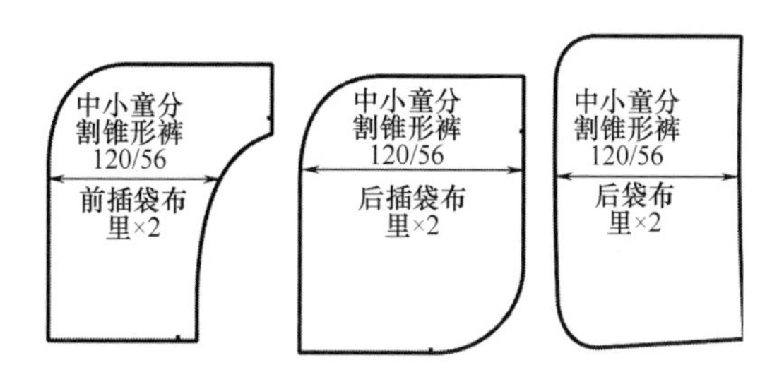

图5-27　中小童分割锥型裤毛缝板——里板

（二）大童针织八分裤

1.款式说明

适合大童穿着的针织时尚八分裤，腰、臀部合体，腰头、裤口为罗纹口，前片腰头为裤子面料和罗纹面料拼接并以四粒纽扣装饰。前、后片以弧形分割线相连，分割线处夹绱贴袋，袋底抽褶，外翻袋盖与口袋上均钉纽扣，分割线处以双明线装饰。大童针织时尚八分裤款式设计如图 5–28 所示。

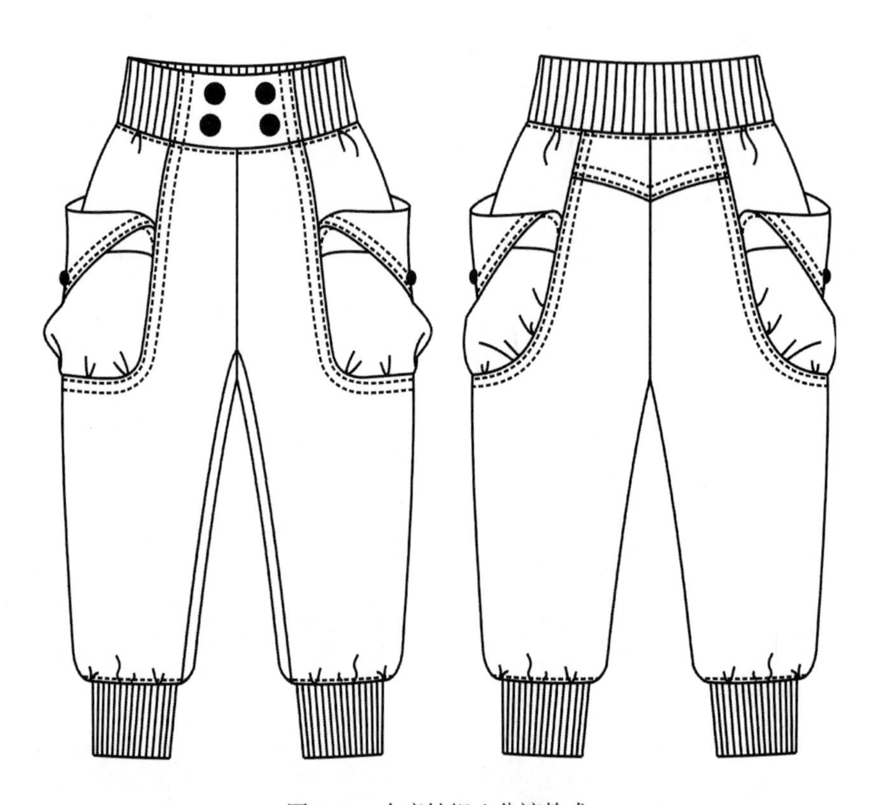

图5–28　大童针织八分裤款式

2.适合范围

本款适合身高 140~160cm、年龄为 12~15 岁的少女。

3.规格设计

裤长 = 腰围高 ×0.8 ± 1cm；

臀围 = 净臀围 +（4~5）cm 松量；

腰围（装入橡筋带后的尺寸）= 净腰围 –5cm。

不同身高大童针织八分裤各部位规格尺寸如表 5–4 所示。

表 5-4　大童针织八分裤各部位规格尺寸　　单位：cm

身高	裤长	腰围	臀围	上裆长	裤口宽	腰头罗纹宽	裤口罗纹宽
140	69	50	75	23	18	6	6
150	75	56	84	24	19	6	6
160	81	62	93	25	20	6	6

4.结构制图

身高 150cm 大童针织八分裤结构设计如图 5-29 所示。

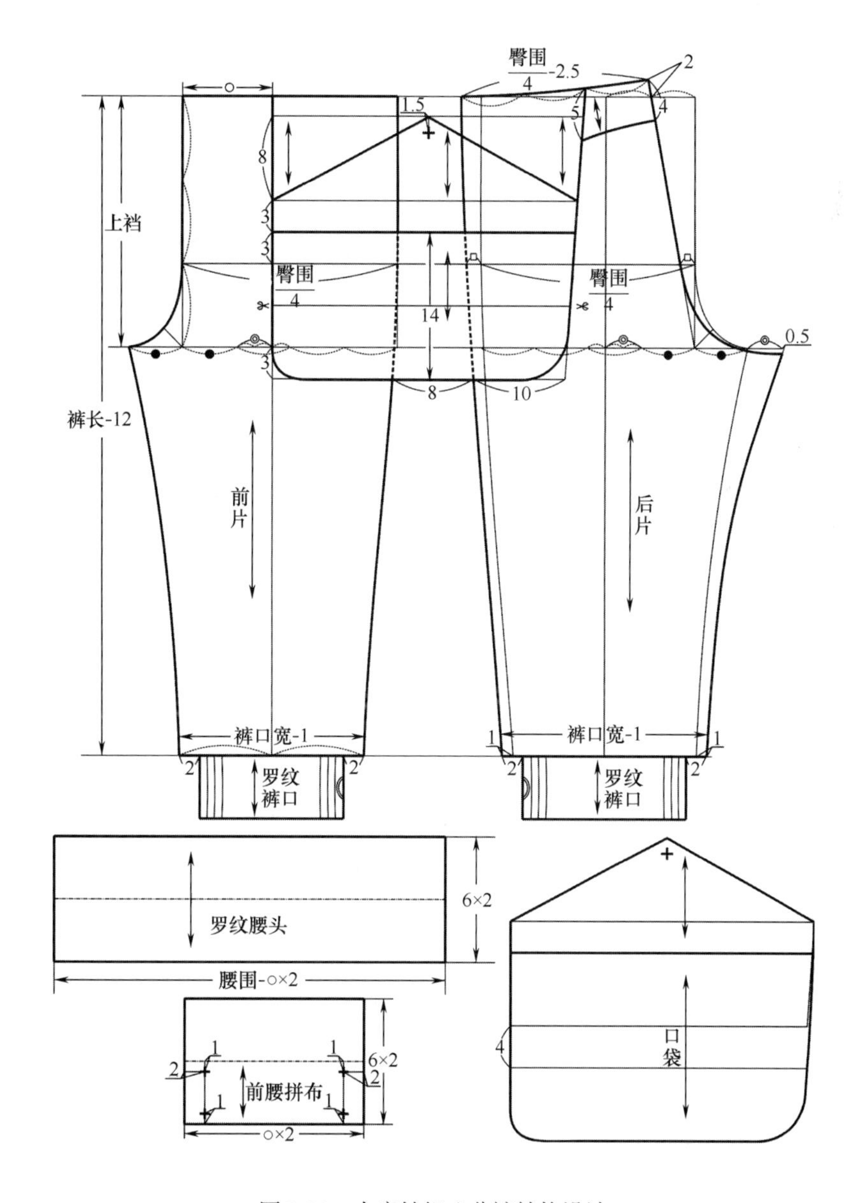

图5-29　大童针织八分裤结构设计

5.制图说明

本款采用比例法制图，臀围加放松量为4~5cm，采用针织面料制作，状态合体。

（1）前片制图说明如下。

① 自上基础线向下，取裤长-6cm（腰头宽）-6cm（罗纹裤口）做直线，该线为裤口辅助线。

② 自上基础线向下，取上裆尺寸做直线，该线为横裆线。

③ 臀围线位于上基础线至横裆线距离的下$\frac{1}{3}$处。

④ 前臀围尺寸为$\frac{臀围}{4}$，前腰围=前臀围。

⑤ 把前臀围尺寸四等分，将左侧的第二等分部分三等分后，过第二等分点做垂线为烫迹线。

⑥ 前小裆宽为$\frac{前臀围}{4}$，小裆弯量为$\frac{前裆宽}{2}$。

⑦ 前裤口宽为裤口宽-1cm，烫迹线平分裤口线和中裆线。

⑧ 前分割线沿烫迹线自上基础线至横裆线以下3cm，水平至侧缝线。

（2）后片制图说明如下。

后片在前片基础上进行绘制，后片的臀围线、横裆线、中裆线、裤口线和烫迹线对应于前片相应部位。

① 做后裆线。在上基础线上，取后中缝基准线和烫迹线距离的中点；在横裆线上取横裆线和后中缝基准线的交点，连接两点确定裆斜。后裆起翘量为2cm，落裆为0.5cm，大裆宽在小裆宽基础上增加$\frac{2}{3}$小裆宽。

② 自后裆线与臀围线交点取$\frac{臀围}{4}$尺寸。

③ 自起翘点向上基础线处做弧线，长为$\frac{臀围}{4}$-2.5cm。

④ 后裤口宽=裤口宽+1cm。

⑤ 腰围线三等分，分割线从后裆线旁的三等分点处开始。后中分割片在后中线和分割线上的尺寸分别为4cm和5cm。侧分割片在横裆线以下3cm处宽为10cm。

（3）贴袋制图说明：贴袋为侧贴袋，前、后片拼接，中间尺寸8cm作为宽度抽褶量。口袋高14cm，在中部剪切加量4cm作为抽褶量。

外翻袋盖宽与贴袋宽相同，按图画三角形，三角形高8cm。

（4）腰头制图说明：腰头为罗纹布与裤子面料的拼接，前腰拼布长为前烫迹线至前中线的两倍，宽为6cm，里、面连裁。罗纹腰头长为腰围-前腰拼布长度，宽为6cm，里、面连裁。

（5）罗纹裤口制图

前、后片罗纹裤口宽为6cm，长分别为前、后片裤口尺寸-4cm。

6.缝份加放

大童针织八分裤面板缝份加放：侧缝线、下裆缝线、前裆线、后裆线、裤口线、分割线等部位缝份加放 1~1.2cm；腰口线缝份加放 0.8~1cm。

贴袋、袋盖各部位缝份加放 1~1.2cm。

腰头各部位缝份加放 0.8~1cm。

罗纹裤口双折，各部位缝份加放 1~1.2cm。

本款大童针织八分裤面板缝份的加放见图 5-30，面板毛缝板如图 5-31 所示。

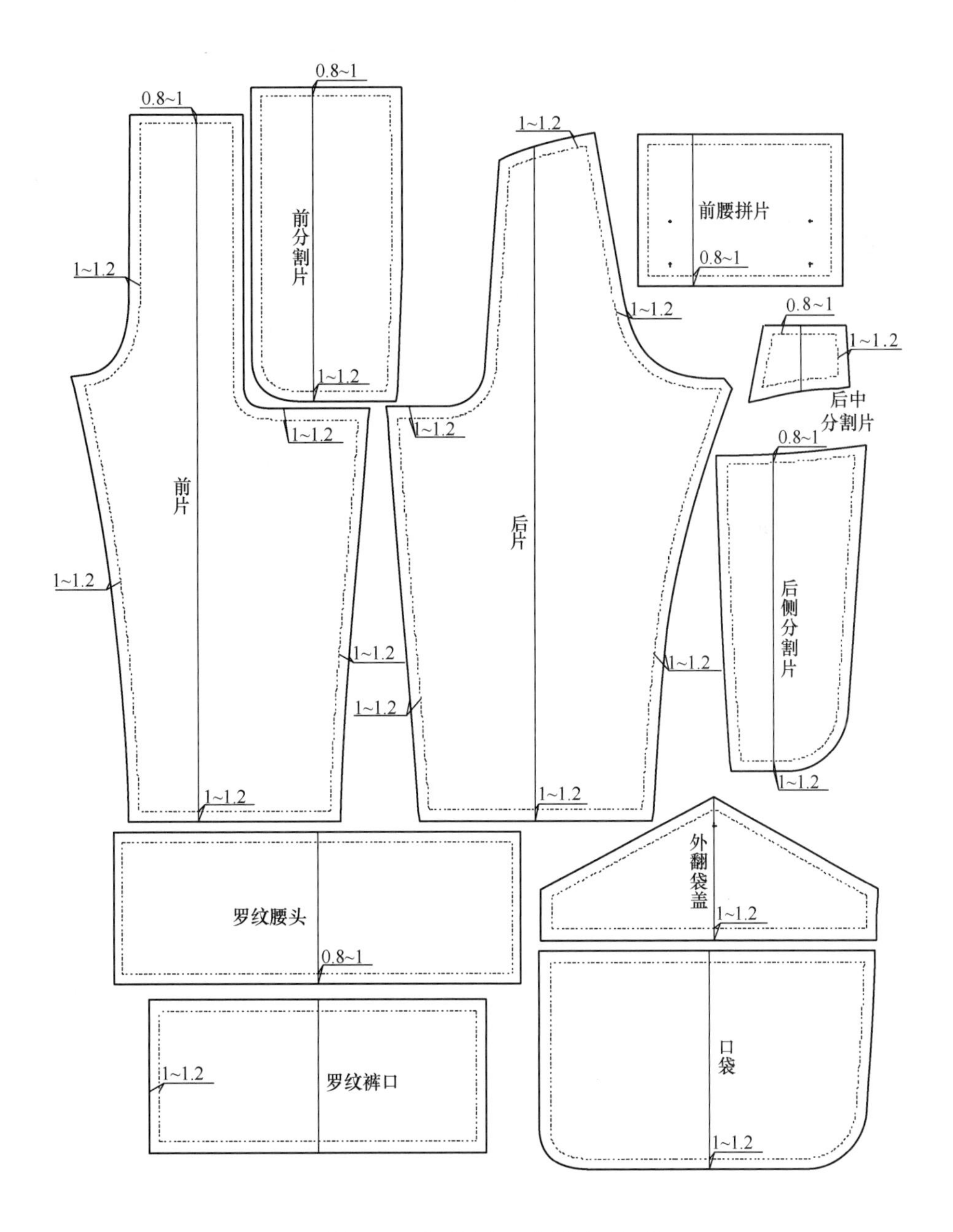

图5-30　大童针织八分裤缝份加放

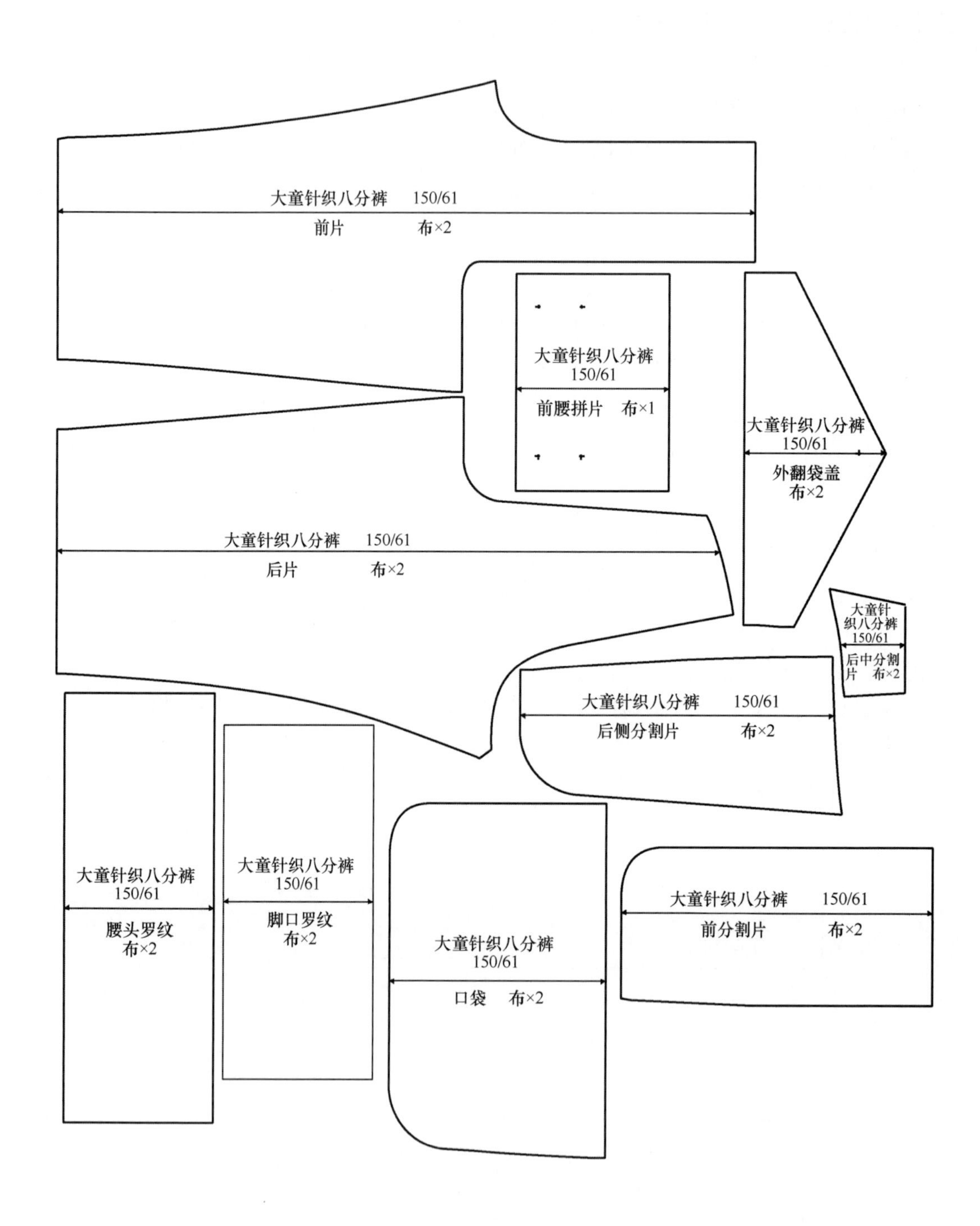

图5-31 大童针织八分裤毛缝板

第四节 喇叭裤结构设计与制板

喇叭裤是梯形廓型，因此结构设计方法与锥型裤相反，臀部一般选择紧身、低腰、无褶的结构，使臀部造型平整而丰满。裤口宽度增加，同时加长裤长。裤长较长，前裤片落至脚面。对喇叭裤来讲，膝围线是一条造型选择基准线，正常的喇叭口起点是膝围线和裤片边线的交点，但由于喇叭口主要起造型作用，因此，喇叭口起点可以在膝围线上、下移动，大喇叭裤起点在膝围线以上，极限位置是在横裆线以下。小喇叭裤起点在膝围线以下，如图 5-32 所示。儿童喇叭裤结构设计与成人有不同之处，主要表现在：臀部放松量一般采用标准裤型松量，对臀部并不进行紧身处理；腰部设计采用低腰位或正常腰位，腰部可以设计省、褶裥和碎褶。儿童年龄越接近成年人，其喇叭裤的造型与结构设计也就越接近成年人。而且，为了不给孩子的活动造成不便，在设计上尽量不采用大喇叭口设计。

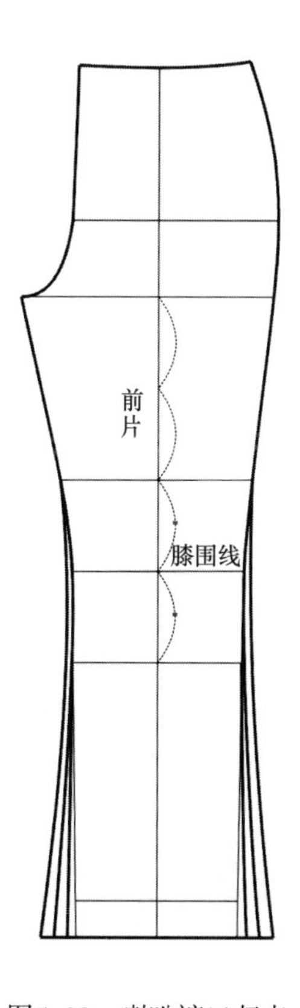

图5-32 喇叭裤口起点

不同年龄儿童喇叭裤结构设计与制板示例如下。

一、小童喇叭长裤

1.款式说明

本款为较合体设计，裤型为小喇叭型，腰部抽橡筋带；前、后片均有育克分割线，分割线下均缉缝夸张的明贴袋；前裤腿有斜向分割线，分割线缝合处捏少量活褶。小童喇叭长裤款式设计如图 5-33 所示。

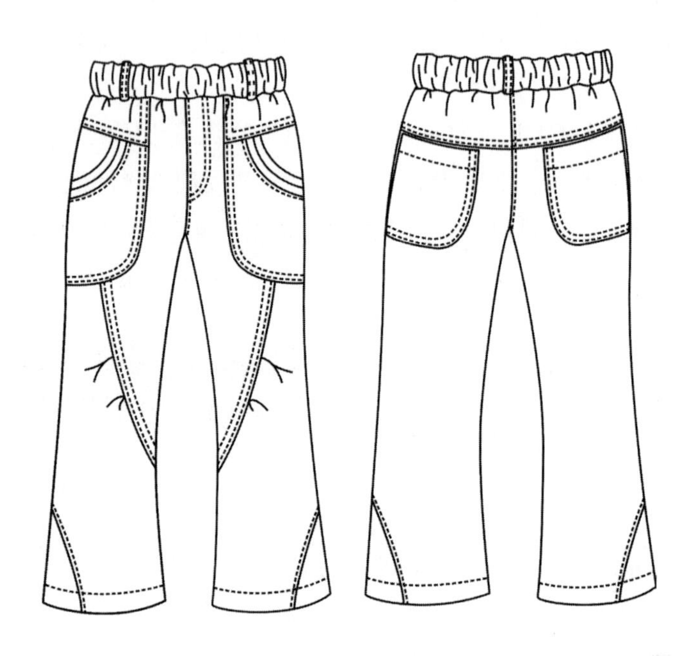

图5-33 小童喇叭长裤款式

2.适合范围

本款适合身高 100~120cm、年龄为 3~5 岁的女童。

3.规格设计

裤长 = 腰围高 −2cm；

臀围 = 净臀围 +（9~10cm）松量；

腰围（穿入橡筋带后的尺寸）= 净腰围 −（5~6）cm。

不同身高的小童喇叭长裤各部位规格尺寸如表 5-5 所示。

表 5-5 小童喇叭长裤各部位规格尺寸　　单位：cm

身高	裤长	腰围	臀围	上裆长	裤口宽	腰头宽
100	56	45	64	17.5	16	2.5
110	63	48	69	18.5	17	2.5
120	70	51	74	19.5	18	2.5

4.结构制图

身高 100cm 的小童喇叭长裤结构设计如图 5-34 所示。

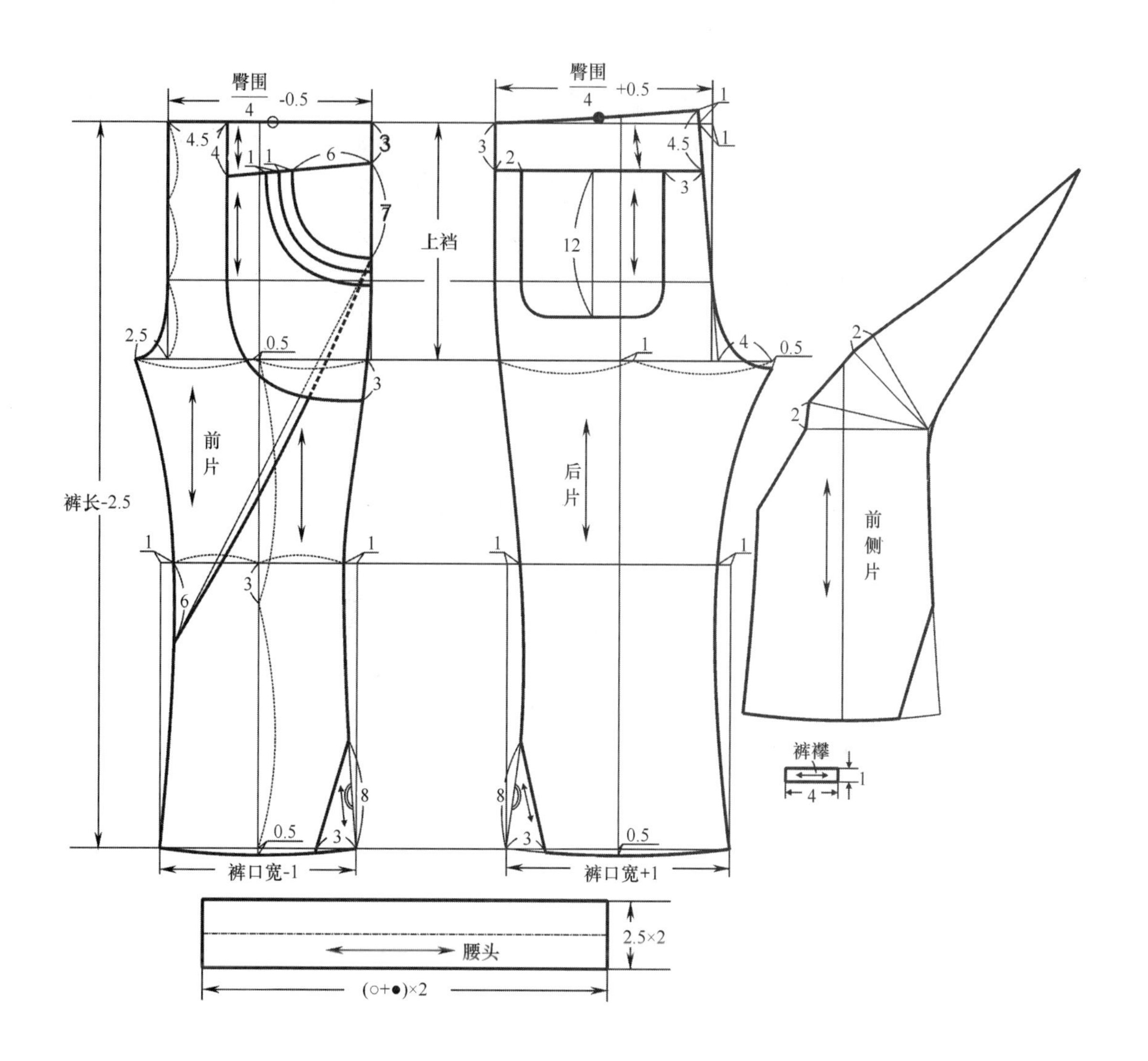

图5-34　小童喇叭长裤结构设计

5.制图说明

本款采用比例法制图，臀围加放松量为 9~10cm，臀部状态合体。

（1）前片制图说明如下。

① 自上基础线向下，取裤长 -2.5cm 尺寸做直线，该线为裤口辅助线。

② 自上基础线向下，取上裆尺寸做直线，该线为横裆线。

③ 臀围线位于上基础线至横裆线距离的下$\frac{1}{3}$处。

④ 前臀围尺寸为$\frac{臀围}{4}$ –0.5cm，前腰围 = 前臀围。

⑤ 小裆宽 2.5cm，烫迹线在小裆点至侧缝辅助线的$\frac{1}{2}$处向侧缝方向偏移 0.5cm。

⑥ 自横裆线至裤口辅助线的$\frac{1}{2}$点上移 3cm 做直线，该线为中裆线。

⑦ 前裤口宽为裤口宽 –1cm，前中裆尺寸为前裤口宽 –2cm，烫迹线平分裤口线和中裆线。

⑧ 前贴袋连着分割线，分割线距前裆线 4.5cm。分割线（同时为贴袋上袋口线）在侧缝线上距上基础线 3cm，另一侧为 4cm。

⑨ 袋口宽 6cm，侧缝处袋口尺寸为 7cm，袋口处有两条拼接条，宽各为 1cm。

⑩ 裤片斜向分割线自侧缝袋口处至膝围线下 6cm 的下裆上。裤口分割片为前、后片相连，在侧缝处尺寸为 8cm，在裤口线上的尺寸为 3cm。

（2）后片制图说明如下。

后片的臀围线、横裆线、中裆线、裤口线对应于前片相应部位。

① 做后裆线。在上基础线上，取上基础线和后中缝基准线的交点向侧缝方向偏移 1cm 的点，该点与臀围线和后中缝基准线交点相连确定裆斜。后裆起翘量为 1cm，落裆为 0.5cm，大裆宽 4cm。

② 自后裆线与臀围线交点取$\frac{臀围}{4}$ +0.5cm 尺寸。

③ 烫迹线通过大裆点至侧缝辅助线的$\frac{1}{2}$处向侧缝偏移 1cm 的位置。

④ 连接起翘点与侧缝辅助线和上基础线的交点为后腰围线，并弧线处理，使该线与后裆线和侧缝线呈直角状态。

⑤ 后裤口宽 = 裤口宽 +1cm，后中裆宽 = 后裤口宽 –2cm。

⑥ 后腰分割线距上基础线在后裆线上为 4.5cm，侧缝线上为 3cm。

⑦ 后贴袋高 12cm，袋口位于分割线上，距侧缝 2cm，距后裆线 3cm。

（3）腰头制图说明：腰头长 = 前腰口尺寸 + 后腰口尺寸，宽 2.5cm，里、面连裁。

（4）裤襻制图说明：裤襻长 4cm，宽 1cm。

6.缝份加放

小童喇叭长裤面板缝份加放：侧缝线、下裆缝线、前裆线、后裆线、腰围线、分割线等部位缝份加放 1~1.2cm；裤口卷净，明线宽 2cm，缝份加放 3.5~3.8cm。

前贴袋袋口贴条各部位缝份加放 1~1.2cm。

后贴袋袋口折净，明线宽 2cm，缝份加放 3.5~3.8cm，其他各部位缝份加放 1~1.2cm。

裤襻长度方向缝份加放 1.2~1.5cm，宽度方向缝份加放 0.8cm。

本款小童喇叭长裤面板缝份的加放见图 5–35，面板毛缝板如图 5–36 所示。

腰头缝份加放：腰头各部位缝份加放 0.8~1cm。

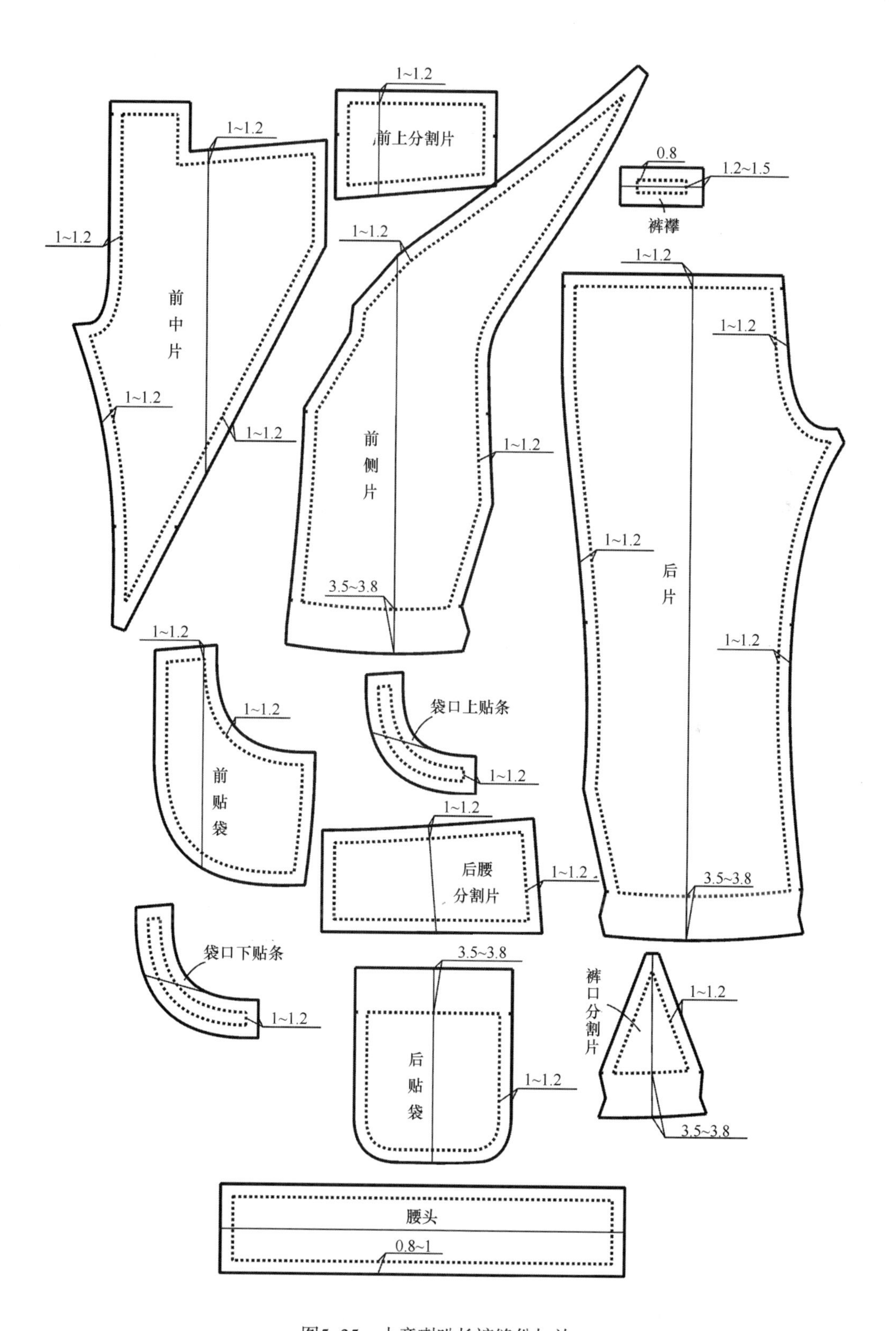

图5-35　小童喇叭长裤缝份加放

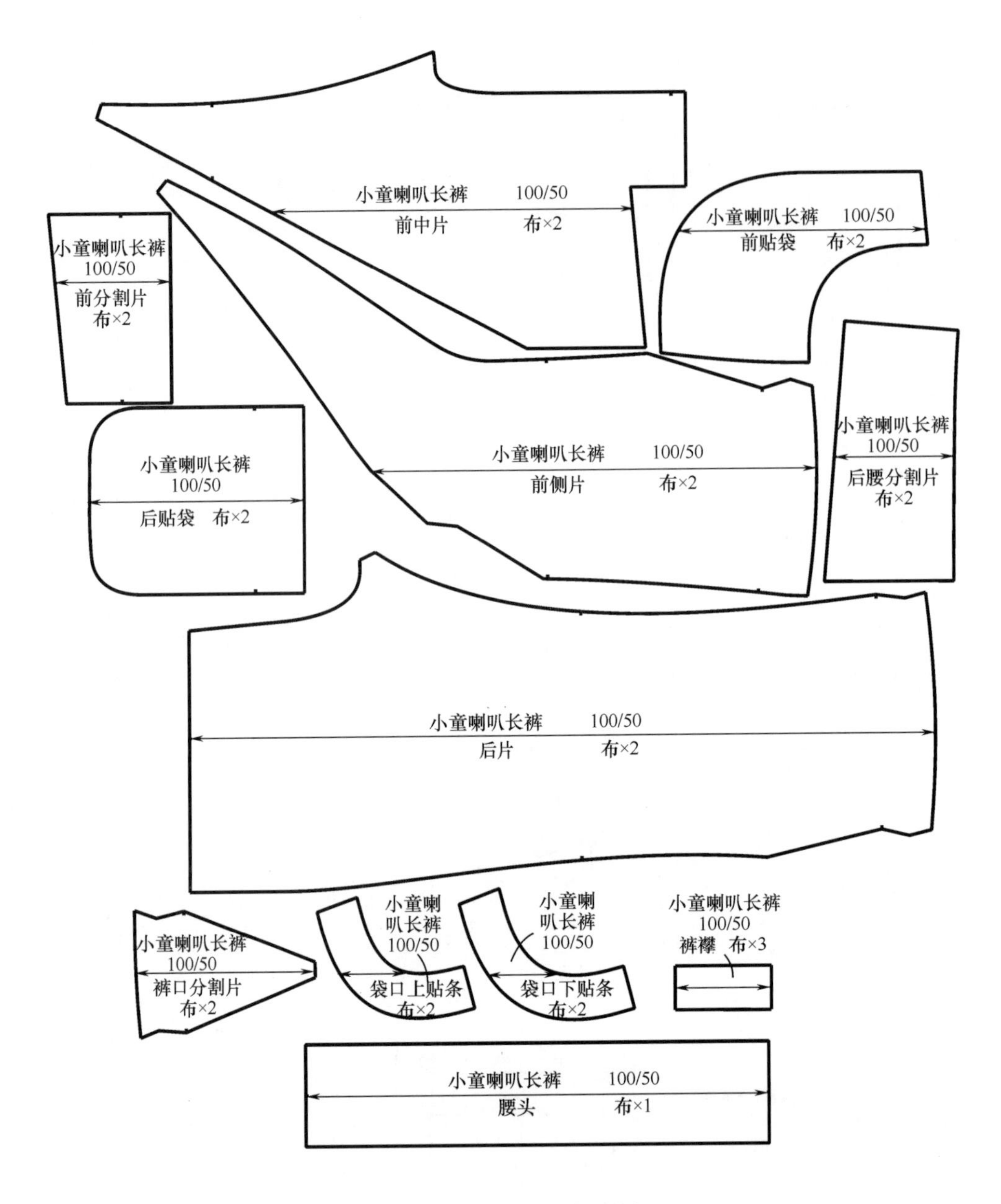

图5-36 小童喇叭长裤毛缝板

二、大童喇叭长裤

1.款式说明

适合大童的喇叭长裤为合体裤型，绱腰设计，腰头抽部分橡筋带；前裤身有斜向和横向的分割线，后裤身有育克分割线；前腰口下设计有明贴袋，左前片和右后片分割线处有不对称的装饰性袋盖。大童喇叭长裤款式设计如图 5-37 所示。

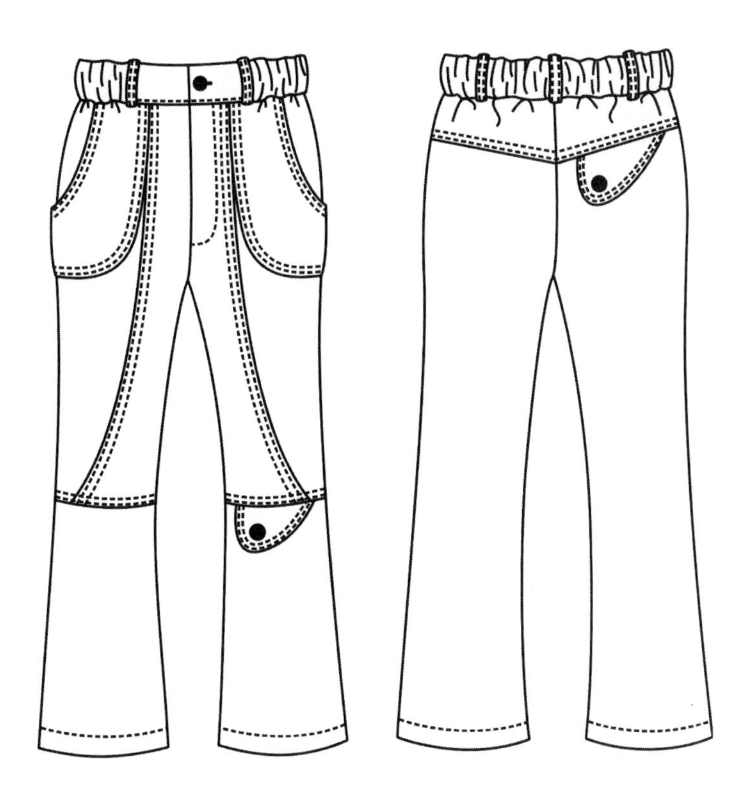

图5-37　大童喇叭长裤款式

2.适合范围

本款适合身高 135~145cm、年龄为 9~12 岁的女童。

3.规格设计

裤长 = 腰围高 –（2~3）cm；

臀围 = 净臀围 +（7~8cm）松量；

腰围（穿入橡筋带后的尺寸）= 净腰围 –（5~6）cm。

不同身高大童喇叭长裤各部位规格尺寸如表 5-6 所示。

表 5-6　大童喇叭长裤各部位规格尺寸　　单位：cm

身高	裤长	腰围	臀围	上裆	裤口宽	腰头宽
135	81	47	74	20	19	3
140	84	50	78.5	21	20	3
145	87	53	83	22	21	3

4.结构制图

身高 140cm 的大童喇叭长裤结构设计如图 5-38 所示。

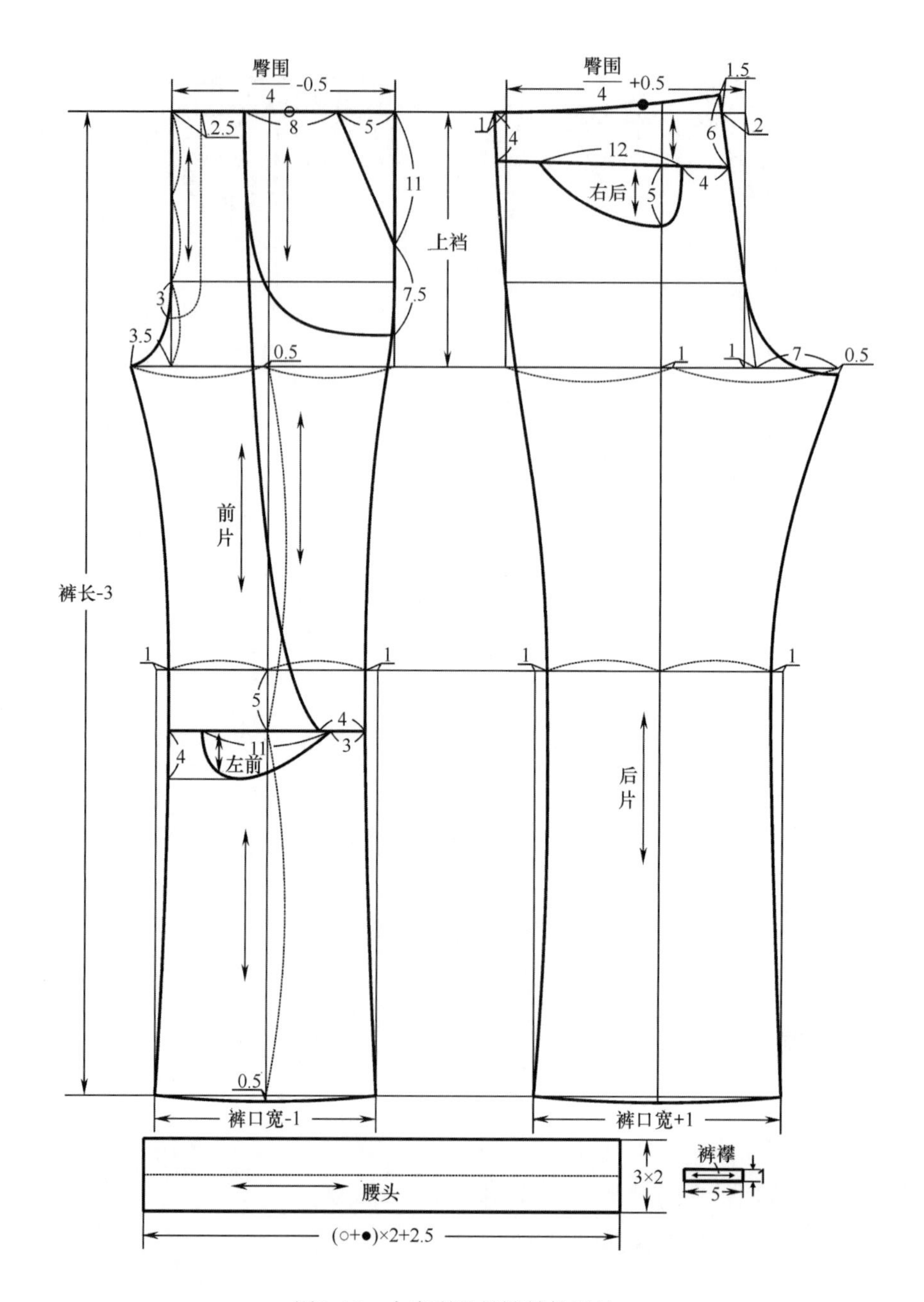

图5-38　大童喇叭长裤结构设计

5.制图说明

本款采用比例法制图，臀围加放松量为 7~8cm，臀部状态合体。

（1）前片制图说明如下。

① 自上基础线向下，取裤长 -3cm（腰头宽）做直线，该线为裤口辅助线。

② 自上基础线向下，取上裆尺寸做直线，该线为横裆线。

③ 臀围线位于腰围辅助线至横裆线距离的下$\frac{1}{3}$处。

④ 前臀围尺寸为$\frac{臀围}{4}$ –0.5cm，前腰围 = 前臀围。

⑤ 小裆宽 3.5cm，烫迹线通过小裆点至侧缝辅助线的$\frac{1}{2}$处向侧缝方向偏移 0.5cm 的位置。

⑥ 自横裆线至裤口辅助线距离的$\frac{1}{2}$点上移 5cm 做直线，该线为中裆线。

⑦ 前裤口宽为裤口宽 –1cm，前中裆宽 = 前裤口宽 –2cm，烫迹线平分裤口线和中裆线。

⑧ 前片分割线有两条，直线型分割线在中裆线以下 5cm，弧型分割线自腰围线至直线型分割线。

⑨ 前贴袋袋口宽 5cm，侧缝袋口尺寸 11cm，袋宽 13cm，袋深至袋口以下 7.5cm。装饰袋盖在左前片直线型分割线下，长 11cm、宽 4cm。

⑩ 门襟宽 2.5cm，长至臀围线以下 3cm。

（2）后片制图说明如下。

后片的臀围线、横裆线、中裆线、裤口线对应于前片相应部位。

① 做后裆线。在上基础线上，取上基础线和后中缝基准线的交点向侧缝方向偏移 2cm 点，该点与臀围线和后中缝基准线交点相连确定裆斜。后裆起翘量为 1.5cm，落裆为 0.5cm，大裆宽 7cm。

② 自后裆线与臀围线交点取$\frac{臀围}{4}$ +0.5cm 尺寸。

③ 烫迹线通过大裆点至侧缝辅助线的$\frac{1}{2}$处向侧缝偏移 1cm 的位置。

④ 腰围侧缝点在侧缝辅助线与上基础线交点的延长线上，连接起翘点和腰围侧缝点为后腰围线，并做弧线处理，使该线与后裆线和侧缝线呈直角状态。

⑤ 后裤口宽 = 裤口宽 +1cm，后中裆宽 = 后裤口宽 –2cm。

⑥ 后腰分割线距腰围线距离：在后裆线上为 6cm，在侧缝线上为 4cm。

⑦ 后装饰袋盖在分割线下，长 12cm、宽 5cm。

（3）腰头制图说明：腰头长 = 前腰口尺寸 + 后腰口尺寸 +2.5cm（里襟量），宽 3cm，里、面连裁。

（4）裤襻制图说明：裤襻长 5cm，宽 1cm。

6.缝份加放

大童喇叭长裤面板缝份加放：侧缝线、下裆缝线、前裆线、后裆线、分割线等部位缝份加放 1~1.2cm；腰口线缝份加放 0.8~1cm；裤口卷净，明线宽 2cm，缝份加放 3.5~3.8cm。

门襟缝份加放：腰口处缝份加放 0.8~1cm，其他各部位缝份加放 1~1.2cm。里襟双折，在腰口处缝份加放 0.8~1cm，在其他各部位缝份加放 1~1.2cm。

前贴袋各部位缝份加放：腰口处缝份加放 0.8~1cm，其他部位缝份加放 1~1.2cm；前装饰袋盖绱缝处缝份加放 1~1.2cm，其他各部位缝份加放 0.8~1cm。

后装饰袋盖绱缝处缝份加放 1~1.2cm，其他各部位缝份加放 0.8~1cm。

腰头各部位缝份加放 0.8~1cm。

裤襻缝份加放：长度方向缝份加放 1.2~1.5cm，宽度方向缝份加放 0.8cm。

本款大童喇叭长裤面板缝份的加放见图 5-39，面板毛缝板如图 5-40 所示。

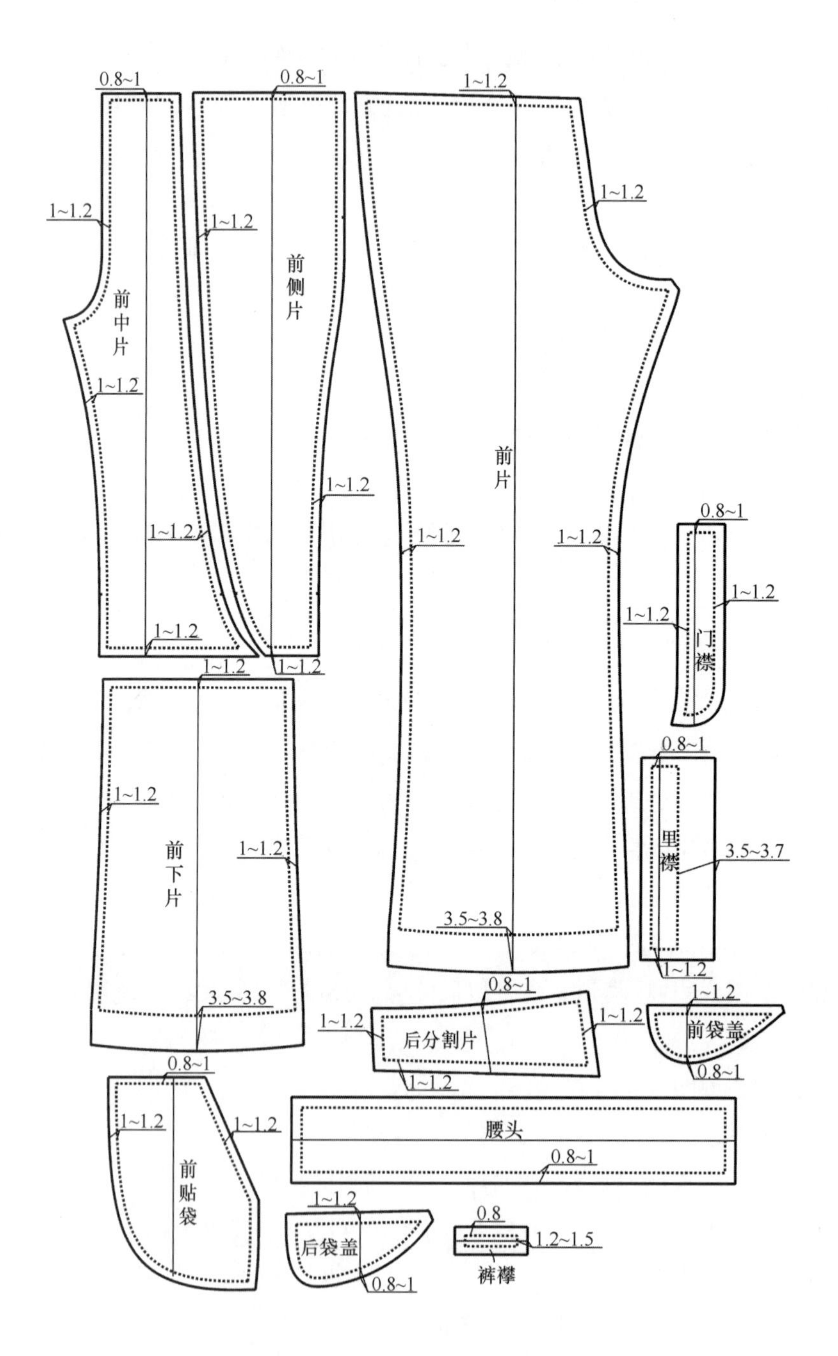

图5-39 大童喇叭长裤缝份加放

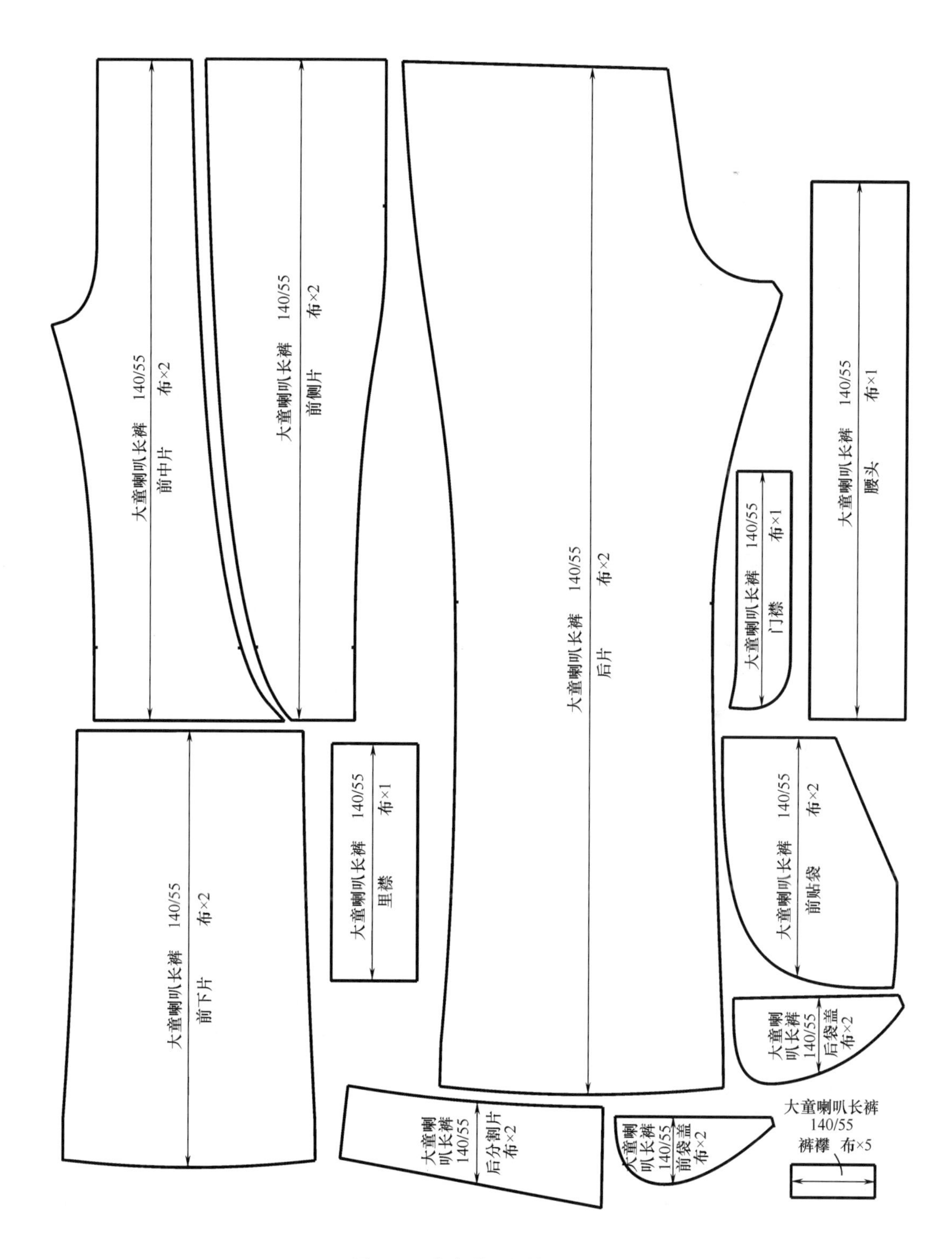

图5-40　大童喇叭长裤毛缝板

第五节 裙裤结构设计与制板

裙裤是结合裙子与裤子而围裹女性下半身的装束，它既体现裙子的凉爽和潇洒，又保留了裤子的连裆结构，形成一种有别于裙子、裤子的特有风格，其最大的优点是穿着方便自由，不受环境限制。

一、裙裤结构设计原理

裙裤和裤装一样都是包裹下半身的服装，而且在结构上采用的是裤装的结构形式，但它和裤装在后腰线的结构处理却是相反的，采用的是裙装后腰线的结构处理形式，原因与人体构造和服装的功能性有关。

裙装呈圆筒状或圆锥状包裹住人体下半身，圆筒或圆锥下口敞开，里面没有任何牵绊，全部重力都靠裙腰部支撑附着于人体腰部，裙腰线只有落在人体的自然腰围线上［人体的自然腰围线（腰部最细处）是一条前高、后低的斜线］，裙装才能很好地包裹在人的下半身，否则，裙装将不能很好地悬垂，侧缝将摆向前片，裙摆将出现前翘、后贴等现象。因此，在平面纸样结构处理上，后中腰线要下落，使其呈前高、后低的斜线状态，这样才可达到均衡包覆人体和使裙摆水平的理想穿着效果。由于裙下摆的敞开和裙筒内没有牵绊，当人体弯曲或下蹲时，臀部纵向伸长量将由裙下摆的上移来提供。而裤装由于有裆缝结构，使得裤装在大圆筒内有了腰臀和下肢分离开的内部结构裆弯，裆弯线使得裤装前中线经臀沟到后中线形成一个半封闭圈状，这条半封闭圈线在一定范围内可调节裤装前后、上下与人体的平衡关系。越合体的裤装，这条前倾的椭圆形半封闭圈越接近其所处人体部位形状，即紧身型的裤装的裆宽和裆深都较宽松型裤装小、后中线的倾斜却较宽松型裤装大。裤装的机能性越强，前裆直线、裆底、后裆直线越顺体势附着于其所处人体部位，裆缝的前后、上下调节性越弱，下肢裤筒往上移动受到的限制越强。因为人体弯曲和下蹲时，后身的纵向伸长量主要靠横裆以上部位来提供，因此为了使裤装有良好的穿着机能性，在结构设计上将裤装的后中腰位设在人体水平腰围线以上，使裤装腰线呈后高、前低状，给臀部纵向功能一个需要长度。所以在裤装平面纸样上，出现了后中腰线上翘的结构处理。

裙装和裤装腰线呈前高、后低和后高、前低两种状态是可以相互转化的，它主要受裆弯对人体牵制程度的影响而变化。随着裆宽度不断改变、后裆直线倾斜度的增减而相互转化。当裆宽度不断增大，后裆直线倾斜度逐渐降低时，裆弯所形成的半封闭圈与身体的贴合程度越来越小，所产生的前后、上下的牵制作用越来越低，裤装越来越向裙装的筒状结构发展，裤筒上移运动越来越不受阻碍，直到裆弯的牵制作用消失，成为实际的裙装结构，裙裤后中腰线不仅不上翘，而且还要像裙装一样下落，完全是裙装的内在结构形式。同样，裙装若加上与裤装一样的裆弯结构，当裆宽度不断减小，后裆直线倾斜度不断增大直至与人体状态一致时，裤装越来越合体，裆弯的牵制作用越来越明显，人体臀部前屈运动的后身纵向伸长量越来越依赖后中腰线的上翘量来供给，因此，裆窄，后裆直线倾斜大，上翘度也大。

裙裤结构设计影响因素有以下几种。

（一）后中腰线下落量

以上分析了裙裤后中腰线下落的原因，其下落量根据裙装后中腰线下落量进行设计，数值在0.5~1cm之间变化。

（二）上裆

上裆值通常比一般西裤大2~4cm，以满足上体前屈的运动。

（三）裆弯设计

当裙裤臀围发生较大变化时，裆弯结构相对稳定，可在一般型裙裤裆弯宽度取值的基础上稍微调整，因为人体两腿内侧的距离是一定的，裆弯宽度过大会影响穿着的舒适性，前后裆弯角度的设计通常大于或等于90° 角，不会小于90° 角。

（四）裤口增加方法

裤口的设计不必像其他裤子一样在裤烫迹线两侧的裤口宽必须完全对称，在设计裙裤的裤口时，可以利用纸样的切展方法，增加的宽度在外侧和中间尽量多些，在内侧增加的幅度要小，否则，两腿内侧会堆积过多的褶，影响穿着的舒适和美观。

（五）腰线曲度与脚口的关系

裙裤腰线曲度的变化类似裙子，通常裤口越宽，腰线的弯曲程度越大。

二、裙裤结构设计与制板

1.款式说明

本款为适合学童穿着的短裙裤，设计较宽松，腰部绱腰头并抽橡筋带，前片有平插袋，前烫迹线分割，两片搭接并以三粒扣系结。后片简单平整，单嵌线口袋。款式简单大方，穿着、活动方便。学童裙裤款式设计如图5-41所示。

图5-41　学童裙裤款式

2.适合范围

本款适合身高 110~130cm、年龄为 6~8 岁的女童。

3.规格设计

裤长 = 腰围高 ×0.5–（3~6）cm；

臀围 = 净臀围 +18cm 松量；

腰围（穿入橡筋带后的尺寸）= 净腰围 –（5~6）cm。

不同身高大童喇叭长裤各部位规格尺寸如表 5–7 所示。

表 5–7　大童喇叭长裤各部位规格尺寸　　单位：cm

身高	裤长	腰围	臀围	上裆	腰头宽
110	29	48	77	21	3
120	32	51	82	22	3
130	35	54	87	23	3

4.结构制图

身高 120cm 的学童裙裤结构设计如图 5–42 所示。

5.制图说明

本款采用比例法制图，臀围加放松量为 18cm，臀部状态宽松。

（1）前片制图说明如下。

① 自上基础线向下，取裤长 –3cm（腰头宽）做直线，该线为裤口辅助线。

② 自上基础线向下，取上裆尺寸做直线，该线为横裆线。

③ 臀围线位于腰围辅助线至横裆线距离的下$\frac{1}{3}$处。

④ 前臀围尺寸为$\frac{臀围}{4}$。

⑤ 腰围前中心收腹量为 0.5cm，侧缝在臀围基础上收进 2cm，起翘 0.5cm，将腰围线处理为弧线。

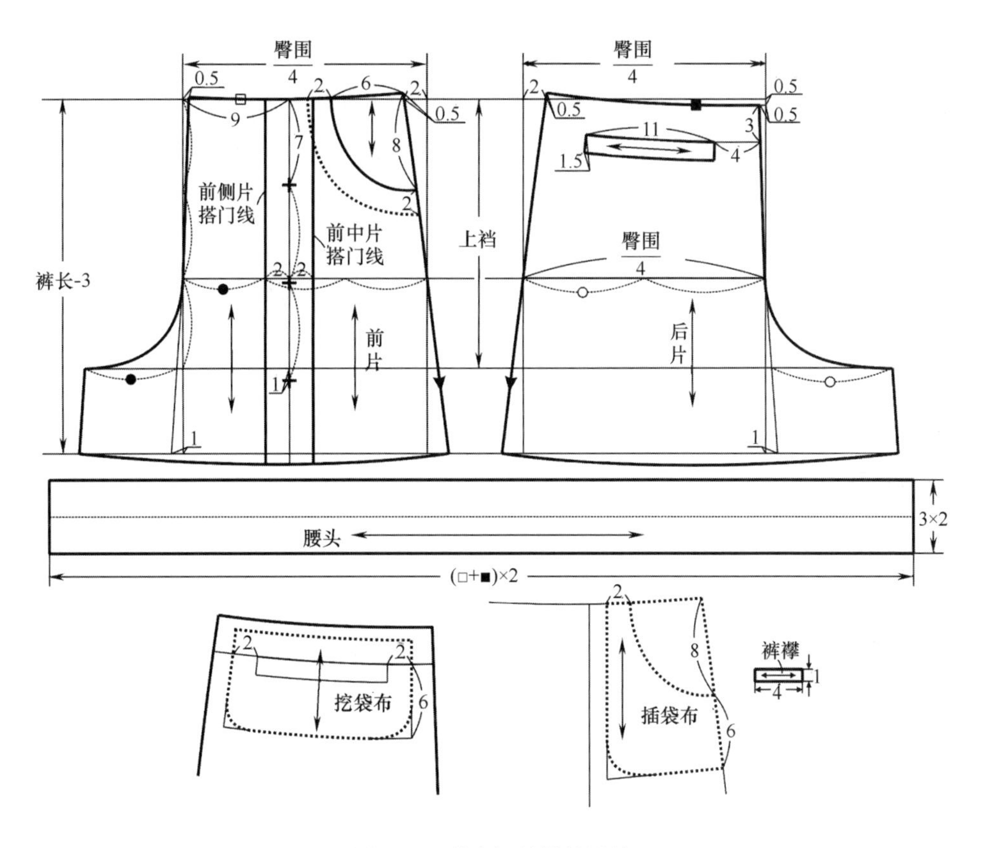

图5-42 学童裙裤结构设计

⑥ 前裆直线的延长线与裤口线的交点向裆部方向移动 1cm，该点与前中心臀围点相连所形成的直线与横裆线相交，以该交点作为横裆展开量的基础点，小裆宽为$\frac{前臀围}{3}$。

⑦ 以弧线连接腰围侧缝点和臀围侧缝点并延长至裤口线。

⑧ 前片分割线距前中心线 9cm，搭门量为 2cm，第一粒扣距上基础线 7cm，最后一粒扣在横裆线以下 1cm，扣间距相等。

⑨ 插袋口宽为 6cm，侧缝线上的袋口尺寸为 8cm。

（2）后片制图说明如下。

后片的臀围线、横档线、裤口线对应于前片相应部位。

① 后臀围尺寸为$\frac{臀围}{4}$。

② 做后裆线。在上基础线上，取上基础线和后中缝基准线的交点向侧缝方向偏移 0.5cm，该点与臀围线和后中缝基准线的交点相连确定裆斜，后裆宽为$\frac{后臀围}{2}$。

③ 后侧缝斜度与前侧缝相同，腰围后中心点下落 0.5cm，侧缝点起翘 0.5cm，腰围线为弧线。

④ 单嵌线口袋袋口宽 11cm，嵌线布宽 1.5cm，距腰口线 3cm，距后裆线 4cm。

（3）腰头制图说明：腰头长 = 前腰口尺寸 + 后腰口尺寸，宽 3cm，里、面连裁。

（4）裤襻制图说明：裤襻长 4cm，宽 1cm。

6.缝份加放

学童裙裤面板缝份的加放：侧缝线、下裆缝线、前裆线、后裆线等部位缝份加放 1~1.2cm；前片分割线贴边宽均为 4cm；腰口线缝份加放 0.8~1cm；裤口包缝见明线，明线宽 2cm，缝份加放 2.5cm。

前垫袋缝份加放：腰口处缝份加放 0.8~1cm，其他各部位缝份加放 1~1.2cm。

单嵌线口袋嵌线布尺寸长为 15cm（袋口长 +4cm），宽为 7cm（嵌线宽 ×2+4cm）。垫袋布长为 15cm，宽为 6cm。

袋布缝份加放：腰口处缝份加放 0.8~1cm，其他部位缝份加放 1~1.2cm。

腰头各部位缝份加放 0.8~1cm。

裤襻长度方向缝份加放 1.2~1.5cm，宽度方向缝份加放 0.8~1cm。

本款学童裙裤面板缝份的加放见图 5-43，里板缝份的加放见图 5-44，面板毛缝板如图 5-45 所示，里板毛缝板如图 5-46 所示。

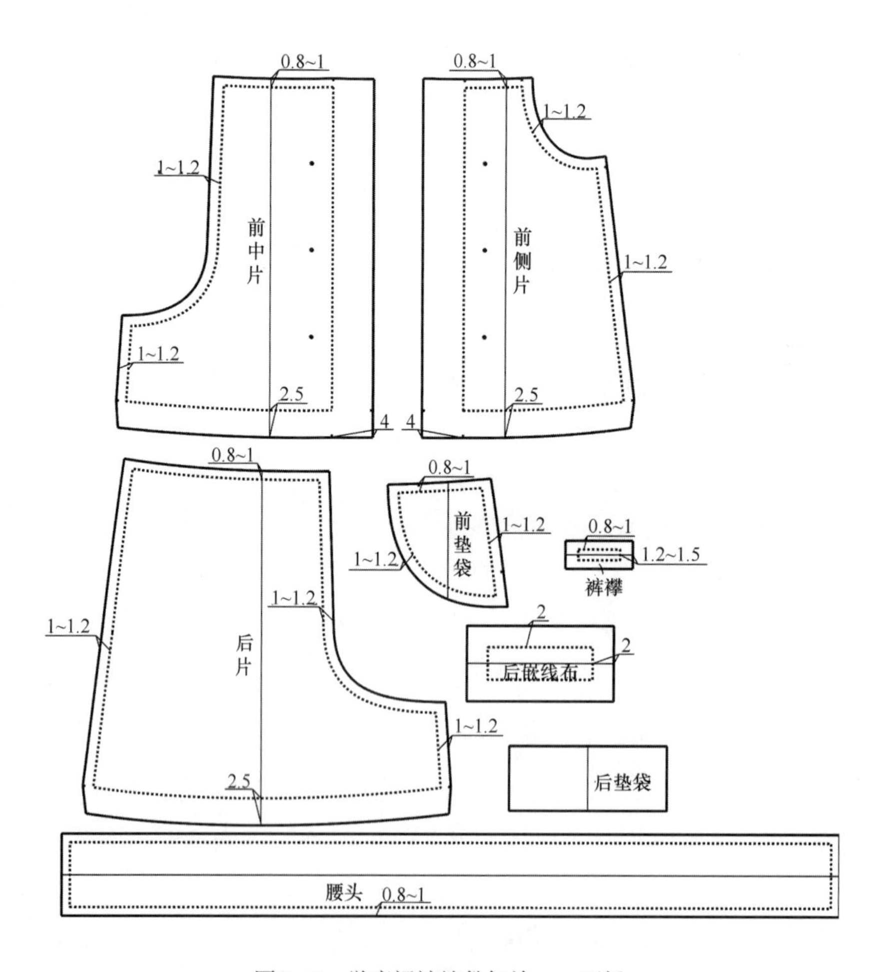

图5-43 学童裙裤缝份加放——面板

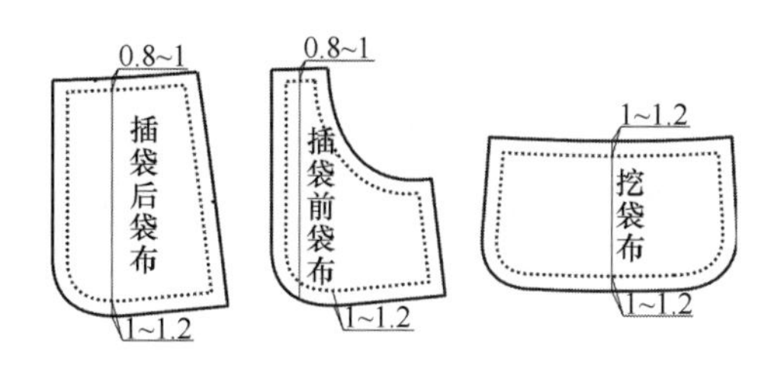

图5-44　学童裙裤缝份加放——里板

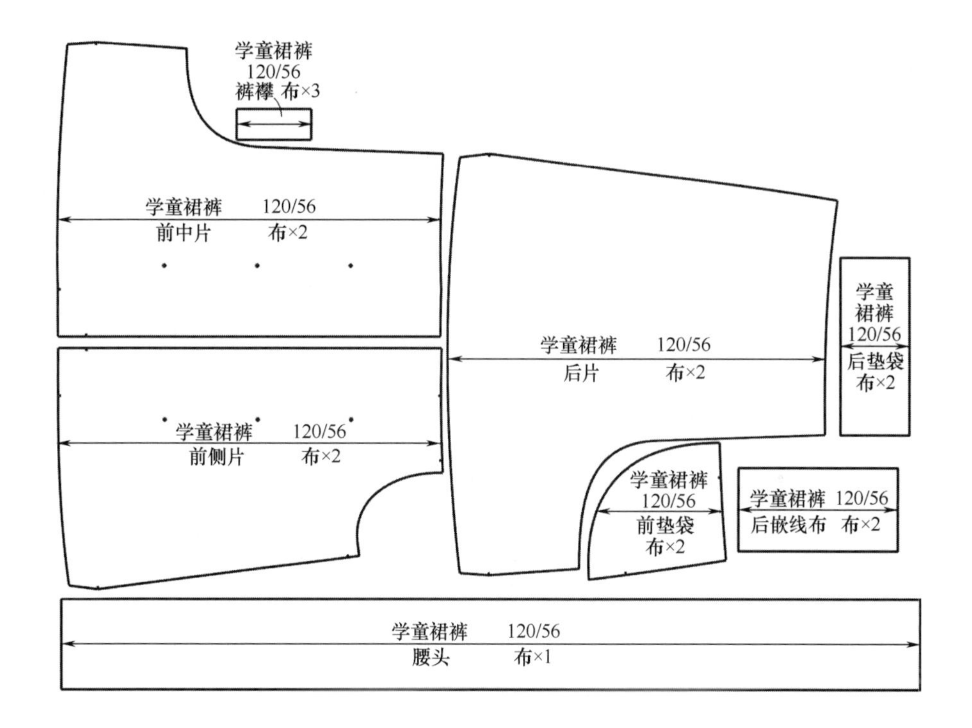

图5-45　学童裙裤毛缝板——面板

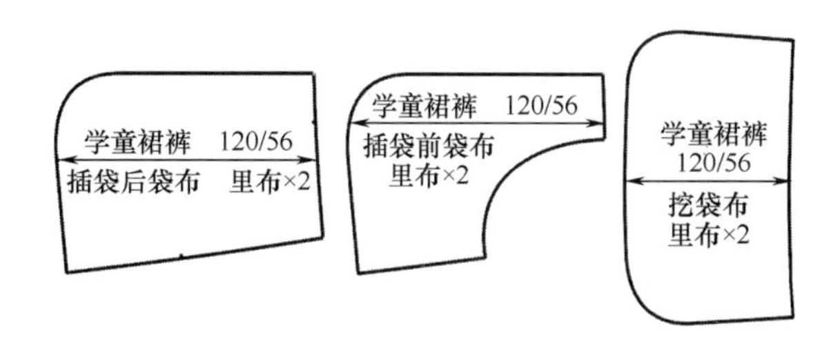

图5-46　学童裙裤毛缝板——里板

第六节　短裤结构设计与制板

短裤长短不一，裤口在横裆至小腿的范围内。短裤种类较多，有内穿短裤，有外穿短裤，有比较正式的西装短裤，有适合活动的运动短裤，还有居家穿着的休闲短裤。短裤种类不同，使用的面料也不相同，可采用纯棉、化纤、纯毛和各种混纺织物等。

一、制服短裤结构设计与制板

1.款式说明

本款为男童制服短裤，款式简洁，绱腰设计，腰头抽部分橡筋带，有门、里襟，两侧缝各有一直插袋。款式设计如图 5-47 所示。

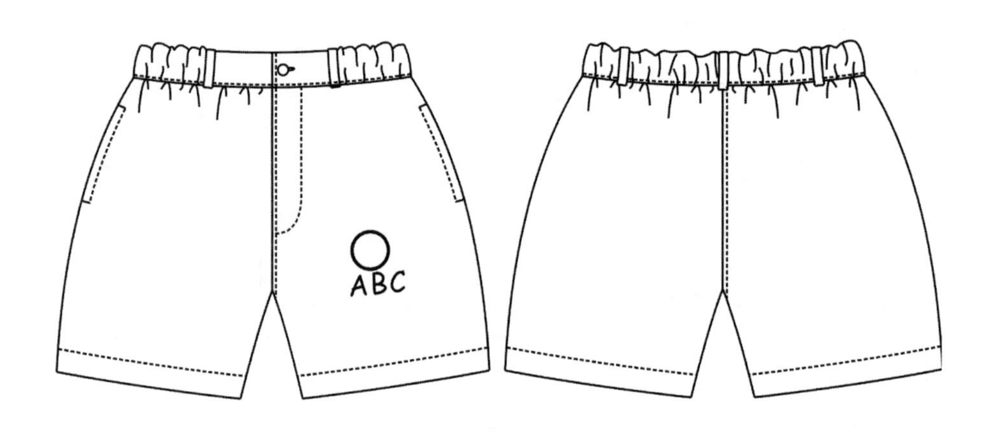

图5-47　制服短裤款式

2.适合范围

本款适合身高 110~130cm、年龄为 6~8 岁的男童。

3.规格设计

裤长 = $\frac{腰围高}{2}$ －（0~2）cm；

臀围 = 净臀围 +（20~24）cm；

腰围（穿入橡筋带后的尺寸）= 净腰围 －（4~5）cm。

不同身高学童制服短裤各部位规格尺寸见表 5-8 所示。

表 5-8 学童制服短裤各部位规格尺寸 单位：cm

身高	裤长	臀围	腰围	上裆	裤口宽	腰头宽
110	32	75	46	18	20	3
120	35	80	49	19	21	3
130	38	85	52	21	22	3

4.结构制图

身高 120cm 的学童制服短裤结构设计如图 5-48 所示。

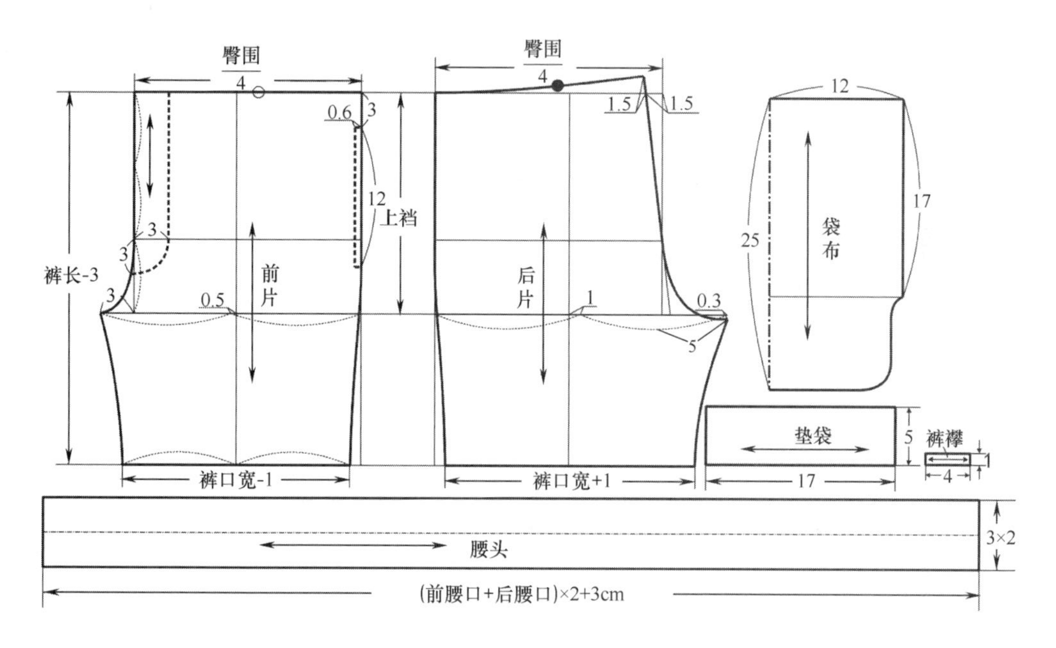

图5-48 制服短裤结构设计

5.制图说明

本款采用比例法制图。

（1）裤身制图说明如下。

① 先确定上、下基础线，其距离为裤片的长度，即裤长 – 腰头宽。

② 从上基础线往下 19cm 做横裆线。

③ 因款式较宽松，所以前、后裤片的宽度均设定为$\frac{臀围}{4}$。

④ 考虑到儿童活动幅度较大，且款式较宽松，所以后裆直线取倾斜量 1.5cm，起翘 1.5cm。

⑤ 做前、后腰口线，前腰口线为直线，后腰口线为弧线。

⑥ 确定大、小裆宽，大裆宽的经验值为 5cm，小裆宽的经验值为 3cm，然后画顺大、小裆弧线。

⑦ 做前、后烫迹线。

⑧ 在前、后烫迹线的基础上做前、后裤口线，烫迹线两侧等分。

⑨ 在前侧缝上设计直插袋位置，直插袋距腰口 3cm，袋口长 12cm，袋口明线宽 0.6cm；在前裆设计门襟位，门襟宽 3cm，长度至臀围线以下 3cm。

（2）其他部件制图说明如下。

① 腰头为长条形，对折后净宽 3cm，长度为：前后腰口线之和 ×2+3（里襟净宽）。

② 裤襻共 5 个，为一小长方形，净长 4cm，净宽 1cm。

6.缝份加放

学童制服短裤面板缝份加放：侧缝线、下裆缝线、前裆线、后裆线等部位缝份加放 1~1.2cm；腰口线缝份加放 0.8~1cm；裤口折净，明线宽 2cm，缝份加放 2.5cm。

直插袋垫袋长 22cm（3cm+17cm+2cm），宽 5cm。前、后袋布对折后宽 12cm，长 25cm。

腰头各部位缝份加放 0.8~1cm。

裤襻长度方向缝份加放 1.2~1.5cm，宽度方向缝份加放 0.8cm。

本款学童制服短裤面板缝份的加放见图 5-49，部件里板缝份的加放见图 5-50，面板毛缝板如图 5-51 所示，部件里板毛缝板如图 5-52 所示。

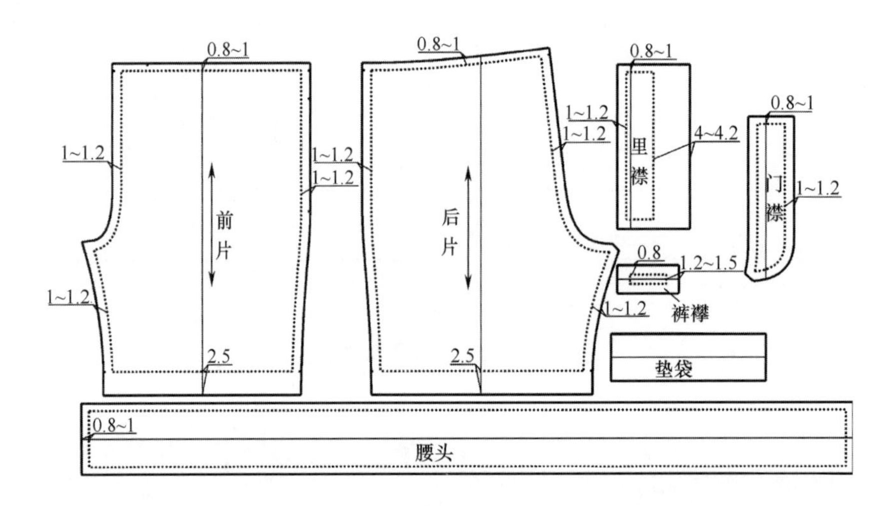

图5-49 制服短裤缝份加放——面板

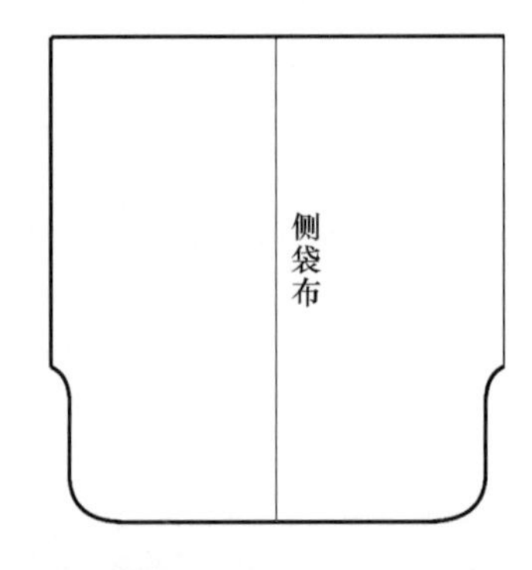

图5-50 制服短裤部件缝份加放——里板

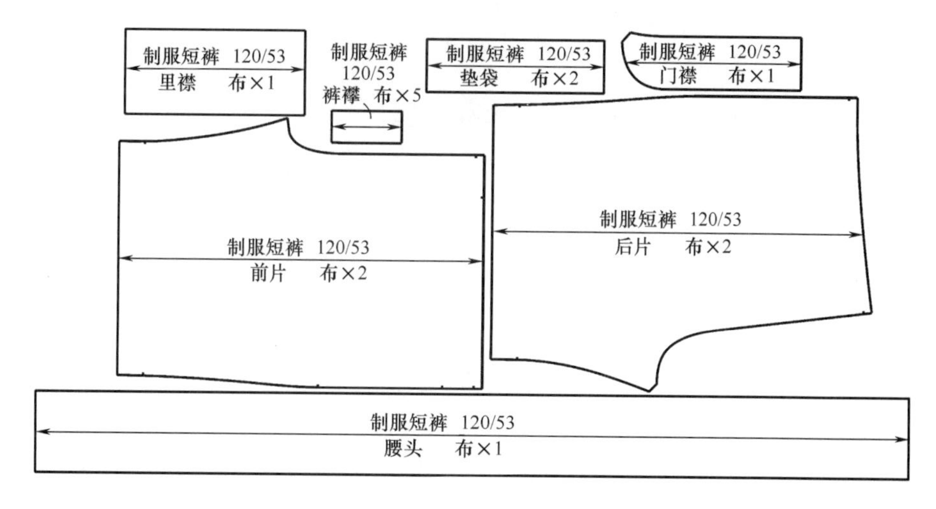

图5-51　制服短裤毛缝板——面板

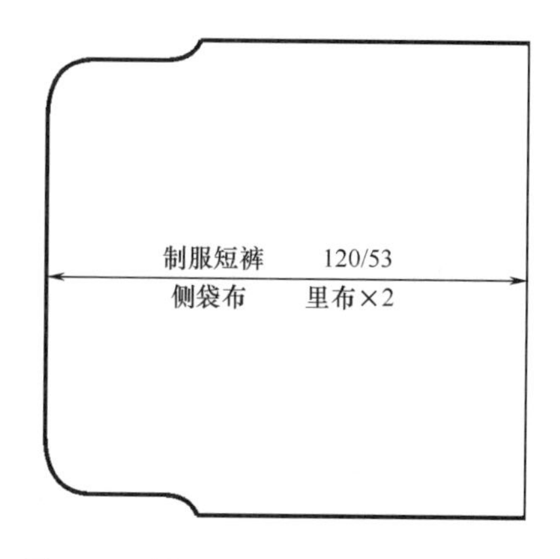

图5-52　制服短裤部件毛缝板——里板

二、休闲短裤结构设计与制板

1.款式说明

本款为女童休闲短裤，绱腰设计，腰头抽橡筋带，裤口有明贴边，前育克线和裤口处抽碎褶，前身有斜插袋，并与后育克线处有袋盖装饰，袋盖和裤口贴边上有装饰扣。款式设计如图 5-53 所示。

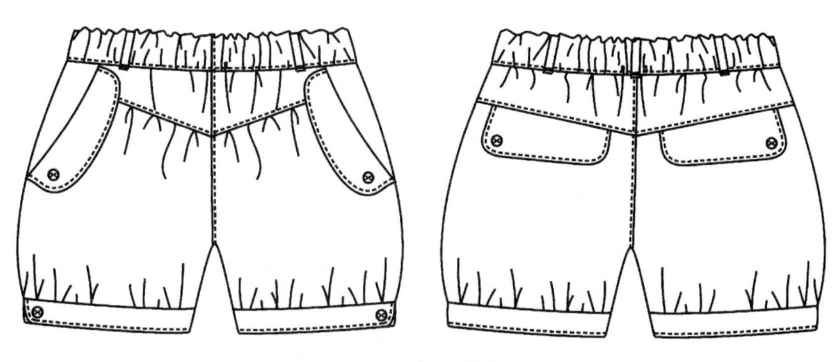

图5-53　女童休闲短裤款式

2.适合范围

本款适合身高110~130cm、年龄为6~8岁的女童。

3.规格设计

裤长 = $\frac{腰围高}{2}$ －（4~6）cm；

臀围 = 净臀围 +（18~20）cm；

腰围（装入橡筋带后的尺寸）= 净腰围 －（5~6）cm。

不同身高女童休闲短裤各部位规格尺寸见表5-9所示。

表5-9　女童休闲短裤各部位规格尺寸　　单位：cm

身高	裤长	臀围	腰围	上裆	裤口宽	腰头宽
110	28	74	45	19	18	3
120	31	78	48	20	19	3
130	34	82	51	21	20	3

4.结构制图

身高120cm的女童休闲短裤结构设计如图5-54所示。

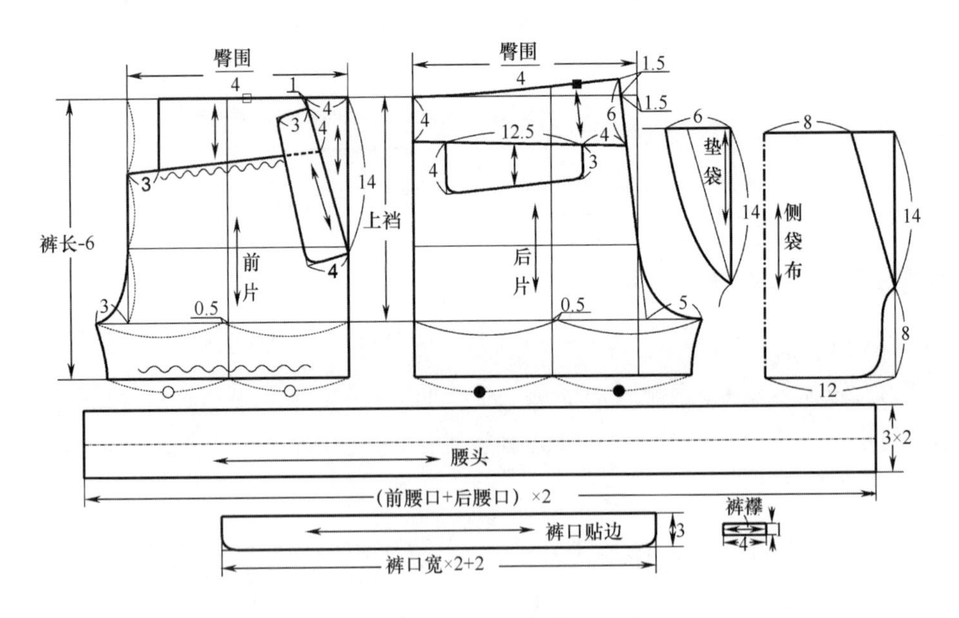

图5-54　女童休闲短裤结构设计

5.制图说明

采用比例法制图。

（1）裤身制图说明如下。

①先确定上、下基础线，其距离为裤片的长度，即裤长－腰头宽－裤口贴边宽。

② 从上基础线往下 20cm 做横裆线。

③ 因款式较宽松，所以前、后裤片的宽度均设定为$\frac{臀围}{4}$。

④ 考虑到儿童活动幅度较大，所以后裆直线取倾斜量 1.5cm，起翘 1.5cm。

⑤ 做前、后腰口线，前腰口线为直线，后腰口线为弧线。

⑥ 确定大、小裆宽，大裆宽的经验值为 5cm，小裆宽的经验值为 3cm，然后画顺大、小裆弧线。

⑦ 做前、后裤烫迹线。

⑧ 因裤口抽褶需要的裤口量较大，所以侧缝线为直线即可；在前、后裤烫迹线的基础上做前、后裤口线，烫迹线两侧等量。

⑨ 在前片上设计斜插袋位置，袋口竖直长 14cm，腰口处袋口距侧缝 4cm，袋盖上宽 3cm，下宽 4cm，边缘为小圆角。

⑩ 在前片上设计前育克线，育克线上，前上片比前下片均匀收缩 3cm，即设计的抽褶量；在后片上设计后育克线，侧缝处距腰口 4cm，后裆线处距腰口 6cm，育克线下方袋盖长 12.5cm，距后裆线 4cm。

（2）其他部件制图说明如下。

① 腰头为长方形，对折后净宽 3cm，长度为前后腰口线之和 ×2。

② 裤口贴边为双层，宽 3cm，长度为裤口宽 ×2+2cm（搭接量），下角为小圆角。

③ 裤襻共 5 个，形状为一小长方形，净长 4cm，净宽 1cm。

④ 侧袋布袋口斜度和袋口斜度相同，袋布对折后上宽 8cm，下宽 12cm，袋布沿袋口延长 8cm，共 22cm。

6.缝份加放

女童休闲短裤面板缝份加放：侧缝线、下裆缝线、前裆线、后裆线、分割线等部位缝份加放 1~1.2cm；腰口线、裤口线缝份加放 0.8~1cm。

垫袋腰口部位缝份加放 0.8~1cm，其他部位缝份加放 1~1.2cm。

袋盖各部位缝份加放 1~1.2cm。

腰头各部位缝份加放 0.8~1cm。

裤口贴边各部位缝份加放 0.8~1cm。

裤襻长度方向缝份加放 1.2~1.5cm，宽度方向缝份加放 0.8cm。

本款女童休闲短裤面板缝份的加放见图 5-55，袋布里板缝份的加放见图 5-56，面板毛缝板如图 5-57 所示，袋布里板毛缝板如图 5-58 所示。

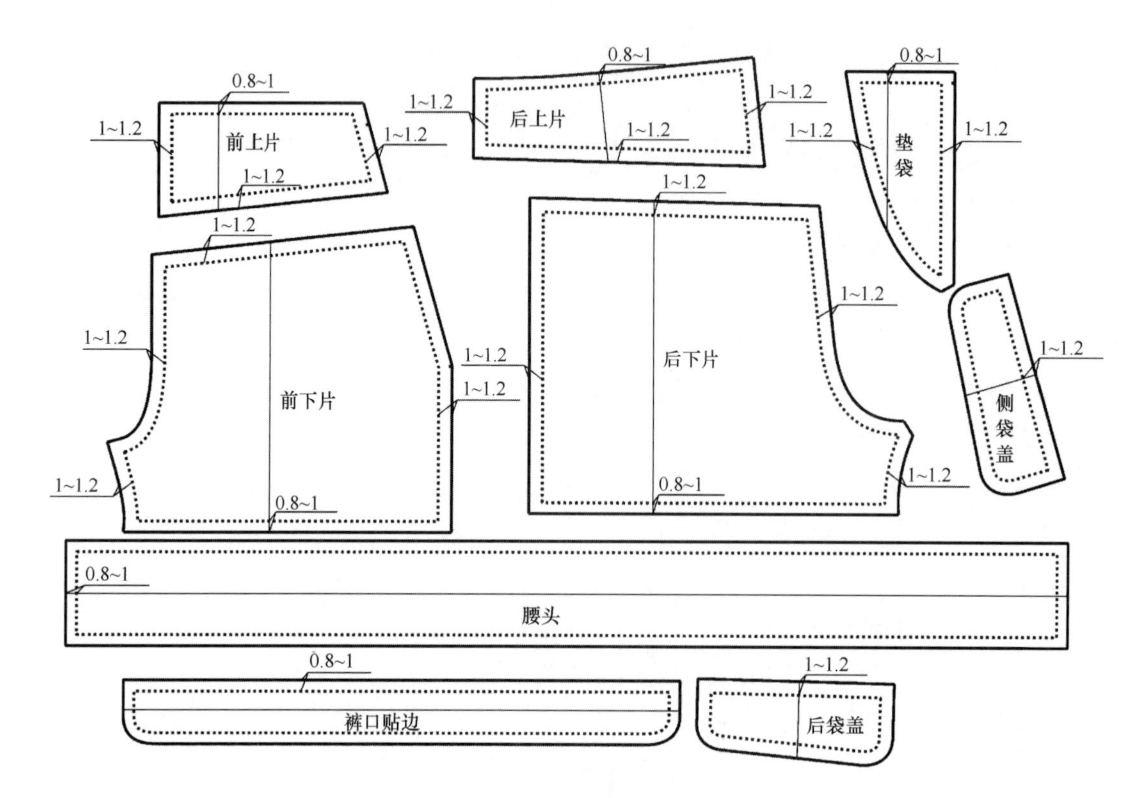

图5-55 女童休闲短裤缝份加放——面板

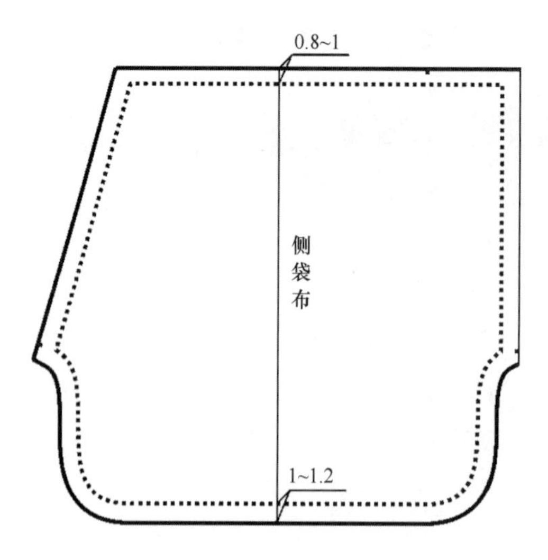

图5-56 女童休闲短裤袋布缝份加放——里板

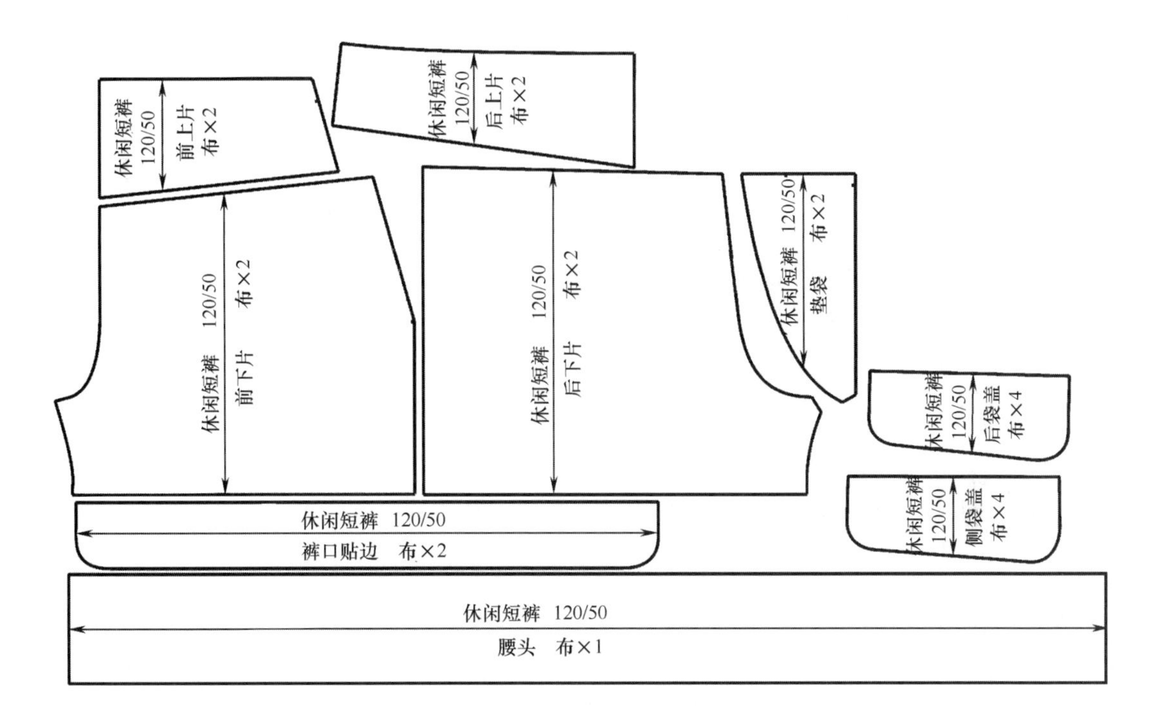

图5-57 女童休闲短裤毛缝板——面板

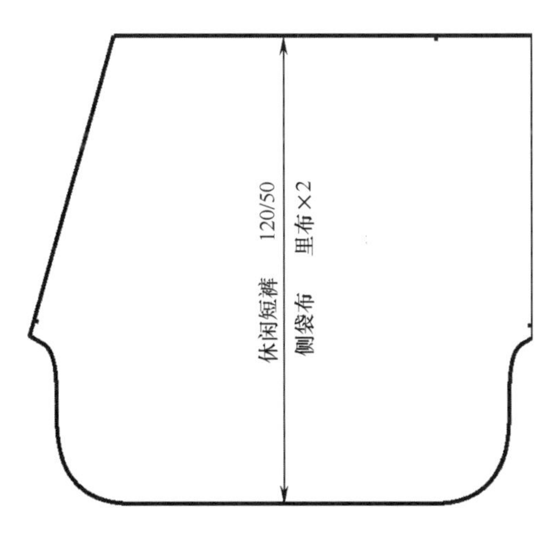

图5-58 女童休闲短裤袋布毛缝板——里板

第七节　连身裤结构设计与制板

连身裤不仅适合1岁以下的婴儿穿着，对其他年龄儿童同样适合。连身裤既适合幼儿挺身凸腹的体型特点，又便于儿童运动。有关连体裤的结构在前文婴儿装纸样设计中已有详细的阐述。

较大儿童连身裤装同样包含背带裤和连体裤。以下款为例进行背带裤装结构设计与制板方法介绍。

1.款式说明

本款为儿童连身背带短裤，设计较宽松，衣身上有较多的扣子装饰；上、下身连接处有腰头和装饰性裤襻；护胸前中为连止口的门襟设计，与腰头相连，可打开；后裤片有育克分割线和明贴袋;背带装有两粒扣,可调节长短。幼儿背带短裤款式设计如图5-59所示。

图5-59　幼儿背带短裤款式

2.适合范围

本款适合身高90~110cm、年龄为2~4岁的儿童。

3.规格设计

上衣长 = 背长 +（4~6）cm；

裤长 = $\frac{腰围高}{2}$ ± 1cm；

臀围 = 净臀围 +（18~22）cm；

腰围 = 净腰围 +（13~16）cm。

不同身高儿童背带短裤各部位规格尺寸见表 5–10 所示。

表 5–10 幼儿背带短裤各部位规格尺寸 单位：cm

身高	上衣长	下裤长	臀围	腰围	上裆	裤口宽	腰头宽
90	26	27	70	63	18	19	3
100	28	30	75	66	19	20	3
110	30	33	80	69	20	21	3

4.结构制图

身高 100cm 左右的儿童背带短裤结构设计如图 5–60 所示。

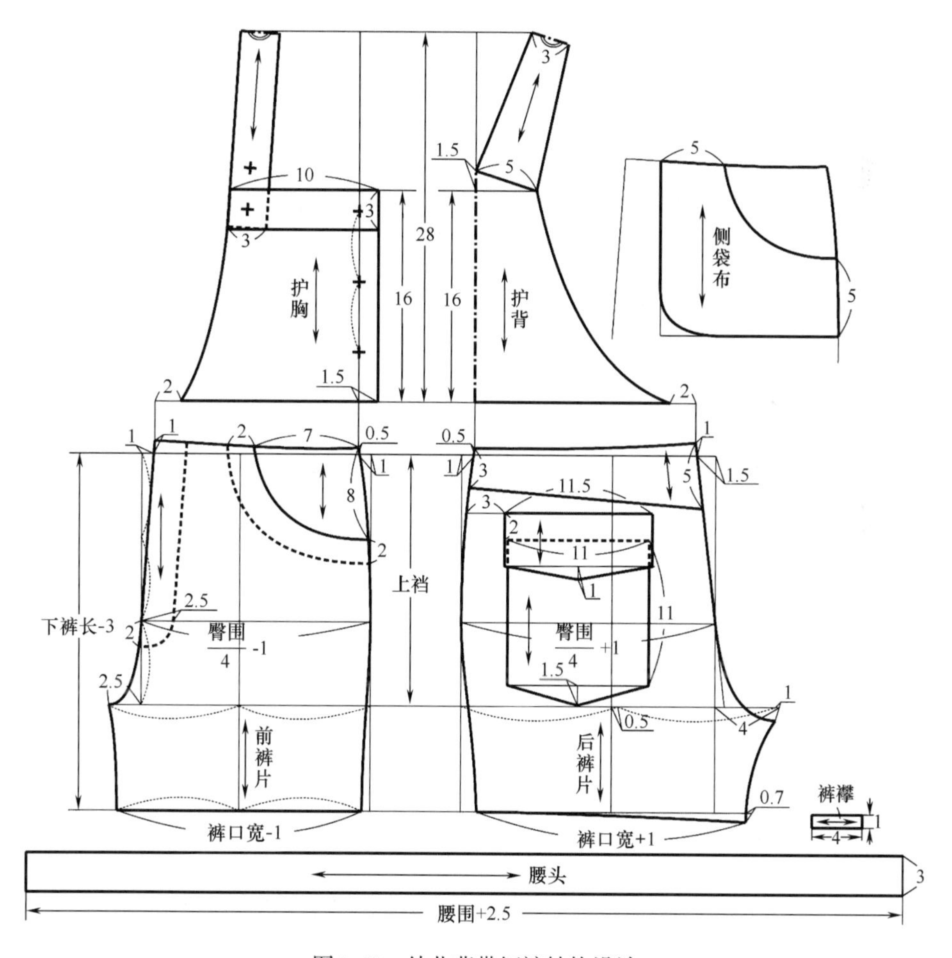

图5–60 幼儿背带短裤结构设计

5.制图说明

本款采用比例法制图。

（1）裤身制图说明如下。

① 先确定上、下基础线，其距离为下裤长 – 腰头宽。

② 从上基础线往下 19cm 做横裆线。

③ 设定前裤片的宽度为$\frac{臀围}{4}-1cm$，后裤片的宽度为$\frac{臀围}{4}+1cm$。

④ 做前裆直线，考虑到幼儿凸腹的特征，在腰口处取倾斜量 1cm，取起翘量 1cm；做后裆直线，在腰口处取倾斜量 1.5cm，起翘 1cm。

⑤ 计算出半身的腰、臀差量为 4.5cm，因前裆直线和后裆直线已共收掉 2.5cm，故前、后侧缝在腰口处再收掉 1cm 即可，在此基础上做前、后腰口线。

⑥ 确定大、小裆宽，大裆宽的经验值为 4cm，小裆宽的经验值为 2.5cm，大裆落裆 1cm，画顺大、小裆弧线。

⑦ 做前、后烫迹线。

⑧ 在前、后烫迹线的基础上做前、后裤口线，烫迹线两侧等分，为保证合缝后的下裆等长和裤口圆顺，后裤片裤口内侧比下基础线长出 0.7cm。

⑨ 连接小裆底点、裤口内侧点，画顺前片下裆线；连接大裆底点、裤口内侧点，画顺后片下裆线；连接前片腰口外侧点、裤口外侧点，画顺前片侧缝线；连接后片腰口外侧点、裤口外侧点，画顺后片侧缝线。

⑩ 在前裤片上设计前挖袋位置和门襟，门襟宽 2.5cm，长度在臀围线以下 2cm。

⑪ 在后裤片上设计育克线和贴袋，贴袋上口距离袋盖上沿 2cm。

（2）衣身制图说明如下。

① 做上、下基础线，其距离为上衣长。

② 将裤片前、后腰口中点向上延伸，做护胸和护背的中线。

③ 设定护胸和护背的高度和上、下宽度。

④ 做护胸的门襟止口线，设定门襟宽度 1.5cm。

⑤ 在护胸上设计分割线，分割线距护胸上沿为 3cm。

⑥ 画背带，背带前端宽 3cm，后端宽度 5cm。

（3）其他部件制图说明如下。

① 腰头为长条形，净宽 3cm，长度为：腰围 +1.5cm（护胸门襟宽）+1cm（拉链宽）。

② 裤襻共 4 个，形状为一小长方形，净长 5cm，净宽 1cm。

6.缝份加放

（1）幼儿背带短裤裤身面板缝份加放：侧缝线、下裆缝线、前裆线、后裆线、分割线等部位缝份加放 1~1.2cm；腰口线、平插袋口线缝份加放 0.8~1cm；裤口折净缉明线，缝份加放 3.5cm。

门襟腰口处缝份 0.8~1cm,其他部位缝份加放 1~1.2cm。里襟双折,腰口处缝份 0.8~1cm,其他部位缝份加放 1~1.2cm。

垫袋腰口部位缝份加放 0.8~1cm，其他部位缝份加放 1~1.2cm。

后贴袋袋口折净缉明线，明线宽 1cm，袋口缝份加放 2cm；其他各部位缝份加放 1~1.2cm。

袋盖各部位缝份加放 1~1.2cm。

腰头各部位缝份加放 0.8~1cm。

裤襻长度方向缝份加放 1.2~1.5cm，宽度方向缝份加放 0.8~1cm。

（2）幼儿背带短裤护胸护背面板缝份加放：护胸上下端和上贴边、腰头缝合处缝份加放 0.8~1cm，前中心加放 4cm，其他部位加放 1~1.2cm。

护胸上贴边与护胸缝合处缝份加放 0.8~1cm，前中线加放 4cm，其他部位加放 1~1.2cm。

护背下端和腰头缝合处缝份加放 0.8~1cm，其他部位加放 1~1.2cm。

肩带各部位缝份加放 1~1.2cm。

本款幼儿背带短裤面板缝份的加放见图 5-61，部件里板缝份的加放见图 5-62，面板毛缝板如图 5-63 所示，部件里板毛缝板如图 5-64 所示。

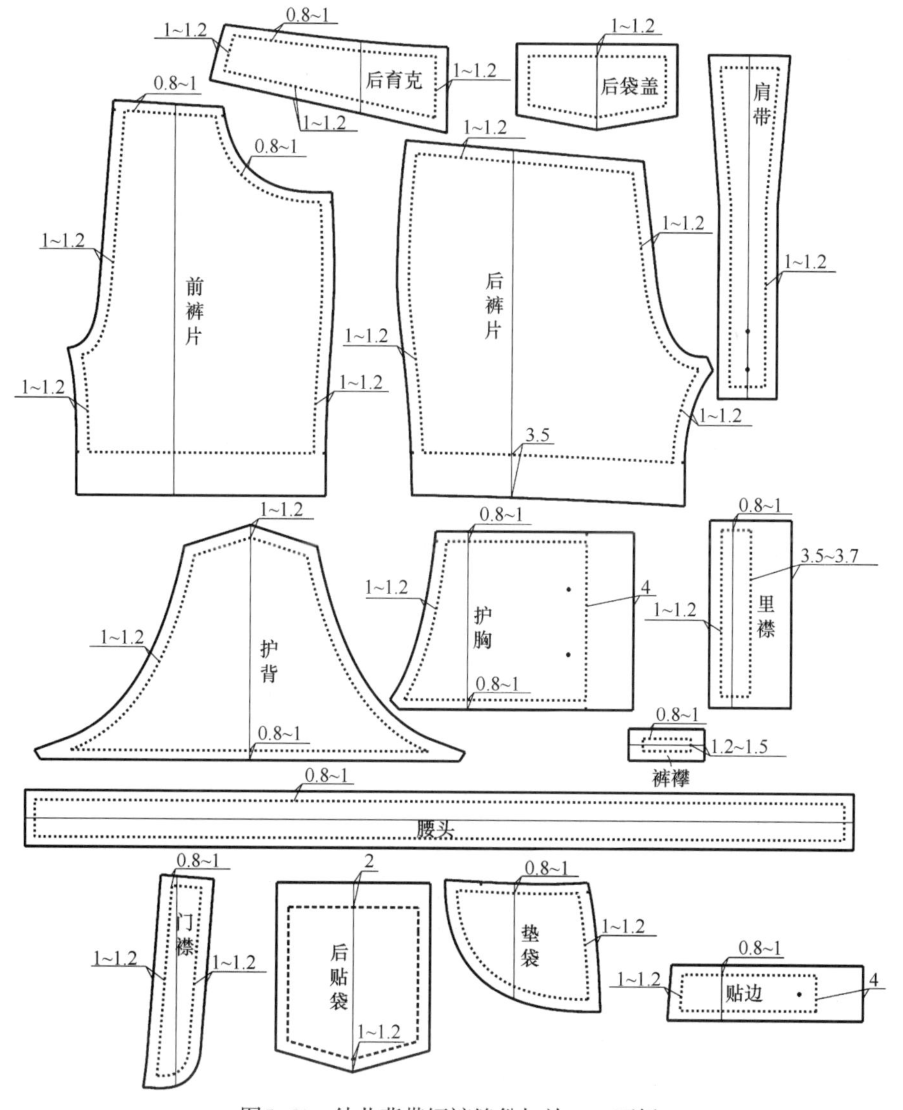

图5-61　幼儿背带短裤缝份加放——面板

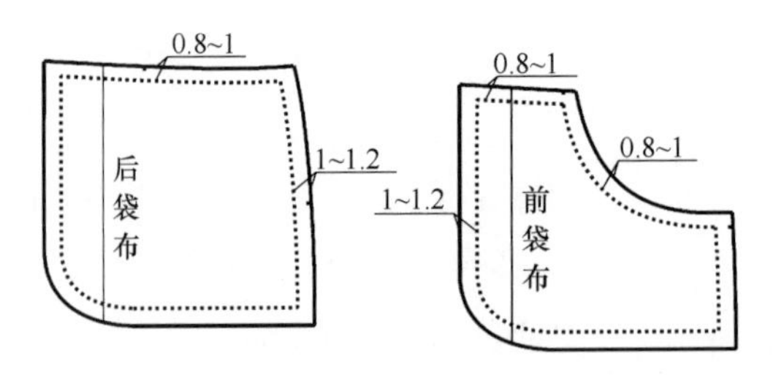

图5-62 背带短裤部件缝份加放——里板

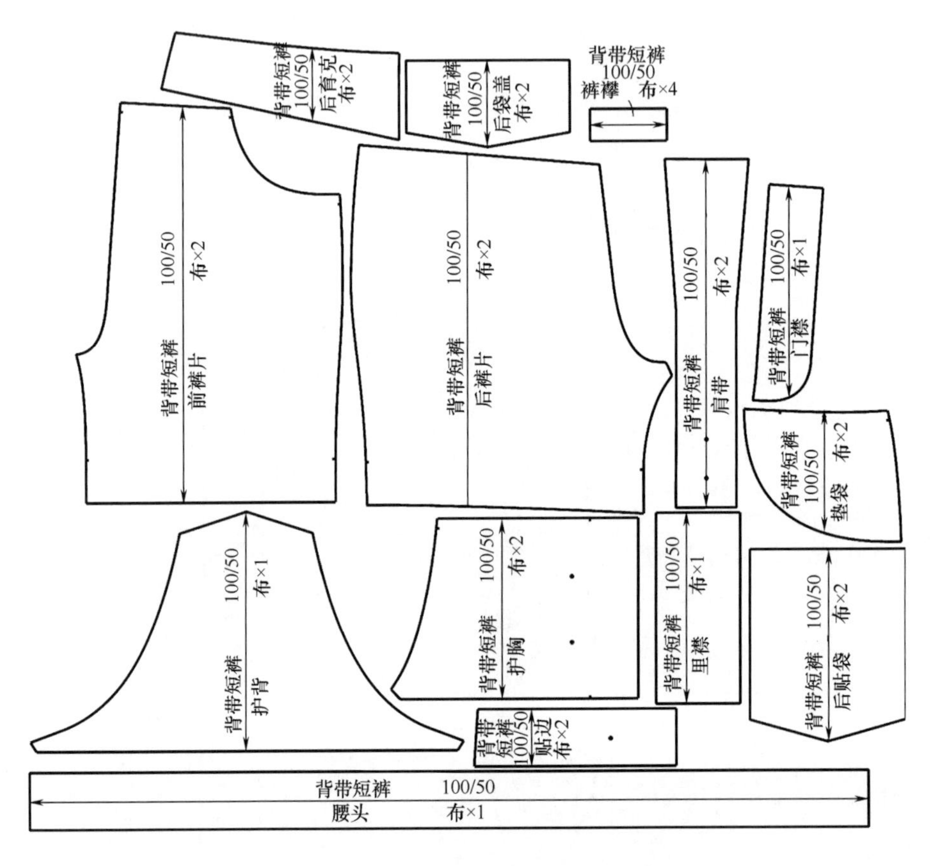

图5-63 幼儿背带短裤毛缝板——面板

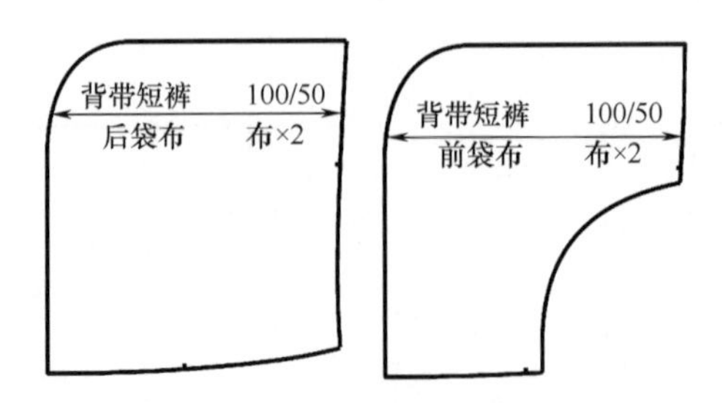

图5-64 幼儿背带短裤部件毛缝板——里板

思考与练习

1.分析影响儿童裤装结构设计的因素。

2.针对儿童体型特点，分别设计幼儿期、学童期和少年期儿童短裤各一条，绘制结构图并加放缝份。

3.针对儿童体型特点，分别设计幼儿期、学童期和少年期儿童长裤各一条，绘制结构图并加放缝份。

4.针对儿童体型特点，分别设计幼儿期、学童期和少年期女童裙裤各一条，绘制结构图并加放缝份。

绘图要求：构图严谨、规范，线条圆顺，标识准确，尺寸绘制准确，特殊符号使用正确，结构图与款式图相吻合，缝份加放正确，比例1∶5。

参考文献

[1] 马芳，侯东昱．童装纸样设计 [M]．北京：中国纺织出版社，2008.

[2] 马芳，李晓英，侯东昱．童装结构设计与应用 [M]．北京：中国纺织出版社，2011.

[3] 中华人民共和国国家标准—服装号型 儿童（GB/T 1335.3-2009）[M]．北京：中国标准出版社，2011.

中国国际贸易促进委员会纺织行业分会

中国国际贸易促进委员会纺织行业分会成立于1988年，成立以来，致力于促进中国和世界各国（地区）纺织服装业的贸易往来和经济技术合作，立足为纺织行业服务，为企业服务，以我们高质量的工作促进纺织行业的不断发展。

简况

每年举办（或参与）约20个国际展览会
涵盖纺织服装完整产业链，在中国北京、上海和美国、欧洲、俄罗斯、东南亚、日本等地举办
广泛的国际联络网
与全球近百家纺织服装界的协会和贸易商会保持联络
业内外会员单位2000多家
涵盖纺织服装全行业，以外向型企业为主
纺织贸促网 www. ccpittex. com
中英文，内容专业、全面，与几十家业内外网络链接
《纺织贸促》月刊
已创刊十八年，内容以经贸信息、协助企业开拓市场为主线
中国纺织法律服务网 www. cntextilelaw. com
专业、高质量的服务

业务项目概览

中国国际纺织机械展览会暨ITMA亚洲展览会（每两年一届）
中国国际纺织面料及辅料博览会（每年分春夏、秋冬两届，分别在北京、上海举办）
中国国际家用纺织品及辅料博览会（每年分春夏、秋冬两届，均在上海举办）
中国国际服装服饰博览会（每年举办一届）
中国国际产业用纺织品及非织造布展览会（每两年一届，逢双数年举办）
中国国际纺织纱线展览会（每年分春夏、秋冬两届，分别在北京、上海举办）
中国国际针织博览会（每年举办一届）
深圳国际纺织面料及辅料博览会（每年举办一届）
美国TEXWORLD服装面料展（TEXWORLD USA）暨中国纺织品服装贸易展览会（面料）（每年7月在美国纽约举办）
纽约国际服装采购展（APP）暨中国纺织品服装贸易展览会（服装）（每年7月在美国纽约举办）
纽约国际家纺展（HTFSE）暨中国纺织品服装贸易展览会（家纺）（每年7月在美国纽约举办）
中国纺织品服装贸易展览会（巴黎）（每年9月在巴黎举办）
组织中国服装企业到美国、日本、欧洲及亚洲等其他地区参加各种展览会
组织纺织服装行业的各种国际会议、研讨会
纺织服装业国际贸易和投资环境研究、信息咨询服务
纺织服装业法律服务

更多相关信息请点击纺织贸促网 www. ccpittex. com